Gelingende Geburt

Grenzgänge

Studien in philosophischer Anthropologie

Herausgegeben von
Reiner Anselm, Martin Heinze und
Olivia Mitscherlich-Schönherr

Band 2

Gelingende Geburt

Interdisziplinäre Erkundungen in umstrittenen Terrains

Herausgegeben von
Olivia Mitscherlich-Schönherr und Reiner Anselm

DE GRUYTER

ISBN 978-3-11-071983-3
e-ISBN (PDF) 978-3-11-071986-4
e-ISBN (EPUB) 978-3-11-071989-5
ISSN 2570-0901

Library of Congress Control Number: 2020945076

Bibliografische Information der Deutschen Nationalbibliothek
Die Deutsche Nationalbibliothek verzeichnet diese Publikation in der Deutschen Nationalbibliografie; detaillierte bibliografische Daten sind im Internet über http://dnb.dnb.de abrufbar.

Coverabbildung: The Infinity Column of Constantin Brancusi, Romania
© www.dreamstime.com/cristianzamfir_info | Dreamstime.com
Druck und Bindung: CPI books GmbH, Leck

www.degruyter.com

Inhaltsverzeichnis

Reiner Anselm und Olivia Mitscherlich-Schönherr

Differierende Deutungen. Zur Thematik und zu den Beiträgen dieses Bandes

Das Gegebene als etwas zu Gestaltendes zu begreifen, stellt einen Grundzug der Moderne dar. Ideen der Renaissance gewannen durch das Erstarken der Naturwissenschaften und, in ihrer Folge, erster technologischer Innovationen an der Schwelle zur Neuzeit rasch an Verbreitung und vor allem an Evidenz: Mit der Aufklärung trat auch der lange Zeit im Kontext des Christentums dominante Gedanke in den Hintergrund, die vollendete Welt sei mit der Schöpfung gegeben gewesen und das Ziel menschlichen Lebens und der zugeordneten Ordnung der Gesellschaft müsse darin bestehen, nach dem Verlust der ursprünglichen guten Ordnung als Folge der menschlichen Sünde wieder in den Zustand des Gott wohlgefälligen Lebens zurückzukehren. Es liegt auf der Hand, dass Innovation und Fortschritt in dieser Lesart keinen Platz haben konnten, Besinnung auf das Ursprüngliche, insbesondere auf den in der Schöpfung sichtbar gewordenen Willen Gottes erschien stattdessen geboten. Mit der Schwelle zur Neuzeit zerbricht diese Denkweise, an die Stelle der vorgegebenen Ordnung der Dinge tritt nun der Gedanke von der Perfektibilität der Welt: Menschliches Handeln zielt auf eine stete Verbesserung der Lebensverhältnisse ab, das Gegebene gilt nun als der Stoff, der durch die Vernunft des Menschen veredelt und eben perfektioniert werden soll. Die Folgen dieser Umstellung sind kaum zu überschätzen, ebenso das Selbstbild und vor allem auch das Selbstbewusstsein, das sich damit verbindet. Denn wenn die christliche, insbesondere auch die lutherische Schulphilosophie noch in der frühen Neuzeit die Welt in den Kategorien der aristotelischen Viercausae-Lehre deutete und dabei das Wirken Gottes sowohl über die *causa materialis* als auch die *causa formalis*, die *causa efficiens* und die *causa finalis* zur Geltung brachte, so werden nun zumindest die *causa formalis* und die *causa efficiens*, später dann auch die *causa finalis* mit dem Wirken des Menschen verbunden: Er gibt der Natur die angestrebte Struktur vor, realisiert sie durch das eigene Wirken und in zunehmendem Maß unter Zuhilfenahme der Technik und bestimmt, so die emanzipative Stoßrichtung der späteren religionskritischen Spielarten der Aufklärung, immer stärker auch deren Zielsetzungen: Das Ziel der menschlichen Tätigkeit ist nun nicht mehr die Ausrichtung auf den Ruhm Gottes, sondern die Verbesserung menschlicher Lebensverhältnisse.

Die beschriebenen Entwicklungen machen dabei vor dem Umgang mit dem Menschen selbst nicht halt, und zwar sowohl im Blick auf dessen naturale als auch auf dessen geistige Grundlagen. Was seinen Ausgang beim Verhältnis zu der

https://doi.org/10.1515/9783110719864-001

den Menschen umgebenden Natur nahm, erfasst im weiteren Verlauf schnell den Initiator: Gerade der Umgang mit dem menschlichen Körper in der sich schnell entwickelnden modernen Medizin, aber auch das intensivierte Interesse an der Bildung des Menschen sind in diesem Kontext zu verstehen. Die enormen Fortschritte der Medizin resultieren dabei ganz wesentlich aus einer Anwendung des Gestaltungsparadigmas auf den menschlichen Körper: In zunehmendem Maße wird das Körperliche selbst nach dem Vorbild der Technik als das Ineinandergreifen von planvoll und vor allem regelgeleitet ablaufenden Prozessen verstanden, die es zu analysieren und zu beherrschen gilt. Das Paradigma der Maschine, Sinnbild des technologischen Fortschritts, prägt nachfolgend den Umgang mit dem Körper. Es ist offenkundig, dass sich dabei zugleich auch Machtstrukturen bilden oder verfestigen: Denn die Rolle des Machers geht nun über von der Gottesvorstellung auf den, der den Aufbau und die Funktion der Körpermaschine versteht – und beherrscht. Der Konflikt zwischen Arzt und Priester in der Moderne hat hier seinen Ort und sein Bezugsfeld, und Konflikte über die Zielsetzung und das Deutungsmonopol der Medizin sind immer auch Konflikte um die gesellschaftliche Deutungsmacht.

Da die entsprechenden Entwicklungen der modernen Medizin ebenso wie die der modernen Pädagogik undenkbar sind ohne die im Hintergrund mitlaufende Überzeugung, dass die vorgegebenen Strukturen auf die stete Weiterentwicklung durch den Menschen zielen, ist es jedoch unausweichlich, dass sich nach dem Zerbrechen einer umgreifenden Vorstellung von der Ordnung der Dinge und damit auch einer korrespondierenden Taxonomie von Gut oder Böse neue Deutungsmachtkonflikte über die zu erreichenden Ziele entspinnen. Menschliches Handeln, besonders eben auch im Bereich der Medizin, soll eine kontinuierliche Verbesserung der Verhältnisse bewirken. Allerdings führt die genaue Bestimmung dessen, was als Verbesserung gelten könnte, in ein umkämpftes Gebiet, als moralische Kategorie hat sie Anteil an den Konflikten um unterschiedliche normative Zugänge. Die Spannung zwischen dem Ziel einer Befreiung von der Natur und ihren Beschränkungen auf der einen, der Orientierung an der Natur auf der anderen Seite umreißt vielleicht die prominenteste Skala der entsprechenden Deutungsmachtkonflikte, und dass dieser Dual sofort transformiert werden kann in die Gegenüberstellung von der Natur als kulturellem Konstrukt und als Grenze jeder kulturellen Konstruktion beschreibt noch einmal deutlich die Dynamik, in der die entsprechenden Deutungsmachtkonflikte stehen. Hineinverwoben in diese Auseinandersetzung ist zudem die Frage, ob das technische Paradigma und damit der Gedanke zweckrationaler Strukturierung menschlichen Handelns oder die Ausrichtung an eher emotional-evaluativen Wertvorstellungen dominant sein solle. Die entsprechenden Debatten und Auseinandersetzungen werden dabei nicht nur im Politischen und in der Gesellschaft ausgetragen, sondern sie reichen auch in die Wissenschaft hinein, in der die überkommene Leitwissenschaft Theologie zunächst von den Geschichts- und dann schließlich von Naturwissenschaften abgelöst wird.

Vor diesem Hintergrund kann es kaum verwundern, dass der Themenkreis von Schwangerschaft und Geburt schon sehr früh ins Zentrum entsprechender Deutungsmachtkonflikte gerät. Was kennzeichnet eine gute Schwangerschaft, welche Gestaltungsmöglichkeiten sollen im Blick auf die menschliche Reproduktion gegeben sein – und wer darf über deren Normen entscheiden? Wie lässt sich eine gelingende Geburt beschreiben und wessen Perspektive ist dafür ausschlaggebend? Es spricht für sich, dass es schon in der frühen Neuzeit den Vorreitern einer konfessionell gebundenen Sozialdisziplinierung ein Dorn im Auge war, dass sich das Geschehen um die Geburt des pastoral-theologischen und damit eben auch des männlich normierenden Zugriffs entzog. Die Verdächtigungen, hier herrsche eine heidnische, am Glasperlenzauber von Hebammen und nicht an den Normen der eigenen Konfession ausgerichtete Kultur, füllen die Visitationsberichte jener Zeit. Und was den Priestern und Theologen nicht gelang, glückte dann ihren naturwissenschaftlichen Erben: In Gestalt der Medikalisierung der Reproduktion kann ein Bereich, der zuvor der männerdominierten Sphäre des Öffentlichen entzogen war, nun der öffentlichen Kontrolle unterstellt werden. Erst mit den Emanzipationsbestrebungen der 1960er-Jahre beginnt sich das Bild hier zu ändern, allerdings zeigt sich schnell, dass auch das Emanzipationsparadigma anfällig ist für neue Deutungsmachtkonflikte, oder, genauer gesagt: Für die Wiederkehr der etablierten Konfliktlinien in neuer Gestalt: Denn gehört nicht die Selbstbestimmung über die Reproduktion zu den elementaren Gestaltungsmöglichkeiten – und bedarf es dazu nicht technischer Unterstützung samt der Expertise derer, die die Mittel dazu bereitstellen? Oder verbieten nicht die tradierten Vorstellungen des gelingenden Lebens gerade den Gebrauch entsprechender Mittel und Methoden? Geburtenregelung und Pränataldiagnostik werden so zur Neuauflage etablierter Konfliktkonstellationen, aus der auch die Ausrichtung an der Natürlichkeit der Geburt keinen Ausweg weist – zeigt sich die Bestimmung der Natur als Wert doch selbst als Spielart der umrissenen Konfliktlinien. Gleiches gilt auch für die Konstellationen sowie die moralischen Imaginationen und Verpflichtungen, die sich mit Mutter- bzw. Elternschaft sowie dem leitenden Bild von Familie verbinden.

Die Beiträge dieses Bandes, die größtenteils aus einer Fachtagung zum Thema „Gelingende Geburt" an der Katholischen Akademie in Bayern im Juli 2018 hervorgegangen sind, spiegeln in ihrer ganzen Bandbreite und dem differenzierten Themen- und Disziplinenspektrum die skizzierten Deutungsmachtkonflikte und schlagen ihrerseits differierende, zum Teil selbst konkurrierende Interpretationen vor. Dabei wird hier keine Synthese geboten, sondern die Zusammenstellung der unterschiedlichen Zugänge und Sichtweisen versucht in dieser Mehrperspektivität, ein möglichst genaues Bild der gegenwärtigen Debattenlage zu zeichnen, die doch zugleich aufs Engste mit der Kultur- und Ideengeschichte der Neuzeit verbunden ist.

Am Beginn des Bandes stellt zunächst der Philosoph Matthias Wunsch die Bedeutung der Geburt für den Beginn des menschlichen Lebens heraus. Zu dieser durchaus nicht unumstrittenen, in seinen Ausführungen aber wohl begründeten These gelangt er, indem er zunächst verschiedene Arten, die Frage zu beantworten, was uns zum Menschen macht, unterscheidet: Den Rekurs auf die biologische Zugehörigkeit zu einer Spezies, auf die Möglichkeit, ein menschliches Leben zu führen sowie über das Vorhandensein des Status der Menschenwürde. Je nachdem, welche Perspektive man hier wählt, ergeben sich, so die Weiterführung des Argumentationsgangs, unterschiedliche Auskünfte nach dem Beginn des Lebens. Dabei ergibt sich nur für diejenige Zugangsweise, die das Menschsein des Menschen über die Zugehörigkeit zur Spezies *Homo sapiens* bestimmt, ein Zeitpunkt, der vor der Geburt liegt, nämlich, allen Uneindeutigkeiten der Embryonalentwicklung zum Trotz, ein sehr frühes Stadium der Schwangerschaft. Nimmt man allerdings die Möglichkeit, ein menschliches Leben zu führen und vor allem auch die Fähigkeit, Träger der Menschenwürde zu sein, dazu, so ergibt sich jeweils, dass der Geburt die entscheidende Bedeutung für den Beginn menschlichen Lebens zukommt. Eine umfassende, nicht nur auf das Biologische abzielende Sicht des Menschen kann darum, so die Zielrichtung der Argumentation, mit guten Gründen auf die Geburt als die entscheidende Zäsur für den Beginn des Menschseins zurückgreifen.

Ebenfalls mit dem Blick der Philosophin und doch mit einer anderen Perspektivik und zudem aus einem weiblichen Sehepunkt heraus geht Tanja Stähler den Veränderungen nach, die Schwangerschaft und Geburt für das eigene Welterleben mit sich bringen. Sie beschreibt Schwangerschaft als verdoppelte Erfahrung der eigenen Leiblichkeit, die doch das, was als Eigen-Fremdes erfahren wird, nicht wirklich erkennen lässt – der Wunsch, dieses präsente Nicht-Erkennbare zu sehen, es nicht nur leiblich zu tragen, sondern auch für dessen Weltexistenz Verantwortung zu übernehmen, führt dazu, die Geburt herbeizusehnen. Dieses Herbeisehen der Geburt ergibt sich auch aus den Veränderungen, die eine Schwangerschaft für das eigene Agieren und damit für die Erfahrung eigener Leiblichkeit bedeutet. Das Gewohnte verändert sich, der Aktionsradius, die Möglichkeit, sich zu bewegen, wird kleiner. Schwangerschaft ist eine Distanzierung des normalen, des gewohnten Weltverhältnisses. Mit der Sehnsucht nach der Restitution der ursprünglichen Weltbeziehung korrespondiert das Herbeisehnen der Geburt, mit ihr korrespondiert aber auch eine Haltung des Wartens und der Passivität. Beides ist dabei nicht gleichzusetzen mit Nichtstun, sondern stellt eine eigene Haltung dar. Dieser Charakteristik muss auch jede Unterstützung Schwangerer und Gebärender entsprechen. In den Kategorien Martin Heideggers gesprochen: Sie darf nicht als „einspringende Fürsorge" die Gebärende in den Status des Objekts versetzen, sondern muss als „vorspringende Fürsorge" der Gebärenden Raum verschaffen. Die Bedeutung dieser spezifischen Form von Passivität, von Sehnsucht und Warten geht dabei weit über die Schwangerschaft hinaus, sie begründet eine Haltung, die es erlaubt, dem geborenen und heranwachsenden Kind zu den notwendigen Freiräumen zu verhelfen.

Fokussiert der Beitrag von Tanja Stähler unter Zuhilfenahme vorrangig phänomenologischer Kategorien auf die Bedeutung der Erfahrungen von Schwangerschaft und Geburt für die Schwangeren und Mütter, widmet sich Ludwig Janus aus einer psychiatrischen und psychoanalytischen Perspektive den Bedeutungen, die die Bedingungen vor, während und nach der Geburt für die Einzelnen und die Gesellschaft haben. Janus folgt dabei der Weiterentwicklung der Freud'schen Psychoanalyse bei Otto Rank, der die ganz am Obrigkeitsdenken der Monarchie entwickelte Sichtweise Freuds, der zufolge die ersten für die Persönlichkeitsentwicklung wichtigen Erfahrungen an der Figur eines autokratischen Vaters gemacht werden, korrigierte und stattdessen die Erfahrungen mit der Mutter vor und während der Geburt herausstellte. In diesem Sinne sind die Bedingungen, unter denen eine Schwangerschaft zustande kommt und in denen sie sich ereignet, als Hintergrund der individuellen Weltwahrnehmung zu verstehen und zu berücksichtigen. Hör- und Bewegungserfahrungen lassen sich dabei ebenso dazuzählen wie auch die Erfahrungen von Akzeptanz und Nichtakzeptanz. Die Ergebnisse dieser Perspektiverweiterungen sind, so stellt Janus heraus, für die Geburtsvorbereitung und Geburtshilfe ganz praktisch bedeutsam.

In dem Beitrag der Philosophin Tatjana Noemi Tömmel steht ebenfalls ein Beziehungsgeflecht im Mittelpunkt, allerdings nun nicht das Verhältnis zwischen Mutter und Kind, sondern das der Gebärenden zu ihrem unmittelbaren Umfeld. Ihre Erkundungen zur selbstbestimmten Geburt tragen dabei ganz wesentlich zu einer Näherbestimmung dieses Konzeptes bei, bei dem zugleich die leitende Kategorie der Medizinethik, die Patientenautonomie, auf den Bereich der Geburtshilfe übertragen wird. Tömmel arbeitet heraus, dass sich mit dem Topos der selbstbestimmten Geburt drei verschiedene Themendimensionen verbinden: Ein Rechtsanspruch, eine Fähigkeit sowie ein Ideal. Dabei wird bei der Ausformung der selbstbestimmten Geburt als Rechtsanspruch, in erster Linie als Abwehrrecht gegenüber dem ärztlichen Personal, selbstverständlich die Fähigkeit der Selbstbestimmung vorausgesetzt, die es im Kontext der zweiten Dimension des Begriffes erst zu erheben und zu begründen gilt – und zwar unter den spezifischen Kontexten und möglichen Einschränkungen einer Geburt. Dabei zeigt sich, dass Selbstbestimmung nicht als isolierte Entscheidungsfreiheit zu stehen kommen kann, sondern nur dann ermöglicht wird, wenn eine entsprechende, kontextsensible Aufklärung erfolgt. Selbstbestimmung ist hier gestützte eigene Entscheidungsfindung, die – so die dritte Dimension – getragen sein muss von dem Ideal der selbstbestimmten Geburt. Fürsorge und zusprechende Begleitung sind für die Realisierbarkeit dieses Ideals von herausragender Bedeutung.

Die Studie der beiden Psychologinnen Daniela Noe und Corinna Reck führt zurück auf das Mutter-Kind-Verhältnis im Umfeld der Geburt. Sie verweisen auf die Folgen der mit durchaus erheblicher Inzidenz auftretenden psychischen Störungen im Peripartalzeitraum und stellen deren besondere Bedeutung heraus, insofern diese Störungen nicht nur die Mutter, sondern auch das Kind sowie das gesamte Umfeld beeinflussen können. Während bislang oft die – ebenfalls wichtige – Behandlung depressiver Störungen auf der Seite der Mutter im Vordergrund steht, legen die beiden Autorinnen ein besonderes Augenmerk auf die affektive Interaktionsqualität der Beziehung von Mutter und Kind. Wenn es gelingt, sowohl die Depression zu behandeln als auch die Empathie und Feinfühligkeit der maternalen Reaktionen zu trainieren, lässt sich die Entwicklung von Kindern in positiver Weise beeinflussen.

Olivia Mitscherlich-Schönherr betrachtet ebenfalls das Mutter-Kind-Verhältnis, allerdings aus philosophisch-ethischer Perspektive. Ihr Paradigma einer verstehenden Liebesethik, das sie in seiner Sensibilität für die konkreten geschichtlichen und sozialen Kontexte, gerade auch für die Konflikthaftigkeit der Bilder guter Mutter- bzw. Elternschaft, einer präskriptiven Vernunftethik gegenüberstellt, zielt auf eine vertiefte Auseinandersetzung mit den Praktiken, in denen sich Mutter- bzw. Elternschaft realisiert. Der Leitbegriff, um den sie ihre Überlegungen gruppiert, ist der des „Unterscheidens“, gewonnen aus der paulinischen Rede von der „Scheidung der Geister“ (1. Kor 12,10). Dieses Unterscheiden trennt Praktiken, die in einer bestimmten Konstellation verfolgt werden sollen von denen, die durchaus zu würdigen, aber angesichts der konkreten Anforderungen für diese Situation eben abzulehnen sind. Das bedeutet zugleich, dass eine solche Ethik immer getragen ist von dialogischen Prozessen. Eine besondere Pointe ihres Beitrags liegt dabei darin, Gebären als eine vielfältige Praktik zu beschreiben, in der der Geburt zwar ein zentraler Fokus zukommt, die aber weit über diesen spezifischen Akt hinausgeht. Gebären greift daher aus auf die Elternschaft, es bleibt nicht auf die Mutter beschränkt. Eine Liebesethik des Unterscheidens zielt darauf ab, einen Umgang mit dem Kind zu etablieren, der dem Kind selbst ein zukünftiges Leben in unterscheidender Selbstliebe ermöglicht.

Christina Schües, ebenfalls Philosophin, führt die von Olivia Mitscherlich-Schönherr angezeigte Linie insofern weiter, als sie die für ihren Beitrag zentrale Perspektive des Versprechens, das mit der Geburt verbunden ist, ebenfalls als Kontrapunkt zu einer präskriptiv-normativen Ethik versteht. Mit der Geburt, so ihre These, verbindet sich im Fall des Gelingens ein Versprechen, das auf Beziehungen des Vertrauens und der gegenseitigen Verantwortung zielt. Anknüpfend an Hannah Arendts Betonung der Natalität als Grundkategorie ergibt sich, dass Geborensein sich immer schon in Beziehungen ergibt. Arendt ist auch die Patin für das von Schües gegenüber der älteren Tradition favorisierte Verständnis von Versprechen, nämlich als einen Sicherheit vermittelnden Wegweiser in die Zukunft. Eltern binden sich mit der Geburt an bestimmte Anforderungen gegenüber dem Kind, und zwar, hier geht Schües über Arendt hinaus, nicht im Sinne einer disponiblen Norm, sondern so, dass die Situation, dass das Grundvertrauen der Beziehung, die durch die Geburt begründet wird, dieses Versprechen einfordert. Dabei weist das Versprechen weit über das Verhältnis zum Kind hinaus, es ist zugleich ein Versprechen, das der Welt gilt: Mit der Bereitschaft, ein Kind zu bekommen, verbindet sich zugleich eine Bejahung der Welt.

Auch die Medizinethikerin Claudia Wiesemann nimmt den Gedanken des Versprechens auf, auch sie bezieht sich auf das Faktum der Natalität. Im Unterschied zu Christina Schües aber verbindet sie die Natalität – in unübersehbar anderer Profilierung auch als Hannah Arendt – sehr viel mehr mit dem Gedanken von Abhängigkeit und Unfreiheit, die auf der Seite der Eltern das Versprechen evoziert, sich um das Kind in seinen konkreten Bedürfnissen zu kümmern. Die besondere Zielsetzung der Argumentation Wiesemanns besteht nun darin, diese Bedürftigkeit nicht so weiterzuführen, dass das Kind dabei nur zum Objekt der Fürsorge wird. Vielmehr geht, so ihr Gedanke, vom Kind aufgrund seiner Natalität und aufgrund des Sachverhalts, dass das Kind selbst ein moralischer Akteur sui generis ist, ein moralischer Appell aus, das Vertrauen, das das Kind in die Eltern setzt, nicht zu enttäuschen – und die Eltern antworten darauf mit dem Versprechen, dem zu entsprechen. Aus solchen Beziehungen der Gegenseitigkeit entsteht dann auch eine Familienstruktur, in der alle Beteiligten in ihrem Status als moralische Subjekte ernst genommen sind.

Die Historikerin Marina Hilber unterlegt die eingangs skizzierten Deutungsmachtkonflikte mit einer historischen Perspektive und zeichnet die Geschichte staatlicher Regulierungen um die Geburt nach. Sie interpretiert dabei die Regulierungsbestrebungen gerade des Hebammenwesens weniger als den Versuch einer Unterdrückung, als vielmehr als Ausweis einer Professionalisierung, die allen Hindernissen zum Trotz durchaus zu einem gewissen professionellen Selbstbewusstsein auf der Seite der Hebammen geführt habe. Hilber plädiert angesichts dieser Befunde für eine analytische Distanzierung gegenüber einer einseitig erzählten Konfliktgeschichte zwischen einer weiblichen, auf die Tätigkeit der Hebammen fokussierten Perspektive auf der einen, einer männlichen auf die der Geburtshilfe durch Ärzte ausgerichteten Sicht auf der anderen Seite. Nur durch das Aufhellen der konkreten Kontexte lasse sich ein zutreffendes – und notwendigerweise dann auch ein differenziertes – Bild erreichen.

Die spezifische Perspektive der Hebamme und die daraus resultierende Möglichkeit einer erweiterten, nicht auf medizinisch-technische Parameter reduzierten Bestimmung einer gelingenden Geburt nimmt Sabine Dörpinghaus, selbst Hebamme und Professorin für Hebammenkunde, in den Blick. Methodisch bedient sie sich dabei der hermeneutisch-phänomenologischen Tradition, die es ihr ermöglicht, die affektive, die leibhafte, die vorreflexive Dimension des Gebärens und der Geburt mit zu berücksichtigen. Aufgabe und Proprium der Sichtweise, wie sie durch Hebammen eingebracht werden kann, ist die Deutung und Einordnung der Informationen, die im Zusammenhang der Geburt vor dem Hintergrund der besonderen Beziehung zu den Gebärenden entstehen. In klassischen wissenschaftsorganisatorischen Begriffen beschrieben vollzieht sich damit ein Übergang vom Erklären zum Verstehen bzw., aus der Perspektive der Schwangeren, vom Aufgeklärtwerden zum Verstandensein.

Gegenüber dieser Sichtweise analysiert die Medizinerin Bettina Kuschel die mit dem Topos einer gelingenden Geburt gegebenen Erwartungen aus der Sicht der ärztlichen Geburtshilfe. Die an die Medizin herangetragenen individuellen und gesellschaftlichen Anforderungen bestehen darin, möglichst allen Frauen und Paaren zu einem von ihnen bestimmten Zeitpunkt unter optimalen Bedingungen zu einem gewünschten gesunden Kind zu verhelfen. Diesen Ansprüchen stehen Unterfinanzierung und geringe Personalressourcen gegenüber, ein Sachverhalt, der sich gerade dort herausfordernd bemerkbar macht, wo Kindern mit Behinderungen dieselbe Chance, zur Welt zu kommen, gegeben ist. Gelingende Geburt bedeutet daher auch, jenseits des auch in der Geburtshilfe deutlich vernehmbaren Ökonomisierungsdrucks die notwendigen Ressourcen bereitzustellen.

Die Dimension des Ökonomischen im Zusammenhang von Reproduktion, Geburt und Familie fokussieren auch die Sozialwissenschaftlerinnen Lotte Rose und Birgit Planitz. Sie verweisen darauf, dass die sozialen Ungleichheiten im Kontext von Schwangerschaft und Geburt noch kaum erforscht sind. Die vorliegenden Daten zeigen hier eine eklatante Ungleichverteilung. So sinkt die Zahl der Lebendgeburten pro Frau mit steigendem Bildungsgrad, gleichzeitig nimmt die Anzahl der Kinderwunschbehandlungen mit dem Einkommen zu. Frauen mit einem Fluchthintergrund nehmen signifikant weniger Vorsorgeleistungen in Anspruch. Ähnliche Differenzen lassen sich in fast allen Teilbereichen rund um Schwangerschaft, Geburt und Elternschaft finden. Im Blick auf die vorgestellten Interpretationen und Theoriebildungen dieses Bandes sind diese Ergebnisse deshalb von großem Interesse, weil sie ein gewichtiges Widerlager gegen zu schnelle Deutungen von Phänomenen der Schwangerschaft als einer anthropologischen Konstante darstellen.

Der Beitrag des philosophischen Bioethikers Christoph Rehmann-Sutter führt in ein neues Feld der mit dem Thema „Gelingende Geburt" verbundenen Themenkreise, nämlich die Konflikte, die im Anschluss an eine vorgenommene pränatale Diagnostik beim Vorliegen eines auffälligen Befundes entstehen können. Rehmann-Sutter fragt dabei nach den Motiven, die zur Inanspruchnahme einer solchen Diagnostik führen und vertritt die These, dass es sich hierbei weder um eine liberale Eugenik, noch um eine Maßnahme zur Ermöglichung einer informierten Entscheidung für oder gegen die Beendigung einer Schwangerschaft handelt. Vielmehr steht für Rehmann-Sutter die Sorge um das eigene gute Leben sowie das gute Leben des Kindes im Vordergrund. Damit aber kommt, da solche Konzepte des guten Lebens stets eingebettet sind in gesellschaftliche Rahmenbedingungen, der Gesellschaft die Verantwortung und die Aufgabe zu, Bedingungen zu schaffen, die es betroffenen Paaren ermöglichen, wirklich zu einer selbstbestimmten Entscheidung zu gelangen.

Während der Beitrag von Rehmann-Sutter die Entscheidung für oder gegen einen Schwangerschaftsabbruch gerade bei einem auffälligen pränataldiagnostischen Befund in den Ermessensspielraum der Betroffenen legen möchte, kommt Markus Rothhaar, ebenfalls philosophischer Bioethiker, zu dem Ergebnis, dass solche Abbrüche, die in Deutschland faktisch bis zur Geburt möglich sind, rechtsphilosophisch und ethisch nicht zu rechtfertigen sind. Die im Hintergrund der deutschen Regelung stehende Unterstellung, dass das Ungeborene nicht in demselben Maße Träger von Menschenwürde und Menschenrechten ist, erweist sich in seiner Perspektive als nicht tragfähig, die von manchen Beiträgen auch in diesem Band vertretene Überzeugung, dass die Geburt eine zentrale Zäsur darstelle, lasse sich, so Rothhaar, nicht konsistent begründen. Wenn eine nachgeburtliche Kindestötung unzulässig sei, dann müsse dasselbe auch für das vorgeburtliche Leben, gerade in den späteren Phasen der Schwangerschaft, gelten.

Diese strikte, aber auch konsistente Position teilt die Juristin A. Katarina Weilert nicht in vollem Umfang. In ihrem Beitrag erörtert sie detailliert, wie sich die Grundrechte des bereits außerhalb des Mutterleibs überlebensfähigen Embryos zu denen seiner Eltern verhalten. Dabei wird zunächst festgehalten, dass auch für das Ungeborene der Schutz der Menschenwürde, des Lebens sowie das Diskriminierungsverbot gilt. Diese Rechte sind aber gegen den Schutz, den die Grundrechte der Mutter gewähren, abzuwägen. Dabei verbietet sich eine grundsätzliche Aussage, entscheidend ist, so die Argumentation Weilerts, der Einzelfall. Gerade dann aber komme es, so die Pointe der Studie, darauf an, dass die gesellschaftlichen Rahmenbedingungen ein Klima vorgeben, in denen eine solche Abwägung nicht im Regelfall aufgrund einer unzumutbaren Belastung für die

Mutter gegen das Kind ausfällt, sondern umgekehrt das Leben mit einem Kind mit Behinderungen selbst als eine gut mögliche Lebensweise erscheinen lässt.

In dieser Perspektive zeigen die beiden letzten Beiträge exemplarisch die unterschiedlichen Zugänge zur Thematik dieses Bandes, sie repräsentieren, wie die anderen Studien auch, die mit diesem Feld verbundenen kontroversen Deutungen. Als Herausgebende hoffen wir, dass die in diesem Band getroffene Zusammenstellung von Argumentationen, Interpretationen und Positionen hilft, sich selbst ein umfassendes Bild der Debatte zu machen. Unser herzliches Dankeschön gilt allen Autorinnen und Autoren, der Katholischen Akademie in Bayern für ihre Gastfreundschaft, Frau Elisabeth Perschthaler und Frau Elisabeth Woehlke für das sorgfältige Korrekturlesen sowie dem Verlag Walter de Gruyter für die reibungslose Zusammenarbeit.

München, im Juli 2020
Olivia Mitscherlich-Schönherr
Reiner Anselm

I Philosophische Theorien über die Geburt von Menschen

Matthias Wunsch

Konzeptionen des Lebensbeginns von Menschen

Zusammenfassung: Es gibt verschiedene Konzeptionen des Lebensbeginns von Menschen. Sie können grundsätzlich anhand von Konzeptionen des Menschseins unterschieden werden. Was uns zu Menschen macht, lässt sich über die Zugehörigkeit zur biologischen Art *Homo sapiens*, über den alltäglichen Umstand, ein menschliches Leben zu führen, oder in praktischer Hinsicht über den Würdestatus bestimmen. Der Aufsatz untersucht, wie sich daraus Maßstäbe für die Klärung der Frage nach dem Lebensbeginn von Menschen gewinnen lassen. Das führt zu einer facettenreichen Sicht des menschlichen Lebensbeginns, in der der Geburt neben den biologischen Kriterien die entscheidende Rolle zukommt. Diese Sicht wird gegen eine Reihe von Einwänden verteidigt und im Schlussabschnitt auf das Problem der Einheit des Menschseins bezogen.

1 Einleitung

Auf die Frage nach dem Beginn des menschlichen Lebens werden ganz verschiedene Antworten gegeben. Das liegt unter anderem daran, dass für diese Antworten unterschiedliche Quellen und Autoritäten geltend gemacht werden. Sieht man einmal von der Antwort des berühmten Schlagersängers Udo Jürgens ab, der „Mit 66 Jahren, da fängt das Leben an“ sang, und geht absteigend chronologisch vor, wird man zuerst an die im Alltagsverständnis gut etablierte Antwort „Mit der Geburt“ denken. Gestützt auf das Recht, die Biologie oder den Glauben kommt dann eine Reihe vorgeburtlicher Datierungen in Betracht. Wenn im juristischen Zusammenhang von „Menschen“ die Rede ist, kommt es auf den jeweiligen Fokus an. Mit Blick auf die Tötungstatbestände (Mord, Totschlag, fahrlässige Tötung) im deutschen Strafgesetzbuch (§§ 211–213, 216, 222 StGB) ist die Abgrenzung zwischen „Mensch“ und der sogenannten „Leibesfrucht“ entscheidend. Da diese Tatbestände vor dem Geburtsakt nicht greifen, wird der Beginn des Lebens von Menschen in dieser Perspektive in der Regel auf das Einsetzen der Eröffnungswehen datiert. Dagegen ist mit Blick auf gesetzliche Regelungen zum Schwangerschaftsabbruch der „Abschluß der Einnistung des befruchteten Eies in der Gebärmutter“ entscheidend (§ 218 StGB). Dem so gekennzeichneten Zeitpunkt – dem etwa der 16. Tag nach der Empfängnis entspricht (Viebahn 2003, 273) – kommt insofern große Bedeutung zu, als das Bundesverfassungsgericht in

https://doi.org/10.1515/9783110719864-002

seinen Entscheidungen zum Schwangerschaftsabbruch (1975 und 1993) dem ungeborenen menschlichen Leben schon von da an Menschenwürde zuspricht (BVerfGE 39, 1 (37 & 41), BVerfGE 88, 203 (251f)). Als ein gut begründetes biologisches Kriterium könnte das Einsetzen der genetischen Selbststeuerung ab 40 Stunden nach der Befruchtung der Eizelle gelten. Die Glaubenskongregation der katholischen Kirche schließlich hat sich dagegen in ihrer Instruktion ‚Donum vitae' auf einen noch früheren Zeitpunkt festgelegt, und zwar das Eindringen des Spermiums in die Eizelle.

Die genannten Antworten weisen weniger auf eine Meinungsverschiedenheit in der Sache als auf ein unterschiedliches Verständnis von ‚Beginn des menschlichen Lebens' hin. Wie lassen sich die verschiedenen Konzeptionen des Lebensbeginns systematisch begreifen und bewerten? Die Perspektive, aus der ich das untersuchen werde, ist die der Philosophischen Anthropologie. Das bedeutet, dass ich das Fragen nach dem Menschen in den Mittelpunkt stelle und dabei nicht nur auf Überlegungen der theoretischen und praktischen Philosophie zurückgreife, sondern auch auf Ergebnisse der relevanten Einzelwissenschaften.

Das lässt sich in einige konkrete Ausgangsüberlegungen übersetzen. Sobald das Leben eines Menschen beginnt, gibt es ihn bzw. existiert er. Die Frage nach dem Beginn des Lebens von Menschen lässt sich daher als Frage nach dem Beginn des Menschseins selbst verstehen. Die Beantwortung der Frage nach dem Beginn unseres Menschseins setzt aber ein Wissen darum voraus, was uns zu Menschen macht. Denn um zu klären, wann unser Menschsein beginnt, brauchen wir eine Art Maßstab; ein solcher Maßstab lässt sich aber nur durch ein Verständnis davon gewinnen, was genau es ist, das uns zu Menschen macht. Bekanntlich gibt es ganz verschiedene Vorschläge dazu. Max Scheler, einer der Begründer der modernen Philosophischen Anthropologie, hat einmal geschrieben: „Der Mensch ist ein so breites, buntes, mannigfaltiges Ding, daß die Definitionen alle ein wenig zu kurz geraten. Er hat zu viele Enden!" (Scheler 1915, 175). Mein Punkt ist entsprechend: Es gibt deshalb verschiedene Konzeptionen des Lebensbeginns von Menschen, weil es unterschiedliche Konzeptionen dessen gibt, was uns zu Menschen macht.

Vor dem skizzierten Hintergrund starte ich im Folgenden mit der Frage, was uns zu Menschen macht. Ich werde drei Arten unterscheiden, diese Frage zu beantworten (1). Auf dieser Grundlage beginne ich dann zu prüfen, ob sich daraus Maßstäbe für die Hauptfrage nach dem Lebensbeginn von Menschen gewinnen lassen und welche Antworten sich daraus gegebenenfalls ergeben (2). Ein eigener Abschnitt ist dann demjenigen Spezialfall dieser Frage gewidmet, der den Beginn des menschlichen Lebens mit Würdestatus betrifft (3). Aus diesen Überlegungen ergibt sich eine komplexe Sicht des Lebensbeginns von Menschen. Ich diskutiere einige Einwände gegen diese Sicht (4), bevor ich abschließend ein Fazit mit Blick auf die Hauptfrage und das Problem der Einheit des Menschseins ziehe (5).[1]

2 Was macht uns zu Menschen?

Es gibt verschiedene Arten, die Frage zu beantworten, was uns zu Menschen macht. Sie kann erstens durch Hinweis auf die Zugehörigkeit zur Art *Homo sapiens* beantwortet werden, zweitens mit Blick auf den Umstand, ein menschliches Leben zu führen, bzw. auf die Mitgliedschaft in der menschlichen Lebensform oder drittens mit Verweis auf den spezifischen Status der Menschenwürde. Ich werde diese Antworten der Reihe nach durchgehen.

Der ersten Antwort zufolge ist es die Zugehörigkeit zur Art *Homo sapiens*, also eine bestimmte biologische Art und Abstammung, die uns zu Menschen macht. Worin diese Zugehörigkeit genau besteht, ist eine wissenschaftliche Frage, die vor allem durch die Biologie zu klären ist. Ein Kriterium des Menschseins, das sich auf diesem Wege ergibt, ist deskriptiver Art, das heißt, es wird durch beschreibende Merkmale formuliert.

Zweitens kann sich die Antwort auf die Frage, was uns zu Menschen macht, stärker an grundbegrifflichen Aspekten unseres Alltagsverständnisses orientieren. *Eine* Weise, die Antwort zu formulieren, ist dann: Der Umstand, ein menschliches Leben zu führen, macht uns zu Menschen. Mit einem menschlichen Leben meine ich an dieser Stelle weder schon ein menschenwürdiges Leben noch ein Leben nach Maßstäben der Menschlichkeit. Umgekehrt ist die Rede von der Lebens*führung* aber anspruchsvoller als die Rede vom Lebendigsein. Eine notwendige Bedingung ihrer Angemessenheit kann aus meiner Sicht folgendermaßen formuliert werden: Wer ein menschliches Leben führt, steht, gebunden an das Medium eines eigenständigen Körperleibs, in einer direkten Beziehung zur Welt und ist insbesondere auch ein Mitglied der sozialen Welt. Eine solche Beziehung und Mitgliedschaft erfordert auf der basalen Ebene Wärme, Sauerstoff, Nahrung und Zuwendung. Der direkte Welt- und Mitweltbezug, der zum Führen eines menschlichen Lebens gehört – „In-der-Welt-sein" mit Martin Heidegger oder „Für-die-Welt-sein" mit Nicolai Hartmann gesprochen – kommt auch in den Blick, wo man eine alternative Formulierung dieser zweiten Antwort wählt und erklärt, was uns zu Menschen macht, ist die Mitgliedschaft in der menschlichen Lebensform.

1 Für Anregungen, Kommentare und kritische Nachfragen, die ich im Anschluss an eine Präsentation einer früheren Fassung der folgenden Überlegungen erhalten habe, danke ich Reiner Anselm, Bianka Bartelt, Ludwig Janus, Olivia Mitscherlich-Schönherr, Markus Rothhaar, Niklas Schleicher, Matthias Schloßberger und Claudia Wiesemann.

Denn diese Lebensform steht immer schon in Beziehung zur menschlichen Lebenssphäre und bei dieser handelt es sich um das, was in der modernen Philosophischen Anthropologie ‚Welt' heißt. Was uns zu Menschen macht, ist hier der körperleiblich gebundene und realisierte direkte Weltbezug, der zur Lebensführung des Menschen bzw. zur Mitgliedschaft in der menschlichen Lebensform gehört.

Die dritte Antwort auf die Frage, was uns zu Menschen macht, lautet: der Besitz eines bestimmten Status, und zwar der Würde.[2] Es gibt verschiedene Bedeutungen des Begriffs ‚Würde'. Ich verstehe unter dem Begriff hier nicht das, wovon die Rede ist, wenn wir beispielsweise sagen, jemand habe ein würdevolles Auftreten, sondern eher das, was Immanuel Kant meint, wenn er Würde als einen absoluten Wert versteht (Kant 1785, 428 ff), oder das, wovon in der „Allgemeinen Erklärung der Menschenrechte" die Rede ist, wenn jedem Menschen Würde zugesprochen wird. ‚Würde' bezeichnet einen Status. Auch ‚Status' kann Verschiedenes bedeuten (vgl. Honnefelder 2002, 63). Einerseits nennt man die deskriptiv feststellbare Verfassung, in der etwas zu einem bestimmten Zeitpunkt ist, dessen Status. Dazu zähle ich auch die funktionalen Zustände von Systemen. So bezeichnet die Rede vom Status eines Automaten oder einer Maschine dessen Funktionszustand. Andererseits bezeichnet man die normativ bedeutsame Stellung, die etwas in einem bestimmten sozialen Kontext zukommt, als dessen Status. Beispielsweise hat eine Person, die Trainer eines Fußballteams ist, einen Status, der es ihr erlaubt, die Aufstellung festzulegen und Auswechslungen vorzunehmen; oder ein Stück Papier, das als Ticket im Nahverkehrssystem Münchens gilt, hat einen bestimmten Status, da es die Inhaberin berechtigt, U-Bahn zu fahren. Im Unterschied zum Status im Sinne der Verfassung etwa einer Maschine ist ein Status in diesem zweiten Sinn direkt mit Erlaubnissen, Berechtigungen, Rechten oder Verpflichtungen verbunden. Diese Art von Status lässt sich (anknüpfend an Searle 1995) als „deontischer Status" bezeichnen. Der Würdestatus ist ein deontischer Status, weil an ihn eine ganze Reihe von Grundrechten geknüpft ist. Seine Besonderheit ist erstens, dass er unter allen uns bekannten Dingen der realen Welt *allein* Menschen zukommt, und zweitens, dass er ausnahmslos und fraglos *jedem* Menschen zukommt. Aus genau diesem Grund kann man sagen, was uns zu Menschen macht, ist der Besitz des Würdestatus.

---

2 Für einen einführenden Überblick zur Thematik der Menschenwürde siehe Düwell 2014.

3 Wann beginnt das Leben von Menschen?

Die vorliegende Skizze der drei Konzeptionen von dem, was uns zu Menschen macht, ist eine wichtige Vorbereitung der Untersuchung der Frage, wann das Leben von Menschen beginnt. Denn nun lässt sich prüfen, ob und inwiefern diese drei Konzeptionen des Menschseins Maßstäbe zur Verfügung stellen, mit denen sich klären lässt, wann unser Menschsein beginnt. Um das im Einzelnen auszuführen, orientiere ich mich an der vorigen Reihenfolge.

Wer die Zugehörigkeit zur Art *Homo sapiens* für entscheidend dafür hält, was uns zu Menschen macht, wird nicht nur diese Zugehörigkeit selbst, sondern auch ihren Beginn für einen Gegenstand der Biologie halten. Die Frage ist dann: Wann beginnt das biologisch verstandene Menschsein bzw. das biologische Leben von Menschen? Gesucht wird damit ein biologischer Maßstab, der festlegt, ab wann individuelles Menschsein beginnt. In der Regel führt das dazu, dass der Beginn des menschlichen Lebens auf einen vorgeburtlichen Zeitpunkt datiert wird, und dafür gibt es eine ganze Reihe von Möglichkeiten. Hier eine Übersicht:[3]

Da weder ein Spermium noch eine Eizelle für sich genommen schon Lebewesen der Art *Homo sapiens* sein können, kann das Eindringen eines Spermiums in eine Eizelle, durch das andere Spermien bereits ausgeschlossen werden, als Referenzdatum gewählt werden ($t = 0$). Dieser als ‚Imprägnation' bezeichnete Vorgang kann damit als frühste mögliche Datierung des Beginns des menschlichen Lebens gelten. Ein zweites Kriterium für den Beginn individuellen Menschseins mag die Vereinigung der Vorkerne und damit der mütterlichen und väterlichen DNA zu einer einzigen Einheit sein. In diesem Prozess, der nach etwa 24 Stunden abgeschlossen ist, bildet sich die sogenannte Zygote. Das dritte Kriterium bindet den Beginn des Menschseins an den Beginn der genetischen Selbststeuerung, also an die erstmalige Verwendung (Transkription) der zygotischen ‚embryoeigenen' genetischen Informationen im 4- bis 8-Zellenstadium, ab 40 Stunden nach der Befruchtung. Das vierte Kriterium hebt den Zeitpunkt hervor, ab dem die normale eineiige Zwillingsbildung ausgeschlossen ist (etwa am 4. Tag). Mit ‚normal' meine ich, dass zu diesem Zeitpunkt noch nicht ausgeschlossen ist, dass sich in irgendeiner Weise miteinander verwachsene Zwillinge (sogenannte ‚Siamesische Zwillinge') bilden. Das ist erst mit dem Erscheinen des Primitivstreifens, etwa am 14. Tag, der Fall, mit dem (insbesondere auch bei eineiigen Zwillingen) die Entwicklung eines einzelnen Individuums möglich wird; das ist das sechste Kriterium. Davor liegt noch das fünfte Kriterium, die Einnistung des Embryos in die Wand der Gebärmutter (Nidation), durch die erst die

3 Mit dieser Übersicht knüpfe ich teilweise wörtlich an Viebahn 2003 an.

säugertypische intrauterine Entwicklung beginnt. Der Vorgang startet am 6. Tag nach der Befruchtung und ist etwa am 16. Tag abgeschlossen. Die Liste kann mit dem Auftreten des Vorläufergewebes des Zentralnervensystems in der dritten Woche als siebtem Kriterium abgeschlossen werden. Die Bedeutung dieses Kriteriums ergibt sich daraus, dass vorher die physiologische Grundlage der Empfindungsfähigkeit fehlt.

Insgesamt orientiert sich diese Übersicht an „funktionellen Meilensteinen der embryonalen Frühentwicklung" (Viebahn 2003). Ich halte es für sinnvoll, die Kriterien in zwei Gruppen zu unterteilen. Die ersten drei Kriterien gehören zusammen, da sie die möglichen Antworten auf die Frage nach der frühstmöglichen biologischen Datierung des Lebensbeginns von Menschen darstellen. Die restlichen Kriterien bilden eine zweite Gruppe. Denn sobald sie greifen, hat sich der Embryo schon in den Trophoblasten und den Embryoblasten differenziert. Das ist deshalb eine wichtige Unterscheidung, weil der ‚eigentliche' Embryo, aus dem dann später auch der Fötus wird, sich nur aus dem Embryoblasten entwickelt, während aus dem Trophoblasten das Versorgungsgewebe und später die Plazenta wird. Ich werde auf diesen Punkt im Schlussabschnitt noch einmal näher eingehen.

Zunächst möchte ich prüfen, inwieweit sich aus den beiden nicht-biologischen Konzeptionen des Menschseins Maßstäbe ergeben, wann unser Menschsein beginnt. Mein Ausgangspunkt war, dass es verschiedene Konzeptionen des Lebensbeginns von Menschen gibt, weil es unterschiedliche Konzeptionen dessen gibt, was uns zu Menschen macht. Dies lässt sich aber nicht nur biologisch bestimmen, sondern auch zweitens mit Blick auf den Umstand, ein menschliches Leben zu führen, oder drittens mit Verweis auf den spezifischen Status der Menschenwürde. Um zu prüfen, ob und inwieweit sich daraus Maßstäbe gewinnen lassen, die Hauptfrage „Wann beginnt das Leben von Menschen?" zu beantworten, ist also zweitens zu fragen: Wann beginnt das Menschsein im Sinne der Lebensführung bzw. das Führen eines menschlichen Lebens? Und es ist drittens zu fragen: Wann beginnt das Menschsein als Würdewesen bzw. das menschliche Leben mit Würdestatus?

Im vorigen Abschnitt habe ich bereits einige Grundzüge der menschlichen Lebensführung bzw. Lebensform genannt. Wer ein menschliches Leben führt, steht, gebunden an einen eigenständigen Körperleib, in einem direkten Verhältnis zur Welt und ist insbesondere Mitglied der sozialen Welt. Ich denke, dass all dies für geborene Menschen, nicht aber für menschliche Embryos oder Föten gilt, und möchte erläutern, in welchem Sinn das so ist. Ein menschlicher Embryo ist sicher ein menschliches Lebewesen und entwickelt sich im Laufe der Schwangerschaft auch zu einem menschlichen Organismus. Um verständlich zu machen, inwiefern menschliche Embryos oder Föten dennoch kein menschliches Leben führen, ist zunächst geltend zu machen, dass sie allenfalls einen funktional in den Körperleib der Schwangeren integrierten, aber keinen eigenständigen Körperleib haben (Wiesemann 2018). Dies ändert sich vor der Geburt auch nicht. Außerdem ist darauf hinzuweisen, dass ein menschlicher Embryo oder Fötus nicht in einem direkten Verhältnis zur Welt steht. Vielmehr besteht seine Umgebung durchgängig in dem Körperleib der Schwangeren; und da, wo seine Außenbeziehung darüber hinausgeht, ist sie immer in dem Sinne indirekter Art, dass sie durch einen anderen Körperleib vermittelt ist.[4] Schließlich ist zu betonen, dass menschliche Embryos oder Föten nicht selbst Mitglieder der sozialen Welt sind. Sie sind in der sozialen Welt weder direkt agierend noch direkt adressierbar – allenfalls jeweils über bzw. durch den Körperleib der Schwangeren. Wenn also das, was uns zu Menschen macht, das Führen eines menschlichen Lebens ist, dann ergibt sich daraus ein Maßstab für den Beginn unseres Menschseins. Mit diesem Maßstab muss der Beginn unseres Menschseins auf die Geburt datiert werden (siehe eine vergleichbare Konzeption bei Gerhardt 2001 u. 2004).

4 Wann beginnt das menschliche Leben mit Würdestatus?

Damit gehe ich zur dritten Frage über: Wann beginnt das menschliche Leben mit Würdestatus? Dazu eine vorbereitende Frage: Was macht uns zu Wesen mit Würdestatus? Wenn das klar ist, lässt sich fragen, ab wann wir gewissermaßen das haben, was uns zu Wesen mit Würdestatus macht. Es ist damit zu rechnen, dass es auch unbefriedigende oder falsche Überlegungen dazu gibt, was uns zu Wesen mit Würdestatus macht. Solche Überlegungen sollten selbstverständlich nicht in die Beantwortung der Frage nach dem Beginn des menschlichen Lebens mit Würdestatus eingehen. Um eine Orientierung an den *überzeugenden* Ant-

---

4 Nach ihrer Geburt stehen Menschen in einem direkten Verhältnis zur Welt. Helmuth Plessner hat diese Direktheit selbst als indirekt qualifiziert und von einer „indirekten Direktheit" gesprochen (Plessner 1928, 324 u. ö.). Sein Gedanke ist, dass jede direkte menschliche Weltbeziehung vermittelt ist, und zwar durch bestimmte Formen der Mitweltlichkeit. Vor diesem Hintergrund ließe sich der Einwand erheben, dass sowohl beim menschlichen Fötus als auch beim geborenen Menschen eine indirekte Direktheit des Weltverhältnisses vorliegt und zwischen diesen beiden Fällen indirekter Direktheit kein prinzipieller Unterschied besteht. Aus meiner Sicht ist dieser Einwand nicht überzeugend, weil es bei menschlichen Föten (anders als bei geborenen Menschen) keinerlei Direktheit des Weltverhältnisses gibt. Entsprechend ist es auch nicht die Direktheit des Weltverhältnisses, die bei menschlichen Föten indirekt ist, sondern ihr Weltverhältnis selbst.

worten auf die Frage, was uns zu Wesen mit Würdestatus macht, zu ermöglichen, ist vorbereitend in Überblick zu bringen, worin überhaupt begründet sein kann, dass wir den Würdestatus haben. Dann lässt sich für die verschiedenen Antwortoptionen untersuchen, ob die betreffende Begründung erfolgreich ist. Schließlich wäre da und nur da, wo das der Fall ist, zu klären, welche Antwort sich daraus für die Frage nach dem Beginn des menschlichen Lebens mit Würdestatus ergibt.

Ich möchte vier Optionen unterscheiden, die Frage zu beantworten, worin begründet ist, dass wir den Würdestatus haben: 1. in Gott, 2. in der ‚Natur des Menschen', 3. in einer politischen Errungenschaft und 4. in einer bestimmten Fähigkeit.

Die erste Antwort, dass unser Besitz des Würdestatus in Gott begründet ist, erscheint mir in philosophischer Hinsicht unbefriedigend. Der Grund dafür ist, dass diese Antwort nur für den Kreis der Gläubigen überzeugend ist, aber keine Aufschlusskraft für nicht-gläubige Personen besitzt.

Ein zweiter Vorschlag dazu, worin es begründet ist, dass wir den Würdestatus haben, besagt: in der ‚Natur des Menschen'. Auch diese Auffassung erscheint mir problematisch. Manchmal, beispielsweise von Robert Spaemann, wird gesagt, Würde bzw. Personsein sei „der einzige Status, der niemandem von anderen verliehen wird, sondern der jemandem *natürlicherweise* zukommt" (Spaemann 1996, 26; meine Hvh.). Es fragt sich allerdings: Wenn es überhaupt einen deontischen Status gibt, der jedem Menschen von Natur aus zukommt, warum dann nicht gleich mehrere? Und wie kann man herausfinden, dass uns *irgendein* deontischer Status von Natur zukommt? Und was wird unter ‚Natur' verstanden, wenn gesagt wird, die Natur garantiere einen deontischen Status? Im Hintergrund dieser letzten Frage steht die Skepsis gegen Konzeptionen, denen zufolge die Natur etwas wie Sinn, Normen, Zwecke oder Werte enthält. Diese Skepsis geht mit der Einschätzung einher, dass die Auffassung, jedem Menschen komme von Natur aus ein bestimmter deontischer Status zu, einen Rückfall in eine nicht mehr haltbare, vormoderne Naturauffassung bedeute. Nach dem Aufstieg der neuzeitlichen Naturwissenschaften und der damit einhergehenden wissenschaftlich geprägten Naturkonzeption lässt sich ein deontischer Status, der jedem Menschen von Natur aus zukäme, demnach nur um den Preis einer Wiederverzauberung der Natur annehmen. Ich denke daher, dass es keine normativ bedeutsame Stellung von Natur aus gibt und jeder deontische Status ein zugeschriebener bzw. vereinbarter Status ist.

Nachdem sich gezeigt hat, dass die ersten beiden Vorschläge dazu, worin unser Würdestatus begründet ist – in Gott oder in der ‚Natur des Menschen' –, nicht erfolgreich sind, stellt sich nun die Frage, ob die beiden anderen Vorschläge weiterführen.

Der dritte Vorschlag besagt: Dass wir den Würdestatus bzw. die betreffende Stellung haben, ist in einer politischen Errungenschaft begründet. Diese besteht darin, dass eine institutionelle Tatsache mit universellem Geltungskontext geschaffen wurde, und zwar dass wir als Menschen zählen bzw. gelten, das heißt als Wesen mit Würdestatus, wobei diesem Status gewisse Rechte, die sogenannten ‚Menschenrechte' anhängen. Aufgrund dieser Tatsache hat der Begriff ‚Mensch' über den biologischen Sinn hinaus die Rolle eines Statusbegriffs. Als Statusbegriff ist er Begriffen wie ‚Geld' oder ‚Ehepartner' vergleichbar: Den mit all diesen Begriffen verbundenen Status hängen Rechte (oder allgemein und mit John Searle gesprochen: deontische Mächte) an. Anders als etwa im Fall von ‚Geld' und ‚Ehepartner' sind die Rechte beim Statusbegriff ‚Mensch' aber nicht durch eine vorherbestehende Institution definiert (vgl. Searle 2010, 182). Gleichwohl ist es von nicht nur akzidenteller Bedeutung, dass die Tatsache, dass wir als Würdewesen gelten, in den UN-Menschenrechtsabkommen kodifiziert wurde (vgl. Schürmann 2007), insbesondere in den Internationalen Pakten „über bürgerliche und politische Rechte" sowie „über wirtschaftliche, soziale und kulturelle Rechte", das heißt dem UN-Zivilpakt und dem UN-Sozialpakt. Beide Pakte gehen auf das Jahr 1966 zurück und sind 10 Jahre später offiziell in Kraft getreten. Sie sind mittlerweile durch 173 und durch 170 Staaten ratifiziert worden. Im Unterschied etwa zur „Allgemeinen Erklärung der Menschenrechte" (AEMR) von 1948 handelt es sich sowohl beim UN-Zivilpakt als auch beim UN-Sozialpakt um völkerrechtsverbindliche Verträge. Und inhaltlich – das ist im vorliegenden Zusammenhang ebenfalls wichtig – gehen beide von der „dem Menschen innewohnenden Würde (inherent dignity of the human person)" aus.[5]

Dass wir den Würdestatus haben, ist demnach in dem Sinne in einer politischen Errungenschaft begründet, dass es selbst eine institutionelle Tatsache mit universellem Geltungskontext ist, die zudem völkerrechtsverbindlich kodifiziert ist. Dieser dritte Vorschlag bringt uns einen entscheidenden Schritt voran. Denn wenn der Besitz des Würdestatus das ist, was uns zu Menschen macht, bietet die Kodifizierung dieses Status in Gestalt der UN-Menschenrechtsabkommen einen neuen Hintergrund, vor dem man fragen kann, ab wann Menschsein beginnt. Die Frage lautet dann, wie lange genau wir jeweils schon Würdewesen sind. Die genannten Abkommen geben in dieser Frage in der Tat wichtige Hinweise. Bereits in der AEMR heißt es in Artikel 1: „Alle Menschen sind frei und gleich an Würde und

5 Vgl. die Präambel beider Pakte sowie Art. 10 des UN-Zivilpakts. Siehe https://treaties.un.org/Pages/ViewDetails.aspx?src=TREATY&mtdsg_no=IV-4&chapter=4&lang=en und https://treaties.un.org/Pages/ViewDetails.aspx?src=TREATY&mtdsg_no=IV-3&chapter=4&clang=_en, zuletzt aufgerufen am 15.04.2020. Unter den genannten Links finden sich auch die erwähnten Informationen zum Stand der Ratifizierung.

Rechten geboren". Würde wird damit geborenen Menschen, nicht aber ungeborenem menschlichen Leben zugesprochen. Genau dies ergibt sich auch aus den beiden UN-Menschenrechtspakten. Dort ist von der Menschenwürde als einer „allen Mitgliedern der menschlichen Gesellschaft innewohnenden Würde (all members of the human family)" die Rede.[6] Gewöhnlich sprechen wir nur von konkreten Gesellschaften bzw. konkreten Familien, nicht aber von *der menschlichen* Gesellschaft bzw. Familie. Um zu klären, wer alles zu dieser Gruppe gehört, liegt es gleichwohl nahe, den Begriff der Mitgliedschaft hier im Sinne der üblichen Bedeutung zu verstehen. Dies vorausgesetzt gilt aufgrund des zeitlichen Indexes der Mitgliedschaft in einer Gesellschaft bzw. Familie: Die verstorbenen Großeltern meines Vaters waren einmal, aber sind nicht mehr Mitglieder einer Gesellschaft bzw. unserer Familie und die Enkelkinder meiner Tochter, sollte sie welche haben, noch nicht. Ebenso gehört ein ungeborener Fötus (noch) nicht zu einer Gesellschaft oder Familie.[7] Er wird noch nicht sozialisiert und nimmt seinen Platz in der Familie (wenngleich dieser schon vorbereitet sein kann) erst mit der Geburt ein (vgl. Tugendhat 1993, 194). Wenn also ‚Mitgliedschaft' in einer Gesellschaft oder Familie im üblichen Sinn verstanden wird, aber nicht von einer konkreten Gesellschaft oder Familie, sondern von der menschlichen die Rede ist, dann ist festzustellen, dass ein menschlicher Embryo erst durch Geburt zu einem Mitglied der menschlichen Gesellschaft bzw. Familie wird. Wie schon mit Blick auf Artikel 1 der AEMR ergibt sich damit auch hier dieselbe Antwort: Das menschliche Leben mit Würdestatus beginnt mit der Geburt.

Damit wende ich mich einem vierten Vorschlag zu; er besagt: Dass wir den Würdestatus haben, ist in einer bestimmten Fähigkeit begründet. Dieser Vorschlag, den ich als den ‚Fähigkeitenansatz' bezeichne, ist weit verbreitet. Er tritt in einer Reihe von Varianten auf, die sich hauptsächlich danach unterscheiden, welche Fähigkeit für würdegarantierend gehalten wird. Um eine bezüglich dieser Unterschiede neutrale Diskussion führen zu können, wähle ich ‚Φ' zur Bezeichnung der betreffenden Fähigkeit. Je nach Fähigkeitenansatz mag ‚Φ' für die Fähigkeit der Zwecksetzung, moralische Autonomie (Freiheit), bestimmte kognitive Fähigkeiten (etwa die Abstraktionsfähigkeit), Selbstbewusstsein, die Fähigkeit, zukunftsorientierte Wünsche (Präferenzen) zu bilden, oder noch für andere Fä-

6 Vgl. die Präambel beider Pakte. Dass diese Würde allen innewohnt, bedeutet, dass sie nicht von irgendeiner Leistung abhängig ist; und die Rede von der „human family" soll eine Unterscheidung nach „Rassen" ausschließen (vgl. Tiedemann 2007, 26, mit Blick auf die Präambel der AEMR).

7 Vgl. an dieser Stelle die kritische Analyse des Begriffs ‚ungeborenes Kind' bei McCullough/Chervenak 2008.

higkeiten bzw. Kombinationen aus ihnen stehen.[8] Die Voraussetzung des Fähigkeitenansatzes lässt sich dann so formulieren, dass jedes Wesen, das aktual Φ hat, Würde hat.

Der Fähigkeitenansatz ist im hier verfolgten Diskussionskontext insofern wichtig, als er in Aussicht stellt, die Frage, wann das menschliche Leben mit Würdestatus beginnt, anders als bisher zu beantworten. Insbesondere sind hier solche Antworten von Interesse, die den fraglichen Zeitpunkt für vorgeburtlich erklären. Es lassen sich im Wesentlichen drei Strategien unterscheiden, Begründungen für solche Antworten zu liefern. Sie werden in der Forschungsliteratur als das ‚Kontinuumsargument', das ‚Identitätsargument' und das ‚Potentialitätsargument' bezeichnet.[9] Alle drei gehen, wie gesagt, von der Voraussetzung aus, dass jedes Wesen, das aktual Φ hat, Würde hat. Das Kontinuumsargument besagt dann, dass unter dieser Voraussetzung bereits jeder menschliche Embryo Würde hat, weil er sich, „unter normalen Bedingungen, kontinuierlich (ohne moralrelevante Einschnitte) zu einem menschlichen Wesen entwickeln [wird], das aktual Φ" hat (Damschen/Schönecker 2003a, 3). – Das Identitätsargument dagegen folgert unter der erwähnten Voraussetzung und der zusätzlichen Prämisse, dass viele aktual Φ habende Erwachsene mit Embryonen in moralrelevanter Hinsicht identisch sind, in einem ersten Schritt, dass die Embryonen, mit denen sie identisch sind, Würde haben. Wenn aber überhaupt einige Embryonen Würde haben, so die anschließende Überlegung der Argumentation, dann wäre es falsch, sie anderen Embryonen abzusprechen. Alle Embryonen, so dann im zweiten Schritt die Schlussfolgerung, haben also Würde (vgl. a.a.O., 4). – Für das Potentialitätsargument schließlich ist das Potentialitätsprinzip zentral, demzufolge unter der Voraussetzung, dass jedes aktual Φ habende Wesen Würde hat, auch schon jedes Wesen, das potentiell Φ hat, Würde hat. Denn nimmt man nun die zusätzliche Prämisse hinzu, dass jeder menschliche Embryo ein Wesen ist, das potentiell Φ hat, dann folgt, dass jeder menschliche Embryo Würde hat (a.a.O., 5).

Aus meiner Sicht vermag keines dieser Argumente einer kritischen Analyse standzuhalten. Im Rahmen dieses Aufsatzes werde ich das aus Platzgründen allerdings nur für eines dieser Argumente erläutern können. Ich wähle dafür das-

8 Ich übernehme diese Liste nahezu wörtlich von Damschen/Schönecker 2003a, 3 Anm. 5.

9 Das ebenfalls in der Forschungsliteratur diskutierte Speziesargument gehört nicht zu den Strategien, die den Würdestatus an den Besitz von Fähigkeiten bindet. Für einen Überblick zu allen vier genannten Strategien, eine vorgeburtliche Datierung des Würdestatus zu begründen, siehe Damschen/Schönecker (Hg.) 2003.

jenige aus, das oft als das stärkste gilt (a. a. O., 5): das Potentialitätsargument, und verweise für die anderen Argumente auf die Literatur.[10]

Das Potentialitätsargument ist mit zwei zentralen Einwänden konfrontiert: Es erreicht erstens zu wenig; und es erreicht zweitens zu viel. Die Prämissen des Arguments stehen nicht in Einklang miteinander und der Preis, sie in einen solchen Einklang zu bringen, wäre entweder, dass einige Embryonen keine Würde hätten, oder dass einigen Entitäten, die sicher keine Würde haben, Würde zugesprochen werden müsste. Ich werde das im Folgenden näher erläutern und dabei zunächst den ersten Einwand diskutieren.

Das Potentialitätsprinzip besagt, dass bereits Wesen, die potentiell Φ haben, einen bestimmten Status (Würde) haben, wenn Wesen, die aktual Φ haben, diesen Status haben. Es ist oft betont worden, dass das Prinzip sicher nicht gilt, wenn der darin eingehende Begriff des Potentials zu schwach ist. Ein Standardbeispiel lautet: Prinz Charles hat, obwohl er potentiell britischer König ist, nicht dieselben Rechte wie ein britischer König. Das bedeutet, nicht jede Art von Potential reicht aus, um das Potentialitätsargument gültig zu machen. Daher fordern dessen Verteidiger/innen häufig, dass ein Wesen ein bestimmtes aktives Vermögen (*potentia activa*) zur Entwicklung von Φ besitzen muss, um Würde zu haben. Ein wichtiger Ort, an dem definiert wird, was ein aktives Vermögen ist, ist Thomas von Aquins Schrift *De veritate.*[11] Für eine *potentia activa* gilt dort im Unterschied zu einer *potentia passiva*, dass das Wirkende ein innerliches Wirkprinzip hat, das, sofern es vollständig vorhanden ist, „hinreicht, den Zustand der vollendeten Wirklichkeit herbeizuführen"; dabei wirkt eine eventuell „von außen kommende Kraft ausschließlich dadurch, dass sie das innerlich Wirkende unterstützt und ihm das zur Verfügung stellt, wodurch es zur vollständigen Wirklichkeit übergehen kann". Ein Beispiel für eine solche von außen kommende, unterstützende Kraft ist bei Thomas der Arzt, der (wie es heißt) bloß ein „Diener der Natur als der ursprünglichen Wirkkraft" ist.[12] Doch ist bei der Schwangerschaft alles, was sich außerhalb des Embryos befindet – Fruchtblase, Plazenta, Gebärmutter, die Schwangere etc. –, bloß unterstützend? Der Embryo kann sich doch ohne all dies nicht entwickeln, wohingegen der Körper des Kranken häufig auch ohne ärztliche Medikamente wieder gesund wird. Daher liegt es nahe zu sagen, dass der Embryo in dem Sinne ein aktives Vermögen (*potentia activa*) hat, dass seine Entwicklung ein eigenständiger Prozess ist, der keines besonderen *Eingriffs* und keiner be-

10 Für die kritische Analyse des Kontinuumsarguments siehe Kaufmann 2003 und für die des Identitätsarguments Stoecker 2003.

11 Vgl. dazu bei Aristoteles die Unterscheidung zwischen aktiver und passiver Potenz (dynamis) in Buch IX der *Metaphysik* sowie in Kap. 5 des Buchs II von *De anima*.

12 Obige Zitate nach Kaufmann 2003, 95.

sonderen *Anstrengung* bedarf. – Doch das stimmt offenbar nicht allgemein: Die Rahmenbedingungen, unter denen sich schon eine *in vivo* befruchtete Eizelle zu einem lebensfähigen Kind entwickelt, sind, wie etwa Bettina Schöne-Seifert herausgestellt hat, „zahlreich und labil"; daher können mitunter große „Anstrengungen" nötig sein, eine solche „Eizelle auf den Weg einer intakten Schwangerschaft zu bringen und sie dort zu halten" (Schöne-Seifert 2003, 176). Bei einigen Embryonen, die zu einem Kind mit der würdegarantierenden Fähigkeit Φ werden, sind also Zusatzanstrengungen erforderlich. Ihnen fehlt das aktive Vermögen dazu. Auch wenn das Potential im Potentialitätsargument als ein aktives verstanden wird, reicht das also nicht aus, um jedem Embryo Würde zuzuschreiben. Insofern erreicht das Argument zu wenig.

Von der anderen Seite her argumentiert, ergibt sich daraus der zweite Einwand. Wenn man einräumt, dass Zusatzanstrengungen erforderlich sein mögen, damit etwas ein aktives Vermögen bzw. potentiell Φ hat, dann hat Vieles potentiell Φ, was sicher keine Würde hat, und zwar – wie aktuelle Forschungen zeigen – eine ganze Reihe von Zellen, z. B. menschliche Hautzellen. Denn nach neueren Ergebnissen der Zellbiologie lassen sich bestimmte adulte Körperzellen in induzierte pluripotente Stammzellen (iPSCs) konvertieren und können sich Gruppen von 10 – 15 Zellen dieser Art mit Hilfe eines sogenannten tetraploiden „Sandwiches" zu einem Neugeborenen entwickeln (Stier/Schöne-Seifert 2013). In all diesen Fällen können also aufgrund von Zusatzanstrengungen aus bestimmten Zellen Kinder mit Φ werden. Will man es nun vermeiden, diesen Zellen Würde zuzuschreiben, müsste man einen kategorialen Unterschied zwischen Zusatzanstrengungen dieser Art und denjenigen Zusatzanstrengungen angeben können, die in Bezug auf *in vivo* befruchtete Eizellen mit Blick auf eine erfolgreiche Schwangerschaft nötig sein mögen. Das scheint jedoch nicht möglich zu sein. Doch selbst wenn es gelänge, bliebe das folgende Problem bestehen: In der Konvertierung adulter Körperzellen in iPSCs und der möglichen Entwicklung dieser Zellen zu Embryonen werden lediglich biochemische Auslöser übertragen, die die Funktionsprofile der betreffenden Zellen durch Ein- und Ausschalten der Genexpressionen verändern (a. a. O., 26). Das von Thomas sogenannte innerliche Wirkprinzip wird von den Zellen gewissermaßen mitgebracht. Anders gesagt: iPSCs selbst haben das aktive Vermögen, sich zu einem lebensfähigen Kind zu entwickeln. Das bedeutet aber, dass das Potentialitätsargument ‚zu viel' erreicht, weil es implizieren würde, dass auch die genannten Zellen Würde haben – offenbar eine absurde Konsequenz.

Damit lässt sich ein Zwischenfazit ziehen. Im vorliegenden Abschnitt sollte mit Blick auf erfolgreiche Antworten auf die Frage, was uns zu Wesen mit Würdestatus macht, geklärt werden, wann das menschliche Leben mit Würdestatus beginnt. In Bezug auf eine solche Antwort – dass der Würdestatus in einer politischen Errungenschaft begründet ist – stellte sich heraus, dass das menschliche Leben mit Würdestatus mit der Geburt beginnt. Die Frage war dann, ob man unter der Annahme, dass unser Würdestatus in einer bestimmten Fähigkeit begründet ist, dafür argumentieren kann, dass bereits menschliche Embryonen diesen Status haben. Geht man nach den zuletzt angestellten Überlegungen davon aus, dass selbst das stärkste dieser Argumente, das Potentialitätsargument, chancenlos ist, sollte auch nicht länger angenommen werden, dass das menschliche Leben mit Würdestatus schon als Embryo beginnt. Damit wird die zuvor erreichte Antwort bekräftigt: Das menschliche Leben mit Würdestatus beginnt mit der Geburt. Denn selbst wenn gesichert wäre, dass wir den Würdestatus aufgrund einer bestimmten Fähigkeit haben, würde nicht folgen, dass bereits Embryonen den Würdestatus haben. Umgekehrt halte ich aber auch folgenden Hinweis für wichtig: Daraus, dass menschliche Embryonen den Würdestatus nicht haben, folgt nicht, dass sie keinerlei moralischen Status bzw. keinerlei moralische Rechte haben. Aber diese Rechte müssen gegen andere Rechte abgewogen werden, insbesondere gegen das Selbstbestimmungsrecht der Schwangeren.

5 Diskussion einiger Einwände

Gegen die hier dargelegten Überlegungen mögen Einwände erhoben werden. Im Folgenden werde ich mich mit vier solchen Einwänden auseinandersetzen.

1. *Eigenständigkeitseinwand:* Der vorliegende Aufsatz tritt dafür ein, dass die Gebundenheit an einen eigenständigen Körperleib eine Voraussetzung für das Führen eines menschlichen Lebens ist und dass jeder Mensch mit der Geburt beginnt, ein menschliches Leben zu führen. Doch diese Position scheint in ein Dilemma zu führen. Denn wenn wir menschlichen Embryonen und Föten einen eigenständigen Körperleib absprechen, müssten wir dies auch für die auf einen Inkubator (Brutkasten) angewiesenen Frühgeborenen tun. Und wenn wir umgekehrt Frühchen einen eigenständigen Körperleib zuschreiben, dann wäre dies auch für Föten erforderlich.

Antwort: Um zu zeigen, inwiefern Föten im Unterschied zu Frühgeborenen kein eigenständiger Körperleib zukommt, beziehe ich mich auf den Aspekt der Eigenständigkeit (der Aspekt der Körperleiblichkeit wird in der Auseinandersetzung mit dem dritten Einwand aufgegriffen). Meine bereits am Ende von Abschnitt 2 angedeutete Antwort auf den Einwand geht auf Überlegungen Claudia Wiesemanns zu dem zurück, was es bedeutet, ein menschliches Individuum zu sein. Wiesemann zufolge mögen Föten und Frühchen in genetischer, biologischer, numerischer und sogar in psychologischer Hinsicht Individuen sein, doch ungeborene Föten sind anders als Frühchen nicht auch physische Individuen:

„Physically, the fetus is spatially and materially part of the mother's body. It has not yet been individuated from her to become a spatially and materially separate organism [...]" (Wiesemann 2018, 30). Während der Schwangerschaft ist der Fötus über die Nabelschnur und die Plazenta mit dem Organismus der Schwangeren verbunden. Er ist „a true functional part of the pregnant woman" und von ihr in der Weise abhängig, dass sie atmen, essen und trinken muss bzw. dass ihr Organismus Sauerstoff und Nahrung so verarbeiten muss, dass der Fötus sie aufnehmen kann (a. a. O., 31). Dem ungeborenen Fötus kommt also kein eigenständiger Körperleib zu, weil er kein physisches Individuum ist.

Doch wenn der ungeborene Fötus kein physisches Individuum ist und das daran liegt, dass er von der Umgebung abhängt, die die schwangere Frau ihm bietet, dann, so der Einwand, sollte auch das Frühgeborene, das auf einen Inkubator angewiesen ist, nicht als ein physisches Individuum gelten. Denn in diesem Fall sei der Inkubator gewissermaßen das apparative Äquivalent oder Pendant des Organismus der Schwangeren im Fall des ungeborenen Fötus. Das Frühgeborene würde also entgegen der im vorliegenden Aufsatz vertretenen Position kein menschliches Leben führen. – Diese Schlussfolgerung erscheint mir jedoch verfehlt, weil ich daran festhalte, dass das Frühgeborene, auch wenn es auf einen Brutkasten und entsprechende Hilfe angewiesen ist, ein eigenständiger Körperleib ist. Das Kriterium dafür, ein eigenständiger Körperleib zu sein, kann nicht darin bestehen, nicht auf andere und anderes angewiesen zu sein – sonst müsste man sagen, dass auch einjährigen Kindern kein eigenständiger Körperleib zukommt (abgesehen davon, dass man dies auch für Erwachsene während mancher Krankheiten einräumen müsste). Was daran hindert, den ungeborenen Fötus als eigenständigen Körperleib zu verstehen, ist nicht, dass er auf andere und anderes angewiesen ist, sondern dass er von einer *ganz bestimmten Person* abhängt, und zwar in der Weise, dass er, wie gesehen, ein funktioneller Teil des Organismus der schwangeren Frau ist und dieser Organismus nicht durch einen anderen ersetzbar ist.[13] Die Situation des Frühgeborenen im Brutkasten ist daher in einer wichtigen Hinsicht derjenigen Situation vergleichbar, in der *jedes* geborene Kind ist: „its continued existence will no longer be contingent upon one particular and irreplaceable organism as it was when it dwelt within the mother's womb" (Wiesemann 2018, 31). Das bedeutet aber, dass auch ein Frühgeborenes ein eigenständiger Körperleib und damit ein physisches Individuum ist.

Eine Variante des Eigenständigkeitseinwandes ergibt sich aus folgender Überlegung: Wenn Embryonen und Föten kein eigenständiger Körperleib zukommt, dann sind wir darauf festgelegt, auch siamesischen Zwillingen einen

13 Vgl. dazu und zu den ethischen Implikationen Karnein 2013, 37 ff.

eigenständigen Körperleib abzusprechen. Eine Antwort darauf kann mit dem Hinweis beginnen, dass die Beziehung zwischen dem Embryo bzw. Fötus und der schwangeren Frau und die Beziehung zwischen den miteinander verwachsenen Zwillingen darin vergleichbar ist, dass die Relate der jeweiligen Beziehung physisch miteinander verbunden sind. Physische Verbundenheit schließt eigenständige Körperleiblichkeit aber nicht aus, wie daraus ersichtlich wird, dass der schwangeren Frau ein eigenständiger Körperleib zukommt. Dass geborene siamesische Zwillinge physisch verbunden sind, schließt also nicht aus, ihnen jeweils einen eigenständigen Körperleib zuzuschreiben. Dasselbe gilt für die oben genannte notwendige Bedingung der Eigenständigkeit des Körperleibs von x, nicht ein räumlicher, materieller oder funktioneller Teil von y zu sein ($x \neq y$). Denn keiner der beiden siamesischen Zwillinge ist ein derartiger Teil des jeweils anderen. Das bedeutet, dass uns die bisher angestellten Überlegungen zur Eigenständigkeit, anders als in dem Einwand behauptet, in begrifflicher Hinsicht nicht darauf festlegen, siamesischen Zwillingen jeweils einen eigenständigen Körperleib abzusprechen. Damit stellt sich jedoch die weiterführende Frage, ob der Körperleib siamesischer Zwillinge eher am Modell des Fötus bzw. Embryos (uneigenständiger Körperleib) oder eher am Modell der schwangeren Frau (eigenständiger Körperleib) konzipiert werden sollte. Ich werde an dieser Stelle dazu keinen Vorschlag machen, da es mir nur auf Folgendes ankommt: Unabhängig davon, wie diese Frage entschieden wird, gilt für geborene siamesische Zwillinge anders als für Embryonen oder Föten, dass sie in einer direkten Beziehung zur Welt stehen und insbesondere auch Mitglieder der sozialen Welt sind. In diesem Sinne führen sie ein menschliches Leben. Embryonen und Föten werden daran bereits durch ihre körperleibliche Situation gehindert; nicht jedoch geborene siamesische Zwillinge, und zwar unabhängig davon, ob man ihren Körperleib als eigenständig oder als uneigenständig begreift.

2. *Einwand der Lebensfähigkeit.* Der Einwand tritt in zwei Versionen auf.

i) Anknüpfend an Überlegungen, die im Zusammenhang mit dem vorigen Einwand stehen, besagt der Lebensfähigkeitseinwand in der ersten Version, dass es in Bezug auf die Eigenständigkeit keinen relevanten Unterschied zwischen einem ungeborenen Fötus in der 25. Schwangerschaftswoche und einem ebenso alten Frühchen im Inkubator gibt. Denn zu diesem Zeitpunkt (und schon früher) wäre der ungeborene Fötus auch außerhalb des Organismus der schwangeren Frau bereits lebensfähig und hängt daher nicht mehr von einem unersetzbaren Organismus ab. Das bedeutet, er wäre ebenso eigenständig wie das Frühchen im Inkubator.

Antwort: Der in dem Einwand vermisste relevante Unterschied besteht darin, dass der ungeborene Fötus anders als das Frühchen im Inkubator kein physisches Individuum im dargelegten Sinne ist. Aus diesem Grund kommt ihm kein eigenständiger Körperleib zu. Dem Einwand kann zwar darin zugestimmt werden, dass der ungeborene Fötus, sobald er außerhalb des Organismus der schwangeren Frau lebensfähig wäre, nicht mehr von einem unersetzbaren Organismus abhinge. Zurückzuweisen ist jedoch die daraus gezogene Folgerung, dass ihm deshalb ein eigenständiger Körperleib zukommt. Denn er ist in räumlicher und materieller Hinsicht weiter ein Teil des Organismus der Schwangeren. Es gilt nur die Umkehrung: Einem Embryo bzw. Fötus, der von einer ganz bestimmten Person abhängt, sofern seine fortgesetzte Existenz von einem unersetzbaren Organismus abhängt, kommt kein eigenständiger Körperleib zu.

ii) In der zweiten Version nimmt der Einwand der Lebensfähigkeit direkt auf das Potentialitätsargument und dessen obige Zurückweisung Bezug. Er besagt, dass die Auseinandersetzung mit dem Argument zu undifferenziert war. Es mag zwar sein, so der Einwand, dass das Potentialitätsargument in der diskutierten Fassung tatsächlich nicht zeigen kann, dass alle menschlichen Embryonen Würde haben. Gleichwohl lässt sich für Föten, die außerhalb des Organismus der schwangeren Frau lebensfähig sind, behaupten, dass sie ein aktives Vermögen (*potentia activa*) in dem oben erläuterten Sinne besitzen.

Antwort: Zunächst ist hier zurückzufragen – ein aktives Vermögen wozu? Das Potentialitätsargument stand im Kontext des Fähigkeitenansatzes, aus dessen Sicht der Würdestatus in einer bestimmten Fähigkeit Φ begründet ist. Daher mag es naheliegen, die Rückfrage so zu beantworten: ein aktives Vermögen zur Entwicklung von Φ. Doch so verstanden, vermag der Einwand nicht zu überzeugen, weil der Zusammenhang zwischen der Lebensfähigkeit und der würdegarantierenden Fähigkeit Φ zu lose ist. Um würdegarantierend zu sein, muss Φ eine relativ anspruchsvolle Fähigkeit sein. Sie sollte beispielsweise nicht schon von allen möglichen nicht-menschlichen Lebewesen erfüllt werden. Doch wie Φ unter dieser Maßgabe auch immer verstanden wird, es kann ungeborene und bereits lebensfähige Föten geben, die aufgrund einer Schädigung oder Krankheit keinerlei Vermögen zur Entwicklung von Φ haben. Wenn die Lebensfähigkeit außerhalb des Mutterleibs aber nicht das aktive Vermögen zur Entwicklung von Φ einschließt, ist auch das auf lebensfähige ungeborene Föten eingeschränkte Potentialitätsargument nicht erfolgreich.

Das mag nun dazu motivieren, die Rückfrage – ein aktives Vermögen zu was? – anders zu beantworten. Auch wenn die Lebensfähigkeit eines menschlichen Fötus nicht das aktive Vermögen zur Entwicklung einer würdegarantierenden Fähigkeit Φ einschließt, könnte sie ein aktives Vermögen zu irgendetwas anderem einschließen, das würdegarantierend ist. Was vor allem würdegarantierend ist, ist, ein geborener Mensch zu sein. Daher bietet sich hier die These an, dass mit der Fähigkeit des menschlichen Fötus, außerhalb des Mutterleibs zu leben, das aktives Vermögen einhergeht, ein geborener Mensch zu sein. Doch wie bereits die Auseinandersetzung mit dem Potentialitätsargument gezeigt hat, ist es schwierig zu bestimmen, in welchem Sinne genau hier ein aktives Vermögen vorliegt. Wo besondere Eingriffe und Anstrengungen nötig sind, um einen lebensfähigen ungeborenen menschlichen Fötus auf die Welt zu bringen, mag es unangemessen erscheinen, diesem ein aktives Vermögen, ein geborener Mensch zu sein, zuzuschreiben. Darüber hinaus scheint die Lebensfähigkeit des Fötus eine Funktion auch solcher Faktoren zu sein, die diesem gegenüber extern sind, etwa des Wissens und Könnens von Dritten (beispielsweise von Ärzt/innen oder Hebammen) sowie des medizinisch-technischen Stands. Dann scheint es aber ebenfalls eine Funktion dieser Faktoren zu sein, inwieweit auf Seiten des Fötus ein aktives Vermögen besteht, ein geborener Mensch zu sein. Es ist also unklar, in welchem Sinne und Maße ein lebensfähiger ungeborener Fötus selbst ein aktives Vermögen hat, ein geborener Mensch zu sein. Unabhängig von dieser Schwierigkeit, sehe ich nicht, wie gezeigt werden kann, dass, weil jeder geborene Mensch Würde hat, auch jedes Wesen mit dem aktiven Vermögen, ein geborener Mensch zu sein, Würde hat. – Mein Fazit in diesem Punkt ist daher, dass ungeborene menschliche Föten, die außerhalb des Mutterleibs bereits lebensfähig sind, im Vergleich zu allen anderen Embryonen und Föten zwar einen besonders hohen moralischen Status haben und im entsprechenden Maße schützenswert sind, sie ohne weitere Begründung aber nicht als Würdewesen gelten können.

3. *Dualismuseinwand:* Wer das vorgeburtliche Leben allein als Thema der Biologie auffasst und erst für das Leben nach der Geburt auch nicht-biologische Aspekte anerkennt, ist ein Dualist. Die Position, die im vorliegenden Aufsatz vertreten wird, so der Einwand, ist in diesem Sinne dualistisch. Gegen sie spricht, dass der Mensch bereits vor der Geburt mehr als ein biologischer Körper ist, und zwar a) ein leibliches Wesen und b) auch ein Mitglied der sozialen Welt.

Antwort: Ich bin nicht der Auffassung, dass die Biologie ein Monopol auf die Thematik des vorgeburtlichen menschlichen Lebens hat, und behaupte auch nicht, dass die Träger dieses Lebens nichts als biologische Körper sind. Wichtige Aspekte des vorgeburtlichen menschlichen Lebens, die nicht auf die Biologie reduziert werden können, bestehen in der Leiblichkeit und dem damit verbundenen Ausdrucksverhalten des Embryos bzw. Fötus. Diesem Ausdrucksverhalten korrespondiert auf Seiten der schwangeren Frau und Dritten ein mögliches Ausdrucksverstehen. a) Das Problem ist aus meiner Sicht nicht, ob die Leiblichkeit schon vorgeburtlich einsetzt – das geschieht vermutlich mit der Entwicklung der Empfindungsfähigkeit –, sondern, was dies für die Frage austrägt, wann das Menschsein beginnt. Diese Frage sollte von dem her geklärt werden, was uns zu Menschen macht. Sieht man dabei von den biologischen Konzeptionen des Menschseins ab, dann wird mit der Leiblichkeit sicher eine der zentralen Eigenschaften von Menschen benannt. Doch dass wir leibliche Wesen sind, macht uns nicht zu Menschen. Denn es gibt viele nicht-menschliche Lebewesen, die ebenfalls leibliche Wesen sind. Sagt man, um das aufzufangen, dass es uns zu Menschen macht, einen *spezifisch menschlichen* Leib zu haben, dann wird dies im Vergleich mit den beiden hier dargelegten nicht-biologischen Konzeptionen des Menschseins (Stichworte: ‚menschliche Lebensführung' und ‚Menschenwürde') nur dann zu einer früheren Datierung des Lebensbeginns von Menschen führen, wenn sich bereits vorgeburtlich eine spezifisch menschliche über die biologische Körperlichkeit hinausgehende Leiblichkeit aufweisen lässt. Dazu müsste es eine nicht-biologische Eigenschaft geben, in der sich die vorgeburtlichen Leiber von Menschen und etwa Schimpansen unterscheiden. Ob es eine solche Eigenschaft gibt, ist eine empirische Frage; und hier scheint insbesondere die Psychologie gefragt zu sein. Nun spielen vorgeburtliche Aspekte in Teilen der Psychologie zwar mittlerweile eine Rolle (Rittelmeyer 2005, Janus 2007), doch die Überlegungen bleiben auf Menschen beschränkt. Was an dieser Stelle benötigt wäre, sind Ergebnisse einer (soweit ich sehe) noch nicht bestehenden Wissenschaft: einer *vergleichenden* pränatalen Psychologie (siehe in dieser Richtung Janus 2018).

b) Wer behauptet, dass schon menschliche Embryonen und Föten Mitglieder der sozialen Welt sind, wird womöglich geltend machen, dass Föten im Mutterleib Verhaltensweisen zeigen, die nicht nur für die Schwangere spürbar, sondern manchmal auch für Dritte wahrnehmbar sind, und dass sie selbst auch auf Verhaltensweisen anderer bzw. auf äußere Veränderungen reagieren. Sie sind, so dann die Schlussfolgerung, Akteure in der sozialen Welt und damit Mitglieder der sozialen Welt.

Diese Schlussfolgerung ist aus meiner Sicht nicht überzeugend. Denn Aktionen und Reaktionen, die grundsätzlich durch den Körperleib eines anderen Menschen, das heißt der Schwangeren, vermittelt sind und zudem ausnahmslos in diesem anderen Körperleib stattfinden, sind keine Aktionen und Reaktionen in der sozialen Welt. Ein Akteur aber, dessen Verhaltensweisen durchweg nicht Verhaltensweisen in der sozialen Welt sind, ist selbst auch kein Akteur in der sozialen Welt.

Allerdings lässt sich an dieser Stelle einhaken, wenn man die Position, dass Föten Mitglieder der sozialen Welt sind, noch nicht aufgeben will. Man könnte einräumen, dass sie zwar keine Akteure in der sozialen Welt sind, aber an der These ihrer Mitgliedschaft in der sozialen Welt festhalten. Denn sollten nicht auch Komapatienten, obwohl sie keine Akteure in der sozialen Welt sind, als Mitglieder in der sozialen Welt gelten? Dann stellt sich aber die Frage, wie begründet werden kann, dass zwar Komapatienten, nicht aber Föten zur sozialen Welt gehören.

Menschliche Embryonen und Föten sind sicher lebendig und Lebendigkeit ist eine notwendige Bedingung für Mitgliedschaft in der sozialen Welt. Entsprechend gehören nicht-lebendige Dinge (wie Steine und Tassen) nicht zur sozialen Welt. Sie mögen zwar in Aktivitäten von Mitgliedern der sozialen Welt einbezogen sein, das macht sie aber nicht selbst zu solchen Mitgliedern. Auf der anderen Seite sind nicht alle Lebewesen Mitglieder der sozialen Welt. Auch wenn es vermutlich keine Einigkeit in der Frage des Mitgliedstatus von Haustieren in der sozialen Welt gibt, dürfte unstrittig sein, dass viele andere nicht-menschliche Tiere nicht zur sozialen Welt gehören, während, wie schon gesagt, Komapatienten dazu gehören. Woran liegt das? Viele Tiere sind nicht notwendigerweise von Menschen abhängig; für ihr Wohlergehen brauchen sie keine Menschen (wenngleich Menschen dafür verantwortlich sein können, dass ihre Lebensgrundlagen zerstört werden) (Karnein 2013, 36 Anm. 15). Komapatienten dagegen sind faktisch auf die Unterstützung von anderen Menschen angewiesen. Diese Unterstützung kann aufgrund der Struktur der sozialen Welt, näherhin aufgrund von deren rollenmäßiger Verfasstheit, von unterschiedlichen und wechselnden Akteuren (Ärzt/innen, Pfleger/innen etc.) geleistet werden. Damit zeichnet sich zugleich ab, warum menschliche Embryonen und Föten nicht zur sozialen Welt gehören. Auch sie benötigen zwar anders als die oben erwähnten Wildtiere (und anders etwa als Eremiten) Unterstützung von anderen Menschen, und zwar die Unterstützung derjenigen Frau, die mit ihnen schwanger ist; doch diese Unterstützung ist von anderer Art als im Fall der Komapatienten. Menschliche Embryonen und Föten sind strukturell auf die Unterstützung *eines bestimmten und unersetzbaren* anderen Menschen angewiesen (vgl. Karnein 2013, 41). Diese Unterstützung mag soziale Rahmenbedingungen haben, ist selbst aber insofern nicht sozialer Art, als sie nicht von unterschiedlichen bzw. wechselnden Akteuren geleistet werden kann. Erst wenn der Mensch geboren wird, ändert sich das – und von da an ist er auch Mitglied der sozialen Welt.

4. *Würdebeginn-Einwand:* Der Zeitpunkt, von dem an das menschliche Leben mit Würdestatus beginnt, ist dem vorliegenden Aufsatz zufolge die Geburt. Referenzpunkt dieser Festlegung waren die UN-Menschenrechtsabkommen. Doch das, so der Einwand, ist zu spät angesetzt. Gerade wenn man rechtlich argumentiert, wäre etwa zu berücksichtigen, dass beispielsweise das Bundesverfassungsgericht den genannten Zeitpunkt in Auslegung der Artikel 1 („Würde des Menschen") und 2 („Persönliche Freiheitsrechte") des deutschen Grundgesetzes deutlich früher ansetzt.

Antwort: Dass das Bundesverfassungsgericht bereits dem ungeborenen Leben Würdeschutz zuspricht, ist unstrittig. Es hat beispielsweise seine 1975 getroffene Feststellung „Wo menschliches Leben existiert, kommt ihm Menschenwürde zu" ausdrücklich auch auf „das sich entwickelnde Leben" bezogen (BVerfGE 39, 1 (41)) und auch 1993 festgehalten: „Menschenwürde kommt schon dem ungeborenen menschlichen Leben zu" (BVerfGE 88, 203 (251)).

Eine Strategie, mit dem Einwand umzugehen, besteht darin, die Position des Bundesverfassungsgerichts als inkohärent zu kritisieren. Man könnte etwa darauf hinweisen, die eher liberale Abtreibungspraxis in Deutschland zeige, dass menschliche Embryonen, zumindest in der frühen Phase der Schwangerschaft, *de facto* keinen Würdeschutz haben. Außerdem könnte man zu bedenken geben, dass es, wie Anja Karnein mit Blick auf das deutsche Straf- und Deliktsrecht herausarbeitet, „außer im Fall einer Abtreibung praktisch keine Konsequenzen hat, Embryonen zu töten" und „lediglich beschränkte Folgen, sie zu verletzen" (Karnein 2013, 83 ff, hier: 87). Denn auch dies zeige, dass Embryonen *de facto* keinen Würdeschutz haben. – Um allerdings zu verhindern, dass die genannte Strategie des Umgangs mit dem Würdebeginn-Einwand ohne Weiteres etwa in ein Argument für die Verschärfung der bestehenden Abtreibungspraxis umgemünzt wird, wäre es erforderlich zu zeigen, dass die Entscheidung des Bundesverfassungsgerichts, schon dem Embryo (ab der Nidation) Menschenwürde zuzusprechen, unzureichend begründet ist. Diese Richtung schlägt Karnein ein, indem sie insbesondere die Einstellung des Gerichts „gegenüber Frauen und ihrer Rolle im reproduktiven Prozess kritisiert" (Karnein 2013, 75–79, hier: 81).

Statt dies hier im Einzelnen zu verfolgen, möchte ich noch auf eine zweite Strategie aufmerksam machen, auf den Einwand zu antworten. Sie betrifft die Reichweite von Geltungskontexten. Es ist, wie gesagt, eine völkerrechtlich verbindliche institutionelle Tatsache, dass geborene Menschen den Würdestatus haben. Im Unterschied zu allen anderen institutionellen Tatsachen haben die völkerrechtlich verbindlichen einen *universellen* Geltungskontext. Wer also dafür eintreten würde, den *terminus a quo* des Würdestatus auf irgendeinen Zeitpunkt nach der Geburt zu datieren oder einigen geborenen Menschen den Würdestatus vorzuenthalten, stünde im Widerspruch zu der genannten Tatsache. Wer dagegen den Zeitpunkt, von dem an der Würdestatus zukommen soll, vorgeburtlich datieren will, kann sich dabei nicht mehr auf die genannte Tatsache, sondern allenfalls auf institutionelle Tatsachen mit *lokalen* Geltungskontexten berufen. Wie gesehen, wurde in Deutschland durch das Bundesverfassungsgericht in der Tat institutionell festgelegt, dass menschliches Leben mit Würdestatus bereits vor der Geburt beginnt. Der Geltungskontext dieser Festlegung ist aber im Vergleich zu dem durch die UN-Menschenrechtspakte gesetzten universellen Kontext, in dem alle geborenen Menschen Würde besitzen, stark eingeschränkt. Der Struktur nach – nicht der Legitimation und der Einklagbarkeit nach – ähnelt die Lage hier derjenigen der religiösen Antwort: So wie dort die Würdezuschreibung *nur für die Gläubigen* verbindlich ist, ist sie durch das Bundesverfassungsgericht *lediglich in Deutschland* verbindlich.

6 Schluss

Abschließend möchte ich die allgemeine Hauptfrage nach dem Lebensbeginn von Menschen noch einmal aufgreifen und das Problem diskutieren, wie sich die dafür relevanten Begriffe des Menschen in eine Einheit bringen lassen.

Meine Ausgangsüberlegung war, dass es verschiedene Begriffe des Menschen gibt und dass diese Begriffe zu verschiedenen Fragen nach dem menschlichen Lebensbeginn führen. Auf diese Fragen sind offensichtlich verschiedene Antworten möglich. Bringt man die hier angestellten Überlegungen in den Überblick, so lassen sich vier Fragen nach dem Lebensbeginn von Menschen und insgesamt drei verschiedene Antworten auf diese Fragen unterscheiden. Die ersten beiden Fragen lauten, wann das Leben von Menschen als Wesen mit Würdestatus beginnt und wann das Leben von Menschen als Subjekten des Führens eines menschlichen Lebens bzw. als eigenständigen Körperleibern beginnt. Beide Fragen haben dieselbe Antwort ergeben: mit der Geburt.

Was uns zu Menschen macht, kann aber nicht nur über den Besitz des Würdestatus oder über den Umstand, ein menschliches Leben zu führen, erklärt werden, sondern auch biologisch, mit Blick auf die Zugehörigkeit zur Art *Homo sapiens*. Von diesem biologischen Begriff des Menschen her liegen zwei weitere Fragen nach dem Lebensbeginn von Menschen nahe, die jeweils zu einer vorgeburtlichen Datierung führen. Die in meiner Zählung dritte Frage lautet, wann das biologisch verstandene menschliche Lebewesen zu existieren beginnt, und zielt auf die frühstmögliche biologische Datierung ab. Die sinnvollen Zeitpunkte liegen hier in dem Intervall vom Eindringen des Spermiums in die Eizelle (Imprägnation), über die Vereinigung der Vorkerne bis zum Einsetzen der genetischen Selbststeuerung ($t \geq 40$ h). – Wie immer man sich hier entscheidet, von der frühstmöglichen biologischen Datierung sollte noch eine spätere vorgeburtliche Datierung unterschieden werden, und zwar der Zeitpunkt der Bildung des ‚eigentlichen' Embryos.[14] Was ist damit gemeint? In einem frühen Stadium der embryonalen Entwicklung entsteht die sogenannte Morula (eine Zellkugel von 16 – 32 Zellen). Die Zellen, die zur ihrer Außenhülle gehören, entwickeln sich zum Trophoblasten, aus dem sich das Versorgungsgewebe und später die Plazenta entwickelt; die Zellen, die von den äußeren Zellen der Morula umschlossen sind, entwickeln sich zum späteren Embryoblasten. Aus dem Embryoblasten, der nur etwa ein Drittel der ursprünglichen Zellmasse ausmacht, entwickeln sich die Fruchtblase, der Dottersack und der ‚eigentliche' Embryo. Dieser und nur dieser

---

14 Zur Erläuterung des biologischen Zusammenhangs vgl. Damschen/Schönecker 2003b, 247, wo auch vom ‚eigentlichen' Embryo die Rede ist, und wiederum Viebahn 2003, 272 f.

ist dasjenige, in dem sich dann die Organe bilden und was mit dem späteren Fötus identisch ist. Ich möchte dem in terminologischer Hinsicht Rechnung tragen, indem ich an dieser Stelle vom ‚menschlichen Organismus' im Sinne des menschlichen Körpers spreche. Denn die Plazenta gehört ja nicht zum Körper des Fötus. Die vierte Frage lautet demnach, wann der menschliche Organismus (der menschliche Körper) zu existieren beginnt. Die Antwort ist: mit der Bildung des ‚eigentlichen' Embryos, etwa ab dem 4. Tag der embryonalen Entwicklung.

Indem ich vier Varianten der Ausgangsfrage unterscheide und drei verschiedene Antworten auf diese Fragevarianten gebe, möchte ich nicht behaupten, dass das Leben von Menschen drei Mal beginnt. Dann stellt sich aber die Frage nach der Einheit der verschiedenen Begriffe des Menschen. Eine Weise, sie zu formulieren, lautet: Waren wir einmal imprägnierte Oozyten (Eizellen, in die ein Spermium eingedrungen ist)? In gewisser Hinsicht muss die Antwort darauf „Ja" lauten. Jede/r von uns hat sich aus einer imprägnierten Oozyte entwickelt. Gleichwohl und genauer betrachtet lässt sich aber nicht behaupten, dass zwischen mir und einer bestimmten imprägnierten Oozyte, die es vor einigen Jahrzehnten gegeben hat, numerische Identität besteht. Im Unterschied zu mir war die Oozyte niemals eine Person. Zwar trifft es zu, dass mein Körper, der ja ein eigenständiger menschlicher Organismus ist, numerisch identisch ist mit dem Körper des Kindes, das ich einmal war, und sogar mit dem ‚eigentlichen' Embryo, der sich weit vor meiner Geburt aus dem betreffenden Embryoblasten gebildet hat. Doch erstens ist dieser ‚eigentliche' Embryo schon nicht mit der Morula numerisch identisch, das heißt mit der erwähnten Zellkugel, weil sich aus dieser zum großen Teil ja auch die Plazenta entwickelt. Er ist also erst recht nicht mit der imprägnierten Oozyte identisch. Und zweitens bin auch ich, das heißt die menschliche Person, die durch einen eigenständigen menschlichen Organismus konstituiert wird, nicht mit diesem Organismus numerisch identisch, und zwar deshalb nicht, weil geborene menschliche Organismen auch in einer Welt ein menschliches Leben führen würden, in der es keinen Würdestatus gibt.[15] In unserer, der bestehenden Welt zählen bzw. gelten sie aber ausnahmslos und fraglos als Würdewesen und damit als Personen. Dieser Zusammenhang ist jedoch kontingent. Er ist historisch und politisch errungen und etabliert worden. Daraus folgt, dass auch sein Fortbestehen – wie wir heute wieder deutlicher sehen können – kein Automatismus ist, sondern politischen Einsatz erfordert.

Um den Zusammenhang, in dem die vier genannten Begriffe des Menschen stehen, in einem Schlusssatz zu formulieren: Wir, das heißt menschliche Perso-

15 Zum grundsätzlichen Unterschied zwischen den Relationen der Konstitution und der numerischen Identität siehe Baker 2000 und Baker 2007.

nen bzw. Würdewesen, sind jeweils durch einen eigenständigen menschlichen Organismus konstituiert (ohne mit ihm numerisch identisch zu sein); und dieser Organismus ist numerisch identisch mit dem menschlichen Organismus des ‚eigentlichen' Embryos, der sich wiederum aus einer imprägnierten Oozyte entwickelt hat (ohne mit dieser numerisch identisch zu sein).

Literatur

Baker, Lynne Rudder (2000): Persons and bodies. A constitution view, Cambridge.
Baker, Lynne Rudder (2007): The metaphysics of everyday life. An essay in practical realism, Cambridge.
Damschen, Gregor/Schönecker, Dieter (Hg.) (2003): Der moralische Status menschlicher Embryonen. Pro und contra Spezies-, Kontinuums-, Identitäts- und Potentialitäsargument, Berlin/New York.
Damschen, Gregor/Schönecker, Dieter (2003a): Argumente und Probleme in der Embryonendebatte. Ein Überblick, in: Damschen/Schönecker (Hg.) (2003), 1–7.
Damschen, Gregor/Schönecker, Dieter (2003b): In dubio pro embryone. Neue Argumente zum moralischen Status menschlicher Embryonen, in: Damschen/Schönecker (Hg.) (2003), 187–267.
Düwell, Marcus (2014): Human dignity. Concepts, discussions, philosophical perspectives, in: Düwell, Marcus/Braarvig, Jens Erland/Brownsword, Roger/Mieth, Roger (Hg.): The Cambridge handbook of human dignity. Interdisciplinary perspectives, Cambridge, 23–50.
Gerhardt, Volker (2001): Der Mensch wird geboren. Kleine Apologie der Humanität, München.
Gerhardt, Volker (2004): Die angeborene Würde des Menschen. Aufsätze zur Biopolitik, Berlin.
Honnefelder, Ludger (2003): Pro Kontinuumsargument. Die Begründung des moralischen Status des menschlichen Embryos aus der Kontinuität der Entwicklung des ungeborenen zum geborenen Menschen, in: Damschen/Schönecker (Hg.) (2003), 61–81.
Janus, Ludwig (2007): Der Seelenraum des Ungeborenen. Pränatale Psychologie und Therapie, Düsseldorf.
Janus, Ludwig (2018): Homo foetalis et sapiens. Das Wechselspiel des fötalen Erlebens mit den Primateninstinkten und dem Verstand als Wesenskern des Menschen, Heidelberg.
Kant, Immanuel (1785): Grundlegung zur Metaphysik der Sitten, Berlin 1903/11, 385–464 (Kants gesammelte Schriften, hrsg. v. d. Kgl. Preußischen Akademie der Wissenschaften, Bd. IV).
Karnein, Anja (2013): Zukünftige Personen. Eine Theorie des ungeborenen Lebens von der künstlichen Befruchtung bis zur genetischen Manipulation, Berlin.
Kaufmann, Matthias (2003): Contra Kontinuumsargument: Abgestufte moralische Berücksichtigung trotz stufenloser biologischer Entwicklung, in: Damschen/Schönecker (Hg.) (2003), 83–98.
McCullough/Laurence B./Chervenak, Frank A. (2008): A critical analysis of the concept and discourse of 'unborn child', in: The American journal of bioethics 8/7, 34–39.
Plessner, Helmuth (1928): Die Stufen des Organischen und der Mensch. Einleitung in die philosophische Anthropologie, Berlin/New York 1975.

Rittelmeyer, Christian (2005): Frühe Erfahrungen des Kindes. Ergebnisse der pränatalen Psychologie und der Bindungsforschung: Ein Überblick, Stuttgart.
Scheler, Max (1915): Zur Idee des Menschen, in: Max Scheler: Vom Umsturz der Werte. Abhandlungen und Aufsätze. 4. durchgesehene Auflage. Hg. v. Maria Scheler. Bern 1955 (Gesammelte Werke, Bd. 3), S. 173–195.
Schöne-Seifert, Bettina (2003): Contra Potentialitätsargument. Probleme einer traditionellen Begründung für embyronalen Lebensschutz, in: Damschen/Schönecker (Hg.) (2003), 169–185.
Schürmann, Volker (2007): Personen der Würde, in: Kannetzky, Frank/Tegtmeyer, Henning (Hg.): Personalität. Studien zu einem Schlüsselbegriff der Philosophie, Leipzig, S. 165–185.
Searle, John R. (1995): The construction of social reality, New York.
Searle, John R. (2010): Making the social world. The structure of human civilization, Oxford.
Spaemann, Robert (1996): Personen. Versuche über den Unterschied zwischen ‚etwas' und ‚jemand', Stuttgart.
Stier, Marco/Schöne-Seifert, Bettina (2013): The argument from potentiality in the embryo protection debate: finally „depotentialized"? in: *The American journal of bioethics* 13/1, 19–27.
Stoecker, Ralf (2003): Contra Identitätsargument: Mein Embryo und ich, in: Damschen/Schönecker (Hg.) (2003), 129–145.
Tiedemann, Paul (2007): Menschenwürde als Rechtsbegriff. Eine philosophische Klärung, Berlin.
Tugendhat, Ernst (1993): Vorlesungen über Ethik, Frankfurt a. M.
Viebahn, Christoph (2003): Eine Skizze der embryonalen Frühentwicklung des Menschen, in: Damschen/Schönecker (Hg.) (2003), 269–277.
Wiesemann, Claudia (2018): Which ethics for the fetus as patient? in: Schmitz, Dagmar/Clarke, Angus/Dondorp, Wybo J. (Hg.): The fetus as a patient. A contested concept and its normative implications, Abingdon/Oxon/New York, 28–39.

Tanja Stähler

Umkehrungen: Wie Schwangerschaft und Geburt unsere Welterfahrung auf den Kopf stellen

Zusammenfassung: In diesem Aufsatz geht es darum, wie die Erfahrungen von Schwangerschaft und Geburt unsere gewöhnliche Welterfahrung auf den Kopf stellen. Während der Schwangerschaft macht sich dies so bemerkbar, dass die Welt, die uns normalerweise mittels unseres Gewohnheitsleibs zugänglich oder zuhanden ist, sich gleichsam von uns zurückzieht, was zu einer Distanzierung von Welt führt. Im Fall der Geburt zeigt sich die Bedeutung von Passivität statt Aktivität, Warten statt Tun (ohne durch diese Ergänzung die Wichtigkeit der ‚aktiven Geburt' schmälern zu wollen).

Im Folgenden sollen diese Umkehrungen der Welterfahrung anhand von Erfahrungsbeschreibungen dargestellt werden, also phänomenologisch. Phänomenologie als Philosophie, die unsere Erfahrung beschreibt, wird hier insbesondere von Martin Heidegger und Maurice Merleau-Ponty vertreten. Phänomenologie betont allgemein, dass unsere Erfahrung am besten holistisch oder im Sinne unseres gesamten Weltverhältnisses zu betrachten ist. Dass Schwangerschaft und Geburt unsere Welterfahrung auf den Kopf stellen, erklärt, dass es völlig normal ist, wenn wir mit der Anpassung an das neue Weltverhältnis Schwierigkeiten haben. Am Ende werden wir sehen, dass diese Umkehrungen auch lehrreich sind für die Zeit nach der Geburt und insbesondere den Umgang mit dem Neugeborenen.

1 Schwangerschaft als Welteröffnung

Schwangerschaft ist eine emphatisch leibliche Erfahrung, und als solche eröffnet sie uns eine Perspektive auf das, was sonst verborgen bleibt: Endlichkeit, aber auch Berührbarkeit, in der sich gerade mein Leben und mein Verhältnis zu den Leben anderer ausdrückt. Schwangerschaft bedeutet, dass ich von innen berührt werde durch ein Wesen, das sich zunächst amorph und fremd darstellt, sich dann aber als Eröffnung einer ganz neuen Welt offenbart.

Die Berührung ist merk-würdig im emphatischen Sinne und wirkt zunächst einzigartig. In der Schwangerschaft gewinnt mein Leib eine zusätzliche Oberfläche, da ich nun von innen berührt werden kann. Aber was mich von innen berührt, ist nicht Teil meines eigenen Leibes, sondern ein Wesen mit eigenen Be-

https://doi.org/10.1515/9783110719864-003

wegungen, die nicht unter meiner Kontrolle stehen, wie zunehmend klar wird. Die Erfahrung des Berührtwerdens von innen betrifft mehrere Ebenen, die unterschieden werden können. Wenn ich meinen Bauch von außen mit meiner Hand berühre, gibt es zunächst zwei Ebenen, verbunden durch eine Doppelempfindung: Meine Hand berührt die Oberfläche des Bauches, und der Bauch berührt die Hand. Doch bisweilen gibt es Bewegungen unter der Haut, und wenn der Bauch von innen berührt wird, kann ich meine Hand an die rechte Stelle bewegen. Freunde oder Partner werden beim Versuch, der Bewegung von außen zu folgen, höchstwahrscheinlich nicht erfolgreich sein, weil die dritte Ebene, die Innenseite des Bauches, für sie als Identifikationspunkt fehlt. Die vierte Ebene ist die Berührung von innen, die Berührung durch den fremden Leib in mir. Weil ich weiß (basierend mehr auf Theorie als auf Erfahrung), dass der fremde Leib die gleichen Teile hat wie mein eigener, versuche ich ihn zu identifizieren und die Berührung einem Fuß, einer Hand, einem Kopf oder Popo zuzuweisen – aber höchstwahrscheinlich wird es mir nicht gelingen, es sei denn, mir ist beispielsweise von einer Hebamme mitgeteilt worden, dass der Leib innen sich gerade in einer bestimmten Position befindet. Hier zeigt sich bereits die entscheidende Rolle der Hebamme, die sich im weiteren Verlauf bestätigen wird.

Indem sich das Berührtwerden von innen im Laufe der Schwangerschaft verstärkt, zeigen sich für den mütterlichen Leib ganz neue Möglichkeiten des Seins; aber es ergibt sich auch neue Verantwortung. Von einem Wesen dauerhaft von innen berührt zu werden bedeutet, bewohnt zu werden, und Wohnen ist aus phänomenologischer Sicht interessant. Wir Menschen bewohnen die Erde, die sich uns auf jeweils ganz verschiedene Weise zeigt. Edmund Husserl weist auf, dass es nicht nur ganz unterschiedliche Behausungen auf der Erde gibt, sondern dass sogar ein Raumschiff phänomenologisch als Erde fungieren kann, da es als Orientierungspunkt für unseren Leib dient und diesen Leib trägt (Husserl 1941, 27–9).

Tragen ist generell das, was Erde zur Grundlage des Wohnens macht; und Tragen bzw. ‚Austragen' kennzeichnet natürlich genau die Schwangerschaft. Jacques Derrida geht diesen Zusammenhängen mit Hilfe einer Zeile von Paul Celan nach – „Die Welt ist fort, ich muss Dich tragen":

> „*Tragen* bezieht sich im Alltagsgebrauch auch auf die Erfahrung, ein noch ungeborenes Kind zu tragen. Zwischen Mutter und Kind, eines im anderen und dem einen für das Andere, in diesem einzigartigen Paar vereinzelter Wesen, in der geteilten Einsamkeit zwischen einem und zwei Leibern, verschwindet die Welt, sie ist in der Ferne, sie bleibt gewissermaßen ein ausgeschlossenes Drittes. Für die Mutter, die das Kind trägt, gilt: ‚Die Welt ist fort'." (Derrida 2004, 45)

Durch diese Offenbarung ergeben sich Implikationen für das Leben im Allgemeinen; denn es zeigt sich, dass tatsächlich jeder Mensch eine ganze Welt mit sich bringt. Derrida bringt dies vom Ende unserer Existenz her zum Ausdruck, wenn er sagt, dass der Tod eines Menschen jedes Mal das Ende einer Welt bedeutet. Geburt und Tod sind die unzugänglichen ‚Grenzen' der Welt, die ein Mensch aufgehen lässt und die sich mit seinem Tod verschließen würden, wenn wir als Überlebende sie nicht aufrechterhalten. Jeder Mensch ist eine Welt, eröffnet eine Welt, und die Verantwortung für diese Welt liegt bei denen, die diesen Menschen lieben, vor allem dann, wenn er oder sie getragen werden muss, ob als Baby oder zur Zeit des Todes.

Ursprung einer Welt zu sein, ist anspruchsvoll und erlegt uns eine immense Verantwortung auf. Aber die Erfahrungen, die wir dabei machen und die unser Verhältnis zu Welt auf vielfache Weise verwandeln, geben uns substanzielle Einsichten in die leibliche Existenz. Schwangersein bedeutet, von innen berührt zu werden nicht von einem Kopf oder Po oder Fuß, sondern von einer ganzen Welt, die nach außen drängt. Dieses Berührtwerden zeigt die Bedeutung der nichtverbalen Kommunikation, auf die wir unten im Zusammenhang der Geburt zurückkommen werden. Wenn es sich so anfühlt, als gebe es eine starke Unruhe im Leib, dann bleibt es nicht aus, dass wir mit dem unbekannten Wesen kommunizieren, was durchaus mit Worten geschehen kann. Doch bezüglich der Antwort müssen wir tatsächlich eine Art inneres Hören praktizieren, ein Hören auf Berührungen. Die Ambiguität, die sich dabei einstellt, ist auch für andere Situationen der leiblichen Kommunikation charakteristisch (Geburt, aber auch Sexualität usw.), und je mehr wir dies anerkennen, desto eher können wir die Ambiguität dort, wo sie sich problematisch erweist, im Vorhinein oder Nachhinein thematisieren.

Angesichts der radikalen Verantwortung dem Getragenen gegenüber wird es zunehmend erstrebenswert, dem neuen Wesen, der neuen Welt endlich von Angesicht zu Angesicht zu begegnen. Denn dann bekommt die unendliche Verantwortung mehr Inhalt, Konkretion, und im weiteren Verlauf auch eine Antwort. Es gibt aber noch weitere entscheidende Gründe, die Geburt herbeizusehnen, die mit der Änderung meiner Welterfahrung im Sinne von Weltdistanz zusammenhängen. Dabei geht es gewissermaßen um mein Verhältnis zur ‚alten' Welt, wie sie mir vertraut war, bevor ich je schwanger war. Auch in dieser Hinsicht wird sich Schwangerschaft als äußerst lehrreich erweisen; denn sie erlaubt mir die Besinnung darauf, was ich an meinem leiblichen Verhältnis zur Welt besonders zu schätzen weiß. Das ist es dann, was ich nach der Geburt besonders gerne zurückgewinnen und später auch mit dem Neugeborenen teilen möchte.

2 Schwangerschaft als Weltdistanz

Wenn es zur Beschreibung des Schwangerseins kommt, erlaubt uns die Phänomenologie eine tiefergehende Beschreibung, als eine Liste bestimmter Merkmale es leisten könnte. Solche Merkmale sind vielfältig, da Schwangersein unser Leben auf verschiedenen Ebenen beeinflusst. Es wird schwieriger,

- aufzustehen,
- sich herunterzubeugen,
- sich im Raum zu bewegen (zwischen Menschen und Gegenständen),
- sich schnell zu bewegen oder zu laufen, usw.

In einer an Merleau-Ponty anlehnenden Weise sollen zunächst die Unzulänglichkeiten einer objektivistischen Sicht und subjektivistischen Perspektive angedeutet werden, um dann Phänomenologie als plausible Alternative einzuführen.

Zwar würde eine objektivistische Perspektive solche Veränderungen als Resultat des zusätzlichen Gewichts oder vorstehenden Bauches erklären. Aber das ist nicht zufriedenstellend, da die Änderungen sich von denen der Gewichtszunahme deutlich unterscheiden. Selbst wenn ich mich hinlege, zeigt sich mir die Welt anders als zuvor. Eine Verlängerung der Liste von Merkmalen würde auch nicht helfen, die grundlegenden Änderungen zu erfassen.

Eine subjektivistische Perspektive würde hervorheben, dass sich meine Welterfahrung verändert hat, weil ich wegen meiner ‚anderen Umstände' vorsichtiger und schutzbedürftiger bin. Aber eine solche Erklärung greift ebenfalls zu kurz. Auch wenn ich weiß, dass ich keinen besonderen Schutz brauche, zeigt sich mir die Welt anders als vorher. Und die Veränderungen erfahre ich auch nicht wirklich im Sinne von Schutzbedürftigkeit: Die Welt erscheint nicht gefährlicher. Sie erscheint vielmehr irritierend oder frustrierend, zumindest zeitweise.

Aus phänomenologischer Perspektive lässt sich die Veränderung der Welterfahrung anders erklären, indem wir zunächst berücksichtigen, dass unser Leib kein materiell Seiendes im Raum ist wie andere Gegenstände, sondern von innen erfahren wird, als leibliche Existenz. Durch unseren Leib sind wir in der Welt und erfahren Welt. Die Veränderungen des Schwangerseins können aus Sicht von Merleau-Ponty als Verlust des „Gewohnheitsleibes" oder aus Heideggers Sicht als Transformation und Teilverlust des „Zuhandenen" beschrieben werden.

Wie können wir den „Gewohnheitsleib" kurz erklären? Damit bezeichnen wir in der Nachfolge Merleau-Pontys unsere normale Erwartung, uns in der Welt ohne Unfälle und Unterbrechungen zurechtzufinden und bewegen zu können. Alltägliche Aktivitäten wie gehen, Treppen steigen oder essen sind so zur Gewohnheit geworden, dass wir uns nicht besonders auf sie besinnen müssen, und wir brauchen uns auch nicht unserer Umgebung bewusst zu sein, jedenfalls nicht im Sinne gemessener Distanzen oder Eigenschaften. Nur wenn ich eine Beinverletzung habe oder die Treppenstufen beschädigt sind, muss ich mich auf meine Aktivität des Treppensteigens besinnen. Andernfalls sind solche Bewegungen zur Gewohnheit geworden, wobei Merleau-Ponty erklärt: „Die Gewohnheit ist der Ausdruck unseres Vermögens, unser Sein zur Welt zu erweitern oder unsere Existenz durch Einbeziehung neuer Werkzeuge in sie zu verwandeln" (Merleau-Ponty 1966, 173). Eine Erweiterung meiner leiblichen Existenz kann in der Tat Werkzeuge einschließen, beispielsweise das Automobil, in dem ich fahre, oder den Stock der Blinden, der in ihren leiblichen Raum einbezogen wird. Es zeigt sich dann, dass Gewohnheit „weder eine Kenntnis noch ein Automatismus ist", sondern ein „Wissen, das in den Händen ist, das allein der leiblichen Betätigung zur Verfügung steht, ohne sich in objektive Bezeichnung übertragen zu lassen" (Merleau-Ponty 1966, 174).

Während der Gewohnheitsleib meine Welt erweitert, gerät der schwangere Leib sich selbst in den Weg und stört meine gewohnheitlichen Aktivitäten. Die Aktivitäten, die ich zu meistern gelernt hatte, ob gehen, Auto fahren oder Fahrrad fahren, müssen auf modifizierte Weise gelernt werden oder werden teilweise sogar unmöglich. Mein zuvor mobiler Leib wird zunehmend ‚träge' und offenbart den phänomenologischen Sinn von Trägheit (im Gegensatz zum physikalischen Begriff als proportional zur Masse eines Gegenstandes). Die Welt ist mir weniger zugänglich, erscheint weiter entfernt; daher rührt auch die Erfahrung der Welt als frustrierender. Während Gewohnheit mein In-der-Welt-sein ‚erweitert', könnte man Schwangerschaft als eine Art Schrumpfung oder Zusammenziehen beschreiben, trotz der Tatsache, dass das physische Volumen meines Leibes wächst.

Meine Schwierigkeiten, mich im Raum zu bewegen, führen zum Anwachsen der Distanzen, und die Gegend, die mir zugänglich ist, wird kleiner. Dieser Effekt stellt Schwangerschaft in einen unerwarteten Gegensatz zur modernen Transporttechnik, wie Heidegger sie beschreibt: Technik schrumpft Entfernungen. Die Weisen, wie Schwangerschaft meine Erfahrung vom Raum verändert, sollen nun ein wenig genauer untersucht werden, da die Unterschiede in der Räumlichkeit gut zeigen, inwiefern das Zuhandene nicht mehr zur Hand ist. Heidegger kündigt zu Beginn seiner Betrachtungen zur Räumlichkeit an, dass seine Überlegungen aufweisen werden, wie die Räumlichkeit des innerweltlich Seienden in der Weltlichkeit von Welt gründet (Heidegger 1993, 102). Diese Entdeckung ist für unsere Zwecke entscheidend, da sie anzeigt, dass die Modifizierung der Räumlichkeit nicht nur eine Angelegenheit eines Gegenstandes oder einiger weniger Gegenstände ist, die mir weniger zugänglich sind, sondern ein Wandel meiner Umwelt und daher meiner Existenz (als In-der-Welt-sein).

In Begriffen der Räumlichkeit betrachtet, zeigt sich Zuhandenheit als Nähe oder das, was in „Reich-, Greif- und Blickweite liegt" (Heidegger 1993, 106). Wenn wir auch noch Heideggers präzise und treffende Bemerkung über Dasein und Nähe berücksichtigen – „Dasein ist wesenhaft ent-fernend, es lässt als das Seiende, das es ist, je Seiendes in die Nähe begegnen" (Heidegger 1993, 105) –, so zeigt sich zunehmend, inwiefern Schwangerschaft existenzielle Probleme hervorruft, da sie der wesenhaften Ent-fernung oder Tendenz auf Näherung im Weg steht. Die Welt liegt ferner, und der Zirkel des Zuhandenen oder dessen, was in Greifweite ist, schrumpft.

Außerdem differenziert sich die Welt deutlicher in Gegenden. Heidegger beschreibt, wie Räumlichkeit im „existenzialen" Sinne (im Gegensatz zum objektiven oder geometrischen) für uns in distinkte Gegenden zerfällt: Das „Unten" ist das „am Boden" (Heidegger 1993, 103). Für die schwangere Existenz werden die Unterschiede zwischen den Gegenden viel ausdrücklicher, da sich der Abstand zwischen dem ‚am Boden' und dem ‚auf dem Regal' verschärft. Mehr Überlegung und Planung ist erforderlich: Bevor ich mich hinsetze, muss ich nachdenken und näher bringen, was ich später brauchen könnte.

Aufgrund dieser Veränderungen hinsichtlich meines Gewohnheitsleibes, der Räumlichkeit meiner Existenz und des Charakters der Dinge um mich herum erscheint die Welt anders. Ich werde desorientiert und suche nach neuen Wegen der Orientierung und Organisation. Eine Möglichkeit liegt in der Kommunikation („Könntest du mir bitte ...?"); doch die Unterbrechung meines normalen Weltverhältnisses wird durch solche Mittelbarkeit und Abhängigkeit nur bestätigt. Insgesamt hat die Welt auf umfassende Weise von mir Distanz genommen und ist nur mit Schwierigkeit zugänglich.

Es gibt aber auch eine andere, positive Seite der Weltdistanzierung, und zwar meine wachsende Nostalgie nach dem Gewohnheitsleib. Diese wachsende Nostalgie ist eine wichtige Motivationsgrundlage dafür, die Geburt herbeizuwünschen – zusätzlich zum Begehren, das Baby zu sehen, wie wir im vergangenen Abschnitt gesehen haben. Doch während das Begehren, das Baby sehen zu können, sicherlich ein starker Beweggrund ist, so handelt es sich doch um einen konstanteren Faktor, und es gibt keinen auf Erfahrung basierenden Grund, warum jenes Begehren im Laufe der Schwangerschaft kontinuierlich zunehmen würde. Die Nostalgie nach dem Gewohnheitsleib hingegen wächst definitiv immer stärker, im gleichen Maße, in dem der gewaltige Leib sich zunehmend schwieriger handhaben lässt. Auf der Ebene der Alltagsbeschreibung wird dies manchmal als das Vermögen ausgedrückt, wieder normale Kleidung zu tragen – aber man muss nicht auf jemanden stoßen wie mich, die sich wenig aus Kleidung macht, um zu merken, dass es um viel mehr geht: um eine Weise zu sein und sich zur Welt zu verhalten, also eine Weise des In-der-Welt-seins, die mit dem Gewohnheitsleib in enger Verbindung steht. Der starke Wunsch, den Gewohnheitsleib zurückzugewinnen, ist als Motivation sinnvoll und notwendig, um der Angst entgegenzuwirken, die daher rührt, dass es unmöglich zu sein scheint, einen anderen Leib zu gebären. Inwiefern Geburt ebenfalls eine Umkehrung unseres Weltverhältnisses bedeutet, wird im nächsten Abschnitt behandelt.

3 Passivität und Warten

Ein wichtiger und dennoch oftmals vernachlässigter Bestandteil der Geburt ist das Warten. Es ist eine verbreitete, aber falsche Annahme, dass der Geburtsprozess zunehmend schwieriger wird, indem er fortschreitet. Vielmehr ist die letzte Phase oftmals einfacher als die vorhergehende, schon deshalb, weil das Ende des Vorgangs spürbar nah ist und auch, weil das Teilnehmen am Vorgang (durch ‚Pressen') auf gewisse Weise einfacher ist als passives Warten.

Da das Warten eine (so) substanzielle Rolle spielt, ist es ratsam, sich darauf vorzubereiten und etwaige Hilfsmittel zu bedenken. In dieser Hinsicht scheint eine Geburt im eigenen Wohnbereich vielfache Vorteile zu bieten; doch ein hierbei leicht vernachlässigter Faktor sind die Hebammen. Denn wird die Bevorzugung des eigenen Heims durch den Wunsch nach einer vertrauten Umgebung und heimischer Atmosphäre motiviert, muss bedacht werden, dass die Ankunft der Hebammen im heimischen Umfeld in jedem Fall eine Begegnung mit Fremden bedeutet. Nur in besonderen Fällen wird die Hebamme vertraut sein;[1] im Gedankenexperiment sollte die Situation daher normalerweise als Begegnung mit Fremden vorgestellt werden.

Eine Situation, in der ich fremde Personen in mein Heim rufe, ist eine Situation der Gastfreundschaft, wie wir von Jacques Derrida (Derrida 2000) lernen können und auch intuitiv verstehen. Eine solche Gastfreundschaft ist auf jeden Fall wahrnehmbar und betrifft alltägliche Dimensionen wie Speisen,[2] aber auch

---

1 In Großbritannien wird die Hebamme höchstens zufällig jene sein, die von den geburtsvorbereitenden Untersuchungen her bekannt ist; andernfalls müsste die Schwangere sich einem privaten Anbieter zuwenden statt dem *National Health Service* (NHS). Solche privaten Anbieter sind meistens teuer und nicht in allen Gegenden verfügbar. In Deutschland sind die Kosten für Wahlhebammen auf eine kritische Höhe angestiegen. Auch gibt es weitere Probleme, da wegen der Unvorhersehbarkeit des Zeitpunktes die vertraute Hebamme unter Umständen bei einer anderen Geburt anwesend ist (unwahrscheinlich, aber nicht ausgeschlossen), und die Begegnung mit einer fremden Person kann besonders problematisch sein, wenn die Schwangere sich voll und ganz auf eine bestimmte Hebamme eingestellt hatte.

2 Dieser Aspekt wird in den britischen NHS Leitlinien für Hausgeburten ausdrücklich erwähnt, und wenngleich die Empfehlung, einen Snack zu reichen, zunächst unproblematisch erscheint,

die Wahl der Unterhaltung.[3] Insgesamt macht sich die Anwesenheit der ‚Gäste' in einer heimischen Situation stärker bemerkbar als auf neutralem Boden. Es mag überraschend erscheinen, dass sich eine solche gewöhnliche Gastfreundschaft auf die Geburtserfahrung auswirkt. Doch wenn wir die Spannung zwischen alltäglichen und tieferliegenden existenzialen Dimensionen bedenken, von der die Geburtssituation allgemein bestimmt ist (auf der Ebene der Gefühle ebenso wie allgemein), wird dieser Einfluss offenkundig. Die Konfrontation mit einer unheimlichen Erfahrung in einer heimischen Umgebung kann dazu führen, dass gewisse Aspekte dieser Umgebung völlig irrelevant werden; andere Aspekte wiederum können plötzlich problematisch werden. Gesellig, kommunikativ oder gastfreundlich zu sein, wird unter diesen Umständen schwierig.

Darüber hinaus bestimmt die Spannung von alltäglichen und fundamentalen Ebenen auch die Gastfreundschaft. In der Geburtserfahrung gibt es eine Ebene fundamentaler Gastfreundschaft.[4] Diese betrifft die Notwendigkeit für mich, es zuzulassen, dass die Hebamme Sorge trägt für meinen Leib und damit für mein fundamentales und unersetzbares ‚Heim'. Dies erfordert auf meiner Seite Vertrauen und die Bereitschaft, die Hebamme in mein ‚Heim' einzulassen, im allgemeinen, aber auch im engsten Sinne. Wenn sich Probleme auf der Ebene der alltäglichen Gastfreundschaft zeigen, wird es auch schwieriger, jene fundamentale Gastfreundschaft zu gewähren. Obwohl die Belange der alltäglichen Gastfreundschaft trivial erscheinen mögen, können sie problematisch werden – und zwar im Falle der Konfrontation mit der fundamentalen Ebene, wenn es nämlich darum geht, der Hebamme Zugriff auf meinen Leib zu gewähren – zumal es sich um eine wesentliche, existenziale Situation handelt.

---

kann sich dies in der Geburtssituation ändern. (Auto-ethnographische Beobachtung: Für mich war es ungünstig, dass mein Partner in der Küche Tee und Snacks vorbereitete, während ich seine Hilfe durch Rückenmassage während der Wehen haben wollte.)

3 Auto-ethnographische Beobachtung: Ich fühlte mich angehalten, den Fernseher auszuschalten, als die Hebammen ankamen (obwohl ich zufällig eine gute Episode von ‚Monk' mit meiner Lieblingsassistentin Sharona entdeckt hatte). Ich hatte den Eindruck, ich müsste andernfalls aus Gastfreundschaft die Hebammen nach ihren Unterhaltungspräferenzen fragen, und ich fühlte mich nicht danach, solche Präferenzen zu diskutieren. Außerdem erschien Fernsehunterhaltung angesichts der Möglichkeit oder Wirklichkeit einer Untersuchung unangemessen.

4 Derrida unterscheidet zwischen „unbedingter" und „bedingter" Gastfreundschaft. Seine Terminologie ist ein bisschen anders gelagert, da unbedingte Gastfreundschaft eine Art allgemeines und absolutes Willkommen-heißen bezeichnet, völlig unabhängig von der Herkunft der Fremden. Für das im vorliegenden Aufsatz besprochene Verhältnis handelt es sich bei den Fremden um Hebammen und damit nicht um Fremde im allgemeinsten Sinne. Dennoch gibt es wichtige Parallelen zwischen der hier besprochenen fundamentalen Gastfreundschaft und der unbedingten Gastfreundschaft in Derridas Sinne. Die wichtigste Gemeinsamkeit ist wohl, dass beide in gewissem Sinne unmöglich sind bzw. nicht vollständig erreicht werden können.

Wer sich in der Phantasie mit einer Hausgeburt beschäftigt, sollte also auch das Thema Gastfreundschaft in das vorgestellte Szenarium einbeziehen, neben anderen Faktoren wie der Möglichkeit, ins Krankenhaus transferiert zu werden. Fällt die Entscheidung aber für eine Hausgeburt, dann sollte die Möglichkeit des Transfers in der Situation selbst besser nicht zu sehr im Vordergrund der Gedanken stehen. Das Bedenken anderer Optionen schafft eine allgemeine Atmosphäre der Ungewissheit oder Unsicherheit, die nicht hilfreich ist. Ein Hauptvorteil der Hausgeburt liegt in der Möglichkeit, zu Hause zu bleiben, in jedem Sinne. Wenn das Baby da ist, sind alle unmittelbar zu Hause, wo sie bleiben können, sich erholen und gemeinsam feiern, dass die heimische Welt eine wesentliche Bereicherung gefunden hat.

Insgesamt haben wir gesehen, dass eine Hausgeburt Vorteile ebenso wie Nachteile haben kann, und damit bestätigt sich die Bedeutung einer Auseinandersetzung mit der Geburt mittels unserer Phantasie oder Einbildungskraft. Solche Gedankenexperimente oder Übungen der Einbildungskraft sollten auch eine Dimension der Geburt einschließen, die in den meisten Fällen sehr wichtig und doch weitgehend vernachlässigt ist. Diese Vernachlässigung gründet in der Tendenz, die Aufmerksamkeit unmittelbar auf den zentralen Aspekt des Vorgangs zu richten: die eigentliche Geburt, also das Erscheinen des Babys. Doch in den meisten Fällen ist ein wesentlicher Teil der Geburt von Passivität und Warten bestimmt. Diese sind immer schwierige Phänomene; sie sind es jedoch umso mehr, wenn etwas Unheimliches bevorsteht.

Passivität ist etwas, das wir weder besonders schätzen noch oft bedenken. Eine phänomenologische Beschreibung der Geburt zeigt, dass dies ein Fehler ist. Doch es kann auf den ersten Blick so scheinen, dass sich bei der Betrachtung der Geburt die Vorbehalte bestätigen, die wir allgemein der Passivität gegenüber haben. Ähnlich, wie es eine negative Charakterisierung ist, jemanden als ‚passiv' zu beschreiben, gibt es Grund für die Überzeugung, dass eine aktive Haltung oder Einstellung der Geburt förderlich ist. ‚Aktive Geburt' als ein bestimmter Ansatz zur Geburt verkörpert diese Überzeugung. Passivität bei der Geburt weckt Assoziationen an medizinische Intervention im Geburtsprozess. Wiederum konzentriert sich die qualitative Forschung, die auf mehr oder weniger direkte Weise von der existenzialen Phänomenologie inspiriert wurde, auf die Gebärende als ‚Subjekt' statt als zu behandelndes ‚Objekt', und das Subjektsein wird oftmals in Begriffen von Autonomie und Aktivität interpretiert.[5]

Wie wir sehen werden, erlaubt es die existenziale Phänomenologie durchaus auch, Passivität zu erhellen und ist damit eine wichtige Ergänzung zur Betonung

5 Beispiele dafür sind in Lundgren 2011 zu finden.

der Aktivität bei der Geburt. Damit soll freilich die Bedeutung der aktiven Geburt nicht geschmälert werden. Einige vorbereitende Erklärungen seien hier vorausgeschickt. Erstens eine allgemeine Erinnerung hinsichtlich der hier vertretenen Position: Es ist nicht meine Absicht, gegen Krankenhausgeburten zu argumentieren. Es geht vielmehr darum, für eine Auseinandersetzung mit der Geburtssituation in der Phantasie zu plädieren und Frauen Wahlfreiheit hinsichtlich ihres bevorzugten Geburtsorts einzuräumen.[6] Zweitens ist es definitiv nicht meine Absicht, durch die Betonung von Passivität nahezulegen, dass ‚Nichtstun' die beste Haltung während der Geburt wäre. Vielmehr ist Passivität ein wesentlicher Bestandteil der Erfahrung, und deshalb ist es sinnvoll, sich damit zu beschäftigen, wie mit Passivität umgegangen werden kann. Es ist wichtig, dass Passivität weder nichts ist, noch Nichtstun bedeutet. Passivität ist komplex und vielschichtig, und auf eine Erfahrung von Passivität zu antworten, ist schwierig, viel schwieriger als Nichtstun.

Warten ist wesentlich ein zeitliches Phänomen, und insofern spielt unser Leib dabei keine intrinsische Rolle.[7] Eine allgemeine Phänomenologie des Wartens (wie sie hier offensichtlich nicht geleistet werden kann) würde mit dem Unterschied von objektiver und phänomenologischer Zeit beginnen, oder Uhrzeit und erlebter Zeit. Warten bezeichnet allgemein das Erleben dessen, dass Zeit sich dehnt oder gar mit schmerzhafter Langsamkeit verstreicht. Zehn Minuten Warten fühlt sich immer länger an als zehn Minuten einer alltäglichen Aktivität. Sogar dann, wenn wir mit Spannung oder Aufregung warten, empfinden wir den Fluss der Zeit als zu langsam, was sich in der Formulierung ausdrückt „Ich kann es gar nicht erwarten (..., dass es endlich passiert)!" Wenn es sich jedoch um den Fall handelt, dass das bevorstehende Ereignis Angst hervorruft, gibt es gleichfalls eine Obsession in Bezug auf das Warten und den Fluss der Zeit, der womöglich als Stillstand empfunden wird. Geburt schließt normalerweise beide dieser Dimensionen ein, das aufgeregte Warten auf das Baby, aber auch das angstvolle Erwarten des weiteren Ablaufs.

Im Warten dehnt sich die Zeit, und nichts in der Welt bietet ein Gegenmittel. Nichts? Bei alltäglichen Erfahrungen des Wartens wünschen wir oftmals, wir

---

6 Insofern stimmen meine Beobachtungen mit Brocklehursts Empfehlung überein, dass freie Wahl des Geburtsorts entscheidend ist, und es gilt zu beachten, dass finanzielle, politische und kommunale Bemühungen nötig sind, um Frauen diese Wahl zu ermöglichen.

7 Die Beobachtung, dass der Leib beim Warten keine intrinsische Rolle spielt, schließt keineswegs aus, dass der Leib in gewissen Erfahrungen des Wartens wichtig sein kann (zum Beispiel beim wartenden Herumstehen). Doch für eine allgemeine Beschreibung des Wartens, wie sie hier in kürzester Form unternommen wurde, ist der Leib nicht entscheidend, da er nicht immer eine Rolle spielt beim Warten.

hätten ein Buch mitgebracht, oder ein Gespräch, eine Unterhaltung würde uns Abwechslung bringen. Insbesondere im Fall der ersten Geburt können zu den Tagen, in denen auf das Einsetzen der Wehen gewartet wird, durchaus Stunden und sogar Tage der leichten bis mittelschweren Wehen hinzukommen. Während der Wehen sind Gespräche schwierig und nicht besonders erstrebenswert. Aber andere Formen der Ablenkung können vor allem während der Anfangsphasen durchaus hilfreich sein. Für manche ist es tatsächlich keine schlechte Idee, ein Buch mitzubringen.[8] Eine weiter verbreitete Antwort auf die Situation des Wartens ist allerdings das Fernsehen. Viele Frauen berichten, die Anfangsphasen vor dem Fernseher zugebracht zu haben (entweder zu Hause oder im Krankenhaus), und diejenigen, die sich nicht auf die Unzuverlässigkeit des normalen Fernsehprogramms verlassen wollen, können in ihren vorbereitenden Phantasien der Geburt durchaus die Wahl einer DVD o. ä. in Erwägung ziehen. Natürlich kommt es dann darauf an, ob die jeweilige Frau in einer Situation des Unwohlseins etwas schauen möchte, und wenn ja, was.

Zugegebenermaßen wird der Augenblick kommen, wo Ablenkung durch Unterhaltungsprogramme nicht mehr möglich ist. Wie können wir einer Person helfen, die sich einer unausweichlichen und doch unheimlichen Erfahrung gegenübersieht, und zwar einer Erfahrung, die Warten und Passivität einschließt? Wenn die Zeit des Wartens die Gebärende nicht aller Energie und Kraft beraubt hat, kann die letzte Phase gerade deshalb zu schaffen sein, weil es klarerweise die letzte Phase ist. Deshalb ist es besonders wichtig, die Bedingungen für ‚gutes Warten' und ‚gute Passivität' zu schaffen. Andere Menschen sind in diesem Zusammenhang extrem wichtig. Denn Andere affizieren uns am meisten, wie wir sehen, wenn wir uns der Erkenntnis öffnen, dass Andere tatsächlich von Anfang an in mir sind. Andere haben mich immer schon affiziert und werden mich weiterhin affizieren. Da die Geburt eine hochgradig prekäre Situation ist, wird es besonders wichtig, besser zu verstehen, wie Andere mich affizieren – vor allem auf den Ebenen von Sorge und Kommunikation.

4 Sorge und Rede

Wie können Andere uns am besten mit den Affekten und Befindlichkeiten in dieser außer-gewöhnlichen Situation helfen? Dieses Kapitel will zeigen, dass

---

8 Auto-ethnographische Beobachtung: Mir schien, dass der Wartevorgang während der anfänglichen Wehenphasen gut mit einem fesselnden Kriminalroman angegangen werden könnte. Meine Wahl war Bernhard Schlinks *Selbs Betrug* (auch wegen der kurzen, prägnanten Sätze); es hat mir gut getan.

Heideggers Philosophie für diese Frage einen guten Ansatzpunkt liefert. Sowohl Sorge als auch Rede sind wichtige Dimensionen der Geburtserfahrung. Hebammenkunst ist eine Kunst der Sorge. Ausgehend von der Etymologie des lateinischen Begriffs der *cura* und vom Alltagsverständnis macht Heidegger klar, dass die Alltagsbegriffe der Besorgnis oder Bekümmernis uns nicht zur ursprünglichen Bedeutung der Sorge führen werden. Die tiefste Bedeutung der Sorge ist nach Heidegger ontologisch so grundlegend, dass sie synonym wird mit Existenz. Unsere Existenz ist Sorge, weil wir das Seiende sind, „dem es in seinem Sein um dieses selbst geht" (Heidegger 1993, 42); wir leben unser Leben nicht nur, sondern besinnen uns darauf, mindestens als Möglichkeit.

Auf der Grundlage dieses umfassenden, allgemeinen Sinnes von Sorge unternimmt Heidegger einige kurze Überlegungen zur *Fürsorge* (Heidegger 1993, 121 ff), die für unsere Zwecke überraschend hilfreich sind. Heidegger erklärt, dass die „faktische Dringlichkeit", Fürsorge als „praktische soziale Einrichtung" zu etablieren, daher rührt, dass wir im Allgemeinen nicht hinreichend füreinander sorgen, sondern nebeneinanderher leben, was im Extremfall, in dem Existenz missverstanden wird, dazu führen kann, dass wir den entscheidenden Unterschied zwischen leiblichen Personen und Gegenständen ignorieren. Im Gegensatz zu dieser Gleichgültigkeit gibt es zwei ‚positive Modi' der Sorge, wenngleich ‚positiv' zunächst einmal bloß bedeutet, dass Fürsorge stattfindet, nicht, dass sie sich notwendigerweise auf positive oder hilfreiche Weise ereignet. Die erste, viel verbreitetere Form der Fürsorge für die Anderen ist „einspringende Fürsorge", die den Anderen die Sorge abnimmt (Heidegger 1993, 122). Während diese hilfreich erscheinen mag, vor allem falls ein fehlgeleitetes Verständnis der Sorge als Besorgnis vorliegt, erweist sie sich schlussendlich als abträglich, weil die Anderen durch sie zu „Abhängigen und Beherrschten werden, mag diese Herrschaft auch eine stillschweigende sein und dem Beherrschten verborgen bleiben" (ebd.). Die zweite Form der Fürsorge ist im Gegensatz dazu die „vorspringende Fürsorge", die nicht den Platz der Anderen einnimmt, sondern ihr die Sorge zurückgibt. Diese Fürsorge behandelt die Andere nicht als ein „Was", sondern „verhilft dem Anderen dazu, in seiner Sorge sich durchsichtig und für sie frei zu werden" (ebd.).

Diese Unterscheidung hat direkte Implikationen für Hebammen und am Geburtsprozess beteiligte Pflegekräfte. Obwohl Heidegger dieses Beispiel freilich nicht diskutiert, wäre es zutreffend zu sagen, dass das, was Heidegger über die Angst sagt, auf gewisse Weise für die Geburt zutrifft: Niemand kann für mich oder an meiner Stelle gebären. Gleichzeitig macht die Weise, wie die Situation der Geburt eine Abhängigkeit von Anderen schafft, es verführerisch zu wünschen, die Andere könnte für mich ‚einspringen'. Doch ein Einspringen kann letztlich nicht hilfreich sein. Sobald es sich so anfühlt, als wäre der Vorgang nicht mehr in meiner Hand, so dass ich mich nicht mehr als wichtigste Teilnehmerin auffasse, wird es verführerisch, mich als hilfloses Objekt zu denken. Mich als Objekt zu verstehen, ist relativ problemlos wegen der konstitutiven Spaltung meines Wesens in Subjekt und Objekt. Diese Spaltung beschreibt Heidegger in existenzialen Begriffen, indem er uns als „geworfenen Entwurf" bezeichnet, um Missverständnisse zu vermeiden, die der traditionellen Begrifflichkeit von Subjekt und Objekt unweigerlich anhaften. Ich bin in die Welt geworfen wie ein ‚Objekt', aber ich bin auch Entwurf vielfacher Möglichkeiten. Sorge bedeutet, dass ich mich beständig als geworfener Entwurf zur Welt verhalte.

Ausnahmezustände wie Krankheit oder Schmerz schaffen eine Situation, in der meine Selbstwahrnehmung sich so verändert, dass ich mich von meinem Leib distanzieren möchte. Schmerz ist gerade deshalb existenziell bedrohlich, weil ich merke, dass es kein Entkommen aus meinem Leib gibt. Ein Leib zu sein (statt ihn zu haben) bedeutet, dass Existenz eine ‚ausweglose' Situation ist, was meine Leiblichkeit angeht. Daraus ergibt sich, dass „einspringende Fürsorge" von Seiten des Pflegepersonals besonders gefährlich ist, denn die ‚Patientin' würde möglicherweise nur zu gern jede Möglichkeit ergreifen, mehr Distanz von dem ihr bereits fremd gewordenen Leib zu nehmen und könnte erwarten, dass Andere übernehmen. Während es in Fällen von Krankheit, die tatsächlich der medizinischen Intervention bedürfen, hilfreich sein kann, sich auf das Fachpersonal zu verlassen, kann dies in der Geburtssituation nur dann hilfreich sein, wenn die Situation eine Wendung zum Problematischen und damit Medizinischen nimmt. Im Falle der ‚normalen' Geburt schafft das Einspringen Probleme, da es sehr bald deutlich wird, dass in der Tat niemand für mich gebären kann; und so muss ich diesen Leib akzeptieren. Viel hilfreicher und weniger frustrierend ist daher eine Form der Sorge, die ‚vorspringt' und mich dazu zu befreien sucht, für mich zu sorgen – und genauer besehen, für mich und das Kind. So realisiere ich, dass die Verantwortung in der Tat bei mir liegt.

Wie kann dies gelingen? Heidegger gibt uns keine präzise Anleitung, aber es wird im Folgenden offensichtlich werden, dass es eine Angelegenheit der beziehungsmäßigen Einstellung zwischen Menschen ist. Um meine Beziehung zu den Anderen besser zu verstehen und zu sehen, wie sich unterschiedliche Einstellungen manifestieren, wird es sinnvoll sein, eine zweite wesentliche Dimension der Existenz heranzuziehen, in der sich Mitsein ereignet: die Rede.

Rede ist ganz entscheidend für den Pflegeberuf. Bevor wir uns einigen wichtigen Momenten in Heideggers Analyse zuwenden, möchte ich ein paar Beispiele von Frauen geben, die der Ansicht waren, dass die ihnen gewidmete Fürsorge ihnen oder der Situation nicht gerecht wurde. Eine Frau berichtete: „Ich war mehr oder weniger ein Objekt, nicht ein Mensch, sondern etwas, aus dem sie etwas herauskriegen müssen, niemand sagte mir etwas, niemand sagte ein Wort, keine Erklärung oder Information jeglicher Art" (Lundgren 2011, 124). Die von der

Frau erfahrenen Kommunikationsprobleme sind offensichtlich; doch eine Lösung ist weniger offensichtlich, als es scheinen mag. Denn mit der Frau zu sprechen, ist nicht genug, auch wenn dies naheliegen mag, weil der Mangel an Rede das größte Problem in der gerade gegebenen Darstellung ist. Aber eine andere Frau bringt auf den Punkt, inwiefern Reden nicht genug ist: „Sie sagten mir bloß, wie ich mich fühle“ (Lundgren 2011, 141). Dieses Beispiel zeigt wiederum, dass Rede selbst bevormundend sein kann, wie eine extreme Form des Einspringens.

Ein kurzes Beispiel aus meiner eigenen Erfahrung soll weiter verdeutlichen, wie komplex die Situation ist. Die Hebammen, die zu meiner englischen Hausgeburt gekommen waren, fragten mich alle paar Minuten: „How are you doing?“ („Wie geht's?“) Eine freundliche, alltägliche Frage, und in der Tat eine Frage, keine bevormundende Form der Rede. Dennoch wurde diese Interaktion von mir nach kurzer Zeit als nicht hilfreich und später gar als störend empfunden, weil die Frage alle paar Minuten wiederholt wurde. Zuerst antwortete ich: „Okay, angesichts der Umstände.“ Später dann nur noch „Okay“. Ich merkte, dass ich nicht alle paar Minuten in das Land der verbalen Sprache ‚heraufgezwungen‘ werden wollte, zumal es wenig zu sagen gab und wenig Notwendigkeit zu sprechen. Die beständigen Fragen verwandelten mich wieder in ein denkendes, sprechendes Subjekt, wenn ich mich in der Situation als Leib einfinden wollte, versuchen wollte herauszuspüren, wie angesichts der Umstände am besten Leib zu sein sei: wartend, passiv.

Was wir daher brauchen, ist ein umfassenderer Begriff von Rede als Modus des Mitseins, der nicht bloß auf verbale Sprache begrenzt ist. Ein solcher umfassender Begriff macht es dann auch möglich, verbale Sprache zu integrieren und sie auf beruhigende, förderliche Weise statt auf unterbrechende oder gar bevormundende Weise ins Spiel zu bringen. Heidegger gibt uns einen solchen Begriff von Rede in „Sein und Zeit“ im Paragraphen 34. Drei Charakteristika sind für unsere Zwecke von besonderer Bedeutung. Erstens sagt Heidegger, dass Rede das „existenzial-ontologische Fundament der Sprache ist“ (Heidegger 1993, 160). Rede, und damit die Beziehung zu Anderen, die wir ansprechen (oder uns anzusprechen weigern), ist das ursprünglichere Phänomen im Vergleich zur Wortsprache. Unser gewöhnliches, beschränktes Verständnis von Sprache als Informationsübermittlung bildet sich deshalb, weil wir nicht anerkennen, dass Wortsprache von Rede im weiteren Sinne abgeleitet ist. Dieser umfassendere Sinn schließt Gestik, Mimik, Laute usw. ein. Zweitens besteht Heidegger darauf, dass wir dem, was wir hören, unmittelbar Bedeutung verleihen; wir geben Bedeutung und sind affiziert von Bedeutungen. So hören wir z. B. nie nur Geräusche, sondern stets bestimmtes Seiendes, auch wenn wir uns natürlich irren können, was genau wir hören. Besonders in Situationen der Verwundbarkeit müssen diese Zusammenhänge berücksichtigt werden. Drittens gehören zur Rede „als Möglichkeiten

Hören und Schweigen" (Heidegger 1993, 161). Schweigen ist keine Abwesenheit von Rede, sondern eine eigenständige und sehr wichtige Dimension der Rede.

Der Anderen und der Situation zuzuhören bedeutet, keine Angst vor dem Schweigen zu haben. Wenn die Rede im umfassenderen Sinne gelingt, kommt es zur Mitteilung; und Mitteilung „vollzieht die ‚Teilung' der Mitbefindlichkeit und des Verständnisses des Mitseins" (Heidegger 1993, 162). Wie Heidegger auch hervorhebt, kann ich trotz der Unmöglichkeit, der Anderen die Furcht abzunehmen, indem ich mich für sie fürchte, dennoch ein Verständnis davon haben, wie die Andere affiziert ist, und in diesem Sinne ihre Affekte ‚teilen'. Das bedeutet nicht, den Anderen die Furchtgefühle und Ängste zu nehmen, aber es hilft ihnen doch, weniger von ihnen überwältigt zu werden. Das Hören hat nach Heidegger positive wie negative Formen: „Das Aufeinander-hören, in dem sich das Mitsein ausbildet, hat die möglichen Weisen des Folgens, Mitgehens, die privativen Modi des Nicht-Hörens, des Widersetzens, des Trotzens, der Abkehr" (Heidegger 1993, 163).

Was bedeutet dies für die geburtsbezogene Rede? Rede ist definitiv nicht auf das Sprechen beschränkt. Vorspringende Fürsorge kann darin bestehen, dass die Hebammen mit der Gebärenden atmen, zustimmend nicken, falls gewünscht, eine Massage anbieten, den Leib (unter-)stützen: Mit-sein, das über das Sprechen hinausgeht. Es ist entscheidend für die Hebamme, *da* zu *sein*. Ein solcher umfassender Begriff von Rede könnte auch als Zwischenleiblichkeit im Sinne von Merleau-Ponty interpretiert werden. Rede, die Schweigen, Hören und Sein-lassen einbezieht, erlaubt es der Gebärenden, an der Situation teilzunehmen, das heißt, sich darauf einzulassen, ein Subjekt zu bleiben in der Situation, wenn auch nicht eine Redepartnerin im gewöhnlichen Sinne.[9] Es bedeutet auch, Passivität zu unterstützen statt sie zu unterbrechen, in Anerkennung der existenzialen Unsicherheit, die auch die gewöhnlichste Situation plötzlich komplex macht, und den Bedürfnissen der Gebärenden zuzuhören, wie schwierig es für sie auch sein mag, diese zu kommunizieren. Natürlich ist der Schwerpunkt, der hier auf das Schweigen gelegt wurde, kein kategorischer Anspruch, ohne Sprechen auszukommen. Hebammen können sprechen, um Unterstützung oder Information zu geben, und das ist wichtig. Aber ebenso wichtig sind die Bereitschaft zu schweigen und das Verständnis dafür, dass eine Antwort von der Gebärenden nicht unbedingt zu erwarten ist.

---

9 Die Bedeutung und Schwierigkeit, ein teilnehmendes Subjekt zu bleiben, zeigt sich, wenn Frauen von negativen Erfahrungen berichten, in denen der Vorgang ohne sie stattzufinden schien: „Mental war ich total am Ende. Ich war wirklich nicht mehr da" (zitiert in Ayers 2007, 258).

Mit einer Person zu sein, die einer Erfahrung der Unheimlichkeit und Passivität unterliegt, erfordert Mit-gefühl. Meine Beziehung zur Anderen erfordert es aber nicht, mich in ihre Situation zu versetzen und mir vorzustellen, ich würde gebären. Vielmehr kann das Mitgefühl der Einsicht entspringen, dass diese Situation eine besondere Herausforderung ist, immer auf einzigartige Weise erfahren wird und doch auf solche Weise, dass sich strukturelle Charakteristika wie Unheimlichkeit und Passivität verallgemeinern lassen. Diese Stimmungen finden ihren Ausdruck in der leiblichen Rede der Gebärenden. Wenngleich die Formen des Ausdrucks ebenfalls variieren, lässt sich auch hier eine allgemeine Struktur erkennen, nämlich der verstärkte und ab einem gewissen Zeitpunkt ausschließliche Einsatz nicht-verbaler, leiblicher Rede.

Die Beschreibung der Geburtserfahrung, wie wir sie hier kurz entwickelt haben, bestätigt die entscheidende Rolle von Hebammen und Anderen, die für die Gebärende sorgen.[10] Spannungen sind durchaus vorprogrammiert: zwischen der Gebärenden, die eine radikal fremde und unvorstellbare Erfahrung durchlebt, und der Hebamme, für die solche Erfahrungen normale Ereignisse sind (und die ihrerseits als Fremde kommt). In dieser Art von Situation mit der Anderen zu sein erfordert, mit Heidegger weitergedacht, nicht einzuspringen, sondern vorzuspringen, um so die Andere auf die unvorstellbare und doch mögliche Erfahrung von Unheimlichkeit und Staunen vorzubereiten. Die Andere durch Sorge zu befreien kann z. B. heißen, ihrem vorgestellten Geburtsszenarium zuzuhören und so weit als nur möglich auf sie einzugehen, einschließlich der Wahl des Geburtsorts. Dazu kann auch gehören, ihre Phantasie oder Vorstellungskraft zu inspirieren, indem verschiedenen Möglichkeiten im Sinne von Orten und Stellungen angeboten werden, ohne es übel zu nehmen, wenn diese nicht aufgegriffen werden.

Eine solche Sorge stellt für die Andere die beste Möglichkeit dar, inmitten von Unheimlichkeit, Passivität und Warten da zu sein. Das ist eine extrem schwierige Aufgabe, und verlangt, für die Andere da zu sein, mit und ohne Worte. Sie verlangt Geduld, Schweigen, Hören, Flexibilität und andere Weisen des Mit-seins als Dasein-für (-die-Andere). Aber wenn die Hebamme gelingende Sorgebeziehungen mittels der Rede in dem hier entwickelten umfassenden Sinne aufbaut, kann sie tatsächlich als eine Art Engel erfahren werden: Sie erscheint als Hilfe und Schutz in der Begegnung mit dem Unheimlichen und kommt, um das scheinbar Unmögliche möglich zu machen.

---

10 In diesem Zusammenhang möchte ich auf den sehr hilfreichen Beitrag von Sabine Dörpinghaus im vorliegenden Band verweisen, in dem sie ausführt, wie die Geburt von der Hebamme ein „leibliches Einlassen und aushaltendes Verstehen“ erfordert.

5 ‚Folgerungen'

Wir haben aus den Erfahrungsbeschreibungen bereits einige Schlüsse gezogen, sowohl hinsichtlich möglicher Vorbereitungen auf das Warten als auch hinsichtlich der Weise, Sorge zu tragen für eine gebärende Person. An dieser Stelle geht es um einige Folgerungen für das ‚weitere' Leben, sowohl hinsichtlich des Lebens mit Neugeborenen als auch für Beziehungen allgemeiner. Die Grundeinsicht lautet dabei, dass uns die Umkehrungen, die Schwangerschaft und Geburt für unsere Welterfahrung bedeuten, hilfreiche Einsichten eröffnen für die Zeit nach der Geburt.

Was den für uns ungewohnten Umgang mit Warten und Passivität angeht, so wird die Zeit mit dem Neugeborenen erneut stark von diesem Phänomenon geprägt sein. Ob es sich um das Warten darauf handelt, dass das Neugeborene einschläft oder darauf, dass das Neugeborene endlich genug getrunken hat – in jedem Fall macht sich Geduld bezahlt und auch die kreative Auseinandersetzung damit, wie diese Zeit am besten verbracht wird, wobei es natürlich wieder individuelle Unterschiede gibt: Nachdenken? Entspannen? Lesen? Einen Film oder ein Programm anschauen? Natürlich ist Warten ohne Wehen wesentlich einfacher, und daher macht sich neben den gelernten Einsichten in die Bedeutsamkeit der Passivität für unsere Existenz hoffentlich auch Erleichterung breit. (Allerdings kann das Stillen am Anfang unter Umständen leider sehr schmerzhaft sein, wobei sich wieder gelernte Einsichten hinsichtlich Atmung und Zwischenleiblichkeit anwenden lassen).

Was die Rede angeht, so ist wiederum die Berücksichtigung der nicht-verbalen Rede wichtig. Zum einen, um die an das Neugeborene gerichteten Worte durch stimmige Gesten und Berührungen zu unterstützen; zum anderen, um die nicht-verbale Rede des Neugeborenen zu interpretieren. Wichtig sind außerdem die Lektionen hinsichtlich des Umgangs mit Anderen und insbesondere dem eigenen Partner. Hier hat die Geburt gezeigt, dass in manchen Situationen verbale Kommunikation fast unmöglich und hinderlich sein kann und deshalb vorher miteinander geredet werden muss. Das gilt außer der Geburtssituation auch für die Situation der sexuellen Zwischenleiblichkeit, in der Worte die Stimmung töten können. Hingegen können vorbereitende Worte den Umgang mit der Angst vor Sex nach der Geburt erleichtern. In der Situation selbst geht es dann wiederum um die Interpretation nicht-verbaler Kommunikation.

Es gibt auch Lektionen über unseren Leib, die wir vom Schwangersein lernen können und die auch bei Wiedererwerb des Gewohnheitsleibes nach der Geburt hilfreich bleiben. Da ist vor allem die Lektion, dass sich auch ein radikal veränderter Leib auf neue Weise der Welt anpassen kann, und wir uns mit ihm. Ob es eine neue oder wiedergewonnene Begeisterung für das Schwimmen während der Schwangerschaft ist (denn im Wasser wird das zusätzliche Gewicht getragen, und der Leib fühlt sich fast normal an; wenn man davon absieht, dass das Element Wasser bestimmte Bedingungen mit sich bringt, und daher eine ganze Reihe von Beschäftigungen in ihm möglich sind wie gehen, schwimmen, tanzen, entspannen, reden – nicht jedoch die ansonsten so selbstverständlichen Tätigkeiten des Kochens, Essens, Fernsehens usw.), oder eine Weise, mehrere Kissen um den Leib herum zu arrangieren, um das andernfalls oft schmerzhafte Umdrehen im Bett zu erleichtern und damit den Schlaf weniger zu unterbrechen: Die Herausforderungen des anomalen Leibes machen kreativ. Das enorme Potential solcher Kreativität und Anpassungsfähigkeit kann auch einen Beitrag leisten zu Studien über Behinderungen.[11] Aus phänomenologischer Sicht erscheint es ratsam, denen Mut zu machen, die sich an Behinderung oder Krankheit neu gewöhnen müssen. In ganz unterschiedlichen Situationen lässt sich ein neuer Weltzugang gewinnen, wenn wir mit unserer Leiblichkeit kreativ umgehen.

Literatur

Ayers, Susan (2007): Thoughts and Emotions During Traumatic Birth. A Qualitative Study, in: BIRTH, 34/3, 253–63.

Brocklehurst, Peter (2011): Perinatal and maternal outcomes by planned place of birth for healthy women with low risk pregnancies: the Birthplace in England national prospective cohort study, in: British Medical Journal. doi: https://doi.org/10.1136/bmj.d7400

Derrida, Jacques (2001): Von der Gastfreundschaft, Wien.

Derrida, Jacques (2004): Der ununterbrochene Dialog: zwischen zwei Unendlichkeiten, das Gedicht, in: Hans-Georg Gadamer: Der ununterbrochene Dialog, Frankfurt a. M., 7–50.

Heidegger, Martin (¹⁷1993): Sein und Zeit, Tübingen.

Husserl, Edmund (1941): Notizen zur Raumkonstitution (1934), in: Philosophy and Phenomenological Research 1, 21–37.

Lundgren, Ingela (2011): The Meaning of Giving Birth from a Long-term Perspective for Childbearing Women, in: Thomson, G./Dykes, F./Downe, S. (Hg.): Qualitative Research in Midwifery and Childbirth: Phenomenological Approaches, London, 115–32.

Merleau-Ponty, Maurice (1966): Phänomenologie der Wahrnehmung, Berlin.

Mullin, Amy (2005): Reconceiving Pregnancy and Childcare: Ethics, Experience, and Reproductive Labour, Cambridge.

---

11 In einer soziologischen Studie zeigt Amy Mullin, inwiefern sich Einsichten über die Notwendigkeit verstärkter sozialer Unterstützung in ähnlicher Weise bei Schwangerschaft, Umgang mit Neugeborenen, Krankheit und Behinderung ergeben (Mullin 2005).

II Bioethische Aspekte einer gelingenden bzw. misslingenden Geburt

Ludwig Janus

Gibt es ein gutes Leben vor der Geburt?

Zusammenfassung: Im Rahmen der Psychoanalyse wurde in den Zwanzigerjahren die Erlebnisbedeutung von Erfahrungen während der Geburt entdeckt und unter dem Namen ‚Geburtstrauma' diskutiert und ab den Fünfzigerjahren wurden dann auch Beobachtungen zu Erfahrungen in der vorgeburtlichen Zeit mitgeteilt und unter dem Namen ‚Prenatal Trauma' zusammengefasst. Die Entdeckung der Erlebnisbedeutung erfolgte an traumatischen Erfahrungen, weil sich diese im Erleben schärfer abbilden. In den Folgejahren kam es im Rahmen der ‚Humanistischen Psychologie' zu einem breiten Austausch über die Beobachtungen in der psychotherapeutischen Situation und zu einem intensiven wissenschaftlichen Austausch insbesondere im Rahmen der „International Society for Prenatal and Perinatal Psychology and Medicine" in Europa (ISPPM, www.isppm.de) und der „Association for Prenatal Psychology and Health" in Nordamerika (APPPAH, www.birthpsychology.com). Das hier auf mehreren methodischen Ebenen zusammengetragene Wissen verdeutlicht die grundsätzliche Bedeutung der Bedingungen vor, während und nach der Geburt für die Entwicklung des Einzelnen und die Gesellschaft als Ganze; insbesondere auch für das Verständnis kultureller Gestaltungen ergeben sich neue Möglichkeiten. Die Ergebnisse der pränatalen Psychologie sind insbesondere für die Prävention, Geburtsvorbereitung und Geburtshilfe ganz praktisch bedeutsam.

1 Einleitung

Wenn man die Frage stellt: „Gibt es ein gutes Leben vor der Geburt?", dann impliziert dies, dass es ein „Leben vor der Geburt" gibt. Dazu war traditionell und im allgemeinen Verständnis die Meinung, das sei sicher nur ein körperliches oder biologisches Leben gewesen, auch wenn es dazu von kirchlicher Seite die Lehre von einer vor der Geburt in der frühen Zeit der Schwangerschaft erfolgenden gewissermaßen spirituellen Einpflanzung der Seele gab. Deshalb war die Annahme eines seelischen Erlebens vor der Geburt, wie sie sich in den letzten Jahrzehnten in der westlichen Welt entwickelte, für den Common sense neu und eine Herausforderung. Doch war diese Annahme letztlich ein Ergebnis der seit der Aufklärung und ihrem „Bestimme Dich aus Dir selbst" (Kant) erfolgenden größeren Sensibilität für die eigene Lebensgeschichte, wie sie in den Entwicklungsromanen des 19. Jahrhunderts und in den Tiefenpsychologien des 20. Jahrhunderts ihren Ausdruck fand. Dabei ging es in der ersten Hälfte des 20. Jahrhunderts

https://doi.org/10.1515/9783110719864-004

um die Erlebnisbedeutung der Erfahrungen der Kinder, insbesondere belastender und überfordernder Erfahrungen, die zu späteren neurotischen und psychosomatischen Symptomen führen konnten. In der zweiten Hälfte des letzten Jahrhunderts ging es dann auch im Rahmen der sogenannten Säuglingsforschung um die Erlebnisbedeutung von vorsprachlichen Erfahrungen im ersten Lebensjahr. In etwa der gleichen Zeit ab den Siebzigerjahren weitete sich die von einigen Psychoanalytikern in den Zwanzigerjahren auf der Basis von Beobachtungen in der psychotherapeutischen Situation initiierte Annahme aus, dass auch das Leben vor und während der Geburt Erlebnisbedeutung habe, dass also die Bedingungen der Schwangerschaft und der Geburt auf einer affektiven und sensorischen Ebene erlebt werden und auch im körpernahen Erlebensgedächtnis gespeichert sind und in späteres Erleben und Verhalten hineinstrahlen können, und zwar in einer unerkannten oder unbewussten Weise, weil die Erlebensinhalte wegen ihres vorsprachlichen Charakters im sprachlich orientierten Ich nicht repräsentiert sind.

Dazu kommt, dass das frühe Erleben wegen der primären Verbundenheit mit der Mutter vor der Geburt einen magischen Charakter mit einem Gefühl der Allverbundenheit hat und das Erleben im ersten Lebensjahr wegen der Unreife wichtiger Hirnstrukturen wie des Hippokampus und des Körperschemas einen mythisch-traumhaften und projektiven Charakter hat. Der Hintergrund für diese Unreife ist die sogenannte ‚physiologische Frühgeburtlichkeit‘ des Homo sapiens, also die Tatsache, dass menschliche Babys infolge der durch den aufrechten Gang bedingten Beckenenge unreif und unfertig geboren werden, statt reif mit 21 Monaten wie kleine Elefanten. Deshalb werden sie gewissermaßen erst nach dem sogenannten ‚extrauterinen Frühjahr‘, den ersten anderthalb Jahren, realitätstauglich und entwickeln dann eine relative Autonomie im Krabbeln, Gehen und Selberessenkönnen. Von besonderer und grundsätzlicher Bedeutung ist die Tatsache, dass Säuglinge wegen der genannten Unreife nur sehr unvollständig zwischen sich und den Anderen und der Welt unterscheiden können. Das hat die Folge, dass eigene Gefühle als von außen kommend erlebt werden können und darum das Erleben einen mythenhaften oder traumartigen Charakter hat. Man spricht hier von ‚projektiver Gefühlsregulation‘, die noch weit in die ersten Lebensjahre hinein wirksam ist und aus der wir nur allmählich herauswachsen (Janus 2020a).

Diese Art von projektiver Gefühlsregulation finden wir auch im Erleben der Stammeskulturen und der frühen Hochkulturen, wie dies insbesondere der große Entwicklungspsychologe Heinz Werner (1959) im Einzelnen herausgearbeitet hat, aber ohne noch den hier genannten psychobiologischen Zusammenhang mit der ‚physiologischen Frühgeburtlichkeit‘ herstellen zu können, weil diese erst 1969 von dem Biologen Adolf Portmann dargestellt wurde. Dieser fehlende Bezug zur

‚physiologischen Frühgeburtlichkeit' gilt auch für die entwicklungspsychologischen Konzepte von Piaget und seine kulturpsychologischen Aspekte, die in Auswertung der Cross-Cultural-Piagetian Research von dem Soziologen Georg Oesterdieckhoff (2013a, 2013b) zum Verständnis der Mentalitätsentwicklung genutzt wurden.

Die Frage „Gibt es ein gutes Leben vor der Geburt?" entwickelt sich durch diese Überlegungen also zu einer Erkundung der Frage „Was ist das für ein Leben vor der Geburt?" und was bedeutet deren Beantwortung für unser Selbst- und Weltverständnis individuell, aber auch kollektiv. Diese Komplexität ist sicher ein Hintergrund für die so besondere und so verzögerte Entwicklungs- und Rezeptionsgeschichte der Pränatalen Psychologie, die sich die Beantwortung dieser Frage zur Aufgabe gemacht hat. Dies soll im Folgenden in einzelnen Abschnitten umrisshaft dargestellt werden.

2 Entdeckung der seelischen Bedeutung der Geburt durch die Psychoanalyse

Das durch die Aufklärung initiierte Thema der Selbstbestimmung und der Menschenrechte konnte sich in der deutschen und österreichischen Gesellschaft erst in der Etablierung demokratischer Regeln nach dem ersten Weltkrieg durchsetzen. War die Psychoanalyse Freuds noch ganz durch die Obrigkeitskonflikte der damaligen K.-u.-k.-Monarchie geprägt, so fanden die neuen demokratischen Werte der Selbstbestimmung und Verantwortung in der Psychoanalyse Otto Ranks ihren Ausdruck. Die ersten für die Persönlichkeitsentwicklung wichtigen Erfahrungen werden mit der Mutter gemacht und nicht mit den autokratischen Ordnungen des Vaters, wie dies in einer Monarchie und einem Kaiserreich der Fall war, weil auch die Frauen und Mütter in deren Bann standen. Mit der allmählichen Relativierung der patriarchalen Strukturen im letzten Jahrhundert rückten auch die frühesten vorsprachlichen Erfahrungen mit der Mutter vor und während Geburt in den Horizont der Wahrnehmung.

Das war besonders an den oft dramatischen Erfahrungen der Geburt und ihren Nachklängen im Erleben und Verhalten nachweisbar, wie dies Rank in seinem 1924 erschienen Buch „Das Trauma der Geburt" darstellte. Im gleichen Jahr erschien auch das Buch „Die Ambivalenz des Kindes" von dem jungen Psychoanalytiker Gustav Hans Graber, von dem dann viele Jahrzehnte später 1971 die Gründung eines wissenschaftlichen Forums für die Pränatale Psychologie ausging, der heutigen International Society for Prenatal and Perinatal Psychology and Medicine (www.isppm.de). Der Durchbruch zu einer breiteren Würdigung der

Erlebnisbedeutung vorgeburtlicher Erfahrung erfolgte dann durch den ungarisch-amerikanischen Psychoanalytiker Nandor Fodor (1949) mit seinem Buch „The Search for the Beloved. A Clinical Investigation of the Trauma of Birth and Prenatal Condition“. Den gesellschaftlichen Durchbruch fand das Thema schließlich durch das Buch „Das Seelenleben der Ungeborenen“ (1981) von dem kanadischen Psychotherapeuten Thomas Verny. Der slowakische Frauenarzt, Kinderpsychiater, Psychotherapeut und Psychoneuroimmunologe Peter Fedor-Freybergh realisierte 1986 in Bad Gastein den ersten großen internationalen Kongress mit dem Titel „Die Begegnung mit dem Ungeborenen“ (Fedor-Freybergh 1987, 1989). Die therapeutischen Anwendungen wurden in den USA besonders durch Arthur Janov (1984, 1992) und in Deutschland durch den Psychoanalytiker Wolfgang Hollweg (1995, 1998) vorangetrieben.

Möglicherweise war die immer noch sehr hierarchische Struktur in den psychoanalytischen Gesellschaften und Instituten ein wichtiger Grund dafür, dass das Thema der Erlebnisbedeutung vorgeburtlicher und geburtlicher Erfahrungen aus der Psychoanalyse auswanderte und im Rahmen der Humanistischen Psychologie einen konstruktiveren Rahmen fand, wie die Bücher von Arthur Janov „Frühe Prägungen“ (1984), von Stanilav Grof „Topographie des Unbewussten“ (1983) und William Emerson „Die Behandlung von Geburtstraumata bei Jugendlichen und Kindern“ (2012) und „Die Folgen geburtshilflicher Eingriffe“ (2013) zeigen.

3 Die seelische Dimension von Schwangerschaft und Geburt

Heutzutage hat die Aussage, dass die Geburt von uns allen auf einer Vorsprachenebene erlebt worden ist, im Gegensatz zu früher eine unmittelbare Evidenz. Eine gewisse Herausforderung ist immer noch die weitergehende Aussage, dass die Gebärmutter die erste Lebens- und Erlebenswelt des Kindes ist und unser ursprüngliches Lebensgefühl prägt. Doch wird diese Aussage durch die Befunde der empirischen Forschung gestützt, dass sich in den synaptischen Verschaltungen des Gehirns die Bedingungen des vorgeburtlichen Milieus widerspiegeln (Verny 2003) und die gesamte physiologische Steuerung ihre primäre Prägung durch die vorgeburtlichen Bedingungen erhält (Gluckmann, Hanson 2004, 2006). Zudem haben der Anfang des individuellen Lebens mit der Geburt und die Anfänge der Menschheitsgeschichte wichtige Besonderheiten, die im folgenden Abschnitt erläutert werden sollen.

4 Zwei basale Fehlpassungen (mismatches) des Homo sapiens

Da ist als erstes die schon erwähnte ‚physiologische Frühgeburtlichkeit' zu nennen, die die Folge hat, dass sich das Kind bei der Geburt noch auf einem fötalen Erlebenshorizont befindet, der im magisch-animistischen Erleben fortlebt. Deshalb beziehen sich Menschen gewissermaßen ‚von Natur aus' auf zwei Welten, einmal auf die reale Welt und zum anderen auf die imaginäre Welt der Magie, des Animismus, des Totemismus und des Mythos (Janus 2011). Auf der Ebene der Frühgeschichte der Menschheit kam es im Rahmen der sogenannten neolithischen Revolution mit der Erfindung von Ackerbau und Viehzucht zu einem Zusammenleben in neuartigen anonymen Großgruppen, für deren sozialen Zusammenhalt es keine instinktive Grundlage gab (Van Schaik, Michel 2016, s. auch Rezension Janus 2016). Dieser Zusammenhalt wurde dann zunächst in den matrifokalen Kulturen der Jungsteinzeit in den Kulten um die „Große Göttin" gefunden (Gimbutas 1996, Göttner-Abendroth 1988, 1919, Meier-Seethaler 2011, Janus, Kurth, Reiss, Egloff 2020, u. a.) und dann, als die Gruppen in die Zehntausende von Mitgliedern anwuchsen, in den patriarchalen Kriegerkulturen mit männlichen Hochgöttern (Lerner 1985, Meier-Seethaler 1993). Diese kulturelle Transformation war damit verbunden, dass sich die Menschen gewissermaßen durch die Landwirtschaft und die städtischen Siedlungen von der Natur unabhängig machten und ihre eigene Befriedigungs- und Lebenswelt schufen. Was auf der Ebene der Stammeskulturen durch magische Rituale erhofft wurde, im allbelebten Kosmos einen Ersatz für die zu früh verlorene Mutterleibswelt zu finden, wurde nun in dem Umbau der realen Welt in eine Befriedigungswelt wesentlich auch fötaler Wünsche konkretisiert (Janus 2018b).

5 Psychologische Implikationen der ‚physiologischen Frühgeburtlichkeit'

Die Babyzeit entspricht also dem ‚extrauterinen Frühjahr', d. h. menschliche Babys sind extrem hilflos und abhängig, können sich nicht eigenständig bewegen, müssen herumgetragen werden, können wegen der Unreife des Hippocampus innen und außen nicht klar differenzieren und leben deshalb in einem traumartigen Bewusstseinszustand. Sie können sich nicht an der Mutter festhalten, sondern sind auf die Zuwendung der Mutter angewiesen, verankern sich gewissermaßen in der Beziehung. Ein wesentliches Element ist dabei der evolutionär neue Augenkontakt und der mimische und gestische Kontakt (Morgan 1995). Zum Überleben dieser so fragilen und verletzlichen Mutter-Kind-Einheit im ersten Lebensjahr ist die ebenfalls evolutionäre Neubildung der Prosozialität der Väter (Trevathan 1987) erforderlich, was Freud den ‚Vaterschutz' nannte. Dieser Übergangsraum wird also von den Eltern gestaltet und hängt darum in seiner Qualität zutiefst von deren Bedingungen ab. Das kann die Folge haben, dass die Lebens- und Entwicklungsmöglichkeiten eines Kindes durch Ungewolltheit elementar beeinträchtigt werden können.

6 Folgen von Ungewolltheit

Die systematische Erforschung der Folgen von Ungewolltheit schien deshalb für die Pränatale Psychologie geeignet, um die Erlebniswirksamkeit von frühen Erfahrungen vermittelbar zu machen. Es gab dazu zwar aus der Psychotherapie viele Einzelbeobachtungen, die der Psychoanalytiker Alfred Adler zum Konzept des so berühmten ‚Minderwertigkeitskomplexes' zusammenführte. Doch fehlten systematische Einzeluntersuchungen, wie sie dann durch die langjährige Forschung der Tschechen Dytrich, David, Matejcek und Schüller (1988, Matejcek 1987) ermöglicht wurden. Es gab in Tschechien die Möglichkeit, einen Schwangerschaftsabbruch auf Kosten des Staates durchführen zu lassen. Dazu waren jedoch ein Antrag und eine Begründung erforderlich. Solche Kinder waren von ihren Eltern also primär ungewollt. Der Antrag wurde zum Teil wegen nicht ausreichend erscheinender Begründung zurückgewiesen. Die Schicksale der Kinder aus solchen eben gewissermaßen zwangsweise ausgetragenen Schwangerschaften wurden über 20 Jahre systematisch nachuntersucht und mit einer Vergleichsgruppe verglichen. Dabei ergaben sich eindeutig folgende Befunde: eine starke Lebensunzufriedenheit, negative Einstellungen zu Beziehungen, eine höhere Kriminalitätsrate u. a. Und aus anderen Untersuchungen wissen wir, dass Mörder zu 90 % ungewollte Kinder waren und vor und nach der Geburt Gewalterfahrungen erleiden mussten (Gareis/Wiesnet 1974, Raine 1999, Verny 2005).

7 Konsequenzen für die Psychotherapie

Aus dieser Zusammenschau von Einzelbeobachtungen aus der Psychotherapie und den Beobachtungen aus der empirischen Forschung ergibt sich für mich eindeutig, dass die Psychotherapie die vorgeburtliche und die geburtliche Dimension unseres Lebens einbeziehen muss. Wegen der Abhängigkeit des sich entwickelnden Kindes und der damit verbundenen Angewiesenheit auf ein unterstützendes Milieu können Belastungen leicht über die Toleranz- und Verarbeitungsgrenze hinausgehen und zum Zusammenbruch des Erlebens führen, aus dem dann das Kind später wieder auftaucht und zu sich zurückfindet, aber um den Preis eines Bruchs in seinem Erlebenszusammenhang (Hochauf 2007, 2014, 2018). Als praktische Konsequenz für die Psychotherapie ist deshalb zu fordern, dass in der Anamnese auch die Bedingungen der vorgeburtlichen Zeit und der Geburt erfasst werden müssen, und insbesondere natürlich auch die Bedingungen der ersten beiden Lebensjahre, weil Überforderungen in dieser Zeit gravierende und langfristige Folgen haben können (Brock 2018). Das bedeutet auch, dass diese Aspekte in das Verständnis der Konfliktdynamik miteinbezogen werden müssen, weil viele Konflikte auch einen Entstehungshintergrund in überfordernden frühen vorsprachlichen Erfahrungen haben können. Das hat natürlich auch Konsequenzen für die psychotherapeutische Situation, die in einer nicht selten unverstandenen Weise durch unverarbeitete früheste Erfahrungen beeinflusst und belastet sein kann. Im Sinne dieses Verständnisses kann man die vorsprachlichen Erfahrungen aus der Zeit vor und während der Geburt als eine Art mythischen Lebenshintergrund verstehen, der für unser reifes Erleben bedeutsam sein kann. Es geht dann aber nicht wie in der Psychoanalyse Freuds um die Auswirkungen von Verdrängungen, sondern um Verformungen im basalen Erleben aufgrund von ungünstigen Bedingungen, die als solche nie ‚bewusst' waren, deren Wirksamkeit aber heute erfasst und dadurch auch dann reflektiert werden kann. Auf diesem Hintergrund kann man das Leben als immer erneute Individuation, Transformation und Neubeheimatung verstehen (Janus 2020b). Eine moderne Psychotherapie sollte eben mit der Pränatalen Psychologie als Ressource in der Lage sein, Menschen dabei konstruktiver zu begleiten. Dazu will ich die Besonderheiten des vorsprachlichen Erlebens und ihre Widerspiegelung im sprachlichen Erleben noch ein Stück weit erläutern.

8 Vorgeburtliches, geburtliches und nachgeburtliches Erleben

In dem hier entwickelten Verständnis sind die vorsprachlichen Erfahrungen auf der Ebene des Stammhirns und des Mittelhirns gewissermaßen ein Hintergrundfilm des Erlebens und in Form des magischen und mythischen Erlebens auch ein Hintergrund für unsere entsprechenden Weltwahrnehmungen oder Weltanschauungen (Janus 2019a, 2019b). Beispiele für diese Verarbeitung sind etwa unsere Mythen von einer Herkunft aus einer jenseitigen Welt, in der wir im Schutz eines höheren Wesens lebten, wie sich dies eben in verschiedenen Mythen etwa vom Welten- oder Lebensbaum als Resonanz der Urerfahrung mit der Plazenta (Dowling, Leineweber 2001, Janus 2013a) oder in den Mythen von Urgewässern als Resonanz der Urerfahrung mit dem Fruchtwasser widerspiegelt (Janus 2000, 2011, 2018c).

Das sind ja auch Motive, wie sie in den Märchen ausgestaltet sind, die von den Märchenforschern als Widerspiegelung des Transformationslebens in der Pubertät verstanden werden (Scherf 1972). Dazu kann die Pränatale Psychologie ergänzen, dass der Transformationsprozess vom Jugendlichen zum Erwachsenen die Transformation von der vorgeburtlichen Welt in die reale Lebenswelt als eine Art inneres Modell nimmt, um die Herausforderung dieser Transformation innerlich zu bewältigen (Janus 1996a, 2011, 167 ff). Auf der Ebene der Stammeskulturen bestand die Unterstützung im Transformationsprozess des Identitätswechsels vom Jugendlichen zum Erwachsenen in den Initiationsriten, deren Inhalte dann in den Märchen erzählt werden (Propp 1987). Andere Beispiele für die Präsenz von frühestem vorsprachlichem Erleben sind die Musik und der Tanz, wie ich im folgenden Abschnitt zu erläutern versuche.

9 Beispiel Musik und Tanz

Im Rahmen der Pränatalen Psychologie kann heute reflektiert werden, dass sich in der Musik vorgeburtliche Rhythmus- und Klangerfahrungen verlebendigen, sodass die Musikpsychologen Parncutt und Kessler (2007, Parncutt 1997) zusammenfassend sagen können: „Die Musik ist die pränatale Mutter." Dazu spezifiziert der Psychoanalytiker Oberhoff (2008), dass das Kind mit der Mutter im ersten Drittel der Schwangerschaft vor allem Bewegungserfahrungen macht, weshalb er hier von der Mutter als der „großen Bewegenden" spricht, während in der weiteren Schwangerschaft das Hören der Mutter eine zentrale Erfahrung ist, was er als einen Hintergrund für die Faszination der Oper vermutet. Die Hörerfahrung hat die Besonderheit, dass sie zwischen der vorgeburtlichen Zeit und der nachgeburtlichen Zeit vermittelt und uns deshalb in unmittelbare Resonanz mit der Wirklichkeitserfahrung vor der Geburt bringen kann, weshalb der Philosoph Sloterdijk fragen konnte: „Wo sind wir, wenn wir Musik hören?" Die Musik kann verzaubern und überwindet damit auf einer Erlebensebene die Trennung durch die Geburt und stellt eine Erlebenseinheit wieder her. Wegen der Unfertigkeit bei der Geburt hat dies beim Homo sapiens eine besondere Dramatik, die sie in dieser Weise bei anderen Nestflüchtern, zu denen wir gehören, nicht hat, insofern sich beispielsweise der kleine Elefant sofort in der nachgeburtlichen Welt bewegen und zurechtfinden kann. Wegen dieser besonderen Dramatik unseres In-die-Weltkommens können Veränderungen im Leben für uns Menschen so dramatisch bewegend sein, wie sich dies besonders am Beispiel der Initiationsriten erläutern lässt.

10 Beispiel der Initiationsriten

Im Übergang vom Kind zum Jugendlichen sind elementare Veränderungen im Selbstverständnis und der Verlust der Beheimatung in der Kinderwelt zu verarbeiten. In den Initiationsriten geschieht dies durch eine Rückkehr in das Erleben des Kindes vor der Geburt, indem der Initiand in eine mutterleibssymbolische Höhle oder einen mutterleibssymbolischen Wald zurückgebracht wird und dort eine visionäre Einführung in die Mythen des Stammes als Grundlage für seine Identität als erwachsenes Mitglied dieses Stammes erfährt. Danach wird er über eine symbolische Geburtsinszenierung eben als Mitglied des Stammes, oft mit einem neuen Namen, geboren oder wiedergeboren (Janus 2011, S. 167 ff). Wegen der Verleugnung oder mangelnden Bewusstheit der Erlebnisbedeutung vorsprachlicher Erfahrungen wurden diese Zusammenhänge auch beim psychologischen Verständnis der Mythen nicht reflektiert, was sich besonders deutlich an der Rezeption des Ödipusmythos zeigt, wo die vorgeburtlichen und geburtlichen Vorbedingungen des späteren Konfliktes nicht erfasst wurden.

11 Beispiel Mythos – Ödipus

Ödipus war in einer dramatischen Weise nicht gewollt, weshalb er nach der Geburt verstümmelt und zur Ermordung ausgesetzt wurde. Ein solcher Hintergrund erlaubt keinerlei Entwicklung emotionaler Regulation und disponiert zu verbrecherischem Impulsverhalten, wie es sich dann auch später in der Ermordung des Vaters zeigt. Diese Zusammenhänge waren aber zur Zeit Freuds noch nicht erfassbar, und zwar wegen der kulturellen Dominanz der Vaterwirklichkeit in einer patriarchal bestimmten Kultur und der damit verbundenen Ausblendung weiblich-mütterlich bestimmter Lebenswirklichkeit. Erst im Rahmen der Pränatalen Psychologie konnten diese Zusammenhänge reflektiert werden (Janus 2015b, Wirth 2015). Das konnte den Blick dafür schärfen, dass auch in den Märchen diese Zusammenhänge in einer traumartigen Weise präsent sind, was eben heute auch auf der sprachlichen Ebene reflektiert werden kann (Janus 2011, 172 ff). Ich will dies an einem Märchen erläutern.

12 Beispiel Märchen – Dornröschen

Bei Dornröschen ist die Feier ihrer Geburt durch die Todeswünsche der nicht eingeladenen Fee belastet. In der Pubertät inszeniert sich diese Todesbedrohung bzw. der damit verbundene Schock als totenähnlicher Schlaf und die abschottende Dornenhecke. Die positive Nachricht ist dann, dass dieser Schock durch die Kraft der Liebe und den Heldenmut des Prinzen und letztlich auch des Lebenswillens der Prinzessin überwunden werden kann.

13 Prävention

Schwangerschaft, Geburt und erstes Lebensjahr sind unsere vorsprachliche Lebenswirklichkeit und der Anfangsgrund unseres Lebens und die Bedingungen dieser Zeit sind nicht nur grundlegend für unsere körperliche Wirklichkeit, sondern auch für unsere seelische Wirklichkeit (Janus 2020d). Wir sind heute auf dem Hintergrund unserer historisch gewachsenen erweiterten Empathiefähigkeit und der größeren psychologischen Reflexionsfähigkeit prinzipiell in der Lage, diese Dimension unserer Lebensgeschichte in die innere Wahrnehmung und damit auch in die Verantwortung zu nehmen (Gyllenhaal 2018). Soweit das realisiert wird, können wir unsere Kinder, Jugendlichen und jungen Erwachsenen in ganz anderer Weise als früher auf ihr Leben vorbereiten und sie in ihrer Entwicklung begleiten (DeMause 2000, 2005, Grille 2005).

Konkret hat das in den letzten Jahrzehnten damit begonnen, dass sich aus der früher üblichen medizinisch orientierten Schwangerschaftsgymnastik eine differenzierte Geburtsvorbereitung entwickelt hat (Janus 1996b, 2018d). Dazu hat sich 1980 die Gesellschaft für Geburtsvorbereitung gegründet (s. www.gfg.de). Eine besondere Bedeutung hat in den letzten Jahren die Förderung der vorgeburtlichen Mutter-Kind-Beziehung gewonnen, die in einer Stärkung und Unterstützung der Mutter in ihrem natürlichen Potenzial eines Kontaktes zu ihrem Kind besteht, in den seit einiger Zeit auch die Väter zunehmend einbezogen werden, (s. www.bindungsanalyse.de, www.bindungsanalyse.at; Hidas/Raffai 2005, Blazy 2009, 2012, 2014, 2015, 2016). Eine erste Pilotstudie zeigt ganz erstaunliche positive Wirkungen, zum Beispiel keine postpartale Depression (sonst ca. 19 %), nur 11 % Kaiserschnittgeburten (sonst ca. 30 %), u. a. (Goerz-Schroth 2019).

Darüber hinaus erscheint es mir aber notwendig, dass Kinder und Jugendliche in ganz anderer Weise als dies bisher geschah, auf ihr erwachsenes Leben als Paar und als Eltern vorbereitet werden (Janus 2010), dass also ein Drittel der Schulzeit für das Thema ‚leben lernen' bereitgestellt werden müsste: „Wie will ich meine Beziehungen gestalten?“, „Wie will ich meine Mutterschaft, Elternschaft usw. leben?“ Das psychologische Wissen ist heute da, es wird aber in der Regel erst eingesetzt, wenn etwas schief geht und es zu Erkrankungen kommt.

Literatur

Blazy, Helga (Hg.) (2009): „Wie wenn man eine innere Stimme hört.“ Bindung im pränatalen Raum, Heidelberg.

Blazy, Helga (Hg.) (2012): „Gespräche im Innenraum“. Intrauterine Verständigung zwischen Mutter und Kind, Heidelberg.

Blazy, Helga (Hg.) (2014): „Und am Anfang riesige Räume...und dort erschien das Baby.“ Berichte aus dem intrauterinen Raum, Heidelberg.

Blazy, Helga (Hg.) (2016): „Der Neuland Seefahrer beginnt die Reise.“ Darstellung neuer Erfahrungen aus der Bindungsanalyse, Heidelberg.

Brock, Inés (2018): Der Geburtsmodus gehört in die Psychotherapie, in: Brock, Inés (Hg.): Wie die Geburtserfahrung unser Leben prägt, Gießen, 161–192.

DeMause, Lloyd (2000): „Was ist Psychohistorie?“ Eine Grundlegung, Gießen.

DeMause, Lloyd (2000) Das emotionale Leben der Nationen. Zusammenfassung des Lebenswerkes, Klagenfurt.

Dytrich, Zdenek/David, Henry P./Matejcek, Zdenek/Schüller, Vratislav (1988): Born Unwanted, New York.

Emerson, William (2012): Die Behandlung von Geburtstraumata bei Säuglingen und Kindern. Gesammelte Vorträge, Heidelberg.

Emerson, William (2013): Die Folgen geburtshilflicher Eingriffe, in: Janus, Ludwig (Hg.): Die pränatale Dimension in der Psychotherapie, Heidelberg, 65–99.

Evertz, Klaus/Janus, Ludwig/Linder, Rupert (2014): Lehrbuch der Pränatalen Psychologie, Heidelberg.

Evertz, Klaus/Janus, Ludwig/Linder, Rupert (2020): Handbook of Prenatal Psychology, New York.

Fedor-Freybergh, Peter (Hg.) (1987): Die Begegnung mit dem Ungeborenen, Heidelberg.

Fedor-Freybergh, Peter/Vogel, Vanessa (Hg.) (1989): Encounter with the Unborn, Carnforth.

Fodor, Nandor (1949): The search for the beloved. A clinical investigation of the trauma of birth and the prenatal condition, New York.

Gareis, Balthasar/Wiesnet, Eugen (1974): Frühkindheit und Kriminalität, München.

Gimbutas, Marija (1996): Die Zivilisation der Göttin, Frankfurt a. M.

Gluckman, Peter/Hanson, Mark (Hg.) (2004): The Fetal Matrix: Evolution, Development and Disease, New York.

Gluckman, Peter/Hanson, Mark (Hg.) (2006): Developmental (fetal) origins of health and disease, New York.

Göttner-Abendroth, Heide (1988): Das Matriarchat, Berlin.

Göttner-Abendroth, Heide (2019): Geschichte matriarchaler Gesellschaften und Entstehung des Patriarchats, Bd. III: Westasien und Europa, München.

Görz-Schroth, Anne (2019): Quantifizierung von häufigen Erfahrungen mit der Bindungsanalyse. Der Erfahrungsschatz der Bindungsanalyse in Zahlen, in: Blazy, Helga

(Hg.): „Polyphone Strömungen“. Darstellung neuer Erfahrungen aus der Bindungsanalyse, Heidelberg, 7–17.
Graber, Gustav H. (1924): Die Ambivalenz des Kindes, Leipzig/Wien/Zürich.
Grof, Stanislav (1983): Topographie des Unbewussten, Stuttgart.
Grille, Robin (2005): Parenting for a Peaceful World, Alexandria.
Gyllenhaal, Kathleen (2015): Film „In Utero“ (USA 2015), https:/de.info.inutero.info.
Häsing, Helga/Janus, Ludwig (Hg.) (1994): Ungewollte Kinder, Reinbek.
Hidas, György/Raffai, Jenö (2005): Nabelschnur der Seele. Psychoanalytisch orientierte Förderung der vorgeburtlichen Bindung zwischen Mutter und Baby, Gießen.
Hochauf, Renate (2007): Frühes Trauma und Strukturdefizit: Ein psychoanalytisch-imaginativ orientierter Ansatz zur Bearbeitung früher und komplexer Traumatisierungen, Kröning.
Hochauf, Renate (2014): Der Zugang analytischer Psychotherapie zu frühen Traumatisierungen, in: Evertz, Klaus/Janus, Ludwig/Linder, Rupert (Hg.): Lehrbuch der Pränatalen Psychologie, Heidelberg, 383–424.
Hochauf, Renate (2018): Wie prä-, peri- und postnatale Prägungen unser Leben beeinflussen, in: Brock, Inés (Hg.): Wie die Geburtserfahrung unser Leben prägt, Gießen, 85–100.
Hollweg, Wolfgang H./Rätz, Birgit (1993) Pränatale und perinatale Wahrnehmungen und ihre Folgen für gesunde und pathologische Entwicklungen des Kindes, in: Int. J. of Prenatal and Perinatal Psychology and Medicine 5, 527–553.
Hollweg, Wolfgang H. (1995) Von der Wahrheit, die frei macht. Erfahrungen mit der Tiefenpsychologischen Basis-Therapie, Heidelberg.
Hollweg, Wolfgang H. (1998) Der überlebte Abtreibungsversuch, in: Int. J. of Prenatal and Perinatal Psychology and Medicine 10, 256–262.
Janov, Arthur (1984): Frühe Prägungen. Die lebenslangen Auswirkungen der Geburtserfahrung, Frankfurt a. M.
Janov, Arthur (2012): Vorgeburtliches Bewusstsein. Das geheime Drehbuch, das unser Leben bestimmt, Berlin/München.
Janus, Ludwig (1996a): Psychoanalytische Überlegungen zur „zweiten Geburt“, in: Wulf Aschoff (Hg.): Pubertät, Göttingen.
Janus, Ludwig (1996b): Beziehungsorientierte Schwangerschafts- und Geburtsbegleitung, in: Deutsche Hebammen Zeitschrift 48, 94–97.
Janus, Ludwig (2000): Die Psychoanalyse der vorgeburtlichen Lebenszeit und der Geburt, Gießen.
Janus, Ludwig (2010): Über Grundlagen und Notwendigkeit der Förderung der Elternkompetenz, in: Völmicke Elke/Brudermüller, Gerd (Hg.): Familie – ein öffentliches Gut. Gesellschaftliche Anforderungen an Partnerschaft und Elternschaft, Würzburg.
Janus, Ludwig (2011): Wie die Seele entsteht. Unser psychisches Leben vor, während und nach der Geburt, Heidelberg.
Janus, Ludwig (Hg.) (2013a) Die Plazenta Urbegleiterin, in: Hebammenzeitschrift 5/2013, 60–64.
Janus, Ludwig (Hg.) (2013b) Die pränatale Dimension in der Psychotherapie, Heidelberg.
Janus, Ludwig (2015a): Geburt, Gießen.
Janus, Ludwig (2015b): Die Freud-Rank-Kontroverse. Konsequenzen für die Theorie und Praxis der Psychoanalyse, in: Psychoanalyse im Widerspruch 27 (53): 83–94.
Janus, Ludwig (2016): Rezension von Carel van Schaik, Kai Michel „Das Tagebuch der Menscheit“ – Was die Bibel über unsere Evolution verrät, in: Reiß, Heinrich/Heinzel

Roland/Kurth, Winfried (Hg.): Sein und Haben – Was uns bewegt. Jahrbuch für psychohistorische Forschung 17, Heidelberg, 249 – 253.
Janus, Ludwig (2018a): Die pränatale Psychologie eröffnet einen neuen Horizont für das Selbstverständnis des Menschen. Psychologie – Unterricht 51, 24 – 31.
Janus, Ludwig (Hg.) (2018b): Homo foetalis et sapiens – die Wechselwirkung der fötalen Gefühle mit den Primateninstinkten und dem Verstand als Wesenskern des Menschen, Heidelberg.
Janus, Ludwig (2018c): Die Psychodynamik der vorgeburtlichen Empfindungen und Gefühle, in: Janus, Ludwig (Hg.): Homo foetalis et sapiens – die Wechselwirkung der fötalen Gefühle mit den Primateninstinkten und dem Verstand als Wesenskern des Menschen, Heidelberg.
Janus, Ludwig (2018d): Film „Lebendige Geburt". Bezug über Ernst-August Zurborn, zurborn@arcor.de.
Janus, Ludwig (2019a): Das Zusammenspiel von vorgeburtlichem und nachgeburtlichem Erleben, www.Ludwig-Janus.de.
Janus, Ludwig (2019b): Die psychologische und gesellschaftliche Bedeutung von Schwangerschaft und Geburt. Dynamische Psychiatrie 52/3 – 4, 94 – 110.
Janus, Ludwig (2020a): Die Psychodynamik der projektiven Gefühlsregulation, in. Janus, Ludwig: Grundstrukturen menschlichen Seins: Unfertig-Werdend-Kreativ, Heidelberg.
Janus, Ludwig (2020b): Grundstrukturen menschlichen Seins: Unfertig-Werdend-Kreativ, Heidelberg.
Janus, Ludwig (2020c): Schriften zu Pränatalen Psychologie, Heidelberg.
Janus, Ludwig (2020d): Übersicht über das Forschungs- und Praxisfeld der psychologischen Dimension von Schwangerschaft und Geburt, www.Ludwig-Janus.de.
Janus, Ludwig/Kurth, Winfried/Reiss, Heinrich/Egloff, Götz (Hg.) (2020): Die weiblich-mütterliche Dimension im individuellen Leben und im Laufe der Menschheitsgeschichte, Heidelberg.
Lerner, Gerda (1995): Die Entstehung des Patriarchats, Frankfurt a. M.
Levend, Helga/Janus, Ludwig (Hg.) (2000): Drum hab ich kein Gesicht, Würzburg.
Levend, Helga/Janus, Ludwig (Hg.) (2011) Bindung beginnt vor der Geburt, Heidelberg.
Matejcek, Zdenek (1987): Kinder aus unerwünschter Schwangerschaft geboren: Longitudinale Studie über 20 Jahre, in: Fedor-Freybergh, Peter (Hg.): Begegnung mit dem Ungeborenen, Heidelberg.
Meier-Seethaler, Carola (1993): Von der göttlichen Löwin zum Wahrzeichen männlicher Macht. Ursprung und Wandel großer Symbole, Stuttgart.
Meier-Seethaler, Carola (2011): Ursprünge und Befreiungen. Eine dissidente Kulturtheorie, Stuttgart.
Meyer-Schubert, Astrid (Hg.): Mein erstes Universum, Heiligenkreuz im Waldviertel.
Morgan, Elaine (1995): The Descent of the Child. Human Evolution from a New Perspective, New York/Oxford.
Oberhoff, Bernd (2008): Das Fötale in der Musik. Musik als „Das Große Bewegende" und „Die Göttliche Stimme", in: Janus, Ludwig/Evertz Klaus (Hg.): Kunst als kulturelles Bewusstsein vorgeburtlicher und geburtlicher Erfahrungen, Heidelberg.
Obrist, Willy (1988): Die Mutation des Bewusstseins, Frankfurt a. M.
Obrist, Willy (2013): Der Wandel des Welt- und Menschenbildes im Verlaufe der Neuzeit, unter dem Blickwinkel der Bewusstseins-Evolution betrachtet, in: Janus, Ludwig (Hg.): Die

Psychologie der Mentalitätsentwicklung – vom archaischen zum modernen Bewusstsein, Münster, 11–24.
Oesterdiekhoff, Georg W. (2013a): Die Entwicklung der Menschheit von der Kindheitsphase zur Erwachsenenreife, Wiesbaden.
Oesterdiekhoff, Georg W. (2013b): Psycho- und Soziogenese der Menschheit -Strukturgenetische Soziologie als Grundlagentheorie der Humanwissenschaften, in: Janus, Ludwig (Hg.): Die Psychologie der Mentalitätsentwicklung, Münster.
Parncutt, Richard (1997): Pränatale Erfahrung und Ursprünge der Musik, in: Janus, Ludwig/Haibach, Sigrun (Hg.): Seelisches Erleben vor und während der Geburt, Kulmbach 2015.
Parncutt, Richard/Kessler, Annekatrin (2007): Musik als virtuelle Person, in: Oberhoff, Bernd/Leikert, Sebastian (Hg.): Die Psyche im Spiegel der Musik, Gießen.
Portmann, Adolf (1969): Biologische Fragmente zu einer Lehre vom Menschen, Basel.
Rank, Otto (1924): Das Trauma der Geburt, Gießen.
Propp, Vladimir (1987): Die Wurzeln des Zaubermärchens, München.
Raffai, Jenö (2015): Gesammelte Aufsätze, hg. von Helga Blazy, Heidelberg.
Raine, Adrian (1997): The Psychopathology of Crime. Criminal Behaviour as Social Disorder, Oxford.
Scherf, Walter (1972): Lexikon der Zaubermärchen, Stuttgart.
Trevathan, Wenda R. (1987): Human Birth. An Evolutionary Perspective, New York.
van Schaik, Carel/Michel, Kai (2016): Das Tagebuch der Menschheit. Was die Bibel über unsere Evolution verrät, Reinbek.
Verny, Thomas/Kelly, John (1981): Das Seelenleben des Ungeborenen. Wie Mütter und Väter schon vor der Geburt Persönlichkeit und Glück ihres Kindes fördern können, München.
Verny, Thomas/Weintraub, Pamela (2003): Das Baby von Morgen. Bewusstes Elternsein von der Empfängnis bis ins Säuglingsalter, Frankfurt a. M.
Verny, Thomas (2005): Birth and Violence, in: Brekhman, Grigori/Fedor-Freybergh, Peter (Hg.): The Phenomenon of Violence, www.Ludwig-Janus.de, 33–44.
Verny, Thomas (2014): The Pre- and Perinatal Origins of Childhood and Adult Diseases and Personality Disorders, in: Evertz Klaus/Janus, Ludwig/Linder, Rupert (Hg.): Lehrbuch der Pränatalen Psychologie, Heidelberg, 50–69.
Werner, Heinz (1959): Einführung in die Entwicklungspsychologie, München.
Wirth, Heinz-Jürgen (2015): Das Trauma der Geburt bei Ödipus und seine Bedeutung für die Psychoanalyse, in: Psychoanalyse im Widerspruch 53, 63–82.

Tatjana Noemi Tömmel

Selbstbestimmte Geburt. Autonomie *sub partu* als Rechtsanspruch, Fähigkeit und Ideal

> *„ich war „gut vorbereitet" und hatte alle vorkehrungen für eine „natürliche, interventionsarme" geburt geschaffen. [...] manche interventionen hätte ich aber gewollt (einlauf, papierkram), andere währen [sic!] vielleicht sogar sinnvoll gewesen (mikroblutuntersuchung). bei den einen wurde mein wunsch nicht gehört, bei den anderen wurde mein wunsch sofort ernst genommen, obwohl es anders vielleicht sinnvoller gewesen wäre. was heißt also selbstbestimmung unter der geburt und wer trägt dafür die verantwortung?"* (Trommer 2014)

Zusammenfassung: Während der Begriff der Patientenautonomie besonders am Lebensende und im Zusammenhang mit psychischen Krankheiten oder geistigen Behinderungen seit längerem umfassend thematisiert wird, scheint er in der Geburtshilfe bisher rechtsphilosophisch und medizinethisch relativ wenig diskutiert worden zu sein. In diesem Aufsatz vertrete ich die These, dass sich hinter dem populären Schlagwort der „selbstbestimmten Geburt" drei verschiedene Begriffe von Autonomie verbergen: Autonomie unter der Geburt ist zugleich ein *Rechtsanspruch*, eine *Fähigkeit* und ein *Ideal*. Ziel dieses Aufsatzes ist es, diese drei unterschiedlichen, aber zusammenhängenden Begriffe zu klären. Dazu lege ich zuerst den Rechtsanspruch auf Selbstbestimmung im medizinischen Kontext (‚informierte Einwilligung') dar und stelle anschließend das Konstrukt der Einwilligungsfähigkeit vor. Nachdem ich die möglichen Einschränkungen der Autonomiefähigkeit *sub partu* diskutiert habe, gehe ich auf spezifische Probleme der Aufklärungspflicht in der Geburtshilfe und den Umgang der Rechtsprechung mit diesen Dilemmata ein. Im Anschluss werfe ich einen Blick auf das Ideal der selbstbestimmten Geburt, und frage, wodurch die eingeschränkte Selbstbestimmungsfähigkeit sinnvoll ersetzt bzw. ergänzt werden könnte. Dabei wird der – vermeintliche – Gegensatz zwischen Autonomie und Fürsorge diskutiert und argumentiert, dass das Autonomieideal unter der Geburt durch Vertrauen, Fürsorge und Unterstützung wesentlich gefördert wird. Ich schließe den Aufsatz mit einem kurzen Hinweis auf strukturelle Probleme der gegenwärtigen Geburtshilfe, welche die Verwirklichung der relationalen Autonomie *sub partu* erschweren.

1 Einleitung

Während der Begriff der Patientenautonomie besonders am Lebensende und im Zusammenhang mit psychischen Krankheiten oder geistigen Behinderungen seit

https://doi.org/10.1515/9783110719864-005

längerem umfassend thematisiert wird (Beauchamp/Childress 2013; Vollmann 2000, Wiesemann/Simon 2013), scheint er in der Geburtshilfe – mit Ausnahme des Sonderfalls der „Wunschsectio" (Bockenheimer-Lucius 2002; Markus 2006; Schücking 2016) – bisher rechtsphilosophisch und medizinethisch relativ wenig diskutiert worden zu sein (empirische Studien sind etwas häufiger: Tegethoff 2011; Beckmann 2016; Reime 2016). Das Schlagwort von der „selbstbestimmten Geburt" findet sich vor allem in populären Ratgebern (Gaskin 2014; Dürnberger 2019), Blogs (Friedrich 2016; Trommer 2014) und in den Gedanken und Gesprächen von Frauen, die dem Geburtsereignis mit Neugier, Hoffnung, aber auch mit Sorge und Furcht entgegensehen. Was genau steht hinter dieser Forderung? Was bedeutet „Selbstbestimmung" in Bezug auf die Geburt überhaupt?

Einerseits überrascht es nicht, dass Selbstbestimmung unter der Geburt von akademischer Seite bisher relativ wenig diskutiert wird. Schließlich ist eine Geburt per se kein medizinischer Eingriff, sondern ein physiologischer Vorgang, bei dem die Geburtshelfer[1] im besten Fall zwei gesunde Personen nur unterstützen. Die überragende Mehrzahl der Geburten, nämlich über 98 %, findet heute zwar im Krankenhaus statt (Quag 2019) und ist in diesem Kontext mit geringfügigen bis folgen- und risikoreichen Interventionen verbunden (Schücking 2016), die vom routinemäßigen Legen einer Verweilkanüle bis zur Sectio reichen und eine Einwilligung von der Patientin erfordern. Da es sich bei Gebärenden aber im Allgemeinen um volljährige, nicht geriatrische oder psychisch kranke Personen handelt, scheint primär nichts dafür zu sprechen, dass diese Patientinnengruppe in ihrer Autonomiefähigkeit eingeschränkt sein könnte. Andererseits legen die unter der Geburt erlebten Schmerzen, starken Affekte und die bei langen Verläufen auftretenden Erschöpfungszustände nahe, dass eine Beeinträchtigung der Einwilligungsfähigkeit möglich oder sogar wahrscheinlich ist.

Hinter der gesellschaftspolitischen Forderung nach einer selbstbestimmten Geburt steht allerdings weniger die Sorge, als Gebärende selbst nicht einwilligungsfähig zu sein, als die Befürchtung, durch die Geburtshelfer oder strukturelle Zwänge fremdbestimmt zu werden. Die Mehrheit der Mütter einer Interviewstudie beschreibt, dass sie in den Geburtskliniken „mal mehr, mal weniger subtil gegängelt, überrumpelt und/oder tendenziös beraten worden sind oder [...] nicht wirklich ‚die Chance hatten, nein zu sagen'" (Jung 2017, 40). Die in Geburtsberichten und Studien geschilderte äußere Einschränkung der Selbstbestimmung reicht von mangelnder Aufklärung (Reime 2016) und subtiler Manipulation (Tegethoff 2011) über deutliche Druckausübung bis hin zu Zwangsmaßnahmen und

1 Ich verwende in diesem Aufsatz das generische Maskulinum für alle Geschlechter, es sei denn es handelt sich ausschließlich um weibliche Personen wie den Patientinnen in der Geburtshilfe.

körperlicher Gewalt (Grieschat 2018). Diese Schilderungen mögen zum Teil mit der stark gestiegenen Sensibilisierung für Formen der Diskriminierung oder Würdeverletzung (vgl. dagegen die geringe Kritik und hohe Zufriedenheit in: Kentenich 1983) und mit übertriebenen Erwartungen an ein erfüllendes „Geburtserlebnis" (Rose/Schmied-Knittel 2011, 88 f) zusammenhängen, dürften aber auch an den strukturellen Defiziten der Geburtshilfe selbst liegen.

Im Folgenden vertrete ich die These, dass sich hinter dem Schlagwort der „selbstbestimmten Geburt" drei verschiedene Begriffe von Autonomie verbergen: Autonomie unter der Geburt ist zugleich ein *Rechtsanspruch*, eine *Fähigkeit* und ein *Ideal* (zu dieser Differenzierung: Feinberg 1986, 28; Birnbacher 2012, 562).

Diese drei Bedeutungen finden sich – nicht klar voneinander geschieden – auch in den populären Beiträgen: Einerseits wollen die Ratgeber und Blog-Beiträge das Bewusstsein der Gebärenden für ihre Autonomierechte im Sinne des *empowerments* stärken (z. B. Friedrich 2016). Andererseits zeugen verschiedene Geburtsschilderungen davon, dass sich zumindest einige Gebärende in ihrer Entscheidungsfähigkeit als eingeschränkt wahrgenommen haben (z. B. Trommer 2014). Über diese rechtlichen und psychischen Aspekte der Selbstbestimmung hinaus geht es drittens um einen zugleich komplexeren und diffuseren Begriff der Autonomie als individuelles Ideal, der sowohl die Umsetzung der eigenen Vorstellungen als auch die sozial-emotionale Seite des Geburtsgeschehens beschreibt und eng mit den strukturellen Rahmenbedingungen der Geburtshilfe verknüpft ist (z. B. Westphal 2017; 2018). Obwohl dieses Ideal stark variiert und sich deswegen nicht einheitlich definieren lässt, dürfte es entscheidend dafür sein, was subjektiv als gelingende Geburt erlebt und bewertet wird.

Ziel dieses Aufsatzes ist es, diese drei unterschiedlichen, aber zusammenhängenden Begriffe zu klären. Im Folgenden werde ich zuerst den Rechtsanspruch auf Selbstbestimmung im medizinischen Kontext (informierte Einwilligung) darlegen und anschließend das Konstrukt der „Einwilligungsfähigkeit" vorstellen. Nachdem ich die möglichen Einschränkungen der Autonomiefähigkeit *sub partu* diskutiert habe, gehe ich auf spezifische Probleme der Aufklärungspflicht in der Geburtshilfe und den Umgang der Rechtsprechung mit diesen Dilemmata ein. Im Anschluss werfe ich einen Blick auf das Ideal der selbstbestimmten Geburt, und frage, wodurch die eingeschränkte Selbstbestimmungsfähigkeit sinnvoll ersetzt bzw. ergänzt werden könnte. Dabei wird der – vermeintliche – Gegensatz zwischen Autonomie und Fürsorge diskutiert und argumentiert, dass das Autonomieideal unter der Geburt durch Vertrauen, Fürsorge und Unterstützung wesentlich gefördert wird. Ich schließe den Aufsatz mit einem kurzen Hinweis auf strukturelle Probleme der gegenwärtigen Geburtshilfe, welche die Verwirklichung der relationalen Autonomie *sub partu* erschweren.

2 Autonomie als Rechtsanspruch

Angesichts der – durch fachliche Expertise und soziale Rollenverteilung – asymmetrischen Beziehung zwischen Arzt und Patient (Krones/Richter 2006) kommt dem Autonomiebegriff im medizinischen Kontext eine besondere Bedeutung zu. Obwohl das Selbstbestimmungsrecht des Patienten schon seit dem späten 19. Jahrhundert juristisch diskutiert wurde, war die Beziehung zwischen Arzt und Patient faktisch lange durch einen autoritär-fürsorglichen Paternalismus bestimmt, der bis in die zweite Hälfte des 20. Jahrhunderts weitgehend akzeptiert wurde (Noack/Fangerau 2006, 81). Gegenüber einem Verständnis der Arzt-Patient-Beziehung, das sich an einem objektiv feststellbaren Patientenwohl orientiert, ist die ethische und rechtliche Legitimationsgrundlage aller medizinischen Interventionen heute die durch den Patienten autonom getroffene „informierte Einwilligung" (Snellgrove/Steinert 2017, 234, Beauchamp/Childress 2013, 121). Grundsätzlich ist eine Einwilligung „eine Erklärung, mit der der Einwilligende kundtut, dass er eine Beeinträchtigung seines Rechtsgutes durch einen anderen hinnehmen wird" (Amelung 1981, 13). Ohne diese Einwilligung stellt jeder medizinische Eingriff den Tatbestand der Körperverletzung dar (BGH, 5.7.2007 – 4 StR 549/06; erstmals: Keßler 1884). So findet die Pflicht des Arztes, Patienten zu heilen, ihre Grenze im „freien Selbstbestimmungsrecht des Menschen über seinen Körper" (BGHSt. 11, 111, 114, 4 StR 525/57). Dieses leitet sich aus dem Schutz der Menschenwürde (Art. 1 Abs. 1 GG) und den Grundrechten auf freie Entfaltung der Persönlichkeit (Art. 2 Abs. 1 GG), vgl. Markus 2006, 44) sowie auf körperliche Unversehrtheit (Art. 2 Abs. 2 GG) ab.

Die Rechtsgrundlage für den Behandlungsvertrag bildet in Deutschland das 2013 in Kraft getretene „Patientenrechtegesetz" (insbesondere: § 630a-h BGB). Es bestimmt unter anderem, dass der Behandelnde dazu verpflichtet ist, den Patienten umfassend zu *informieren* (§ 630c, Abs. 2 BGB) und seine *Einwilligung* einzuholen (§ 630d Abs. 1 BGB), nachdem er ihn „rechtzeitig" und „in verständlicher Weise" über alle für die erforderliche Einwilligung „wesentlichen Umstände" *aufgeklärt* hat (§ 630e BGB). Hierzu zählen „insbesondere Art, Umfang, Durchführung, zu erwartende Folgen und Risiken der Maßnahme sowie ihre Notwendigkeit, Dringlichkeit, Eignung und Erfolgsaussichten im Hinblick auf die Diagnose oder die Therapie" (§ 630e Abs. 1 BGB). Ohne diese umfassende, auch auf mögliche *Alternativen* hinweisende Aufklärung ist die Einwilligung unwirksam und der Eingriff ist rechtswidrig (Nedopil 2014, 164). Eine Ausnahme von der Informations- und Aufklärungspflicht stellen Notfälle dar, die unaufschiebbare Maßnahmen erfordern (§ 630c, Abs. 4 BGB). Eine einmal gegebene Einwilligung ist jederzeit widerrufbar (§ 630d Abs. 3 BGB).

Birnbacher weist darauf hin, dass dieses Selbstbestimmungsrecht häufig als *Anspruchsrecht* missverstanden wird. Tatsächlich handelt es sich aber um ein reines *Abwehrrecht*, d. h. der Arzt darf nicht gegen den Willen der Patienten eine Behandlung durchführen. Aus dieser Unterlassungspflicht leitet sich kein Anspruch auf die Erbringung von gewünschten Leistungen ab, selbst wenn dies heute z.T. anders gedeutet und beispielsweise die ärztliche Beihilfe zum Suizid unter dem Begriff der „Achtung des Patientenwillens" gefordert wird (Birnbacher 2012, 563; Heinemann 2000, 97). Diese Differenzierung ist auch für die Frage von Belang, inwieweit man Leistungen wie den elektiven Kaiserschnitt unter dem Aspekt der Patientenautonomie betrachten kann.

Das Selbstbestimmungsrecht des Patienten ist zwar ein wesentliches, aber keineswegs das einzige Prinzip, das das Behandlungsgeschehen bestimmt: Das Wohl des Patienten, die Vermeidung von Schaden sowie Gerechtigkeit sind weitere weithin anerkannte medizinethische Prinzipien (Beauchamp/Childress 2013), die auch juristisch relevant sind. So hat der Arzt die Pflicht, schädliche, sittenwidrige oder sinnlose Leistungen zu unterlassen, selbst wenn ein diesbezüglicher Patientenwunsch besteht (Heinemann 2000, 97). Darüber hinaus ist der Arzt berechtigt, Leistungen zu unterlassen, die er nicht mit seinem ärztlichen Gewissen vereinbaren kann oder die unverhältnismäßig aufwendig sind (Birnbacher 2012, 564). Vor diesem Hintergrund kann es zu Prinzipienkollisionen kommen, insbesondere dann, wenn die Autonomiefähigkeit des Patienten eingeschränkt ist (Snellgrove/Steinert 2017, 235).

3 Autonomie als Fähigkeit

Die Voraussetzung dafür, in die Beeinträchtigung eines Rechtsgutes einwilligen zu können, ist die *Einwilligungsfähigkeit* als juristische Handlungskompetenz. Sie setzt sowohl bestimmte kognitive Kompetenzen als auch eine hinreichende Informationslage und Kontrollfähigkeit, d. h. Freiheit von Zwang und Druck, voraus (Duttge 2013, 78). Einwilligungsfähig ist, „wer Wesen, Bedeutung und Tragweite der in Frage stehenden Maßnahme erfassen, das Für und Wider abwägen und auf dieser Basis eine Entscheidung treffen kann" (Zentrale Ethikkommission 2016, § 40 AMG). Folgende Komponenten scheinen also wesentlich zu sein: Die Fähigkeit, die für den Eingriff relevanten Informationen *verstehen* zu können, die möglichen Konsequenzen der Behandlungsoptionen *antizipieren* und in Bezug auf die eigenen Wertüberzeugungen *vergleichen* und *bewerten* zu können und schließlich seinen *Willen* in Bezug auf die Behandlungsalternativen klar, kohärent und „unabhängig von übermäßiger Einflussnahme Dritter" *bilden* sowie die eigene Entscheidung *kommunizieren* zu können (Snellgrove/Steinert, 2017, 239–

241; Appelbaum 2007). Einige Autoren kritisieren, dass dieses Konzept Emotionen außer Acht lasse, obwohl diese sich sowohl negativ als auch positiv auswirken können (Snellgrove/Steinert 2017, 239).

Anders als die weiter reichende Geschäftsfähigkeit bezieht sich die Einwilligungsfähigkeit auf eine konkrete Entscheidung in einer konkreten Situation (Snellgrove/Steinert 2017, 235). Sie ist damit keine „starre, sondern eine je nach Komplexität der Sachlage und Reichweite möglicher Folgen variable Größe“ (Duttge 2013, 79), d. h. die Anforderungen an sie können variieren: Je komplexer, schwerwiegender und folgenreicher der Eingriff, desto höher sind die juristischen Anforderungen (Nedopil 2014, 165). Dieselbe Patientin kann also zum selben Zeitpunkt fähig sein, in einen einfachen Eingriff wie eine Blutentnahme, aber nicht in einen folgenschweren Eingriff wie einen Schwangerschaftsabbruch einzuwilligen. Gleichwohl ist das Konstrukt *dichotom* angelegt: In Bezug auf einen bestimmten Eingriff ist man einwilligungsfähig oder nicht (Snellgrove/Steinert 2017, 235). Die Einwilligungsfähigkeit übersetzt damit die dimensional vorliegenden mentalen Kompetenzen des Patienten in einen kategorialen juristischen Status.

Kinder, junge Jugendliche, geistig Behinderte oder psychisch Kranke können temporär oder dauerhaft so eingeschränkt sein, dass sie einwilligungsunfähig sind. Bei volljährigen Patienten wird grundsätzlich davon ausgegangen, dass sie einwilligungsfähig sind, es sei denn, es liegen „offensichtliche Mängel“ der Einsichts-, Urteils- oder Steuerungsfähigkeit vor (Duttge 2013, 79). So wurde ein zweistufiges Feststellungsverfahren vorgeschlagen: Um zu verhindern, „dass jede nach außen hin unsinnig erscheinende Willensäußerung als Indikator für Einwilligungsunfähigkeit angesehen wird“, wird nach der Diagnose einer psychischen Erkrankung bzw. der Feststellung der Minderjährigkeit oder geistiger Behinderung eine Einzelfallprüfung durchgeführt (Nedopil 2014, kritisch dazu: Snellgrove/Steinert 2017, 240). Die Feststellung selbst findet durch den behandelnden Arzt bzw., bei unklarem Bild, durch einen Psychiater statt (Duttge 2013, 86).

Welche Bedeutung haben diese allgemeinen Kriterien für Frauen unter der Geburt?

4 Einwilligungsfähigkeit unter der Geburt

„ich erlebte den teil, den man wohl übergangs-/austreibungsphase nennt, in totalem ausnahmezustand, nahm nur bruchstücke dessen wahr, was um mich geschah. [...] ich stimmte zu. ich hätte auch zugestimmt, wenn man mir vorgeschlagen hätte, das kind mit einem löffel aus meinem bauchnabel zu schaben. hauptsache ende.“ (Trommer 2014)

Da nicht nur altersbedingte Unreife, kognitive Defizite, psychische oder neurologische Erkrankungen, sondern auch temporäre Phänomene wie Schmerzen, Erschöpfung oder affektive Ausnahmezustände (Zentrale Ethikkommission, 2016, Snellgrove/Steinert 2017, 240) die Einwilligungsfähigkeit trüben, ist es naheliegend, dass diese unter der Geburt eingeschränkt oder aufgehoben sein kann. So wirken sich starke Schmerzzustände, große Erschöpfung und Schlafmangel erstens auf die Wahrnehmungs-, Verstehens- und Konzentrationsfähigkeit (vgl. Dörpinghaus/Rohrbach/Schröter 2002, 121) und damit das *Informationsverständnis* aus, das Voraussetzung ist, die ärztliche Aufklärung nachvollziehen zu können. Wenn die für die *Einsichts- und Urteilsfähigkeit* wichtige „Fähigkeit zur autonomen Wertung" im Zusammenhang verschiedener affektiver Erkrankungen wie Manien oder Depression gestört sein kann (Nedopil 2014, 166), dann vermutlich auch in der emotionalen Ausnahmesituation der Geburt, die mit starken Affekten wie Angst, u.U. aber auch – beispielsweise nach einer effektiven Schmerzerleichterung – mit Euphorie einhergehen kann. Manche Frauen erleben die Geburt als existentiell bedrohlich für sich und das Kind; Beispiele für eskapistische, aggressive oder panische Verhaltensweisen sind bekannt (Dörpinghaus/Rohrbach/Schröter 2002, 43–49). Auch extreme Schmerzen, die nach einer sofortigen Linderung um jeden Preis verlangen, dürften einer „prognostische Entscheidung", d.h. der Antizipation von Vor- und Nachteilen für die *Zukunft* (Nedopil 2014, 166) und damit einer besonnenen Abwägung von Behandlungsalternativen entgegenstehen. Über die Informations-, Einsichts- und Urteilsfähigkeit hinaus scheint auch die Fähigkeit zur *Willensäußerung* beeinträchtigt zu sein: Verschiedene Interview-Studien berichten übereinstimmend, dass die Gebärenden sich nicht in der Lage fühlten, Eingriffe abzulehnen, obwohl sie dies wollten (Dörpinghaus/Rohrbach/Schröter 2002, 142; Jung 2017, 39 f). Als Ursachen dieser Ohnmacht wurden „Autoritätsgläubigkeit, Harmoniebedürfnis, Erschöpfung, Schmerz und/oder Angst" genannt (Jung 2017, 40).

Angesichts dieser Berichte und Studien stellt sich die Frage, ab welchem Grad eine Verminderung der mentalen Fähigkeiten bedeutet, dass eine Gebärende tatsächlich nicht mehr einwilligungsfähig ist. Die Problematisierung der Einwilligungsfähigkeit bei grundsätzlich gesunden, volljährigen Frauen bringt die Gefahr mit sich, einen vielleicht extremen, aber normalen Zustand zu pathologisieren und damit die Gebärenden zu entmündigen. Hierbei handelt es sich offenkundig nicht um ein triviales Problem. Denn einerseits mag es der Respekt vor den Patienten gebieten, die Anforderungen nicht übermäßig hoch anzusetzen (Snellgrove/Steinert 2017, 241), um sie nicht zu entmachten. Andererseits ist es auch eine Form der Diskriminierung – und nicht etwa der Ermächtigung –, die besondere Verletzlichkeit und Schutzbedürftigkeit von Menschen in Ausnahmesituationen zu ignorieren. Duttge weist zu Recht darauf hin, dass der Achtungsanspruch des Patienten nicht weniger verletzt wird, wenn man ihn mit seiner Entscheidung auf sich allein gestellt lässt, als wenn man ihn paternalistisch entmündigt (Duttge 2013, 86). Da die Einwilligungsfähigkeit „nicht nur eine begrenzende, sondern zugleich schützende Wirkung“ habe, sei ihre „gewissenhafte Prüfung [...] und die eventuelle Feststellung ihres Nichtvorliegens [...] ein ‚Akt der Fürsorge‘“ (Duttge 2013, 85). Schließlich muss die Würde des Menschen verfassungsrechtlich nicht nur *geachtet*, sondern auch *geschützt* werden (Brauer 2013, 12–13).

Grundsätzlich wird im Falle der Einwilligungsunfähigkeit die stellvertretende Einwilligung eines Bevollmächtigten notwendig (§ 630d BGB). Da es selbst bei Lebensgefahr keine verallgemeinerbaren Maßstäbe dafür gibt, was eine vernünftige Entscheidung ist (BGHSt 11, 111, 114, 4 StR 525/57), dient dann nicht die Deutung des objektiven Wohls als Entscheidungskriterium, sondern die bestmögliche Auslegung des Willens und der Präferenzen der betroffenen Person (Duttge 2013, 86), deren „ureigenst[e] Wertmaßstäbe“ (BVerfGE 52, 131–171) als Basis dienen müssen. Liegen Behandlungsvereinbarungen oder eine Patientenverfügung vor, die in unbeeinträchtigtem Zustand getroffen wurden, sind diese rechtlich bindend, sofern sie auf die „aktuelle Lebens- und Behandlungssituation“ zutreffen. In allen anderen Fällen muss der „mutmaßliche Wille“ des Patienten ermittelt und sich nach ihm gerichtet werden (§ 1901a BGB). Hierbei dienen frühere Äußerungen und Wertvorstellungen des Betroffenen als Maßstab.

5 Die Voraussetzung der Aufklärung und ihre Dialektik

Eine umfassende Aufklärung ist rechtlich – und zweifellos auch faktisch – die Voraussetzung, um sich gemäß der eigenen Wertmaßstäbe entscheiden zu können (zum Anliegen von Gebärenden, genau informiert zu werden: Reime 2016). Ein Patient, der nicht oder nicht hinreichend über Chancen, Risiken und Alternativen der vorgeschlagenen Maßnahmen informiert ist oder der gar über den tatsächlichen Sachverhalt getäuscht wird, kann schlicht keine gültige Einwilligung treffen. Dem auf den ersten Blick simplen Gebot der Aufklärungspflicht stellen sich allerdings mindestens zwei Probleme in den Weg: Erstens stellt sich grundsätzlich die Frage, ob eine umfassende Aufklärung auch eine psychische *Belastung* darstellen kann, die sich unter Umständen negativ auf den Behandlungsverlauf auswirkt. Zweitens ist der Aufklärungs*zeitpunkt* angesichts der Unplanbarkeit spontaner Geburten ein spezielles Problem der Geburtshilfe, das in der gegenwärtigen Rechtsprechung *de facto* das Selbstbestimmungsrecht der Gebärenden beschneidet.

Durch die zunehmende Verrechtlichung ist eine defensive Medizin entstanden, die aus Angst vor Strafverfolgung ihre Patienten auf die schlimmsten Szenarien vorbereitet (Duttge 2014, 144). Das Bundesverfassungsgericht hat betont, dass die „erhebliche seelische Belastung", die dem Patienten durch die Aufklärung unter Umständen aufgebürdet werde, die „Kehrseite freier Selbstbestimmung" sei (BVerfGE 52, 171–187). Doch eine schonungslose Aufklärung kann nicht nur subjektiv und vorübergehend vom Patienten als unangenehm erlebt werden, sondern sich durch eine Veränderung der Erfolgserwartung und des affektiven Zustandes nachweisbar negativ auf den Verlauf und das Ergebnis des Eingriffs auswirken (Duttge 2014, 145, 152). Vor diesem Hintergrund stellt sich die Frage, ob die Aufklärungspflicht in einigen Fällen nicht gegen das *nil nocere* verstößt (a.a.O., 153). Dieser allgemeine Zusammenhang dürfte in der Geburtshilfe angesichts der besonderen emotionalen Betroffenheit der Gebärenden und des Einflusses ihrer psychischen Disposition auf den Geburtsverlauf besonders relevant sein. So kann Angst beispielsweise zu vorzeitigen Wehen, aber auch zu einem verzögerten Geburtsverlauf führen (Kentenich 1983, 23).

Die Aufklärungspflicht der Geburtshelfer ist also eine hoch diffizile Gratwanderung: Sie dürfen einerseits belastende Fakten wie mögliche Risiken nicht verschweigen, sollen der Schwangeren dabei aber weder Angst machen noch sie entmutigen, zumal eine optimistische Grundeinstellung auch medizinisch sinnvoll ist. Vor diesem Hintergrund stellt sich die Frage, ob eine wirklich umfassende Aufklärung – nämlich eine, die sich ihrer eigenen Dialektik bewusst ist, ohne darum in ihr Gegenteil, in Täuschung und Entmündigung, zu verfallen – auch eine Problematisierung der Aufklärung selbst umfassen müsste. Darauf komme ich später zurück.

6 Aufklärung *sub partu* und die aktuelle Rechtsprechung

Die Problematik der ‚Aufklärung als Zumutung' stellt sich insbesondere, wenn diese nicht *vor*, sondern *während* der Geburt, also nach Einsetzen der Eröffnungswehen, erfolgt. Laut Patientenrechtegesetz muss die Aufklärung grundsätzlich „so rechtzeitig erfolgen, dass der Patient seine Entscheidung über die Einwilligung wohlüberlegt treffen kann" (§ 630e Abs. 2 BGB). Angesichts der „situationsbedingte[n] Suggestibilität" des vulnerablen Patienten ist diese hinreichende Bedenkzeit entscheidend, zumal die Aufklärung häufig nicht unverzerrt, sondern einseitig nach den Präferenzen der Behandelnden stattfinden dürfte (Birnbacher 2012, 562; zur Situation in der Geburtshilfe: Tegethoff 2011, 110 f; Reime 2016).

Da sich der Verlauf einer Geburt aber nicht genau vorhersagen lässt, treten im Prozess medizinische Erfordernisse auf, die im Vorfeld nicht absehbar sind. Klassische Beispiele sind der Wunsch nach einer Schmerzlinderung durch PDA und die Indikation für vaginal-operative Verfahren oder eine sekundäre Sectio. Angesichts der statistisch hohen Wahrscheinlichkeit solcher Interventionen liegt es nahe, alle Frauen vorsorglich zumindest über die häufigsten dieser Maßnahmen aufzuklären, um ihnen unter der Geburt die für Laien oft erschreckenden Details zu ersparen. So scheint es bei einer Kaiserschnittrate von 30,5 % in Deutschland (Statistisches Bundesamt, 2018) durchaus angemessen, jede Frau vorab über die Möglichkeit eines Kaiserschnittes aufzuklären. Denn kurz vor dem Eingriff geschildert zu bekommen, dass die Uterusmuskulatur bei der heute üblichen Misgav-Ladach-Methode nicht geschnitten, sondern aufgerissen wird, dürfte nicht dazu beitragen, dass die Frau der Prozedur gelassen entgegensieht. Die schonende Vorbereitung auf nicht-ideale Geburtsverläufe wie eine sekundäre Sectio, die häufig vorkommen, erscheint nicht nur juristisch, sondern – wenn sie sensibel genug geschieht – auch psychologisch sinnvoll, um nicht später mit dem Ereignis zu hadern, sich entrechtet oder auch als ‚Versagerin' zu fühlen.

Dies scheint die Rechtsprechung allerdings anders zu beurteilen: Obwohl die beschriebenen Fälle häufig eintreten, hält der Bundesgerichtshof daran fest, dass die Gebärende nicht vorher über unterschiedliche Entbindungsmodi aufgeklärt werden muss (vgl. Markus 2006). Der Rechtsprechung ist zwar bewusst, dass eine Frau durch die „erheblichen psychischen und physischen Belastungen durch die Geburt" „nicht mehr in der Lage sein kann, eine eigenverantwortliche relevante Entscheidung zu treffen". Sie geht sogar davon aus, „dass bei fortgeschrittenem Geburtsvorgang *jede* Gebärende in einen solchen Zustand gerät" (BGH, 16.02.1993 – VI ZR 300/91, Hervorhebung von mir, TNT) bzw. dass die werdende Mutter „unter der Geburt [...] *stets* nicht mehr aufklärungs- und einwilligungsfähig" sei (OLG Naumburg, Urteil vom 6.2.2014, 1 U 45/13, Hervorhebung von mir, TNT). Daraus folgt aber weder die *Rechtswidrigkeit* von Eingriffen, über die nicht aufgeklärt und in die nicht eingewilligt wurde, denn sie seien durch den „mutmaßlichen Willen" der Gebärenden gedeckt (OLG Naumburg, Urteil vom 6.2.2014, 1 U 45/13), noch zieht die Rechtsprechung den Schluss, dass man Schwangere deshalb *frühzeitig* über verschiedene Entbindungsmodi aufklären müsse. Der BGH weist zwar einerseits daraufhin, dass der geburtsleitende Arzt verpflichtet sei, die Patientin rechtzeitig aufzuklären und ihre vorsorgliche Einwilligung einzuholen, wenn „die ernsthafte Möglichkeit" bestehe, dass eine Situation eintreten wird, die eine Einwilligung erfordert. Andererseits betont er aber, dass die werdende Mutter nicht „ohne Grund mit Hinweisen über die unterschiedlichen Gefahren und Risiken der verschiedenen Entbindungsmethoden belastet" und „ihr nicht Entscheidungen für eine dieser Methoden abverlangt werden [sollen], solange es noch ganz ungewiss ist, ob eine solche Entscheidung überhaupt getroffen werden muss" (BGH, 16.02.1993 – VI ZR 300/91). Auch müsse jede Aufklärung einen „konkreten Gehalt" haben, sonst bliebe ein Aufklärungsgespräch „weitgehend theoretisch": „Eine vorgezogene Aufklärung über die unterschiedlichen Risiken der verschiedenen Entbindungsmethoden" sei „deshalb nicht bei jeder Geburt erforderlich" (BGH, 16.02.1993 – VI ZR 300/91). Sofern keine deutlichen Risikofaktoren vorliegen oder die Schwangere nicht selbst den Wunsch nach einer Aufklärung geäußert hat, muss die Aufklärung erst dann erfolgen, wenn „deutliche Anzeichen" vorliegen, dass eine „Behandlungsalternative" wie ein Kaiserschnitt indiziert ist (OLG Naumburg, Urteil vom 6.2.2014, 1 U 45/13).

Da der Eingriff dann meistens kurz bevorsteht, kann selbst in dem Fall, dass die Gebärende tatsächlich noch einwilligungsfähig sein sollte, kaum von einer hinreichenden Bedenkzeit und wohlüberlegter Entscheidung gesprochen werden. Noch unverständlicher ist die Praxis, wenn man sich vor Augen führt, dass die Rechtsprechung selbst davon ausgeht, dass viele oder sogar alle Frauen unter der Geburt nicht mehr einwilligungsfähig sind. Schließlich muss die Aufklärung grundsätzlich zu einem Zeitpunkt erfolgen, zu dem die Patientin noch im vollen Besitz ihrer Entscheidungsfähigkeit ist (BGH, 16.02.1993 – VI ZR 300/91).

Obwohl die Argumente des BGH nachvollziehbar sind, ließe sich gegen die Behauptung, eine frühzeitige Aufklärung sei zu „theoretisch", aus Sicht der Gebärenden entgegnen, dass der Sachverhalt *sub partu* nicht theoretisch genug ist, denn eine rationale Abwägung setzt im Allgemeinen eine gewisse kognitive Distanznahme zur eigenen leiblichen Betroffenheit voraus. So berichtet Trommer beispielsweise, dass sie die Mikroblutuntersuchung ihres Kindes ablehnte, weil sie dachte, man werde „ein Loch in den Schädel ihres Kindes" bohren. Im Nachhinein – im Wiederbesitz ihrer vollen kognitiven Fähigkeiten – bewertete sie die auf ihren Wunsch unterlassene Untersuchung anders, nämlich als „wahrscheinlich sinnvoll" (Trommer 2014). Auch das folgende, sicherlich extreme Beispiel unterstreicht die Vermutung, dass die unvorbereitete Konfrontation mit Eingriffen während der Geburt in einigen Fällen zu irrationalen Reaktionen führen kann: So geriet eine Gebärende in Panik, als man sie davon unterrichtete, dass eine eilige Sectio gemacht werden müsse. Die Sectio verzögerte sich durch die massive Abwehr der Patientin, ihre Tochter kam schwer behindert und zeitlebens pflegebedürftig zur Welt (BGH, Urteil vom 28.8.2018, VI ZR 509/17).

Markus kritisiert, dass die Einwilligung von einwilligungsunfähigen Gebärenden nicht rechtswirksam sei und der Arzt sich „trotz Vorgehens lege artis strafbar" mache (Markus 2006, 126). Selbst wenn dieses Problem juristisch durch den Verweis auf den „mutmaßlichen Willen“ der werdenden Mutter gelöst werden kann, wird die gegenwärtige Rechtsprechung dem Selbstbestimmungsrecht der Frau *medizinethisch* nicht gerecht: Die Debatte um Gewalt in der Geburtshilfe (Grieschat 2018) zeigt, dass ein Verweis auf den „mutmaßlichen Willen“ der Patientin in vielen Fällen nicht ausreicht, denn gerade die einwilligungs*un*fähige Gebärende wird den *doppelten* Eingriff – in ihre körperliche Unversehrtheit *und* ihr körperbezogenes Selbstbestimmungsrecht (Duttge 2013, 87) – als unverständlich und gewaltsam erleben. Schließlich wird ein „Eingriff in die körperliche Integrität [...] als umso bedrohlicher erlebt, je mehr der Betroffene sich dem Geschehen hilflos und ohnmächtig ausgeliefert sieht“ (BVerfGE 128, 282–322). Verletzliche, schutzbedürftige Personen brauchen nicht weniger, sondern andere Formen von Respekt. Wie also ist die Würde der Gebärenden konkret zu wahren?

Da eine Geburt normalerweise kein unerwartetes Ereignis ist, besteht die Möglichkeit, dass die Gebärende im einwilligungsfähigen Zustand *frühzeitig* aufgeklärt wird und selbst Vorkehrungen für den Fall trifft, dass sie nicht mehr (voll) entscheidungsfähig ist. Sie könnte ihre Präferenzen mit den Geburtshelfern im Vorfeld diskutieren und gemeinsam mit ihnen eine Patientenverfügung erarbeiten.

Aus entscheidungstheoretischer Perspektive sind die Möglichkeiten, sich im Vorfeld autonom für eine den eigenen Vorstellungen und Wertmaßstäben entsprechende Geburt zu entscheiden und festzulegen, allerdings begrenzt: Dies nicht nur, weil der Verlauf einer Geburt für alle Beteiligten nicht vorhersehbar ist, sondern auch, weil die *epistemische Situation* vor der Geburt eine gänzlich andere ist als während der Geburt: Eine Frau, zumal eine Erstgebärende, kann nicht vorher wissen, wie sie sich fühlen und was sie in dieser Situation wollen wird. Meinungsänderungen unter der Geburt sind offenbar häufig. Angeblich äußert die (sehr hoch erscheinende) Zahl von 80 % der Frauen *sub partu* den Wunsch nach einem Kaiserschnitt (Markus 2006, 126). Vor diesem Hintergrund stellt sich die Frage, welche *situativ* geäußerten Wünsche wirklich den autonomen Willen der Frau ausdrücken und welche sie u. U. im Nachhinein bereut. So schildert ein Blog den Fall einer „Freundin“, die vor der Geburt ihrer Hebamme mitteilte, sie „wolle auf keinen fall eine pda. unter der geburt fragte sie mehrfach danach, aber ihre hebamme hielt sich an den zuvor geäußerten wunsch. meine freundin ist damit sehr glücklich, es ‚ohne‘ geschafft zu haben. was aber, wenn sie diese pda wirklich ‚gebraucht‘ hätte, wenn sie ohne pda traumatisiert gewesen wäre?“ (Trommer 2014). Anders gefragt: Hat sich die Hebamme in diesem Fallbeispiel an den zuvor festgelegten, autonom bestimmten Willen der Frau gehalten oder hat sie ihren (natürlichen) Willen unter der Geburt paternalistisch ignoriert?

Wenn „Selbstbestimmung“ bis hierhin vor allem aus rechtlicher Perspektive erörtert wurde, dann nicht, um das existentielle Geschehen der Geburt auf die

Rechtssphäre zu reduzieren oder gar die häufig kontraproduktive Verrechtlichung der Medizin weiter voranzutreiben. Ich behaupte, dass die aufgezeigte Spannung zwischen dem Rechtsanspruch und der eingeschränkten Fähigkeit erst durch eine Erhellung der Autonomie als Ideal zu lösen ist. Im Folgenden zeigt sich die Notwendigkeit, Autonomie unter der Geburt *relational* zu verstehen und zu verwirklichen.

7 Autonomie als Ideal

Im Gegensatz zum bloßen Abwehrrecht der *informierten Einwilligung* verbindet sich mit dem Autonomieideal der Anspruch, die Geburt nach den eigenen Vorstellungen aktiv und individuell gestalten zu dürfen: Wie, wo und in welcher Begleitung eine Frau ihr Kind zur Welt bringen möchte, variiert individuell. Während die einen unter einer selbstbestimmten Geburt eine möglichst ‚natürliche', d. h. interventionsarme Geburt außerhalb der Klinik – in Extremfällen sogar eine Alleingeburt – verstehen, ziehen andere Frauen eine möglichst schmerzlose, sichere und kontrollierte Geburt vor. Wenn Selbstbestimmung im zweiten Fall die Souveränität über das leibliche Ereignis umfasst (Bockenheimer-Lucius 2002), ist es im ersten Fall umgekehrt die von technischen oder pharmakologischen Mitteln unbeeinträchtigte, organische Entwicklung der Geburt und die Konfrontation mit dem eigenen leiblich-subjektiven Erleben, die als Form der Selbstbestimmung aufgefasst und bevorzugt wird.

Beide Haltungen sind unterschiedliche Reaktionen auf dieselbe Ausnahmesituation: Insofern es durch die „Selbsttätigkeit des Leibes" (Dörpinghaus 2016, 76) bei Wehen zu einem weitgehenden Kontrollverlust kommt, kann auch die Geburt selbst als ein ‚Eingriff' in die körperliche Unversehrtheit und die souveräne Handlungsfähigkeit, ja als „Naturkatastrophe" (Azoulay 2016, 51) erlebt werden. Daraus folgt eine besondere Vulnerabilität der Gebärenden, die sie in hohem Maße angewiesen auf andere Menschen macht. Trotz der offenkundigen Unterschiede in den Präferenzen verschiedener Frauen dürften viele Gebärende deshalb in Bezug auf relationale und emotionale Aspekte der Geburt übereinstimmen. Die Verwirklichung dieses Beziehungsideals, das sich nicht nur in Handlungen, sondern auch als Atmosphäre, Gefühl und Gesamteindruck äußert (Dörpinghaus/Rohrbach/Schröter 2002, 130), scheint davon abzuhängen, ob sich die Gebärende von den Geburtshelfern und Begleitpersonen ernst genommen, unterstützt und geborgen oder aber übergangen und alleine gelassen fühlt (Bockenheimer-Lucius 2002). Idealerweise wird die Schutzbedürftigkeit der Gebärenden so von den Geburtshelferinnen und den persönlichen Begleitern aufgefangen und ausgeglichen, dass die Ausnahmesituation nicht als Ohnmacht, sondern als *Hingabe* an das überwältigende, aber glückliche Ereignis erlebt werden kann (eine solche Geburt beschreibt anschaulich: Tömmel 1983). So liegt die eigentliche Aufgabe der Hebamme auch nicht (nur) in der kunstgerechten Überwachung der Geburt, sondern „in der begleitenden und betreuenden Beziehungsgestaltung einer existenziell bedeutsamen Situation" (Dörpinghaus 2016, 71).

Vor diesem Hintergrund wurde bezweifelt, ob Freiheit und Selbstbestimmung als Begriffe, die „androzentrischen Prämissen verhaftet" seien, „wesentliche Merkmale des Geburtsgeschehens" überhaupt „angemessen berücksichtigen" können (Jung 2017, 40). Ich teile diese fundamentale Skepsis gegenüber dem Autonomieprinzip nicht: Autonomie steht nicht im Gegensatz zu relationalen Prinzipien wie Fürsorge oder Vertrauen, sondern wird im Gegenteil von ihnen hervorgebracht und gefördert. Denn einerseits sind alle Menschen – und erst recht alle Patienten – in verschiedenen Graden auf Fürsorge angewiesen (Duttge 2013, 86). Andererseits schließt die beschriebene Verletzlichkeit der Gebärenden ihre Selbstbestimmung nicht prinzipiell aus, sondern fordert im Gegenteil dazu auf, sie besonders zu unterstützen, indem man ihr mehr Zeit und Aufmerksamkeit zuteil werden lässt (Birnbacher 2012, 565; Beauchamp/Childress 2013, 107). Wer die Autonomie der Frau *sub partu* wahren und schützen will, muss diese allerdings relational begreifen, d. h. sich im Klaren darüber sein, dass einzelne Entscheidungen und auch die Entscheidungsfähigkeit selbst nicht unabhängig von sozialen, emotionalen, leiblichen und kulturellen Faktoren sind (Gilligan 1993; Benhabib 1995; Haker 2003; Mackenzie, 2014). Als sozial eingebettetes, angewiesenes und bedürftiges Selbst reagiert die Gebärende leiblich und seelisch auf situative und relationale Faktoren wie soziale Erwartungen, Einschüchterung, Stress, Verlassenheit oder Missachtung. Deshalb kann eine Patientin sich selbst dort, wo ihrem Rechtsanspruch auf Selbstbestimmung formal genüge getan wird, nachvollziehbar als verdinglichtes, ohnmächtiges Objekt und die Geburt als traumatisierend empfinden.

8 Ansätze zu einem relationalen Autonomieverständnis

Gegenüber einem Konzept der relationalen Autonomie, das die *Einschränkung* der individuellen Freiheit aufgrund der Einbettung des Individuums in Beziehungen betont, will ich mit diesem Begriff vor allem die *Ermöglichung* von Autonomie durch Beziehungen hervorheben: „Die Angst vor Autonomieverlust oder Entwertung könnte durch Fürsorge, Zuwendung und die Begleitung einer Hebamme mit Zeit gelindert werden" (Dörpinghaus 2016, 75). Im Folgenden sollen schlaglichtartig drei Formen der relationalen Selbstbestimmung skizziert werden: die Aufklärung durch ärztliche Geburtshelfer, die Unterstützung durch eine private Vertrauensperson und die Begleitung durch eine Hebamme.

Die Aufklärungspflicht zeigt, dass Autonomie nur relational möglich ist, denn *mündig* werden Patienten nur im Dialog mit Experten, deren Aufgabe in der Beratung und Überzeugung, nicht in der Bevormundung oder Manipulation besteht (vgl. Beauchamp/Childress 2013, 138–140). Da ein Zuviel an Aufklärung ebenso Unheil bringen kann wie ein Zuwenig, muss diese stets die Besonderheiten des einzelnen Patienten berücksichtigen (Hausner/Cording 2017, 2956; zu der defizitären Umsetzung in der Geburtshilfe: Reime 2016). Angesichts der skizzierten Dialektik sollte die Beziehung zwischen Geburtshelfer und Patientin idealerweise ein vorsichtiges, gemeinsames Ausloten erlauben, wie viel Informationen die Patientin eigentlich wünscht und verträgt. Zu einer umfassenden Aufklärung gehört unbedingt, dass die Patientin auch auf ihr *Recht auf Nichtwissen* (§630e Abs. 3 BGB) hingewiesen wird. Dies scheint besonders dann relevant, wenn eine Frau fürchtet, aufgrund einer detaillierten Aufklärung über (unwahrscheinliche, aber gravierende) Risiken so verunsichert und verängstigt zu werden, dass ihr affektiver Zustand sich negativ auf den Geburtsverlauf auswirkt. Da Patienten zur Selbstbestimmung *berechtigt*, nicht aber *verpflichtet* sind, können sie jederzeit ablehnen, Informationen zu bekommen, und auch ihre Entscheidung delegieren (Birnbacher 2012, 564; Beauchamp/Childress 2013, 108). Im persönlichen Aufklärungsgespräch sollte auch die Möglichkeit angesprochen werden, dass die Patientin ihre Präferenzen *sub partu* ändern, aber nicht mehr voll entscheidungsfähig sein könnte. Dies gäbe der Schwangeren die Möglichkeit, sich auf eine solche Situation innerlich vorzubereiten und zu überlegen, ob bzw. welche Vorkehrungen sie für diesen Fall treffen möchte.

Da starre Festlegungen wie Patientenverfügungen, Geburtspläne oder allzu rigide Vorbereitungsprogramme den Nachteil haben, dass sie schwerlich der Unverfügbarkeit des Geburtsereignisses gerecht werden, bieten sich flexible, beziehungsorientierte Modelle an: Beispielsweise kann eine Gebärende begründen, dass sie es nicht für sinnvoll hält, während der Geburt belastende Informationen zu bekommen und kognitiv anspruchsvolle Entscheidungen treffen zu müssen, sondern dass ihr daran liegt, sich ganz ‚fallen lassen' zu können, ganz dem Ratschlag der Hebamme, der Ärzte oder auch anderer Begleitpersonen zu vertrauen. So sind Rationalität und Souveränität unter der Geburt nicht nur fraglich, sondern nicht einmal unbedingt erstrebenswert: „Herrin im eigenen Haus zu sein, ist für eine Gebärende kontraproduktiv" (Dörpinghaus 2013, 161).

Die Alternative zur persönlichen Aufklärung bzw. zur eigenen Einwilligung ist dabei nicht, sich unwissend einem neuen Paternalismus zu verschreiben, sondern eine Vertrauensperson als Stellvertreterin oder Beraterin einzusetzen, die um die Präferenzen und Wertmaßstäbe der Betroffenen weiß, diese ggf. der Situation bzw. der situativen Disposition anpassen kann, und damit im Sinne der Patientin entscheidet. Als Orientierung könnten hierbei entweder die Modelle der Vorsorgevollmacht oder der „Entscheidungsassistenz" dienen, bei der die Entscheidung einer nicht (voll) entscheidungsfähigen Person nicht wie bei der Vorsorgevollmacht durch Stellvertreter ersetzt, sondern der Betroffene darin unterstützt wird, sein Selbstbestimmungsrecht wahrzunehmen (Zentrale Ethikkommission 2016). Das Modell wird bisher vor allem bei Minderjährigen, psychisch Kranken oder Menschen mit geistiger Behinderung angewandt, bietet sich aber auch in der Geburtshilfe an. Da Lebenspartner(in) oder andere Vertrauenspersonen der Gebärenden heute in der Regel ohnehin anwesend sind und aufgrund ihrer Verbundenheit zu Frau und Kind normalerweise ein intrinsisches Interesse am Wohlergehen beider haben, liegen sie als „natürliche" Entscheidungsassistenten nahe, sofern diese Konstellation nicht durch weit auseinanderliegende Wertmaßstäbe, Präferenzen oder Risikoeinschätzungen beider zu viel Konfliktpotential birgt oder die Vertrauensperson durch ihre eigene existentielle Betroffenheit nicht stabil genug ist. Neben diesen möglichen Funktionen einer Vertrauensperson als Stellvertreterin, Informationsfilter und Entscheidungshilfe dürfte ihre wichtigste Bedeutung aber in der *emotionalen* Unterstützung liegen. So wurde selbst zu einer Zeit, als dies noch weniger üblich war als heute, die Anwesenheit des Ehemannes als die größte Hilfe unter der Geburt empfunden, größer noch als die Hilfe durch Ärzte und Hebammen, durch Schmerzausschaltung oder durch das Vertrauen in die eigene Kraft (Kentenich 1983, 158 f).

Auch der Hebamme kommt eine Doppelrolle – von geburtshelferischer Expertise und emotionaler Begleitung – zu. Um diese einnehmen zu können, muss allerdings die Chance bestehen, dass sich zwischen ihr und der Gebärenden durch die kontinuierliche Betreuung schon in der Schwangerschaft eine Vertrauensbeziehung aufbaut, die nicht blind ist, sondern darauf beruht, dass die Vorgeschichte, Präferenzen, Sorgen, Stärken und Schwächen bzw. die Überzeugungen und Kompetenzen der anderen Person bekannt sind. Um zu dem oben genannten Beispiel der verweigerten PDA zurückzukommen: Nur das durch intensive Begleitung vorbereitete, einfühlende Verstehen der Hebamme kann Auskunft darüber geben, was die Gebärende in dieser Situation tatsächlich brauchte – ob sie beispielsweise „trotz heftiger Schmerzäußerungen [...] gut mit den Wehenschmerzen" zurecht kommt oder ob sie tatsächlich am Ende ihrer Kraft ist (Dörpinghaus 2016, 82). Angesichts der gegenwärtigen Situation der deutschen Geburtshilfe – in der Regel keine Eins-zu-Eins-Betreuung, Verpflichtung zur ausführlichen Dokumentation und zur technisierten Überwachung – wird solch eine Beziehungsarbeit allerdings empfindlich gestört oder ist überhaupt nicht mehr möglich (a. a. O., 83).

Das Ideal der relationalen Autonomie, also der Selbstbestimmung *in* und *durch* Beziehungen lässt sich daher nicht unabhängig von *strukturellen Faktoren* verwirklichen. Die Wettbewerbslogik der ökonomisierten Geburtshilfe verdeckt deren erhebliche strukturelle Defizite (Jung 2017, 36): Während die Geburtskliniken werdende Eltern wie Kunden umwerben, denen eine breite Palette an Dienstleistungen angeboten wird, aus denen diese sich scheinbar nach gusto bedienen können – homöopathische Globuli und Gebärwanne unterm Sternenhimmel für die einen, Schmerzfreiheit durch Lachgas und PDA oder Wunschkaiserschnitt für die anderen – führen Personalmangel und falsche ökonomische Anreizsysteme zu Zeitdruck und mangelnder Betreuung für alle (a. a. O., 42). Da nur selten kontinuierliche Beziehungen zwischen Geburtshelfern und den werdenden Eltern aufgebaut werden können, sind tragfähige Vertrauensverhältnisse die Ausnahme. Die Orientierung an statistischen Daten statt am Einzelfall (ebd., vgl. zur Nicht-Standardisierbarkeit der Geburtshilfe: Dörpinghaus 2016, 76), die eine Tendenz zu unnötigen Interventionen mit sich bringt, gibt den Gebärenden oft berechtigt das Gefühl, schematisch behandelt und nicht in ihrer spezifischen Lage wahrgenommen zu werden (Bockenheimer-Lucius 2002). Wenn Gebärende für lange Zeiträume alleine gelassen und dann plötzlich von schmerzhaften oder intimen Eingriffen überrascht werden, weil die Hebammen so unterbesetzt sind, dass sie die Geburten nur von CTG-Überwachungsstationen aus ‚betreuen', kann es nicht wundernehmen, dass dies als Gewalt empfunden wird. So haben die werdenden Eltern häufig das Gefühl, sich wappnen, das Geschehen überwachen, kontrollieren und konfliktbereit aufzutreten zu müssen, um sich selbst und die Geburt zu schützen (Jung 2017, 41) – eine Haltung, die bei den Geburtshelfern wiederum als Abwertung ihrer Kompetenz wahrgenommen werden kann. Die Gründe hierfür – das komplexe Ineinandergreifen von ökonomischen, rechtlichen und soziokulturellen Faktoren – sind bekannt (Tegethoff 2011; Dörpinghaus 2013; Schücking 2016; Reime 2016; Jung 2017) und nur durch politische Maßnahmen zu lösen, auf die in diesem Rahmen nicht eingegangen werden kann.

9 Fazit

Die vorangegangenen Abschnitte haben die Spannung zwischen dem prinzipiellen Rechtsanspruch auf Selbstbestimmung und den faktischen Grenzen, dieses Recht unter der Geburt auszuüben, thematisiert. Ein Blick auf die Rechtsprechung hat gezeigt, dass die Gerichte mit den medizinischen Sachverständigen darin übereinstimmen, dass Gebärende in der Regel nicht einwilligungsfähig sind. Eine weitergehende Verrechtlichung dieser problematischen Situation dürfte wenig hilfreich sein, weil diese die Vertrauensbeziehung zwischen Geburtshelfern und Patientin im Allgemeinen nicht fördert (Duttge 2014, 159). Tatsächlich liefe sie Gefahr, das Gegenteil von dem zu bewirken, was sie soll: Angesichts der Ressourcenknappheit geht die Absicherung der Geburtshelfer gegen Straf- und Zivilprozesse zu Lasten der Therapiezeit, zumal die hohen Anforderungen an die ärztliche Aufklärungs- und Dokumentationspflicht ökonomisch unzureichend kompensiert werden (Hausner/Cording 2017, 2964; Duttge 2014, 158).

Gerade weil der Rechtsanspruch als Abwehr- und Schutzrecht so bedeutend ist, reicht es nicht aus, ihm nur formal Genüge zu tun. Eine nur formale Beachtung übersieht, dass die Achtung vor der Würde und der Selbstbestimmung der Gebärenden moralisch geboten ist und zu ihrer Wahrung der gesamte Behandlungskontext einbezogen werden muss. Wer den ‚Geist' des Rechtsanspruchs auf Selbstbestimmung wahren und die besondere Verletzlichkeit der Gebärenden schützen will, muss Autonomie *relational* und nicht als Gegensatz zu Vertrauen, Fürsorge, und Hingabe verstehen und verwirklichen. Der Ausweg aus dem skizzierten Dilemma liegt also weder in zusätzlicher Verrechtlichung noch in der Bevormundung der Gebärenden, sondern in der sinnvollen Auslegung und Umsetzung der rechtlichen Vorgaben. Diese kann und muss in der gegenwärtigen Situation darin bestehen, die strukturellen Rahmenbedingungen der Geburtshilfe so zu verbessern, dass die Würde der Gebärenden sowohl *geachtet* als auch *geschützt* wird.

Literatur

Amelung, Knut (1981): Die Einwilligung in die Beeinträchtigung eines Grundrechtsgutes. Eine Untersuchung im Grenzbereich von Grundrechts- und Strafrechtsdogmatik, Berlin.

Appelbaum, Paul S. (2007), Clinical Practice. Assessment of patients competence to consent to treatment, in: The New England Journal of Medicine 357/18, 1834–1840.

Azoulay, Isabelle ([2]2016): Geburtshilfe und Selbstbestimmung, in: Schücking, Beate (Hg.): Selbstbestimmung der Frau in Gynäkologie und Geburtshilfe, Göttingen, 49–58.

Beauchamp, Tom L./Childress, James F. ([7]2013): Principles of Biomedical Ethics, New York/Oxford.

Beckmann, Lea ([2]2016): Selbstbestimmung bei der Wahl des Geburtsortes, in: Schücking, Beate (Hg.): Selbstbestimmung der Frau in Gynäkologie und Geburtshilfe, Göttingen, 9–17.

Benhabib, Seyla (1995): Selbst im Kontext: Kommunikative Ethik im Spannungsfeld von Feminismus, Kommunitarismus und Postmoderne, Frankfurt a. M.

Birnbacher, Dieter (2012): Vulnerabilität und Patientenautonomie – Anmerkungen aus medizinethischer Sicht, in: Medizinrecht 30, 560–565.

Bockenheimer-Lucius, Gisela (2002): Zwischen „natürlicher Geburt“ und „Wunschsectio“ – zum Problem der Selbstbestimmtheit in der Geburtshilfe, in: Ethik in der Medizin 14, 186 – 200.
Brauer, Daniel (2013): Autonomie und Familie: Behandlungsentscheidungen bei geschäfts- und einwilligungsunfähigen Volljährigen, Heidelberg/Berlin.
Dörpinghaus, Sabine (2013): Dem Gespür auf der Spur: Leibphänomenologische Studie zur Hebammenkunde am Beispiel der Unruhe, Freiburg im Breisgau.
Dörpinghaus, Sabine (2016): Leibliche Resonanz im Geburtsgeschehen, in: Landweer, Hilge/ Marcinski, Isabella (Hg.): Dem Erleben auf der Spur. Feminismus und die Philosophie des Leibes, Berlin, 69 – 90.
Dörpinghaus, Sabine/Rohrbach, Christiane/Schröter, Beate (2002): Ausbildung in existentiellen Grenzsituationen. Theoretische Analyse und Ergebnisse einer empirischen Studie, Frankfurt a. M.
Dürnberger, Silvia (2019): Deine selbstbestimmte Geburt im Krankenhaus: Wie du für ein gutes Geburtserlebnis sorgen kannst, München.
Duttge, Gunnar (2013): Patientenautonomie und Einwilligungsfähigkeit, in: Wiesemann, Claudia/Simon, Alfred (Hg.): Patientenautonomie. Theoretische Grundlagen, praktische Anwendungen, Münster, 77 – 90.
Duttge, Gunnar (2014): Begrenzung der ärztlichen Aufklärung aus therapeutischen Gründen? Renaissance eines alten Themas im neuen Patientenrechtegesetz, in: Yamanaka, Keiichi/Schorkopf, Frank/Jehle, Jörg-Martin: Präventive Tendenzen in Staat und Gesellschaft zwischen Sicherheit und Freiheit. Ein deutsch-japanisches Symposion. Göttinger Juristische Schriften, Göttingen, 143 – 159.
Feinberg, Joel (1986), Harm to Self. The Moral Limits of the Criminal Law, New York.
Friedrich, Jana (2016, 8. Januar): „Meine Geburt gehört mir – selbstbestimmt gebären“, https://www.hebammenblog.de/meine-geburt-gehoert-mir-selbstbestimmt-gebaeren/, zuletzt aufgerufen am 12. 04. 2019.
Gaskin, Ina May ([12]2014): Die selbstbestimmte Geburt, München.
Gesellschaft für Qualität in der außerklinischen Geburtshilfe (Quag) (2019): Geburtenzahlen in Deutschland, https://quag.de/quag/geburtenzahlen.htm, zuletzt aufgerufen am 04. 04. 2019.
Gilligan, Carol (1993): Die andere Stimme: Lebenskonflikte und Moral der Frau, Zürich.
Grieschat, Mascha (2018): Gewalt in der Geburtshilfe, www.gerechte-geburt.de zuletzt aufgerufen am 14. 07. 2020).
Haker, Hille (2003): Feministische Bioethik, in: Düwell, Markus/Steigleder, Klaus (Hg.): Bioethik. Eine Einführung, Frankfurt a. M., 168 – 183.
Hausner, Helmut/Cording, Clemens ([5]2017): Aufklärung und Dokumentation in der Psychiatrie, in: Möller, Hans-Jürgen/Laux, Gerd/Kampfhammer, Hans-Peter (Hg.): Psychiatrie, Psychosomatik, Psychotherapie 4, Berlin, 2953 – 2966.
Heinemann, Nicola (2000): Frau und Fötus in der Prä- und Perinatalmedizin aus strafrechtlicher Sicht, Baden-Baden.
Jung, Tina (2017): Die „gute Geburt“ – Ergebnis richtiger Entscheidungen? Zur Kritik des gegenwärtigen Selbstbestimmungsdiskurses vor dem Hintergrund der Ökonomisierung des Geburtshilfesystems, in: GENDER. Zeitschrift für Geschlecht, Kultur und Gesellschaft. 2017/2, 30 – 45.

Kentenich, Heribert (1983): „Natürliche Geburt“ in der Klinik. Zum Verhalten von Frauen in Schwangerschaft, Geburt und Wochenbett, Inaugural-Dissertation Freie Universität Berlin.
Keßler, Richard (1884): Die Einwilligung des Verletzten in ihrer strafrechtlichen Bedeutung, Berlin.
Krones, Tanja/Richter, Gerhard (2006), Die Arzt-Patient-Beziehung, in: Schulz, Stefan/Steigleder, Klaus/Fangerau, Heiner/Paul, Norbert W. (Hg.): Geschichte, Theorie und Ethik der Medizin. Eine Einführung, Frankfurt a. M., 94–116.
Mackenzie, Catriona (2014): Three dimensions of Autonomy: A Relational Analysis, in: Veltman, Andrea/Piper, Mark (Hg.): Autonomy, Oppression, and Gender, New York, 15–41.
Markus, Nora (2006): Die Zulässigkeit der Sectio auf Wunsch. Eine medizinethische, ethische und rechtliche Betrachtung, Frankfurt a. M.
Nedopil, Norbert (2014): Einwilligungsfähigkeit in ärztliche Behandlung, in: Cording, Clemens/Nedopil, Norbert (Hg.): Psychiatrische Begutachtungen im Zivilrecht. Ein Handbuch für die Praxis, Lengerich, 164–171.
Noack, Thorsten/Fangerau, Heiner (2006): „Zur Geschichte des Verhältnisses von Arzt und Patient in Deutschland“, in: Schulz, Stefan/Steigleder, Klaus/Fangerau, Heiner/Paul, Norbert W.: Geschichte, Theorie und Ethik der Medizin. Eine Einführung, Frankfurt a. M., 77–93.
Reime, Birgit ([2]2016): Wer erfährt was? Informationen und Fehlinformationen in der Geburtshilfe, in: Schücking, Beate (Hg.): Selbstbestimmung der Frau in Gynäkologie und Geburtshilfe, Göttingen, 19–32.
Rose, Lotte/Schmied-Knittel, Ina (2011): Magie und Technik. Moderne Geburt zwischen biografischem Event und kritischem Ereignis, in: Villa, Paula-Irene/Moebius, Stephan/Thiessen, Barbara (Hg.): Soziologie der Geburt: Diskurse, Praktiken und Perspektiven, Frankfurt a. M., 75–100.
Schücking, Beate ([2]2016): Kinderkriegen und Selbstbestimmung, in: Schücking, Beate (Hg.): Selbstbestimmung der Frau in Gynäkologie und Geburtshilfe, Göttingen, 33–48.
Snellgrove, Brendan J./Steinert, Tilmann (2017): Einwilligungsfähigkeit vor dem Hintergrund der UN-Behindertenrechtskonvention, in: Forensische Psychiatrie, Psychologie, Kriminologie 11, 234–243.
Statistisches Bundesamt (2018): Pressemitteilung Nr. 349 vom 17. September 2018, https://www.destatis.de/DE/Presse/Pressemitteilungen/2018/09/PD18_349_231.html (zuletzt aufgerufen am 14. 07. 2020).
Tegethoff, Dorothea (2011): Patientinnenautonomie in der Geburtshilfe, in: Villa, Paula-Irene/Moebius, Stephan/Thiessen, Barbara (Hg.): Soziologie der Geburt: Diskurse, Praktiken und Perspektiven, Frankfurt a. M., 101–128.
Tömmel, Sieglinde Eva (1983): Sinnlichkeit in der frühen Mutter-Tochter-Beziehung, in: Göttner-Abendroth, Heide/Pagenstecher, Lising (Hg.): Entwirrungen. Liebe aus der Sicht von Frauen, Feministische Studien 1/1983, 27–38.
Trommer, Melanie (2014, 31. März): „Der Mythos (m)einer selbstbestimmten Geburt“, https://gluecklichscheitern.de/der-mythos-meiner-selbstbestimmten-geburt/ (zuletzt aufgerufen am 14. 07. 2020.
Vollmann, Jochen (2000): Aufklärung und Einwilligung in der Psychiatrie: Ein Beitrag zur Ethik in der Medizin, Darmstadt.

Westphal, Janina Sarah (2018, 13. Juni): „Eine selbstbestimmte Geburt in der Klinik. Ein Geburtsbericht", https://www.oh-wunderbar.de/selbstbestimmte-geburt-klinik/, zuletzt aufgerufen am 12. 04. 2019.
Westphal, Janina Sarah (2017, 9. Oktober): Meine Hausgeburt. Mein Weg zur selbstbestimmten Geburt, https://www.oh-wunderbar.de/meine-hausgeburt-mein-weg-zur-selbstbestimmten-geburt-teil-2/, zuletzt aufgerufen am 12. 04. 2019.
Wiesemann, Claudia/Simon, Alfred (2013): Patientenautonomie. Theoretische Grundlagen – Praktische Anwendungen, Münster.
Zentrale Ethikkommission bei der Bundesärztekammer (2016): „Entscheidungsfähigkeit und Entscheidungsassistenz in der Medizin", Stellungnahme der Zentralen Kommission zur Wahrung ethischer Grundsätze in der Medizin und ihren Grenzgebieten: Deutsches Ärzteblatt Int. 113/15: A-734.

Daniela Noe und Corinna Reck

Mutter-Kind-Bindung bei peripartalen psychischen Störungen

Zusammenfassung: Psychische Störungen in Form von Depressionen oder Angststörungen treten in der Schwangerschaft mit Prävalenzen von ca. 20 % und nach der Geburt von ca. 10 % relativ häufig auf. Oft betreffen sie nicht nur die erkrankten Mütter, sondern wirken sich über die Mutter-Kind-Beziehung und die Interaktion zwischen Mutter und Baby auch auf die Kinder und deren Entwicklung aus. Ein belasteter emotionaler Beziehungsaufbau zwischen Mutter und Kind, eine eingeschränkte mütterliche Feinfühligkeit im Erkennen und in der adäquaten Beantwortung der kindlichen Signale sowie gestörte affektive Regulationsprozesse in der frühen Mutter-Kind-Interaktion können die Folge sein und als klinisch relevante Beziehungsstörungen einen eigenen Therapiebedarf erforderlich machen. Kinder psychisch erkrankter Mütter haben selbst ein erhöhtes Erkrankungsrisiko für psychische Störungen und entwickeln außerdem mit höherer Wahrscheinlichkeit unsichere Bindungsmuster. Eine Vielzahl von Studien belegt den Zusammenhang zwischen peripartalen psychischen Störungen der Mutter und Beeinträchtigungen der Mutter-Kind-Interaktion sowie negativen kindlichen Entwicklungsverläufen. Gezielte therapeutische Interventionen, die neben der mütterlichen Erkrankung auch die Mutter-Kind-Beziehung und die frühe Interaktion zwischen Mutter und Kind berücksichtigen, werden dem komplexen peripartalen Störungsbild gerecht und stellen einen vielversprechenden Ansatz dar.

1 Psychische Störungen im Peripartalzeitraum: Prävalenz und psychopathologische Bedeutung

Der Übergang zur Mutterschaft stellt für viele Frauen ein kritisches Lebensereignis dar, das mit einer Vielzahl an Veränderungen verbunden ist und Adaptationsprozesse an die neue Lebenssituation und den Alltag mit Kind erfordert. Die Priorisierung der kindlichen Bedürfnisse stellt Mütter vor weitere Herausforderungen und umfasst neben dem Einfinden in die Mutterrolle, die flexible Reorganisation zahlreicher Lebensbereiche, von der Gestaltung des Familienalltags über die Strukturierung sozialer Beziehungen und der Partnerschaft bis hin zu langfristigen Lebensplanungen. Vor dem Hintergrund der aufkommenden Entwicklungsaufgaben besteht in der Postpartalzeit als Schwellensituation eine er-

https://doi.org/10.1515/9783110719864-006

höhte Vulnerabilität für psychische Erkrankungen und damit zusammenhängende Probleme im Beziehungsaufbau zwischen Mutter und Kind mit entsprechenden Auswirkungen auf die kindliche Entwicklung (O'Hara, 2009).

Unmittelbar nach der Geburt treten mit Prävalenzen von bis zu 80% bei vielen Müttern Stimmungsschwankungen unterschiedlicher Intensität mit emotionaler Labilität, Reizbarkeit, Ängsten, Unruhe, Schlafstörungen und Erschöpfung auf, die meist innerhalb weniger Tage remittieren und als ‚Baby-Blues' keine Diagnose- bzw. Behandlungsrelevanz haben (Ballestrem/Strauß/Kächele 2005). Neben postpartalen Psychosen sind vor allem depressive Episoden sowie manifeste Angststörungen mit Prävalenzen von 20–25% (Lahti et al. 2017; Tuovinen et al. 2018) bzw. 7,3% (Martini et al. 2015) während der Schwangerschaft und 10–15% bzw. 11% nach der Geburt (Reck et al. 2008) weit verbreitet.

Als Risikofaktoren für psychiatrische Exazerbationen in der Postpartalzeit werden neben depressiven Episoden in der Vorgeschichte, pränatale Belastungen durch ungewollte Schwangerschaft, Schwangerschaftskomplikationen, extreme Sorge um die eigene Gesundheit oder das Überleben des ungeborenen Kindes und geburtsbezogene Ängste diskutiert (Ballestrem/Strauß/ Kächele 2005). Weitere negative Einflüsse resultieren aus psychosozialen Belastungsfaktoren in Form einer schwierigen Paarbeziehung, fehlender sozialer Unterstützung und belastender Lebensereignisse bis hin zu traumatischen Erfahrungen (Vesga-Lopez et al. 2008). Oft wird im Wochenbett die Mutterrolle defizitär erlebt und es treten Versagensgefühle in Bezug auf die Mutterschaft und die Versorgung des Kindes auf. Manche Mütter berichten von negativen Empfindungen dem Kind gegenüber bis hin zu Vorstellungen, das Kind zu schädigen (Jennings et al. 1999).

Ängste wurden lange Zeit ausschließlich als häufige Begleitsymptomatik schwerer depressiver Episoden untersucht, treten sie doch in rund 50% der Erkrankungsverläufe als komorbide Erscheinungsbilder auf (Andrews et al. 2000). Typische Inhalte postpartaler Angststörungen sind in der Regel kindbezogen und umfassen Sorgen um die kindliche Gesundheit und sein Wohlbefinden, Ängste vor dem plötzlichen Kindstod, Angst mit dem Baby alleine zu sein, als Mutter zu versagen oder Zwangsgedanken, die sich in Ängsten manifestieren, das Kind zu schädigen, so dass belastende Situationen weitgehend vermieden werden, was den Aktionsradius der Mütter entsprechend verringert und zu weitreichenden Problemen in der Alltagsbewältigung führen kann (O'Hara 2009).

Auch wenn sich postpartale Störungen in ihrer Psychopathologie nicht grundlegend von psychischen Störungen unterscheiden, die unabhängig von Schwangerschaft und Geburt auftreten, kommt ihnen dennoch eine spezielle Bedeutung zu, da sie neben der unmittelbar von der Symptomatik betroffenen Mutter aufgrund der besonderen Lebensumstände zusätzlich Auswirkungen auf die Kinder sowie weitreichende systemische Folgen im Sinne konfliktärer Beziehungsmuster, reduzierter Elternallianzen, Trennungserfahrungen sowie nachfolgenden Betreuungsdefiziten haben können (Mattejat/Wüthrich/Remschmidt 2000).

2 Mütterliches Bonding und Bonding-Störungen

Mütterliches Bonding umschreibt die erste emotionale Bindung einer Mutter an ihr Kind, die sich bereits während der Schwangerschaft entwickelt und im Schwangerschaftsverlauf zunimmt (Brockington 2004). Dabei wird die Beziehung zum Ungeborenen zum einen durch die gedankliche Beschäftigung mit dem Fötus und dem anstehenden Rollenwechsel zur Mutterschaft sowie den damit verbundenen Aufgaben unterstützt, zum anderen findet sie auf Verhaltensebene Ausdruck in Form von auf das Kind gerichteter Aufmerksamkeit und Zuwendung, z. B. durch Zwiesprache mit dem ungeborenen Baby (Barrone/Lionetti/Dellagiulia 2014). Eine starke emotionale Bindung während der Schwangerschaft führt nach der Entbindung zu ausgeprägteren Bindungsgefühlen der Mutter gegenüber dem Neugeborenen (Dubber et al. 2015). Damit einhergehend berichten Mütter von Zugehörigkeitsgefühlen, Zuneigung sowie emotionaler Wärme und passen ihr Verhalten an die vom Kind ausgehenden Signale an, z. B. durch Verwendung von Ammensprache oder expressiver Mimik (Klaus/Kennell/Klaus 1995). Das intensive Gefühl der Verbundenheit mit dem Kind ermöglicht die umfassende Versorgung des Säuglings und Überwindung der damit verbundenen Anstrengungen (Maestripieri 2001). Auch werden durch den Kontakt mit dem Kind Belohnungsareale im Gehirn der Mutter aktiviert (Zietlow/Heinrichs/Ditzen 2016). Der Beziehungsaufbau zwischen Mutter und Kind lässt sich demnach als komplexer Prozess verstehen, der sowohl die Verhaltensebene, die mit der Mutterrolle verbundenen Emotionen, Kognitionen sowie mentale Repräsentationen als auch neurobiologische Aspekte umfasst.

Mütter mit peripartalen psychischen Störungen sind neben symptomatischen Beeinträchtigungen durch die psychische Erkrankung und der sich daraus ergebenden Symptomlast vorrangig durch Schwierigkeiten im emotionalen Beziehungsaufbau zu ihren Kindern belastet. In ca. 30 % der depressiven Verläufe treten klinisch relevante, therapiebedürftige Beziehungsstörungen zwischen Mutter und Kind auf (Brockington et al. 2001; Reck et al. 2006). Betroffene Mütter berichten in diesem Zusammenhang von Problemen, kindliche Bedürfnisse zu erkennen, sich ihren Kindern liebevoll zuzuwenden, körperliche Nähe und Berührung zuzulassen sowie den Kontakt mit ihren Kindern zu genießen oder positive Aspekte an ihren Kindern wahrzunehmen (Brockington 2004). Weitere Aspekte können Ablehnungsgefühle, Vernachlässigungstendenzen bis hin zu

Feindseligkeiten oder aggressiven Impulsen dem Kind gegenüber umfassen (Hornstein/Hohm/Trautmann-Villalba 2009). Die durch diese Beziehungsstörung ausgelösten Schuldgefühle verstärken oftmals die depressive Grundsymptomatik, auch weil ein Ankommen in der Mutterrolle erschwert wird und Auswirkungen das gesamte Familiensystem betreffen (Brockington 2004). Bondingstörungen treten mit Prävalenzen von ca. 6% auch bei psychisch gesunden Müttern auf (Brockington et al. 2001) und können selbst nach Remission der depressiven Symptomatik persistieren (Reck et al. 2016), was die Notwendigkeit gezielter, beziehungsorientierter Behandlungsansätze verdeutlicht (Noe et al. 2018).

3 Die präverbale Mutter-Kind-Interaktion als Prozess wechselseitiger Affektregulation

Bereits von Geburt an reagieren Kinder sensitiv auf affektive Kommunikationsmuster ihrer Mütter und adaptieren an den mütterlichen Interaktionsstil (Bigelow/Rochat 2006).

3.1 Der Säugling als sozial kompetenter Interaktionspartner

Babys sind von Anfang an soziale Wesen und als solche daran interessiert, mit anderen zu interagieren. Da sie geboren werden ohne körperlich ausgereift zu sein, verfügen sie über ein ebenfalls unreifes Verhaltensrepertoire und sind von der schützenden Fürsorge erwachsener Menschen abhängig, um ihr Überleben zu sichern. Ausgehend von den Erkenntnissen der modernen Säuglingsforschung werden Babys mit der Geburt als ‚kompetente Säuglinge', das heißt aktive, initiierende und reagierende Interaktionspartner gesehen (Dornes 2001). Kompetenz bezieht sich dabei auf die Fähigkeit des Kindes, durch eigene Aktivitäten die Wirkung zu steuern, die die Umwelt auf es haben wird und setzt aufgrund der begrenzten Möglichkeiten auf seine Umwelt einzuwirken, die Kooperation der unmittelbaren Bezugsperson voraus (Ainsworth/Bell 1974). Kinder sind bereits von Geburt an gut auf dieses Zusammenspiel vorbereitet und daran interessiert, mit anderen zu kommunizieren (Trevarthen/Aitken 2001). Rauh (2002) verweist in dem Zusammenhang auf das ‚soziale Erwachen' des Säuglings mit ein bis zwei Monaten, denn die Interaktion mit einem zwei Monate alten Kind zeigt bereits alle Merkmale eines gesprächsähnlichen Austauschs mit Blicken, Mimik, Lauten und Gesten. Weitere wichtige Beiträge des Säuglings zur Mutter-Kind-Interaktion sind seine signalgebenden Verhaltensweisen, durch die er die Mutter in seine Nähe holen kann, beispielsweise indem er weint (Ainsworth/Bell 1974). Säuglinge können sich nur bis zu einem gewissen Ausmaß selbst regulieren, beispielsweise durch Lenkung des Blicks auf soziale oder nicht soziale Stimuli oder selbststimulierende Strategien. Ist die Erregungsgrenze überschritten, brauchen sie regulatorische Unterstützung (Granat et al. 2017). Kindliches Verhalten, vor allem oben beschriebene mimische und vokale Äußerungen, sind mächtige Auslöser für die Mutter auf das Baby zu reagieren und entsprechend der signalisierten Bedürfnisse komplementär zu antworten (Grossmann/Grossmann 2004). Säuglinge lernen aus diesen erlebten kontingenten Zusammenhängen und entwickeln schon sehr früh soziale Erwartungen bezüglich der Reaktionen auf ihre Bemühungen.

3.2 Intuitive mütterliche Kompetenzen

Mütter verfügen ab der Geburt ihres Babys über ‚intuitive elterliche Kompetenzen' in Form von Verhaltensweisen, die nicht erlernt werden müssen, sondern spontan in der Interaktion mit dem Baby abgerufen werden und komplementär zu den kindlichen Reifungs- und Entwicklungsdefiziten sind (Papoušek 2004). Kindliche Blickzuwendung führt beispielsweise zu einer mütterlichen Grußreaktion, bei der der Kopf leicht in den Nacken gelegt wird, sich die Augenbrauen heben und Mund und Augen sich während des Lächelns weit öffnen. Dieser Augengruß belohnt Babys kontingent für ihre Blickzuwendung und ermöglicht es den Kindern, zu entdecken, wie das Verhalten des Interaktionspartners beeinflusst werden kann (Papoušek/Papoušek 1987). Die Unterstützung der affektiven Verhaltensregulation ist eine weitere Funktion der intuitiven Didaktik. Ziel ist dabei, die kindliche Aufmerksamkeit zu gewinnen und positive Verhaltenszustände aufrecht zu erhalten. Überforderung soll idealerweise durch vorbeugende Strategien vermieden werden, gelingt dies nicht, werden affektiv erregte Säuglinge durch Hochnehmen, sanftes Wiegen und beruhigende, abfallende Melodik getröstet (Papoušek/Papoušek 1987).

3.3 Mutter-Kind-Interaktion und kindliche Entwicklung im Kontext postpartaler psychischer Störungen

Bei postpartal depressiven Müttern zeigen sich Beeinträchtigungen der intuitiven Kompetenzen in Form von mangelnder Responsivität und Expressivität, überwiegend passiven bzw. intrusiven Verhaltensweisen sowie vermehrt negativen Affekten (Tronick/Reck 2009). Demnach kann bereits bei milden Formen einer depressiven mütterlichen Erkrankung die Kommunikation mit dem Baby und damit die intuitive Regulation von Aufmerksamkeit und affektiver Erregung sowie die Förderung der Erfahrungsintegration beeinträchtigt sein (Papoušek 2002). Deutlich wird dies vor allem durch einen Verlust der spielerischen Elemente im mütterlichen Kommunikationsverhalten. Ammensprache und mimischer Ausdruck sind nur noch im Ansatz zu erkennen, kontingente Reaktionen, wie zum Beispiel der Augengruß, fehlen völlig oder erfolgen verzögert und die eigentlich kurzen Reaktionslatenzen der intuitiven Verhaltensweisen verlängern sich, so dass eine kontingente Feinabstimmung der mütterlichen Reaktion durch die kindlichen Rückkopplungssignale nicht mehr gegeben ist (Papoušek 2002). Mütter mit postpartalen Depressionen sind irritabler im Kontakt, insgesamt weniger auf ihre Kinder bezogen und kaum in gemeinsame Spielsequenzen involviert (Lovejoy et al. 2000). Außerdem kommentieren sie die Interaktion signifikant häufiger in einer negativen Art und Weise und zeigen verstärkt ärgerlichen Affekt gegenüber ihren Kindern (Weinberg/Tronick 1998). Entsprechend reagieren Kinder postpartal depressiver Mütter in der Interaktion mit vermindertem sozialem Interesse, vermehrt negativen Affektäußerungen, häufigen Blickabwendungen und Rückzugsverhalten, was auf selbstregulative Versuche, sich vor dem nicht responsiven bzw. intrusiven Verhalten der Mütter zu schützen, deuten lässt (Tronick/Reck 2009). Dieses Verhaltensmuster wird nicht nur in der Interaktion mit der depressiven Mutter gezeigt sondern auch auf den Austausch mit einer psychisch gesunden, unbekannten Frau generalisiert (Field et al. 1988).

Depressionen im Postpartalzeitraum gehen nicht in jedem Fall mit beeinträchtigtem Interaktionsverhalten einher. In einer Studie von Jones und Kollegen (2001) wurden 41 % der depressiven Mütter als intrusiv, 38 % als zurückgezogen und 21 % als funktional interagierend klassifiziert. Erste Studien zu spezifischen Auswirkungen postpartaler Angststörungen auf Qualität und zeitliche Organisation der Mutter-Kind-Interaktion legen analoge Einschränkungen nahe und beschreiben Interaktionsverläufe mit Wechseln zwischen zurückgezogenem vs. hypervigilant-intrusivem mütterlichen Verhalten und aktiv-vermeidenden vs. initiativlos-passiven Reaktionen der Kinder sowie Hypo- vs. Hypersynchronizität der dyadischen Koordination (Beebe et al. 2011). Reck et al. (2018) konnten im Gegensatz dazu keine interaktionellen Beeinträchungen bei postpartal angsterkrankten Müttern nachweisen.

Kinder mit adaptiven Interaktionserfahrungen ähneln in ihrer Entwicklung denen gesunder Mütter und zeigen sich insgesamt weniger beeinträchtigt, wohingegen postpartale Störungen einen Marker für Entwicklungsrisiken darstellen (Field et al. 2003). Negative Folgen der mütterlichen Erkrankung sind besonders wahrscheinlich bei chronifizierten Krankheitsverläufen oder zusätzlichen psychosozialen Belastungen (Field 2017). Kinder psychisch erkrankter Mütter haben ein erhöhtes Risiko, im Laufe ihres Lebens selbst an einer psychischen Störung zu erkranken (Lahti et al. 2017) und entwickeln außerdem mit höherer Wahrscheinlichkeit unsichere Bindungsmuster (Carter et al. 2001). In der frühen Kindheit zeigen sie häufig Probleme im selbstregulatorischen Bereich (Räikkönen et al. 2015). Im Schulalter lassen sich vermehrt internalisierende Verhaltensauffälligkeiten nachweisen (Lahti et al. 2017). Auch zeigten sich nachteilige Einflüsse der mütterlichen Psychopathologie auf die sozial-emotionale und die kognitive Entwicklung (Feldman et al. 2009).

3.4 Das Mutual Regulation Model

Mutter und Kind bilden in ihrem Bestreben, einen interaktiven Austausch zu etablieren, ein dynamisches Kommunikationssystem, in dem jeder sein eigenes Verhalten flexibel an das des Gegenübers anpasst. Ausgehend von der Abfolge der ausgetauschten affektiven Botschaften lernt das Kind Zusammenhänge zwischen eigenem Verhalten und mütterlicher Antwort kennen und bildet auf Grundlage dieses prozeduralen Wissens Erwartungen über den Verlauf zukünftiger Ereignisse. Werden erhaltende Botschaften von der Mutter feinfühlig beantwortet, erhöht das die Wahrscheinlichkeit positiver und zufriedener kindlicher Reaktionen, was wiederum von der Mutter als Bestätigung ihrer Kompetenzen gedeutet werden kann, so dass ein sich selbst verstärkender Kreislauf – sogenannte ‚positive Gegenseitigkeit' – entsteht, der für beide Interaktionspartner angenehm verläuft (Papoušek 2004).

Im Zusammenhang mit der Frage, welche Elemente entscheidend für gelingende Regulationsprozesse und ein erfolgreiches Zusammenspiel innerhalb der Dyade sind, werden von Tronick und Cohn (1989) insbesondere sogenannte ‚Disruption- und Repair-Prozesse' in den Fokus gerückt. Typischerweise bewegen sich Mutter und Kind im Verlauf einer Interaktion von koordinierten, synchronen Affektzuständen (Matches) zu unkoordinierten, asynchronen Phasen (Mismatches). Ein ‚interactive repair' bezeichnet die Umwandlung eines Mismatches in ein Match durch Anpassung des eigenen Verhaltens entsprechend der Signale des Interaktionspartners. Die zügige Wiederherstellung koordinierter Affektzustände lassen Interaktion und Interaktionspartner als zuverlässig, verantwortungsbewusst und vorhersagbar erscheinen. Babys erleben sich selbst als effektiv, wenn ihre Mutter zuverlässig und vorhersagbar reagiert und ihre Interaktionen berechenbar und positiv verlaufen, was eine Grundlage für die Entwicklung einer sicheren Mutter-Kind-Beziehung darstellt. Optimale, die kindliche Entwicklung unterstützende Interaktionen, zeichnen sich demnach durch eine dynamische, zyklische Bewegung von koordinierten, positiven zu unkoordinierten, negativen Affektzuständen aus (Noe/Schluckwerder/Reck 2015).

Die beeinträchtigenden Auswirkungen einer psychischen Störung im Postpartalzeitraum auf affektive Regulationsprozesse in der frühen Mutter-Kind-Interaktion sind vielfach belegt und werden als möglicher Transmissionsweg der mütterlichen Psychopathologie diskutiert. Kinder mit psychisch erkrankten Müttern machen gehäuft die Erfahrung, dass unkoordinierte Affektzustände nicht synchronisiert werden und sich ein interaktiver Repairprozess verzögert oder ausbleibt. Zlochower und Cohn (1996) konnten belegen, dass neben der affektiven Abstimmung auch zeitliche Koordinationsprozesse der vokalen Rhythmik bei depressiven Mutter-Kind-Paaren beeinträchtigt sind, so dass die mütterliche Reaktion auf kindliche Signale erst nach längeren Pausen und in inkonsistenten, variablen Zeitabständen erfolgte, was es den Kindern erschwerte, die mütterliche Reaktion vorherzusehen und mit eigenen gezeigten Verhaltensweisen in Verbindung zu bringen. In einer Studie von Skowron, Kozlowski und Pincus (2010), die Disruption- und Repair-Prozesse in Mutter-Kind-Dyaden mit erhöhtem Risiko für Kindesmisshandlung untersuchten, konnten bei ähnlicher Disruption-Frequenz signifikant weniger erfolgreiche Repair-Prozesse nachgewiesen werden. Des Weiteren gingen Repair-Versuche in der Hochrisikogruppe häufiger von den Kindern aus, während Mütter mehr Disruptions initiierten, was von den Autoren als Korrelat einer Rollenumkehr gedeutet wurde. Übereinstimmend belegten Jameson, Gelfand, Kulcsar und Teti (1997) beeinträchtigte Repair-Kapazitäten und eine geringere interaktive Koordination in Dyaden mit depressiven Müttern und ihren Kleinkindern und Lunkenheimer, Albrecht und Kemp (2013) wiesen eine mit zunehmender depressiver Symptomatik der Mutter verringerte dyadische Flexibilität nach, die mit nachfolgenden Verhaltensproblemen der Kinder sowie kindlicher Negativität in Beziehung stand. Dies wird von den Autoren als mangelnde Fähigkeit, Änderungen im kindlichen Verhalten, die seinen Aufmerksamkeitsfokus oder seine Motivation und Ziele betreffen, wahrzunehmen und adäquat darauf zu reagieren.

Die Befunde stützen die theoretischen Annahmen des Mutual Regulation Models und legen Konsequenzen für die Entwicklung von Kindern depressiver Mütter nahe. Ausgehend von der zentralen Rolle der Repair-Erfahrungen für die Ausbildung positiver Beziehungs- und Selbstwirksamkeitserwartungen der Kinder, können Defizite bezüglich der dyadischen Affektregulation Lernkontexte entsprechend einschränken, was im Sinne der erlernten Hilflosigkeit ein Transmissionsrisiko für (psycho-)pathologische Muster darstellt (Feldman 2007).

4 Mütterliche Feinfühligkeit

Basierend auf Untersuchungen zur Bindungsentwicklung von Kleinkindern definierte Ainsworth Feinfühligkeit als die Fähigkeit der Mutter, die kindlichen Signale und Bedürfnisse wahrzunehmen, richtig zu interpretieren und adäquat sowie prompt darauf zu reagieren (Ainsworth et al. 1978). Feinfühlige Mütter sind für ihre Kinder leicht zugänglich und bemerken auch unterschwellige Signale, Stimmungen und Wünsche. Sie können sich gut in ihr Baby einfühlen und die kindlichen Botschaften aus der Perspektive des Säuglings sehen und verstehen. Ihre Interaktionen sind zeitlich aufeinander abgestimmt und wirken angemessen in Art und Ausmaß. Der feinfühligen Beantwortung kindlicher Signale und Kommunikationsangebote wird eine besondere Bedeutung beigemessen, da Säuglinge mit hoher Wahrscheinlichkeit zu den Bezugspersonen eine sichere Bindung aufbauen, die feinfühlig auf ihre Bedürfnisse eingehen (Ainsworth et al. 1978).

Feinfühligkeit spiegelt sich in verschiedenen Facetten des mütterlichen Verhaltens wider, die eine sichere Bindungsentwicklung des Kindes unterstützen. Die ‚emotionale Verfügbarkeit' der Mutter bezieht sich zum einen auf den eigenen Emotionsausdruck, zum anderen auf die Responsivität für Affektausdrücke des Kindes (Biringen 2000). Emotional verfügbare Mütter zeigen echtes und authentisches Interesse an ihren Kindern und treten mit ihnen angemessen und mit positivem Affekt in Kontakt. Neben der Beantwortung emotionaler und körperlicher Grundbedürfnisse, umfasst die ‚mind-mindedness' einer Mutter, ihre Bereitschaft, sich mit ihrem Kind als denkendes und fühlendes Individuum auseinanderzusetzen, was sich in ihrem verbalen Ausdrucksverhalten und der Fähigkeit, innere Vorgänge des Kindes differenziert zu beschreiben, zeigt (Meins et al. 2001). Feinfühliges Verhalten der Mutter führt in der Interaktion mit dem Kind zu einem synchronen Affektaustausch, der durch zeitlich eng verknüpfte sowie affektiv aufeinander abgestimmte Reaktionsmuster von Mutter und Kind charakterisiert ist und den Wegbereiter für eine sichere Bindungsorganisation darstellt (Isabella/Belsky 1991). Dabei scheint in Übereinstimmung mit dem Postulat des Mutual Regulation Models ein mittleres Maß an Koordination besonders förderlich für eine sichere Bindungsentwicklung zu sein (Jaffe/Beebe/Feldstein 2001).

Auch wenn Entwicklungsfortschritte der Kinder immer wieder neue Anforderungen an ihre Mütter stellen und eine Anpassung bzw. Erweiterung des mütterlichen Repertoires erforderlich machen, legen Studienbefunde mehrheitlich nahe, dass feinfühliges Interaktionsverhalten zumindest im Verlauf des ersten Lebensjahres des Kindes ein relativ beständiges Merkmal des mütterlichen Verhaltensrepertoires darstellt (Simó/Rauh/Ziegenhain 2000). Insbesondere Aspekte, die mit mütterlicher Wärme assoziiert sind (z. B. Ammensprache, Lächeln, Körperkontakt), bleiben stabil, was die Bedeutung eines positiven Umgangs mit dem Baby in jeder Altersstufe unterstreicht (Lohhaus et al. 2004). Ungeachtet der prinzipiellen Stabilität zeigen Interventionsstudien auf, dass feinfühliges Interaktionsverhalten durch effiziente Programme geschult und verbessert werden kann (Bakermans-Kranenburg/van IJzendoorn/Juffer 2003).

4.1 Determinanten mütterlicher Feinfühligkeit

Mütterliche Feinfühligkeit wurde im Kontext der empirischen Bindungsforschung als zentrales Element diskutiert, über das die Bindungsrepräsentation der Mutter in der Interaktion an das Kind weitergegeben wird (Peck 2003; De Wolff/van IJzendoorn 1997). Dementsprechend geht eine sichere Bindungsrepräsentation der Mutter mit feinfühligem Verhalten gegenüber ihrem Kind einher (Pederson/Gleason/Moran 1998) und aus der mütterlichen Bindungsqualität mit dem Fötus während der Schwangerschaft konnte das Ausmaß der Feinfühligkeit im Postpartalzeitraum vorhergesagt werden (Shin/Park/Kim 2006). Positive Einflüsse wurden bezüglich sozialer Unterstützung und Partnerschaftszufriedenheit berichtet (Shin/Park/Kim 2006), wohingegen ein niedriger sozioökonomischer Status sowie ein geringer Bildungsgrad der Mutter feinfühlige Kompetenzen beeinträchtigen (Albright/Tamis-LeMonda 2002; Ziv/Aviezer/Gini 2000). Vor allem die Akkumulierung ungünstiger Bedingungen wirkt sich negativ auf die feinfühlige Verhaltensbereitschaft der Mutter aus. Junge Frauen, die an einer depressiven Störung erkrankt sind, weisen ein erhöhtes Risiko für Beeinträchtigungen auf (van Doesum/Hosman/Riksen-Walraven 2007). Ebenso nachteilig zeigten sich vermehrte negative Emotionalität des Kindes in Kombination mit fehlender sozialer Unterstützung und dem Vorliegen depressiver Symptome (Mertesacker et al. 2004). Negative Einflussfaktoren auf Seiten der Kinder bestehen in einem sogenannten schwierigen Temperament mit exzessivem Schreien, Frühgeburtlichkeit, chronischen Erkrankungen oder körperlichen Behinderungen des Kindes (Beckwith/Rofga/Sigman 2002; van den Boom 1994).

Die Identifizierung potentiell beeinträchtigender Faktoren bietet die wichtige Möglichkeit, Interventionen zur Verbesserung der feinfühligen Kompetenz gezielt zu planen, um so negative Auswirkungen auf die kindliche Entwicklung zu vermeiden (Bakermans-Kranenburg/van IJzendoorn/Juffer 2003).

4.2 Frühe Bindungsorganisation

Bindung wird als affektives Band zwischen Mutter und Kind verstanden, das in der frühen Mutter-Kind-Interaktion geknüpft wird, um mütterliche Fürsorge und Nähe zu sichern (Bowlby 1995). Kinder haben ein angeborenes Bedürfnis nach Aufmerksamkeit, Nähe und Sicherheit, das sie ihren Müttern in Stresssituationen über Bindungsverhalten, wie Weinen, Suchen der Bezugsperson sowie Festklammern bzw. Ärger, Trauer oder emotionalen Rückzug in Trennungssituationen, signalisieren. Feinfühlige Reaktionen unterstützen die kindliche Emotionsregulation, so dass den Kindern ausgehend von der Mutter als sicherer Basis die Exploration der Umgebung möglich wird (Ainsworth/Wittig 1969). In Abhängigkeit von der mütterlichen Reaktion bilden Kinder bereits im ersten Lebensjahr Erwartungen an das Interaktionsverhalten ihrer Bezugsperson aus und organisieren eigenes Verhalten entsprechend eines sogenannten ‚inneren Arbeitsmodells' als mentaler Repräsentanz der internalisierten Bindungserfahrungen (Bowlby 1995).

Zur Beurteilung der frühen Bindungsqualität zwischen Mutter und Kind fasste Ainsworth (1964) die verschiedenen Anpassungsstrategien des Kindes in die Bindungsmuster ‚sicher' (Gruppe B), ‚unsicher-vermeidend' (Gruppe A) und ‚unsicher-ambivalent' (Gruppe C) gebunden zusammen. Jedes Bindungsmuster umfasst organisiertes Bindungsverhalten mit konsistenten Strategien, die festlegen, ob und wie die Mutter als sichere Basis und Regulationshilfe genutzt wird. Der ‚desorganisierte' Bindungsstil (Gruppe D; Main & Solomon, 1990) unterscheidet sich darin, dass Kinder in bindungsrelevanten Stresssituationen widersprüchliches Verhalten zeigen, demnach keine eindeutige Verhaltensstrategie ausgebildet ist.

Der ‚Fremde-Situation-Test' (Ainsworth et al. 1978) für Kinder zwischen zwölf und achtzehn Monaten bietet ein experimentelles Paradigma, durch das in einer standardisierten Abfolge von jeweils dreiminütigen Trennungs- und Wiedervereinigungssequenzen mit der Mutter und einer dem Kind fremden Person das kindliche Bindungsverhaltenssystem aktiviert wird. Entscheidend für die Beurteilung des Bindungsmusters ist das beobachtbare Verhalten des Kindes bei der Wiederkehr der Mutter in Bezug auf der Suche nach Nähe, seine aktiven Versuche, den Kontakt aufrechtzuerhalten sowie sichtbare Vermeidung und gezeigten Widerstand gegen Interaktionsangebote der Mutter. Sicher gebundene Kinder haben die Erfahrung gemacht, dass ihre Mutter zuverlässig und vorhersagbar signalisierte Bedürfnisse beantwortet. Sie zeigen deutliches Bindungsverhalten und beruhigen sich über Nähe und Trost. Die Bindungsperson wird als sichere Ausgangsbasis zur Erkundung der Umwelt genutzt und zeichnet sich durch ein hohes Maß an Feinfühligkeit aus. Unsicher-vermeidend gebundene Kinder haben gelernt, dass sie von ihrer Mutter nicht bei der Regulation von negativen Gefühlen unterstützt werden, so dass sie aktiv den Kontakt zur Bindungsperson vermeiden und kein offenes Bindungsverhalten zeigen, sondern Gefühle unterdrücken. Mütter von unsicher-vermeidend gebundenen Kindern interagieren oft über- oder unterstimulierend oder weisen Wünsche der Kinder nach Nähe und Trost zurück. Kinder mit einem unsicher-ambivalenten Bindungsmuster verhalten sich im Kontakt mit ihrer Mutter widersprüchlich und suchen einerseits Nähe, andererseits weisen sie Kontaktangebote ärgerlich zurück und sind schwer zu beruhigen. Interaktionserfahrungen sind inkonsistent, so dass mütterliche Reaktionen für die Kinder schwer vorherzusehen sind und mütterliches Verhalten aus feinfühligen, zurückweisenden oder feindseligen Antworten besteht. Desorganisierte Kinder können ihre Bezugsperson meist aufgrund von traumatischen Erfahrungen nicht als sichere Basis nutzen und sie unterbrechen die Suche nach Nähe und Kontakt durch Stereotypien oder Erstarren. Die desorganisierte Bindungsklassifikation stellt einen erheblichen Risikofaktor für negative Entwicklungsverläufe der Kinder dar und steht an der Grenze zur klinischen Bindungsstörung (Hédervári-Heller 2012).

4.3 Die Bedeutung feinfühliger Interaktionen für die kindliche Entwicklung

Feinfühlige Interaktionserfahrungen führen nicht nur zu einer sicheren Bindungsorganisation, sondern wirken sich darüber hinaus auf verschiede Aspekte kindlicher Regulationsleistungen aus. Feinfühliges Verhalten der Mutter stabilisiert die kindliche Verhaltensorganisation als externe Regulationsinstanz. Kinder verhielten sich demnach in Abhängigkeit von fehlenden feinfühligen Reaktionen ihrer Mütter in einem freien Spielkontext motorisch unruhiger und vokalisierten vermehrt negativ (Spangler et al. 1994). Umgekehrt wurden positive Affektausdrücke mit funktionierender Emotionsregulation in Verbindung gebracht und Kinder, die mit sechs Monaten während des Still-Face positiven Affekt zeigten, hatten sechs Monate später mit hoher Wahrscheinlichkeit eine sichere Bindung zu ihrer Mutter aufgebaut (Cohn/Campbell/Ross 1992). Analog versuchten Kinder mit feinfühligen Müttern während der Still-Face-Situation ihrem Gegenüber über positive Bitten eine Reaktion zu entlocken (Tronick/Ricks/Cohn 1982) und zeigten in der Widervereinigungssequenz weniger vermeidende und sich widersetzende Verhaltensweisen (Kogan/Carter 1996). Kinder mit feinfühligen Interaktionserfahrungen nutzen also die Hilfe ihrer Mütter, um sich zu regulieren und mütterliche Feinfühligkeit spiegelt sich vor allem im positiven Affektausdruck der Kinder wider (Kivijärvi et al. 2001).

Feinfühliges Interaktionsverhalten bildet sich ebenso auf physiologischer Ebene ab und feinfühlige Mütter waren in der Lage, ihrem aufgeregten Säugling nach einer Badesequenz effektiv zu helfen, seinen gestiegenen Cortisolspiegel zu regulieren, während mangelnde Feinfühligkeit einen zusätzlichen Stressor für das Baby darzustellen schien (Albers et al. 2008). Neben sicherer Bindungsqualität und besseren Regulationsleistungen gibt es zahlreiche weitere Aspekte, die mit feinfühligem Interaktionsverhalten in Verbindung gebracht wurden, wie beispielsweise Bereiche der sozialen (Simó/Rauh/Ziegenhain 2000) oder kognitiven Entwicklung (Stanley/Murray/Stein 2004). Mütterliche Feinfühligkeit stellt außerdem einen Resilienzfaktor dar, der Kinder vor möglichen negativen Einflüssen einer psychischen Störung im Postpartalzeitraum schützt (Brennan/Le Brocque/Hammen 2003), wobei depressive Störungen negativ auf feinfühliges Verhalten rückwirken und insbesondere die Chronizität einer Depression und ihr Schweregrad das mütterliche Interaktionsverhalten und die kognitive Leistungsfähigkeit der Kinder nachhaltig beeinträchtigen (NICHD 1999).

5 Klinische Implikationen

Beeinträchtigte kindliche Entwicklungsverläufe sind nicht ausschließlich von der psychischen Störung der Mutter abhängig, sondern die Interaktionsqualität zwischen Mutter und Kind und insbesondere das Maß an Feinfühligkeit nimmt als transgenerationaler Weitergabemechanismus einen maßgeblichen Stellenwert ein (Brennan/Le Brocque/Hammen 2003).

Störungsspezifische Behandlungen der postpartalen Depression zielen auf die Reduktion depressiver Symptome der Mutter. Gleichzeitig zeigen längsschnittliche Befunde auf, dass eine erfolgreiche Depressionsbehandlung alleine die kognitive und sozial-emotionale Entwicklung der Kinder nicht günstig beeinflussen (Forman et al. 2007). Beziehungszentrierte Interventionen mit dem Ziel, positive Affektivität der Kinder in der Interaktion mit ihrer Mutter zu erhöhen, indem feinfühlige Reaktionen der Mütter trainiert wurden, erbrachten tatsächlich gesteigertes soziales Interesse und zunehmende Positivität der Kinder, auch wenn die mütterliche Depression unverändert persistierte (Jung et al. 2007). Aus diesen Befunden lässt sich ableiten, dass sowohl eine alleinige Psychotherapie der Mutter als auch ein ausschließlicher Interaktionsfokus jeweils nicht ausreichend für die umfassende Behandlung des komplexen postpartalen Störungsbildes sind und sich ergänzende Interventionsebenen kombiniert werden sollten (Nylen et al. 2006). Einen direkten therapeutischen Ansatzpunkt bietet aufgrund der verhaltenswirksamen Bezüge und der hohen Verstärkerwirkung kindlicher Reaktionen für die mütterliche Kompetenzwahrnehmung die frühe

Mutter-Kind-Interaktion, beispielsweise durch gezieltes Videofeedback (Bakermans-Kranenburg/van IJzendoorn/Juffer 2003).

Literatur

Abramowitz, Jonathan S./Landy, Lauren (2013): Treatment of Comorbid Depression, in: Storch, Eric A./McKay, Dean (Hg.): Handbook of Treating Variants and Complications in Anxiety Disorders, New York, 243 – 254.

Ainsworth, Mary D. (1964): Muster von Bindungsverhalten, die vom Kind in der Interaktion mit seiner Mutter gezeigt werden, in: Grossmann, Klaus E./Grossmann, Karin (Hg.): Bindung und menschliche Entwicklung (2003), Stuttgart, 102 – 111.

Ainsworth, Mary D./Bell, Silvia M. (1974): Mutter und Säugling und die Entwicklung von Kompetenz, in: Grossmann, Klaus E./Grossmann, Karin (Hg.): Bindung und menschliche Entwicklung (2003), Stuttgart, 217 – 241.

Ainsworth, Mary D./Blehar, Mary C./Waters, Everett/Wall, Sally (1978): Patterns of attachment: A psychological study of the Strange Situation, Hillsdale.

Ainsworth, Mary D./Wittig, Burghardt (1969): Attachment and exploratory behavior of one-year-olds in a strange situation, in: Foss, Brian M. (Hg.): Determinants of infant behaviour, 4, London.

Albers, Esther M./Riksen-Walraven, Marianne/Sweep, Fred C./de Weerth, Carolina (2008): Maternal behavior predicts infant cortisol recovery from a mild everyday stressor, in: Journal of Child Psychology and Psychiatry 49/1, 97 – 103.

Albright, Martina B./Tamis-Lemonda, Catherine S. (2002): Maternal depressive symptoms in relation to dimensions of parenting in low-income mothers, in: Applied Developmental Science 6, 24 – 34.

Andrews, Gavin/Sanderson, Kristy/Slade, Timothy/Issakidis, Cathy (2000): Why does the burden of disease persist? Relating the burden of anxiety and depression to effectiveness of treatment, in: Bulletin of the World Health Organization 78/4, 446 – 454.

Bakermans-Kranenburg, Marian J./van IJzendoorn, Marinus H./Juffer, Femmie (2003): Less is more: meta-analyses of sensitivity and attachment interventions in early childhood, in: Psychological Bulletin 129/2, 195 – 215.

Ballestrem, Carl Ludwig/Strauß, Martina/Kächele, Horst (2005): Contribution to the epidemiology of postnatal depression in Germany – implications for the utilization of treatment, in: Archives of Women's Mental Health, 29 – 35.

Barone, Lavinia/Lionetti, Francesca/Dellagiulia, Antonio (2014): Maternal-fetal attachment and its correlates in a sample of Italian women: A study using the Prenatal Attachment Inventory, in: Journal of Reproductive and Infant Psychology 32/3, 230 – 239.

Beckwith, Leila/Rofga, A./Sigman, M. (2002): Maternal sensitivity and attachment in atypical groups, in: Advances in Child Development and Behavior 30, 231 – 274.

Beebe, Beatrice/Steele, Miriam/Jaffe, Joseph/Buck, Karen A./Chen, Henian/Cohen, Patricia/Feldstein, Stanley et al. (2011): Maternal anxiety symptoms and mother-infant self- and interactive contingency, in: Infant Mental Health Journal 32/2, 174 – 206.

Bennet, H./Einarson, A./Taddio, A./Koren, G./Einarson, Thomas R. (2004): Prevalence of depression during pregnancy: systematic review, in: Obstetrics & Gynecology 4/103, 698 – 709.

Bigelow, Ann E./Rochat, Philippe (2006): Two-Month-Old Infants' Sensitivity to Social Contingency in Mother-Infant and Stranger-Infant Interaction. in: Infancy 9/3, 313–325.
Biringen, Zeynep (2000): Emotional Availability: Conceptualization and Research Findings, in: American Journal of Orthopsychiatry 70/1, 104–114.
Bowlby, John (1995): Bindung: Historische Wurzeln, theoretische Konzepte und klinische Relevanz. in: Spangler, G./Zimmermann, P. (Hg.): Die Bindungstheorie, Stuttgart.
Brennan, Patricia A./Le Brocque, Robyne/Hammen, Constance (2003): Maternal depression, parent-child relationships, and resilient outcomes in adolescence, in: Journal of the American Academy of Child and Adolescent Psychiatry 42/12, 1469–1477.
Brockington, Ian et al. (2001): A Screening Questionnaire for mother-infant bonding disorders, in: Archives of Women's Mental Health 3/4, 133–140.
Brockington, Ian (2004): Postpartum psychiatric disorders. in: The Lancet 363/9405.
Carter, Alice S./Garrity-Rokous, F. Elizabeth/Chazan-Cohen, Ryszarda/Little, Christina/Briggs-Gowan, Margaret J. (2001): Maternal depression and comorbidity: Predicting early parenting, attachment security, and toddler social-emotional problems and competencies, in: Journal Of The American Academy Of Child & Adolescent Psychiatry 40/1, 18–26.
Cohn, Jeffrey F./Campbell, Susan B./Ross, Shelley (1992): Infant response in the still-face paradigm at 6 months predicts avoidant and secure attachment at 12 months, in: Development and Psychopathology 3, 367–376.
De Wolff, Marianne S./van IJzendoorn, Marinus H. (1997): Sensitivity and attachment: a meta-analysis on parental antecedents of infant attachment. in: Child Development 68/4, 571–591.
Dornes, Martin (2001): Der kompetente Säugling. Frankfurt a. M.
Dubber, Star/Reck, Corinna/Müller, Mitho/Gawlik, Stephanie (2015): Postpartum bonding: The role of perinatal depression, anxiety and maternal–fetal bonding during pregnancy, in: Archives of Women's Mental Health 18/2, 187–195.
Feldman, Ruth (2007): Maternal versus child risk and the development of parent-child and family relationships in five high-risk populations, in: Development and Psychopathology 19/2, 293–312.
Feldman, Ruth, Granat, Adi, Pariente, Clara, Kanety, Hannah, Kuint, Jacob/Gilboa-Schechtman, Eva (2009). Maternal depression and anxiety across the postpartum year and infant social engagement, fear regulation, and stress reactivity, in: Journal of the American Academy of Child 48/9, 919–927.
Field, Tiffany (2017): Prenatal anxiety effects: A review, in: Infant Behavior Development 49, 120–128.
Field, Tiffany/Healy, Brian/Goldstein, Sheri/Perry, Susan/Bendell, Debra/Schanberg, Saul/Kuhn, Cynthia et al. (1988): Infants of depressed mothers show „depressed" behavior even with non-depressed adults, in: Child Development 59, 1569–1579.
Field, Tiffany/Diego, Miguel/Hernandez-Reif, Maria/Schanberg, Saul/Kuhn, Cynthia (2003): Depressed mothers who are 'good interaction' partners versus those who are widthdrawn or intrusive, in: Infant Behavior & Development 26/2, 238–252.
Forman, David R./O'Hara, Michael W./Stuart, Scott/Gorman, Laura L./Larsen, Karin/Coy, Katherine (2007): Effective treatment for postpartum depression is not sufficient to improve the developing mother-child relationship, in: Development and Psychopathology 19/2, 585–602.

Granat, Adi/Gadassi, Reuma/Gilboa-Schechtman, Eva/Feldman, Ruth (2017): Maternal depression and anxiety, social synchrony, and infant regulation of negative and positive emotions, in: Emotion 17/1, 11–27.

Grossmann, Karin/Grossmann, Klaus E. (2004): Bindungen – Das Gefüge psychische Sicherheit, Stuttgart.

Hédervári-Heller, Éva (2012): Bindung und Bindungsstörungen. In Frühe Kindheit 0–3, Berlin/Heidelberg, 57–67.

Hornstein, Christiane/Hohm, Erika/ Trautmann-Villalba, Patricia (2009): Die postpartale Bindungsstörung: Eine Risikokonstellation für den Infantizid?, in: Forensische Psychiatrie, Psychologie, Kriminologie 1, 1–8.

Isabella, Russell A./Belsky, Jay (1991): Interactional Synchrony and the Origins of Infant-Mother Attachment: A Replication Study, in: Child Development 62, 373–384.

Jaffe, Joseph/Beebe, Beatrice/Feldstein, Stanley (2001): Rhythms of dialogue in infancy: Coordinated timing in development, in: Monographs of the Society for Research in Child Development 66/2.

Jameson, Penny/Gelfand, Donna/Kulcsar, Elisabeth/Teti, Douglas (1997): Mother-toddler interaction patterns 625 associated with maternal depression, in: Development and Psychopathology 9/3, 537–550.

Jennings, Kay D./Ross, Shelley/Popper, Sally/Elmore, Marquita (1999): Thoughts of harming infants in depressed and nondepressed mothers, in: Journal Of Affective Disorders 54/1–2, 21–28.

Jones, Nancy A./Field, Tiffany/Hart, Sybil L./Davalos, Marisabel (2001): Maternal self-perceptions and reactions to infant crying among intrusive and withdrawn depressed mothers, in: Infant Mental Health Journal 22/5, 576–586.

Jung, Vivienne/Short, Robert/Letourneau, Nicole/Andrews, Debra (2007): Interventions with depressed mothers and their infants: Modifying interactive behaviours, in: Journal Of Affective Disorders 98/3, 199–205.

Kivijärvi, Marja/Voeten, Rinus/Niemelä, Pirkko/Räihä, Hannele/Lertola, Kalle/Piha, Jorma (2001): Maternal sensitivity behavior and infant behavior in early interaction, in: Infant Mental Health Journal 22/6, 627–640.

Klaus, Marshall/Kennell, John/Klaus, Phyllis. (1995): Bonding, New York.

Kogan, Nina/Carter, Alice S. (1996): Mother-infant reengagement following the Still-Face: the role of maternal Emotional Availability in infant affect regulation, in: Infant Behavior and Development 19, 359–370.

Kurstjens, Sophie/Wolke, Dieter (2001): Effects of maternal depression on cognitive development of children over the first 7 years of life, in: Journal Of Child Psychology And Psychiatry 42/5, 623–636.

Lahti, Marius/Savolainen, Katri/Tuovinen, Soile/Pesonen, Anu-Katriina/Lahti, Jari/Heinonen, Kati/Reynolds, Rebecca M. et al. (2017): Maternal depressive symptoms during and after pregnancy and psychiatric problems in children, in: Journal of the American Academy of Child Adolescent Psychiatry 56/1, 30–39.

Lohhaus, Arnold/Keller, Heidi B./Völker, Ssusanne/Elben, Cornelia (2004): Maternal sensitivity in interactions with three- and 12- months old infants: stability, structural composition, and developmental consequences, in: Infant and Child Development 13, 235–252.

Lovejoy, M. Christine/Graczyk, Patricia A./O'Hare, Elizabeth (2000): Maternal depression and parenting behavior: A meta-analytic review, in: Clinical Psychology Review 20/5, 561–592.

Lunkenheimer, Erika S./Albrecht, Erin C./Kemp, Christine J. (2013): Dyadic flexibility in early parent-child interactions: Relations with maternal depressive symptoms and child negativity and behaviour problems, in: Infant And Child Development 22/3, 250–269.

Maestripieri, Dario (2001): Biological bases of maternal attachment, in: Current Directions in Psychological Science 10/3, 79–83.

Main, Mary/Salomon, Judith (1990): Procedures for identifying infants as disorganized/disoriented during Ainsworth Strange Situation, in: Greenberg, M.T./Ciccetti, D./Cummings, E.M. (Hg.): Attachment in the preschool years, Chicago, 121–160.

Martini, Julia/Petzoldt, Johanna/Einsle, Franziska/Beesdo-Baum, Katja/Höfler, Michael/Wittchen, Hans-Ulrich (2015): Risk factors and course patterns of anxiety and depressive disorders during pregnancy and after delivery: a prospective-longitudinal study, in: Journal of Affective Disorders 175, 385–395.

Meins, Elizabeth/Fernyhough, Charles/Fradley, Emma/Tuckey, Michelle (2001): Rethinking maternal sensitivity: mother's comments on infants' mental processes predict security of attchment at 12 month, in: Journal of Child Psychology and Psychiatry 42/5, 637–648.

Mertesacker, Bettina/Bade, Ulla/Haverkock, Antje/Pauli-Pott, Ursula (2004): Predicting maternal reactivity/sensitivity: the role of infant emotionality, maternal depressiveness/anxiety, and social support, in: Infant Mental Health Journal 25/1, 47–61.

Mattejat, Fritz/Wüthrich, Catherine/Remschmidt, Helmuth (2000): Kinder psychisch kranker Eltern Forschungsperspektiven am Beispiel von Kindern depressiver Eltern, in: Der Nervenarzt 71/3, 164–172.

NICHD Early Child Care Research Network. (1999): Chronicity of maternal depressive symptoms, maternal sensitivity, and child functioning at 36 months, in: Developmental Psychology 35, 1297–1310.

Noe, Daniela/Schluckwerder, Sabine/Reck, Corinna (2015): Influence of dyadic matching of affect on infant self-regulation, in: Psychopathology 48/3, 173–183.

Noe, Daniela/Zietlow, Anna-Lena/Bader, Selina/Nonnenmacher, Nora (2018): Krise nach der Geburt, in: Familiendynamik 43/2, 108–114.

Nylen, Kimberly J./Moran, Tracy E./Franklin, Christina L./O'Hara, Michael W. (2006): Maternal depression: A review of relevant treatment approaches for mothers and infants, in: Infant Mental Health Journal 27/4, 327–343.

O'Hara, Michael W. (2009): Postpartum depression: What we know, in: Journal Of Clinical Psychology 65/12, 1258–1269.

Papoušek, Hanus/Papoušek, Mechthild ([2]1987): Intuitive Parenting: A Dialectic Counterpart to the Infant's Integrative Competence, in: Osofsky, J. D. (Hg.), Handbook of Infant Development, New York, 669–720.

Papoušek, Mechthild (2002): Wochenbettdepressionen und ihre Auswirkungen auf die kindliche Entwicklung, in: Braun-Scharm, H. (Hg.), Depressionen und komorbide Störungen bei Kindern und Jugendlichen, Stuttgart, 201–230.

Papoušek, Mechthild (2004): Intuitive elterliche Kompetenzen – Ressourcen in der präventiven Eltern-Säuglings-Beratung und –psychotherapie, in: Zeitschrift der deutschen Liga für das Kind.

Peck, Sheryl D. (2003): Measuring sensitivity moment-by-moment: a microanalytic look at the transmission of attachment, in: Attachment & Human Development 5/1, 38–63.

Pederson, David R./Gleason, Karin E./Moran, Greg (1998): Maternal attachment representations, maternal sensitivity, and the infant-mother attachment relationship, in: Developmental Psychology 34/5, 925–933.

Philipps, Laurie H./O'Hara, Michael W. (1991): Prospective study of postpartum depression: 4½-year follow-up of women and children, in: Journal Of Abnormal Psychology 100/2, 151–155.

Rauh, Hellgard (2002): Vorgeburtliche Entwicklung und frühe Kindheit, in: Oerter, Rolf/Montada, Leo (Hg.), Entwicklungspsychologie, Weinheim, 131–208.

Reck, Corinna/Klier, Claudia M./Pabst, Kirsten/Stehle, Eva/Steffenelli, Ulrich/Struben, Kerstin/Backenstrass, Matthias (2006): The German version of the Postpartum Bonding Instrument: Psychometric properties and association with postpartum depression, in: Archives of Women's Mental Health 9/5, 265–271.

Reck, Corinna/Struben, Kerstin/Backenstrass, Matthias/Stefenelli, Ulrich/Reinig, Katja/Fuchs, Thomas/Mundt, Christoph et al. (2008): Prevalence, onset and comorbidity of postpartum anxiety and depressive disorders, in: Acta Psychiatrica Scandinavica 118/6, 549–468.

Reck, Corinna/Tietz, Alexandra/Müller, Mitho/Seibold, Kirsten/Tronick, Edward (2018): The impact of maternal anxiety disorder on mother-infant interaction in the postpartum period, in: PLOS ONE 13/5.

Reck, Corinna/van den Bergh, Bea/Tietz, Alexandra/Müller, Mitho/Ropeter, Anna/Zipser, Britta/Pauen, Sabrina (2018): Maternal avoidance, anxiety cognitions and interactive behaviour predicts infant development at 12 months in the context of anxiety disorders in the postpartum period, in: Infant Behavior and Development 50, 116–131.

Reck, Corinna/Zietlow, Anna-Lena/Muller, Mitho/Dubber, Star (2016): Perceived parenting stress in the course of postpartum depression: the buffering effect of maternal bonding, in: Archives of Women's Mental Health 19/3, 473–482.

Shin, Hyunjeong/Park, Young-Joo/Kim, Mi Ja (2006): Predictors of maternal sensitivity during the early postpatum period, in: Journal of Advanced Nursing 55/4, 425–434.

Simó, Sandra/Rauh, Hellgard/Ziegenhain, Ute (2000): Mutter-Kind-Interaktion im Verlaufe der ersten 18 Lebensmonate und Bindungssicherheit am Ende des 2. Lebensjahres, in: Psychologie in Erziehung und Unterricht 47, 118–141.

Skowron, Elizabeth A./Kozlowski, Joellen M./Pincus, Aaron L. (2010): Differentiation, self–other representations, and rupture–repair processes: Predicting child maltreatment risk, in: Journal Of Counseling Psychology 57/3, 304–316.

Spangler, Gottfried/Schieche, Michael/Ilg, Ursula/Maier, Ursula/Ackermann, Claudia (1994): Maternal Sensitivity as an External Organizer for Biobehavioral Regulation in Infancy, in: Developmental Psychobiology 27/7, 425–437.

Stanley, Charles/Murray, Lynne/Stein, Alan (2004): The effect of postnatal depression on mother-infant interaction, infant response to the still-face pertubation, and performance on an instrumental learning task, in: Development and Psychopathology 16, 1–18.

Trevarthen, Colwyn/Aitken, Ken (2001): Infant Intersubjectivity: Research, Theory, and Clinical Applications, in: Journal of Child Psychology and Psychiatry 42/1, 3–48.

Tronick, Edward Z./Cohn, Jeffrey F. (1989): Infant-mother face-to-face interaction: Age and gender differences in coordination and the occurrence of miscoordination, in: Child Development 60, 85–92.

Tronick, Edward Z./Reck, Corinna (2009): Infants of depressed mothers, in: Harvard Review Of Psychiaty 17/2, 147–156.
Tronick, Edward Z./Ricks, Margaret/Cohn, Jeffrey F. (1982): Maternal and infant affective exchanges: Patterns of adaption, in: Field, T./Fogel, A. (Hg.), Emotion and interaction, Erlbaum, 83–100.
Tuovinen, Soile/Lahti-Pulkkinen, Marius/Girchenko, Polina/Lipsanen, Jari/Lahti, Jari/Heinonen, Kati/Laivuori, Hannele et al. (2018): Maternal depressive symptoms during and after pregnancy and child developmental milestones, in: Depression anxiety 35/8, 732–741.
van den Boom, Dymphna C. (1994): The Influence of Temperament and Mothering on Attachment and Exploration: An Experimental Manipulation of Sensitive Responsiveness among Lower-Class Mothers with Irritable Infants, in: Child Development 65, 1457–1477.
Van Doesum, Karin T./Hosman, Clemens M./Riksen-Walraven, Marianne (2007): Correlates of depressed mothers' sensitivity toward their infants: The role of maternal, child, and contextual characteristics, in: Journal of the American Academy of Child & Adolescent Psychiatry 46/6, 747–756.
Vesga-Lopez, Oriana/Blanco, Carlos/Keyes, K./Olfson, Mark/Grant, Bridget F./Hasin, Deborah S. (2008): Psychiatric disorders in pregnant and postpartum women in the United States, in: Archives of general psychiatry 7, 805–815.
Weinberg, M. Katherine/Tronick, Edward Z. (1998): Emotional Characteristics of infants associated with maternal depression and anxiety, in: Pediatrics 102/5, 1298–1304.
Zietlow, Anna-Lena/Schlüter, Myriam/Nonnenmacher, Nora/Müller, Mitho/Reck, Corinna (2014): Maternal Self-confidence Postpartum and at Pre-school Age: The Role of Depression, Anxiety Disorders, Maternal Attachment Insecurity, in: Maternal and Child Health Journal 18/8, 1873–1880.
Zlochower, Adena/Cohn, Jeffrey (1996): Vocal timing in face-to-face interaction of clinically depressed and nondepressed mothers and their 4-month-old infants, in: Infant Behaviour & Development 19/3, 371–374.

Olivia Mitscherlich-Schönherr

Das Lieben in der Geburt. Eine verstehende Liebesethik des Zur-Welt-Bringens von Kindern

Zusammenfassung: In meinen Überlegungen möchte ich für einen Perspektivwechsel innerhalb der Ethik der Geburt und der Elternschaft plädieren: von einem Ansatz präskriptiver Vernunftethik zu einem Ansatz verstehender Liebesethik. Die Gründe für diesen Perspektivwechsel erläutere ich – unter 1. – in einleitenden, methodologischen Vorüberlegungen. Mit meinem verstehenden Vorgehen möchte ich eine besondere, sozio-kulturelle Praxis der Elternschaft ins Bewusstsein heben: Die ethische Praxis, die Forderungen zu ‚unterscheiden', die in konkreten Situationen des Zur-Welt-Bringens eines Kindes begegnen und die Ausübung bestimmter Akte des Gebärens abverlangen; und das eigene Eltern-Sein auf diese Weise an den konkreten ‚Geboten der Stunde' auszurichten. Angesichts der genuinen Orientierungs-, Freiheits- und Sinnpotenziale, die das ‚Unterscheiden' Eltern und ihren Kindern eröffnet, möchte ich in normativer Hinsicht für den künftigen Erhalt dieser ethischen Praxis einstehen. Meine verstehende Theorie des elterlichen ‚Unterscheidens' gliedere ich in vier Teile. In einem ersten, metaethischen Abschnitt skizziere ich – unter 2. – das ‚Unterscheiden' als Praxis einer ‚reflektierenden' Lebensgestaltung. In Anschluss daran expliziere ich in einem anthropologischen Abschnitt – unter 3. – den pluralen Begriff des menschlichen Gebärens, der in dieser ethischen Praxis in Anspruch genommen wird. Im geburtsethischen Zentrum meines Aufsatzes leuchte ich – unter 4. – die genuinen Orientierungs-, Sinn- und Freiheitspotentiale aus, die das ‚Unterscheiden' Eltern und Kindern eröffnet. In einem letzten, moral- und sozialphilosophischen Abschnitt rücke ich schließlich – unter 5. – die Unterstützung durch Andere in den Blick, derer Eltern bedürfen, um ihr Gebären in den konkreten Situationen ihres Zur-Welt-Bringens eines Kindes im Modus des ‚Unterscheidens' ausüben zu können.

1 Methodologische Vorüberlegungen zu einer verstehenden Liebesethik der Geburt

Bereits die Vielzahl der Möglichkeiten pränataler Diagnostik, zu der sich werdende Eltern in der Gegenwart verhalten müssen, zwingt in Gelingensfragen

https://doi.org/10.1515/9783110719864-007

hinein: Was wollen, müssen, dürfen wir wissen? Können wir sehen wollen, was wir unter Umständen an unserem Kind gezeigt bekommen? Nach welchem Maßstab soll ich – als werdende Mutter – den Wunsch beurteilen, meine Schwangerschaft abzubrechen, der in mir aufkommen mag, wenn ich in einer Untersuchung erfahre, dass mein Kind voraussichtlich an einer schweren Erkrankung leiden wird? Hinzu mögen Gelingensfragen kommen, die sich an künftigen, biotechnischen Möglichkeiten entzünden können, in das menschliche Erbgut einzugreifen: Dürfen oder müssen wir gar in Eingriffe in das Erbgut unserer Kinder einwilligen, wenn wir selbst Träger_innen vererbbarer Krankheiten sind? Aber auch jenseits der Pränatalmedizin können früher oder später, vor oder nach der Geburt eines Kindes in Eltern Fragen nach dem Gelingen des Lebens aufkommen, das sie mit ihren Kindern teilen. Geben wir unserem Kind hier und jetzt all das, was es braucht, um künftig ein gelingendes, selbstbestimmtes Leben führen zu können? Wie kann ich für meine Kinder in ihrer individuellen Besonderheit Sorge tragen, ohne sie unter meine Vorstellungen eines gelingenden Lebens zu zwingen? Was muss ich als Ausdruck ihres individuellen Mensch-Seins aushalten, wann muss ich eingreifen und Grenzen setzen? Wie kann es mir gelingen, für meine Kinder zu sorgen, ohne darüber meine Partnerschaft und mein berufliches Leben jenseits der Familie zu vergessen?

In all diesen Fragen wird die Frage nach einer gelingenden Geburt aus der Perspektive der Eltern und insb. der Mutter als Frage nach einem gelingenden Gebären gestellt. Dabei wird die Geburt bzw. das Gebären nicht auf das isolierte Ereignis der sog. ‚Entbindung' reduziert, sondern in einem weiten, pluralen Sinne ins Auge gefasst und nach einem gelingenden Zeugen, Schwanger-Werden, Entbinden, Auf- und Erziehen von einem und Sorgen für ein Kind bzw. mehrere Kinder im Dialog mit dem Kind bzw. den Kindern gefragt. Wie kann man sich philosophisch zum Komplex dieser Fragen nach einer gut verfassten Elternschaft verhalten? Meines Erachtens fordern die Fragen nach einem guten ‚Zur-Welt-Bringen' eines Kindes die philosophische Ethik heraus. Ganz offensichtlich handelt es sich dabei um Fragen, die im Leben verankert sind und in eine philosophische Auseinandersetzung hineinziehen. Gleichwohl widersetzen sie sich einer ‚Auflösung' mit theoretischen Mitteln.

Dies zeigt ein Blick auf ‚präskriptive' Ansätze, die sich in der Ethik der Geburt und der Elternschaft um allgemeingültiges Wissen zu ihrer Beantwortung bemühen – und an der Erfüllung ihrer eigenen Wissensansprüche scheitern. Unter ‚präskriptiven' Ansätzen der Geburtsethik verstehe ich Ansätze, die dem Anspruch nach allgemein-gültige – substanzialistische oder individualistische – Theorien über eine ‚Zielgestalt' der kindlichen Entwicklung und über eine gut verfasste Elternschaft entwerfen, die die Entwicklung des Kindes in Richtung auf ebendiese ‚Zielgestalt' unterstützt. Innerhalb der präskriptiven Geburtsethik treffen zwei Lager aufeinander. Vertreter_innen eines Substanzialismus auf der einen und eines liberalen Individualismus auf der anderen Seite[1] streiten bereits über das Verständnis der guten Zukunft des Kindes, an dem eine allgemeingültige Ethik guter Elternschaft Maß zu nehmen habe: ob die ‚Zielgestalt' der – von den Eltern zu befördernden – kindlichen Entwicklung in einer genuin personalen Ausübung des eigenen Mensch-Seins oder in der Offenheit der kindlichen Zukunft zu finden sei.

Auf Seiten des Substanzialismus oder ethischen Naturalismus[2] wollen u. a. Philippa Foot, John McDowell und Robert Spaemann die Zielgestalt der kindlichen Entwicklung in einem genuin personalen – nämlich: von praktischer Vernunft orientierten – Leben finden (vgl. Foot 2004, 79 f; 88 f; McDowell 2001, 103 f; 109 f; Spaemann 2002b, 511; 2009a, 34; 2009b, 38). Gut verfasste Erziehung stellt sich diesen Autor_innen als Unterstützung des Kindes bei der Aktualisierung seiner personalen Fähigkeiten dar: als Unterstützung seines Bildungsprozesses, in dessen Verlauf das Kind eine „zweite Geburt" (McDowell 2001, 114) erlebe, „aus der animalischen Befangenheit in sich selbst" (Spaemann 2009b, 38) heraus- und „an die Realität herangeführt" (Spaemann 2009a, 34)[3] bzw. in den ‚Raum der Gründe' eingeführt werde (vgl. McDowell 2001, 109 f; 150 f).

Das skizzierte substanzialistische Verständnis guter Erziehung stößt meines Erachtens sowohl auf anthropologische als auch auf ethische Grenzen. In ihrer Vorstellung von der Bildung des Kindes nehmen die Vertreter_innen des ethischen Naturalismus einen anthropologischen Dualismus von der ‚ersten', ‚animalischen', „im Triebhang befangenen" Natur (Spaemann 1990, 119)[4] und der ‚zweiten', ‚personalen' Natur des Menschen (vgl. McDowell 2001, 109) in An-

---

1 Eine analoge Lagerbildung findet in der Diskussion über den moralischen Status von Embryonen statt; Markus Rothhaar charakterisiert die beiden Lager in dieser Debatte in seinem Beitrag zum vorliegenden Band als „bioethisch liberal" bzw. „bioethisch konservativ".

2 Zur Unterscheidung des ethischen von einem biologistischen Naturalismus vgl. McDowell (2002).

3 In seiner metaethischen Grundlagenschrift „Glück und Wohlwollen" macht Robert Spaemann deutlich, dass eine Haltung, für die das Wirkliche bzw. die Realität wirklich wird, in einer Haltung der Vernunft bzw. der vernünftigen Selbsttranszendenz bestehe; vgl. Spaemann 1990, 118–122.

4 Dass Robert Spaemann solch eine biologistische Auffassung von der ‚ersten' Natur des Kindes vertritt, überrascht vor dem Hintergrund seines vehementen Einspruchs gegen die These, dass „kleine Kinder [...] *potenzielle* Personen" seien (Spaemann 1996, 261). Wenn „Personalität [...] nicht das Ergebnis einer Entwicklung, sondern immer schon die charakteristische Struktur einer Entwicklung" (ebd.) ist; und wenn Personen „nicht Resultat einer Veränderung, sondern einer Entstehung" (ebd.) sind, dann ist nicht zu verstehen, wie sich kleine Kinder in einem Zustand „der animalischen Befangenheit in sich selbst" (Spaemann 2009b, 38) befinden könnten. (Zu den Begriffen der ‚passiven' und ‚aktiven' Potenzialität, die in Spaemanns Position der Sache nach vorausgesetzt werden vgl. im vorliegenden Band die Beiträge von Wunsch und Rothhaar.)

spruch. Darin unterschlagen sie alle vor-rationalen Formen der kindlichen Selbsttranszendenz bzw. des kindlichen ‚Von-den-Anderen-her-Lebens'. Sie blenden genauso das symbiotische Angesteckt-Werden des Kindes mit den Gefühlszuständen – etwa der Erregtheit oder Nervosität – der Mutter in der Embryonalphase ab, wie sie das kindliche Mitfühlen der Emotionen – der Freunde *an* etwas oder dem Ärger *über* etwas – seiner Bezugspersonen übergehen. Auch übersehen sie die kindliche Teilhabe an zwischenleiblich geteilter Kommunikation mit seinen Bezugspersonen in den ersten Lebensjahren (vgl. Janus im vorliegenden Band; Schlossberger 2015; Tomasello 2011, 169). Vor dem Hintergrund dieser dualistischen Auffassung einer ‚ersten' und ‚zweiten Natur' des Menschen wird es den substanzialistischen Autor_innen in ihren Theorien philosophischer Pädagogik jedoch unmöglich, den Prozess der Bildung konsistent zu denken. Wenn Menschen nämlich als „gewöhnliche Tiere mit etwas anderen Anlagen" (McDowell 2001, 151) bzw. als Wesen in „animalische[r] Befangenheit in sich selbst" (Spaemann 2009b, 38) zur Welt kommen würden, dann ließe sich nicht verstehen, wie sie überhaupt von geistigen Sachverhalten – von rationalen „Gründen" (McDowell 2001, 81) bzw. vom „Wertgehalt der Wirklichkeit" (Spaemann 2009b, 38) – affiziert und in den Prozess ihrer ‚zweiten Geburt' der Aktualisierung ihres Person-Seins hineingezogen werden könnten.[5] Damit einhergehend laufen die substanzialistischen Erziehungsansätze durch ihre Auszeichnung einer positiven Zielgestalt der kindlichen Entwicklung in ethischer Hinsicht Gefahr, in normalisierende Gewaltpraxen zu kippen.[6] Dieses Problem tritt auf metaethischer Ebene ins Auge. Inmitten unseres zeitlichen Lebens verfügen wir über keinen archimedischen Erkenntnisstandpunkt, um philosophisches Wissen über eine natürliche Bestimmung unseres Mensch-Seins bzw. über eine natürliche Zielgestalt der kindlichen Entwicklung zu erreichen. Infolgedessen bleibt jede positive Bestimmung des Guten der eigenen begrenzten, zeitlichen Perspektive verschuldet. Wenn aber die elterlichen Vorstellungen von der Zielgestalt einer guten kindlichen Entwicklung zeitlich begrenzt sind, dann stehen die Akte, mit denen Erwachsene Kinder bei ihrer Ausbildung dieser Lebensform

---

5 In Bezug auf McDowell wurde dieses Problem breit diskutiert (vgl. Wunsch 2008).

6 Ein analoges Kippen in Normalisierung und Paternalismus zeigt Gernot Böhme für die Pädagogik der Aufklärung auf, der es ebenfalls darum zu tun gewesen sei, das kindliche Naturwesen zu einem erwachsenen Kulturwesen zu bilden (vgl. Böhme 2010, 59). In der Moderne sei die Pädagogik der Aufklärung u. a. innerhalb der Entwicklungspsychologie von Kohlberg und Piaget weitergeführt worden. Letztere hätten die Zielgestalt der kindlichen Moral- bzw. Intelligenzentwicklung in der wissenschaftlichen Rationalität bzw. in einem Leben unter dem ‚kategorischen Imperativ' gefunden und ihre pädagogischen Erziehungsprogramme an diesen ‚Leitbildern' einer guten, kindlichen Entwicklung ausgerichtet (vgl. ebd., 64 ff).

unterstützen wollen (vgl. Spaemann 2002a, 490), notwendigerweise in der Gefahr, all die Aspekte an der kindlichen Entwicklung zu unterdrücken, die im Widerspruch nicht zum Guten, sondern vielmehr zu ihren eigenen ‚Leitbildern'[7] des Guten stehen.[8]

Gegenüber den substanzialistischen Ansätzen verfügen die Positionen eines liberalen Individualismus über den Vorzug, die Zeitlichkeit von Theorien des Guten zu reflektieren. Im Wissen um die Gefahr, dass substanzialistische Erziehung – indem sie sich an einer Zielgestalt der kindlichen Entwicklung orientiert – in normalisierende Gewalt kippen kann, orientiert sich der ‚Mainstream' der liberalen Pädagogik an der Autonomie der künftigen Person, zu der sich das Kind entwickeln wird. Joel Feinberg hat den Gedanken, dass das Kind ein Recht auf eine offene Zukunft habe, wirkmächtig in die zeitgenössische Diskussion über gute Erziehung eingeführt (vgl. Feinberg 1980). In der an Feinberg anschließenden Diskussion wird das Recht auf eine offene Zukunft in einer negativen und einer positiven Fassung vertreten. In seiner negativen Auffassung als ‚Abwehrrecht' verlangt dieses Recht von der vorausgehenden Generation – insb. von den Eltern –, sich festlegender Eingriffe in die kindliche Entwicklung zu enthalten. Als Abwehrrecht speist u. a. Jürgen Habermas das Recht des Kindes auf eine offene Zukunft in die Diskussion über pränatalmedizinische Interventionen ein (vgl. Habermas 2001). In diesem Sinne schreibt Habermas, dass eine „eugenische Programmierung wünschenswerter Eigenschaften und Dispositionen [...] dann moralische Bedenken auf den Plan [ruft], wenn sie die betroffene Person [...] in der Freiheit der Wahl eines eigenen Lebens spezifisch einschränkt" (Habermas 2001, 105).[9] Auf Grenzen stößt diese Position, da die Abwehr von festlegenden Eingriffen von außen dem Kind für sich genommen noch keine offene Zukunft, bzw. noch keine künftige Autonomie vermitteln kann (vgl. Spaemann 2002b, 506; 512; 2008a, 26).

---

7 Den von Theodor W. Adorno geprägten Begriff des ‚Leitbildes' hat Daniel Kersting in der jüngsten, medizinethischen Diskussion über menschliches Sterben wiedererinnert; vgl. Kersting (2017, 282 f).

8 Dieses Problem kann auch nicht durch die Form der erzieherischen Tätigkeit behoben werden: indem das Erziehen – zurecht – von einem „zweckrational organisierten System von Maßnahmen" (Spaemann 2002a, 490) bzw. einem poietischen ‚Erschaffen' oder ‚Herstellen' des Kindes abgegrenzt und als „Nebenwirkung des Miteinanderlebens" (ebd.) aufgefasst wird. Normalisierende Unterdrückung kann nämlich auch ‚nebenbei' – etwa durch Sanktionen von Lebensformen – stattfinden. Zur Kritik an der poietischen Auffassung von Elternschaft vgl. auch Thomä (2002, 83 ff).

9 In seiner negativen Fassung als Abwehrrecht macht Joel Feinberg selbst das Recht des Kindes auf eine offene Zukunft in den Diskussionen über eine religiöse Erziehung geltend (vgl. Feinberg 1980, 126 f).

Um diesem Problem zu begegnen, deuten Vertreter_innen einer positiven Lesart das kindliche Recht auf eine offene Zukunft als Anrecht auf Befähigung zu künftiger Autonomie (vgl. Millum 2014). Gut verfasste Elternschaft steht damit unter dem Anspruch, den Kindern die ‚inneren' und ‚äußeren' Bedingungen für künftige Selbstbestimmung zu verschaffen. Sie soll sowohl darauf ausgerichtet sein, die Kinder bei der Ausbildung der Fähigkeiten und Tugenden zu unterstützen, derer sie bedürfen, um ihr Leben künftig selbstbestimmt führen zu können; als auch darauf, den Kindern Lebensverhältnisse zu eröffnen, unter denen diese allererst zwischen Optionen individueller Lebensgestaltung entscheiden können (vgl. Buchanan et al. 2000, 170 – 175). Dabei werden u. a. von Buchanan und Kollegen_innen Eingriffe in das kindliche Erbgut explizit in das Spektrum der Akte einbezogen, die dem Kind eine offene Zukunft vermitteln können (vgl. ebd.). Um hier und jetzt entscheiden zu können, welche Fähigkeiten und Tugenden des Kindes um seiner künftigen Selbstbestimmung willen zu befördern sind, müssen nun allerdings inhaltliche Vorannahmen über ein selbstbestimmtes Leben in Anspruch genommen werden. In seiner positiven Ausdeutung gerät der Gedanke von der Erziehung zu einer offenen Zukunft mit anderen Worten in Widerspruch zu seinem eigentlichen Anliegen, die Zukunft des Kindes offenzuhalten, und läuft damit zugleich Gefahr, sich seinerseits in normalisierende Fremdbestimmung zu verkehren (vgl. Wiesemann im vorliegenden Band sowie dies. 2006) – und die kindliche Entwicklung auf die elterlichen Vorstellungen über autonome Lebensführung festzulegen.[10]

In all ihrer Unterschiedlichkeit stimmen die ‚präskriptiven Ansätze' der philosophischen Pädagogik darin überein, Wissen über gut verfasste Elternschaft im Ausgang von einem ‚Leitbild' der guten, kindlichen Entwicklung erreichen zu wollen. In diesem gemeinsamen Vorgehen teilen sie die methodologische Schwäche, die Zeitlichkeit ihres eigenen Philosophierens nicht ernst genug zu nehmen. Im Abblenden ihrer eigenen Zeitlichkeit drohen diese ‚Leitbilder' guter Erziehung in Normalisierung zu kippen. Selbst noch die negative Gestalt der liberalen Erziehung – die sich auf Abwehr von festlegenden Eingriffen beschränken will – entkommt diesem Problem nicht. Indem sie nämlich – soziokulturell wirkmächtig in der sog. ‚antiautoritären Erziehung' – dazu tendiert, elterliche Eingriffe unter den Generalverdacht des Paternalismus zu stellen, läuft sie Gefahr, die kindliche Entwicklung unter der Hand ihrerseits an einer positiven Zielgestalt auszurichten: am ‚Leitbild' eines Individualismus, der sich in Abgrenzung gegen

10 Angesichts der Schwierigkeiten, von denen der Begriff der künftigen Autonomie des Kindes eingeholt wird, mag es naheliegen, in der Ethik der Elternschaft an der aktuellen Autonomie des Kindes Maß zu nehmen. An Grenzen stößt solch ein Vorgehen jedoch, da es die frühen Stadien des kindlichen Lebens nicht in Betracht ziehen kann (vgl. Wiesemann 2016, 96 ff).

sozio-kulturelle Rollen und Lebensmuster definiert – und sich damit der „eigenen Willkür ausliefert", wie Robert Spaemann (2009a, 24) schreibt.

Nun ändert der Umstand, dass sich die philosophischen Fragen nach einem guten ‚Zur-Welt-Bringen' eines Kindes nicht allgemeingültig beantworten lassen, freilich nichts an ihrer Relevanz. Angesichts der Dringlichkeit, mit der sie in der Lebenswelt auftreten, lassen sich die Fragen nach einem gut verfassten Zeugen, Schwanger-Gehen, Entbinden, Auf- und Erziehen unsere Kinder und Sorgen für unsere Kinder nicht als leer oder irrelevant zurückweisen. Zugleich lassen sie sich auch nicht aus dem Bereich der philosophischen Ethik – in der nach *rationaler* Orientierung gestrebt wird – in den Bereich privater Meinungen verbannen. Solch ein ‚philosophischer Bann' scheitert nicht zuletzt daran, seinerseits eine Position *innerhalb* des ethischen Streits über gute Elternschaft auszumachen: dass jede_r nur selbst wissen könne, wie sie oder er leben und ihre oder seine Kinder erziehen wolle. Da sich die Fragen nach einer gelingenden Elternschaft nicht auflösen lassen, gilt es meiner Ansicht nach die Vorannahme zu überdenken, dass eine rationale Auseinandersetzung mit diesen Fragen die Gestalt einer universal gültigen, ‚präskriptiven Ethik' annehmen müsse.

Meinerseits möchte ich für einen Perspektivwechsel innerhalb der philosophischen Ethik von Elternschaft und Erziehung plädieren: von einem ‚präskriptiven' Typus zu einem ‚verstehenden' Typus.[11] In Gestalt des von mir favorisierten, ‚verstehenden' Ansatzes ziehe ich die Konsequenz aus dem Wissen um meine eigene Zeitlichkeit. In bewusster Übernahme meiner eigenen Geschichtlichkeit nehme ich die skizzierten Fragen nach einem gelingenden Gebären nicht zum Ausgangspunkt, um allgemeingültiges Wissen zu ihrer Beantwortung zu erreichen. Vielmehr nehme ich mein Affiziert-Werden durch die Gelingensfragen zum Ausgangspunkt, um die sozio-kulturellen Praktiken der Selbstsorge zu bergen, in deren Ausübung wir allererst durch ebendiese Fragen affizierbar werden. Mir ist es mit anderen Worten nicht darum zu tun, eine bestimmte, existenzielle Grundhaltung durch rationale Überlegung als das ‚ethos' anzuempfehlen, das die eigene Elternschaft gelingen ließe. Vielmehr möchte ich die sozio-kulturell verankerten Praktiken *ins Bewusstsein rücken*, in denen wir unsere Elternschaft ausüben, wenn wir uns inmitten von Geburtsprozessen von den Fragen nach einem gelingenden Zur-Welt-Bringen unserer Kinder affizieren lassen und uns mit ihnen auseinandersetzen. Die gesuchten Praktiken finde ich in Praktiken, die ich – im Rückgriff auf einen paulinischen Begriff (vgl. 1. Kor 12,10) – als ‚Unter-

11 Mit diesem verstehenden Vorgehen sehe ich mich Claudia Wiesemanns Ansatz verbunden, die in ihrer „Ethik der Elternschaft" auf die „moralischen Dimensionen" blickt, die „Elternschaft im Normalfall hat" (Wiesemann 2006, 35).

scheidung der Geister‘ bezeichnen und als Praktiken ausdeuten möchte, die eigene Elternschaft in Selbstliebe auszuüben.

Normativ wird mein Ansatz einer verstehenden Liebesethik der Elternschaft in Selbstliebe gerade in seiner geschichtlichen Positionierung.[12] Ich stelle mich darin nämlich nicht nur in eine geschichtliche Tradition, sondern beziehe mit meiner Deutung dieser Tradition im *gegenwärtigen Konflikt* über gut verfasste Elternschaft Position. Indem ich die Elternschaft im Modus des ‚Unterscheidens‘ ins Bewusstsein rücke, möchte ich für den künftigen Fortbestand eben dieser sozio-kulturell tradierten Gestalt des Zur-Welt-Bringens unserer Kinder eintreten.[13]

Schließlich sei noch angemerkt, dass das verstehende Vorgehen gegenüber den ‚präskriptiven Ansätzen‘ in metaphilosophischer Hinsicht den Vorteil bietet, die Fragen nach dem Gelingen des Gebärens nicht zum Verschwinden zu bringen. Während es den präskriptiven Theorien mit ihren Versuchen zu allgemeingültigen Antworten nämlich um eine Auflösung der Gelingensfragen zu tun ist, enthalte ich mich letztgültiger Antworten. Mit den Gelingensfragen halte ich damit die ‚Unergründlichkeit‘ unseres Mensch-Seins und des Anfangs unseres menschlichen Lebens als Fragehorizont meiner eigenen, philosophischen Auseinandersetzung präsent.[14]

Die verstehende Ethik einer Elternschaft in Selbstliebe entwickle ich in vier Erkenntnisschritten, die meinem Text seine Gliederung vorgeben. In einem ersten, metaethischen Schritt möchte ich die Selbstliebepraktiken, ‚die Geister zu scheiden‘, als Praktiken einer ‚reflektierenden‘ Lebensgestaltung ins Bewusstsein heben. Im zweiten und dritten Abschnitt möchte ich das ‚Unterscheiden‘ als ethische Praxis der Elternschaft herausstellen. Zu diesem Zweck werde ich zunächst auf das anthropologische Verständnis des personalen Zur-Welt-Bringens eines Kindes blicken, das im elterlichen ‚Unterscheiden‘ in Anspruch genommen wird. Im geburtsethischen Zentrum meines Aufsatzes werde ich die Funktionen ausleuchten, die die Selbstliebepraktiken des ‚Unterscheidens‘ dem personalen Gebären leistet: den Eltern und ihren Kindern spezifische Orientierungs-, Frei-

---

12 In eine ähnliche Richtung weist der Ansatz einer „affirmativen Genealogie“, den Hans Joas vertritt (vgl. Joas 2015, 147–203.

13 Ausführlicher habe ich mich mit dem normativen Einsatz von verstehenden Ansätzen in der philosophischen Bioethik in meinen Überlegungen zu einem Ansatz einer verstehenden Sympathieethik des Sterbens auseinandergesetzt (vgl. Mitscherlich-Schönherr 2019, 121–125).

14 Damit stelle ich mich in die Tradition von Helmuth Plessners negativer Anthropologie, mit der ich mich insb. in Mitscherlich (2007; 2008) sowie Mitscherlich-Schönherr (2017) auseinandergesetzt habe. Matthias Wunsch vertritt in seinem Beitrag zum vorliegenden Band, in dem es ihm um eine positive Bestimmung des Anfangs unseres Mensch-Seins zu tun ist, eine alternative Plessner-Deutung.

heits- und Sinnpotenziale zu eröffnen. In einem letzten, moral- und sozialphilosophischen Schritt möchte ich schließlich auf die Unterstützung durch die Kinder sowie dritte bzw. vierte Parteien blicken, derer Eltern bedürfen, um die Selbstliebepraktiken des ‚Unterscheidens' ausüben zu können.

2 Die sozio-kulturell verankerten Selbstliebepraktiken des ‚Unterscheidens'

Im folgenden metaethischen Abschnitt möchte ich die Praxis eines ‚Unterscheidens der Geister' ins Bewusstsein heben, über die wir sozio-kulturell verfügen. Zu diesem Zweck werde ich auf den Gegenstand, das ‚ethos' und die dialogische Anlage dieser Praxis blicken.

Dabei mag mein verstehendes Vorgehen den Anschein erwecken, das Problem nur zu verschieben, in der Auseinandersetzung mit den Fragen nach einer gelingenden Geburt über keinen allgemeingültigen Maßstab der Beurteilung zu verfügen: Wiederholt sich dieses Problem nicht auf Gegenstandsebene? Sind die sozio-kulturell verankerten Selbstliebepraktiken eines ‚Unterscheidens der Geister', für die ich mich stark machen will, nicht ihrerseits auf *diskursives* Wissen über einen normativen Maßstab angewiesen, wenn sie das elterliche Gebären – vom Zeugen, über das Schwanger-Gehen und Sorgen bis hin zum Erziehen – orientieren sollen? Am Ende des vorliegenden Abschnitts werde ich dafür eintreten, dass dies nicht der Fall ist, da das ‚Unterscheiden' eine Praxis nicht der bestimmenden, sondern der reflektierenden Lebensorientierung darstellt.

Beim ‚Unterscheiden' handelt es sich um eine situierte bzw. positionierte Praxis: um eine Praxis der Selbstliebe, die inmitten des Lebens bzw. genauer inmitten von ‚Grenzsituationen' des Lebens[15] ausgeübt wird, in die gestellt wir unser Leben zu gestalten haben. Zu seinem *Gegenstand* hat das ‚Unterscheiden' die Forderungen, die uns in unserer Lebensgestaltung anleiten: die Forderungen, denen wir uns in den konkreten Situationen ausgesetzt erfahren und die uns hier und jetzt die Ausübung bestimmter Akte des Lebens und Erlebens abverlangen.

---

15 In Anschluss an Karl Jaspers, der diesen Begriff wirkmächtig in die philosophische Ethik eingeführt hat, verstehe ich unter einer ‚Grenzsituation' eine Situation, in der erprobte Schemata des Lebens und Erlebens ihre Selbstverständlichkeiten verlieren – so dass die Situation nicht mehr „überschaubar" ist (vgl. Jaspers 1994, 203). Ich teile jedoch weder Jaspers tragizistische Deutung der Grenzsituationen als Situationen des Todes, des Leidens, des Kampfes und der Schuld noch seine heroistische Ethik der Existenz, die es in ebendiesen Grenzsituationen zu ergreifen gelte (vgl. ebd., 220–249).

An einem bestimmten Punkt im eigenen Leben können wir z. B. der Forderung begegnen, uns dem explizit geäußerten Wunsch unseres Kindes zu widersetzen und es auf den Abschluss seiner Schulausbildung zu verpflichten. Die Forderungen, die sich uns inmitten des Lebens stellen, werden im ‚Unterscheiden' nicht ‚blind' übernommen, sondern kritisch überprüft. Dabei nimmt diese Überprüfung nicht die Form eines ‚bestimmenden Urteils' an. Das ‚Unterscheiden' nimmt kein allgemeingültiges ‚Leitbild' – weder substanzialistische Vorstellungen über eine natürliche Bestimmung oder Zielgestalt unseres Mensch-Seins noch das liberale Grundprinzip der Autonomie – in Anspruch, um daran die Gutheit der hier und jetzt abverlangten Lebensakte zu überprüfen. Es setzt gar nicht am inhaltlich Geforderten, sondern *an der Weise unseres emotionalen Herausgefordert-Werdens* an – um unterschiedliche Formen des emotionalen In-die-Pflicht-Genommen-Werdens zu unterscheiden. In dieser Überprüfung unseres emotionalen Herausgefordert-Seins nimmt das ‚Unterscheiden' wiederum kein positiv ausgedeutetes ‚Leitbild' einer guten oder genuin menschlichen Gefühlsordnung in Anspruch. Es formt keine Praxis der diskursiv-rationalen, sondern der erotischen Selbstsorge[16]: eine Praxis der Selbstliebe bzw. des Liebens des eigenen Liebens (vgl. Frankfurt 2005, 92).

Dass die – von Eigenliebe zu unterscheidende[17] – Selbstliebe das ‚ethos' bildet, das das ‚Unterscheiden' bestimmt, lässt sich mit Blick auf die Akte der Bejahung und der Zurückweisung erläutern, die in dieser Praxis ausgeübt werden. Im ‚Unterscheiden' wird das Gefordert-Sein bejaht, das wir im Lieben (erster Ordnung) bzw. genauer in Ereignissen der Liebe erfahren.[18] In Liebesereignissen

---

16 In meiner Verwendung des Begriffs des ‚Erotischen' folge ich nicht der wirkmächtigen Unterscheidung von ‚eros' und ‚agape' (und ‚philia'), die in starker Vereinfachung egozentrisches erotisches Begehren und selbst- oder interesselose Hingabe einander gegenüberstellt und dem sinnlichen bzw. dem geistigen Leben zuspricht. Ich verwende die Begriffe ‚eros' und ‚Liebe' bzw. ‚erotisch' und ‚liebend' vielmehr synonym, um am emotionalen Leben und Erleben die ineinandergreifenden Aspekte des Sich-Affizieren-Lassens durch das Begegnende und des Begehrens des Begegnenden zu bezeichnen. Das sich hingebend-begehrende Lieben kann in unterschiedlicher Gestalt in den leiblichen wie geistigen Dimensionen des Lebens ausgeübt werden.

17 Die Unterscheidung von Eigenliebe und Selbstliebe, die sich aus biblischen Quellen speist, wird in der Neuzeit von Jean-Jacques Rousseau und in der Moderne von Max Scheler philosophisch angeeignet (vgl. Rousseau 1971, 212 Fußn.; Scheler 2000, 353 f).

18 In meiner Auffassung des Liebens erster Ordnung, auf das sich die Selbstliebe bezieht, grenze ich mich von Frankfurt ab. Während ich das Lieben erster Ordnung in den Ereignissen der Liebe finde, setzt Frankfurt es mit den subjektiven Akten des Sich-Sorgens gleich (vgl. Frankfurt 2005, 47). Um eine kritische Auseinandersetzung mit Frankfurts subjektivistischer Auffassung der Liebe, die ihn ganz von der Verfasstheit des Geliebten abstrahieren lässt, habe ich mich in meiner Habilitationsschrift bemüht (vgl. Mitscherlich-Schönherr i.V.). Sein subjektivistisches Verständnis der Liebe erster Ordnung schlägt insofern auf sein Verständnis der Selbstliebe durch, als er

greifen eine genuine Haltung des Subjekts und eine genuine Form des In-Erscheinung-Tretens des Begegnenden ineinander:[19] das erotische Sich-Öffnen des Subjekts und das In-Erscheinung-Treten der ‚Forderungen der Stunde'.[20] Wenn wir uns erotisch öffnen, dann zeigt sich uns „die Welt" – mit Max Scheler gesprochen – „von ihrer Wertseite her" (Scheler 1927, 266). Einem Subjekt, das sich erotisch öffnet, werden die Wertverhalte emotional zugänglich bzw. fühlbar, die eine konkrete Lebenssituation bestimmen (vgl. ebd., 268): etwa die Schönheit eines Morgens, die Gerechtigkeit einer Handlung oder das Gedeihen der leiblichen Gesamtverfassung.[21] Zugleich lässt sich ein erotisch sich öffnendes Subjekt auf die ihm begegnenden Wertverhalte ein, von ihnen ansprechen. Uns erotisch für das Begegnende öffnend können wir in Ereignissen der Liebe den ‚Forderungen der Stunde' begegnen. Wir können uns von den Wertverhalten in die Pflicht genommen erfahren, die die Gegenwart erfüllen: in die Pflicht genommen, hier und jetzt bestimmte Akte der Lebensgestaltung auszuüben. So kann etwa eine konkrete Situation meines Lebens vom Siechtum meines schwer erkrankten Kindes erfüllt sein und von diesem Wertverhalt kann an mich das konkrete ‚Gebot der Stunde' ergehen, mich in der Arbeit abzumelden und mich ganz der Sorge um die Genesung meines Kindes zu widmen. Im ‚Unterscheiden' werden die subjektiven Erfahrungen in solchen Liebesereignissen ernstgenommen, bejaht und als Orientierungspunkte übernommen, die der individuellen Lebensgestaltung das Maß geben.

Zusammen mit dieser Bejahung des erotischen In-die-Pflicht-Genommen-Werdens durch die ‚Forderungen der Stunde' wird im ‚Unterscheiden' ein narzisstisches Getrieben-Werden durch das eigene Geworden-Sein zurückgewiesen: durch diffuse Gefühlszustände, Ressentiments, Werturteile und ‚Leitbilder' des Guten, die wir in der Vergangenheit ausgebildet haben, die uns in die Wiederholung des immer gleichen Fühlens und Handelns zwingen, gegen das Begegnende ‚abriegeln' und uns in der Gegenwart übersehen lassen, worum es für uns

letztere nur formal als ‚entschlossenes Lieben' auffassen kann: „Entschlossen zu sein *heißt*, sich selbst zu lieben" (Frankfurt 2005, 103). Er kann damit nicht zwischen ‚entschlossener' Eigenliebe und ‚entschlossener' Selbstliebe unterscheiden.

19 In erkenntnistheoretischer Hinsicht ist in dieser Auffassung der „höchste Grundsatz der Phänomenologie" – so Scheler (Scheler 1927, 272) – vorausgesetzt, dass sich Erfahrungen der Welt im Ineinandergreifen von Subjekt von Objekt konstituieren: von subjektiven Schemata des Erlebens *und* objektiven Welt- bzw. Sachverhalten.

20 Den – von Wolfgang Goethe geprägten – Gedanken der ‚Forderung der Stunde' hat Max Scheler für die philosophische Ethik fruchtbar gemacht (vgl. Scheler 1927, 513).

21 In der Gegenwart bemühen sich insb. Kevin Mulligan (2009), Christine Tappolet (2009) und Íngrid Vendrell-Ferran (2009) darum, Schelers Theorie der emotionalen Werterkenntnis für die analytischen Debatten über Emotionen fruchtbar zu machen.

hier und jetzt eigentlich geht. Im Zusammenhang des obigen Beispiels kann von mir etwa verlangt sein, das ‚Gebot der Stunde', mich bei der Arbeit abzumelden und mich hier und jetzt um mein krankes Kind zu kümmern, von den Ängsten zu unterscheiden, an der Erfüllung der beruflichen Anforderungen zu scheitern. Selbstliebe wird folglich ausgeübt, indem das emotionale Gefordert-Werden in den konkreten Grenzsituationen des Lebens geschieden wird: das erotische In-die-Pflicht-Genommen-Werden durch die ‚Forderungen der Stunde' bejaht und das narzisstische Getrieben-Werden durch die Verstrickungen in das eigene Geworden-Sein zurückgewiesen wird.

Explizit sei darauf hingewiesen, dass die *dialogische Anlage* dem ‚Unterscheiden' wesentlich ist. Das ‚Unterscheiden' formt in zweierlei Hinsicht eine *dialogische* Praxis. Von seiner Ausrichtung her stellt es die ‚respondierende' Praxis dar, das eigene Leben im Ausgang von den begegnenden ‚Geboten der Stunde' zu führen. Diese Achse der Dialogizität tritt besonders deutlich in Erscheinung, wenn die ‚Gebote der Stunde' – wie im Fall kindlicher ‚Appelle' (vgl. Wiesemann im vorliegenden Band) – von einer anderen Person ausgehen, die diese Forderungen u. U. sogar sprachlich ausdrücken kann. Von seiner Trägerschaft her bildet das ‚Unterscheiden' eine dialogische Praxis, da es zu seiner gelingenden Ausübung auf die Unterstützung durch Dritte angewiesen ist. Auf sich gestellt ausgeübt bliebe das ‚Unterscheiden' notwendigerweise dem Geworden-Sein seines Subjekts verschuldet – mitsamt all der Werturteile, Ressentiments und Ängsten, die letzteres in seiner Vergangenheit ausgebildet haben mag. Das monologische ‚Unterscheiden' liefe damit immer Gefahr, sich in die Betätigung von Eigenliebe zu verkehren: in ein Bejahen des Altvertrauten und ein Zurückweisen der zugemuteten Erneuerungen durch das hier und jetzt individuell Geforderte. Diese Gefahr unterläuft die Unterscheidungspraxis, wenn sie im Dialog zwischen Freund_innen – an unterschiedlichen Orten und vor dem Hintergrund verschiedener Lebensgeschichten – ausgeübt wird. ‚Zwischen' Freund_innen formt das Unterscheiden eine dialogisch ‚geteilte Praxis', in deren Betätigung die Freund_innen wechselseitig ihr Lieben mit-lieben: miteinander ihr liebendes Sich-Öffnen bejahen und ihre Verstrickungen in ihr Geworden-Sein zurückweisen.[22] In der Ausübung des dialogischen Miteinander-Liebens, in dem die Liebe zu sich selbst und zu den Anderen ineinandergreifen, setzen die Freund_innen einander wechselseitig immer aufs Neue dazu in Stand, die von ihnen individuell zu leistenden Unterscheidungsakte zu vollziehen: sich noch den eigenen Verstrickungen zu

22 Einen guten Überblick über die zeitgenössische Diskussion über die ‚geteilte Handlung' findet sich bei Schmid/Schweikard (2009). Um ein theoretisches Verständnis der Freundschaft und deren Funktion für das Gelingen des individuellen Lebens habe ich mich in meiner Habilitationsschrift bemüht (vgl. Mitscherlich-Schönherr i.V.).

entwinden, die im ‚toten Winkel' ihrer monologischen Selbstverständigung stehen und zusammen mit dieser erotischen Selbst-Entgrenzung das eigene, erotische Affiziert-Werden durch das hier und jetzt individuell Gebotene als Orientierungsereignis zu übernehmen. Als Eltern können wir beispielsweise verstrickt in Ängste auf die Unterstützung durch Freund_innen angewiesen sein, um die ‚Zeichen der Zeit' zu verstehen, hier und jetzt den ‚Appellen' (Wiesemann) unserer Kinder zu entsprechen, sie in die Verantwortung für bestimmte Teilaspekte der Lebensführung zu entlassen.

Schließlich kann ich nun die zu Beginn dieses Abschnitts skizzierte, methodologische Nachfrage an mein verstehendes Vorgehen beantworten: ob die sozio-kulturell verankerten Selbstliebepraktiken des ‚Unterscheidens', die ich stark machen will, nicht ihrerseits von dem Maßstabproblem eingeholt werden, das ich in meinen methodologischen Eingangsüberlegungen aufgeworfen habe. Sind die Praktiken des ‚Unterscheidens' nicht ihrerseits auf *diskursives* Wissen über einen normativen Maßstab angewiesen, um die hier und jetzt abverlangten Lebensakten zu scheiden – auf Wissen, über das wir nicht verfügen? Vor dem Hintergrund meiner bisherigen Überlegungen lässt sich einsehen, dass das ‚Unterscheiden' dieses Problem unterläuft, da es eine Praxis nicht der ‚bestimmenden', sondern der ‚reflektierenden' Lebensgestaltung bildet.[23] Wie gerade gesehen

---

23 In dieser Ausdeutung greife ich auf Kants Unterscheidung zwischen zwei Formen des Urteilens zurück, die Daniel Kersting in der philosophischen Bioethik jüngst wiedererinnert hat (vgl. Kant 1983, B XXVI; Kersting 2017, 301 f). Das Maßstabproblem betrifft nur eine Form des Urteilens: das ‚bestimmende Urteilen'. Beim bestimmenden Urteilen wird ein besonderer Fall unter ein allgemeines Gesetz subsumiert (vgl. Kant 1983, B XXVIf). In unserem Zusammenhang bedeutete dies, Fragen nach dem Gelingen konkreter Akte der Elternschaft – ob etwa bestimmte Formen der Pränataldiagnostik in Anspruch genommen werden sollen oder nicht – im Ausgang von einem allgemein-gültigen ‚Leitbild' der Elternschaft zu bestimmen. Diese Form des bestimmenden Beurteilens von Einzelproblemen unserer Elternschaft ist uns verschlossen, da wir über kein positives Wissen über die Zielgestalt der kindlichen Entwicklung verfügen, deren Erreichen von den Eltern zu befördern wäre. Vom bestimmenden Urteilen unterscheidet Kant nun das reflektierende Urteilen (vgl. ebd.). In der reflektierenden Form des Urteilens wird zu einem besonderen Fall das ihn ordnende Gesetz allererst *gesucht* (vgl. ebd.). Auch das reflektierende Urteilen ist damit kein willkürliches ‚irgendwie' Urteilen, sondern ein von einem Gesetz angeleitetes Urteilen – ohne dass es jedoch diskursives Wissen von ebendiesem Gesetz beanspruchte.

Kants Schlussfolgerung, dass die Urteilskraft das Gesetz, das ihren reflektierenden Gebrauch anleitet, nur in der Selbstgesetzgebung der Vernunft finden könne, teile ich indes nicht. Kant begründet diesen Schluss mit der Überlegung, dass die Urteilskraft das Prinzip „nicht anderwärts hernehmen [könne] (weil sie sonst bestimmende Urteilskraft sein würde)" (Kant 1983, B XXVII). Bei dieser Begründung übersieht er jedoch das gesamte Spektrum des – obgleich durch soziokulturelle Praktiken vermittelten – nicht diskursiv verfassten, emotionalen Wissens des individuell hier und jetzt Gebotenen, um dessen Verständnis ich mich im Folgenden bemühen werde.

werden im ‚Unterscheiden' unter Freund_innen unter all den Forderungen, die sich in einer konkreten Lebenssituation melden, die ‚Gebote der Stunde' gehört, verstanden und übernommen. Dabei wird das In-die-Pflicht-Genommen-Werden in der konkreten Situation unter keine ethischen oder metaphysischen Theorien subsumiert. Die ‚Forderungen der Stunde' werden nicht deswegen bejaht, da sie im Ausgang vom eigenen ‚Leitbild' des menschlichen Lebens oder der guten Lebensführung als ‚gut' bestimmt worden sind. Das In-die-Pflicht-Genommen-Werden durch die konkreten ‚Forderungen der Stunde' wird vielmehr – in Abstinenz von solchen ‚Leitbildern' – in seiner erotischen Verfasstheit als Liebesereignis bejaht. In dieser Bejahung wird das subjektive Erleben in den Liebesereignissen ernst genommen, individuell zur Ausübung bestimmter Akte des Mensch-Seins – des Schauens, Sich-Zuwendens, Handelns, Genießens – aufgefordert zu werden. Die Lebensakte, zu denen die konkreten ‚Forderungen der Stunde' in diesen Liebesereignissen aufrufen, werden als die Akte des Mensch-Seins übernommen, um deren Ausübung es individuell hier und jetzt geht.

Mit der Ausrichtung an den ‚Forderungen der Stunde' rückt die Selbstliebepraxis des ‚Unterscheidens' die Lebensgestaltung damit *mittelbar* in den Horizont des individuell aufgegebenen Mensch-Seins. In den konkreten Lebenssituationen wird die Lebensgestaltung mittelbar ‚im Lichte' des individuell aufgegebenen Mensch-Seins bzw. der „individuellen Bestimmung" (Scheler 2000, 353) beurteilt – von dem bzw. von der wir kein diskursives Wissen haben. Dergestalt bildet das ‚Unterscheiden' eine Form nicht der bestimmenden, sondern der reflektierenden Lebensorientierung: einer reflektierenden Lebensgestaltung, die in ihrer Ausrichtung an den ‚Forderungen der Stunde' bei der Lebensgestaltung auf diskursives Wissen über das Gute verzichten kann, ohne deswegen der Willkür anheimzufallen.

3 Der anthropologische Reflexionsbegriff des personalen Gebärens

Bevor ich mich mit der Frage auseinandersetzen kann, welche Gestalt Elternschaft im Modus des ‚Unterscheidens' annimmt, möchte ich zunächst danach fragen, was in diesen Selbstliebepraktiken überhaupt unter dem menschlichen Gebären bzw. dem Zur-Welt-Bringen eines Menschenkindes verstanden wird. Ich werde für die These eintreten, dass ‚unterscheidende' Eltern einen Reflexionsbegriff des ‚personalen' Gebärens in Anspruch nehmen: dass sie sich mit dem Begriffskomplex des menschlichen Gebärens auf die Lebensakte beziehen, in denen sie ein Kind unter der personalen Lebensform zur Welt bringen.[24]

Indem ich nach dem ‚Reflexionsbegriff'[25] des menschlichen Gebärens frage, den Eltern im ‚Unterscheiden' in Selbstliebe – implizit oder explizit – in Anspruch nehmen, setze ich mein verstehendes Vorgehen fort.[26] In methodologischer Hinsicht habe ich in meiner folgenden Rekonstruktion des ‚personalen' Gebärens das Problem des ‚Immanentismus' im Auge zu behalten, mit dem jeder ‚verstehende' Ansatz in der philosophischen Ethik konfrontiert ist. Ein ‚verstehendes' Vorgehen, das die eigene Geschichtlichkeit bewusst übernimmt, um das eigene ‚ethos' von innen heraus zu erhellen, läuft Gefahr, die Frage nach der Wahrheit der eigenen Reflexionsbegriffe abzublenden – und im ‚eigenen Saft zu kreisen' bzw. der ideologischen Verfestigung von sozio-kulturellen Vorannahmen das Wort zu reden. In unserem Fall hieße das, bei der Ausdeutung des ‚personalen' Gebärens – das im ‚Unterscheiden' vorausgesetzt wird – den Bezug dieses Reflexionsbegriffs auf die *tatsächlichen* Vollzüge des Gebärens abzublenden. Um diese Gefahr zu unterlaufen, habe ich bei meiner Explikation des Reflexionsbegriffs des ‚personalen' Gebärens die Frage nach dem Verhältnis dieses Begriffs zu den tatsächlichen Gebärensvollzügen mit zu beantworten. Um dieser Herausforderung zu genügen, werde ich neben der inhaltlichen Bestimmung auch die pragmatische Verwendung des Begriffs des ‚personalen' Gebärens in den Blick nehmen. Auf

---

24 Im Verständnis der ‚personalen Lebensform' orientiere ich mich an der Theorie der Exzentrizität des menschlichen Lebens, die Helmuth Plessner entworfen hat (vgl. Plessner 1975, 288–308).

25 Den Begriff des ‚Reflexionsbegriffs' – den Kant von Begriffen abgrenzt, die dem Gegenstand entlehnt sind – haben u. a. Theda Rehbock, Michael Quante und Daniel Kersting für die medizinethische Diskussion über den Menschen fruchtbar gemacht. Theda Rehbock erläutert den ‚anthropologischen Reflexionsbegriff' als einen Begriff, „der sich nicht in einem *ontologischen* Sinne (direkt) auf die aktuellen oder potentiellen *Eigenschaften* bezieht, sondern in einem *transzendentalen* Sinne auf den *begrifflich-kategorialen Rahmen* oder auf die *begriffliche Grammatik* (Wittgenstein) unserer Erfahrung bzw. unserer Rede von uns selbst." (Rehbock 2005, 295; vgl. auch Quante 2006, 129 ff; Kersting 2017, 162 f). Analog dazu greifen Volker Schürmann und Matthias Wunsch auf den von Helmuth Plessner geprägten Ausdruck des ‚Prinzips der Ansprechbarkeit' zur Bezeichnung des begrifflichen Schemas zurück, „das immer schon in Gebrauch ist, wenn man den Menschen wohlbestimmt als Menschen anspricht" (Schürmann 1997, 348). Dieses ‚Prinzip der Ansprechbarkeit' grenzt Wunsch von dem ‚Konstitutionsprinzip' ab, das „bestimmen [würde], was den Menschen allererst zum Menschen macht" (Wunsch 2014, 222).

26 Mir ist dabei um eine Alternative zu einem ‚anthropologistischen' Vorgehen in der philosophischen Bioethik zu tun: einem ‚anthropologistischen' Vorgehen, das ‚hinter' die sozio-kulturell vermittelte Erscheinungsweisen unseres Gebärens zu dessen ‚Natur' oder ‚Wesen' zurückfragen möchte, um im Ausgang von dieser ‚natürlichen Bestimmung' unseres Gebärens das ‚Unterscheiden' als gute, da unserem Mensch-Sein entsprechende Form der Elternschaft auszuweisen.

diese Weise lässt sich zeigen, inwiefern sich ‚unterscheidende' Eltern mit Hilfe dieses Begriffs auf die tatsächlichen Vollzüge ihres Gebärens beziehen und Erkenntnis von letzteren gewinnen können.[27]

‚Unterscheidende' Eltern beziehen sich mit dem Begriff des ‚personalen' Gebärens auf die tatsächlichen Vollzüge des Gebärens, die sie hier und jetzt durchleben, indem sie diesen Begriff nicht als einen theoretischen, sondern als einen praktischen Begriff verwenden.[28] ‚Personales' Gebären fungiert beim ‚Unterscheiden' nicht als theoretischer Allgemeinbegriff, um – jenseits der konkreten Lebenszusammenhänge – universal-gültiges Wissen über den Lebensanfang von Menschen zu gewinnen. Dieser Begriff wird vielmehr als praktischer Begriff verwendet, um inmitten der eigenen Gebärensprozesse selbige bei ihrer praktischen Ausgestaltung zu adressieren. In seiner Verwendung ist der Reflexionsbegriff des ‚personalen' Gebärens folglich auf das tatsächliche – hier und jetzt zu durchlebende – Gebären rückbezogen, das mit seiner Hilfe angesprochen werden soll. Aufgrund seiner inhaltlichen Bestimmung verstellt der Begriff des ‚personalen' Gebärens zugleich nicht den Blick auf das tatsächliche Gebären, das mit seiner Hilfe adressiert wird, sondern befähigt vielmehr zu dessen Erkenntnis. Diese erkenntniseröffnende Funktion zeigt sich, wenn man die inhaltlichen Grundcharakteristika ins Auge fasst, die das Gebären als ‚personales' Gebären bzw. Gebären unter der personalen Lebensform annimmt: seine Exzentrizität, Vieldimensionalität, Dialogizität sowie Rückhaltlosigkeit und individuelle Ausgestaltung.

Indem ‚unterscheidende' Eltern ihr Gebären mit dem Begriff des ‚personalen' Gebärens inmitten ihres Gebärens ansprechen, nehmen sie es in formaler Hinsicht als *exzentrische* Lebensakte[29] in den Blick: als Lebensvollzüge, die ihnen

---

27 Um sich idiosynkratischen Verstellungen zu entwinden, ist die Rezeption des Wissens über die unterschiedlichen Aspekte und Dimensionen des Gebärens unabdingbar, das gegenwärtig interdisziplinär zur Verfügung steht. In diesem Sinne fordert Dieter Birnbacher, in einen ‚anthropologischen Reflexionsbegriff' das zu „integrier[en], was wir aus der historischen Erfahrung über die ‚Natur des Menschen' wissen" – damit die Ethik überhaupt „eine Chance" habe, „die konkrete Wirklichkeit zu prägen und nicht nur Bildungsgut zu bleiben" (Birnbacher 2008, 66). Für sich genommen kann solch eine Haltung der Wissenschaftlichkeit eine ideologische Schließung des rekonstruierten Begriffs jedoch nicht verhindern. Auch ein von den interdisziplinären Debatten informierter Begriff kann geteilten Vorurteilen verpflichtet bleiben und auf diese Weise den Bezug zum bzw. den Blick auf die tatsächlichen Vollzüge und Praktiken des Eltern-Seins gerade verstellen.

28 Den Begriff eines ‚praktischen Begriffs', den Kant von den ‚theoretischen Begriffen' abgrenzt, hat Andrea Esser in jüngster Zeit für die bioethische Diskussion über unser Sterben fruchtbar gemacht (vgl. Esser 2019).

29 Mit dem Begriff der ‚Exzentrizität' greife ich auf einen Begriff zurück, den Helmuth Plessner zur Charakterisierung der genuin personalen Form des Lebens geformt hat (vgl. Plessner 1975, 288–293).

widerfahren bzw. die sie passiv durchleiden,[30] *und* die sie – sozio-kulturell vermittelt – zwar nicht autonom planen, wohl jedoch aktiv (mit-)gestalten.[31] So kann etwa eine Mutter in den westlichen Gesellschaften der Gegenwart den Prozess der ‚Austreibung' ihres Kindes aus ihrem Körperleib, den sie pathisch zu durchleiden hat, im Rückgriff auf unterschiedliche, sozio-kulturell zur Verfügung stehende Körpertechniken mitgestalten: von einer ‚vaginalen' Entbindung im eigenen Heim über eine medizinisch überwachte Spontanentbindung im Krankenhaus bis hin zum geplanten Kaiserschnitt.[32]

Neben der exzentrischen Form nehmen ‚unterscheidende' Eltern mit dem Begriff des ‚personalen' Gebärens die *Vieldimensionalität* ihres Gebärens in den Blick. Das ‚personale Gebären' integriert die unterschiedlichen – körper-leiblichen, seelischen und sozio-kulturell konstituierten, geistigen – Lebensdimensionen und Phasen, in denen ein Kind zur Welt gebracht wird. Diese Vieldimensionalität lässt sich etwa an der Weise verständlich machen, in der ‚unterscheidende' Eltern die Entbindung – als das Gebären im engeren Sinne – ansprechen. Über die – biochemisch verursachten – Körperprozesse hinaus fassen ‚unterscheidende' Eltern leibliche, seelische, intersubjektiv geteilte und sozio-kulturell konstituierte Aspekte der Entbindung ins Auge. Sie nehmen die leiblichen und seelischen Erfahrungen der Mutter in den Blick, von Wehenkrämpfen

---

30 Auch der Umstand, dass Eltern an dem ‚In-Gang-Setzen' des kindlichen Werdens ‚nicht unbeteiligt' sind, ändert nichts am Widerfahrnisaspekt der Geburt. Der umgangssprachliche Ausdruck vom ‚Kindermachen' führt in die Irre, da er Zeugung als einen poietischen Akt des Herstellens konzeptualisiert. Sowohl der Geschlechtsakt als auch die medizintechnischen Verfahren von künstlicher Befruchtung und Einpflanzung des *in petri* gezeugten Embryos können jedoch allein die Bedingungen dafür schaffen, dass ein Kind ‚kommt'. Das tatsächliche Ereignis des kindlichen Lebensanfangs entzieht sich diesen Tätigkeiten. Viele Hoffnungen, die gegenwärtig in die Reproduktionsmedizin gesetzt werden, sind einer poietischen Auffassung von der Geburt als einem ‚Projekt' des ‚Kindermachens' bzw. der eigenen ‚Re-Produktion' verschuldet. Kritisch setze ich mich mit dieser Vorstellung in Mitscherlich-Schönherr 2020 auseinander.

31 In der Verschränkung von unmittelbar leiblichem Erleben und sozio-kultureller Vermittlung unterläuft dieser Begriff dualistische Verkürzungen des menschlichen Gebärens, die entweder allein das passive Erleiden oder das aktive Hervorbringen betonen. Im Rahmen solcher Dualismen wird das menschliche Gebären entweder auf die biologischen Prozesse reduziert, die Eltern im Rahmen der biologischen Verjüngung der Gattung durchleiden. In diesem Sinne spricht etwa Simone de Beauvoir davon, dass „Austragen und Stillen keine *Aktivitäten*, sondern natürliche Funktionen" seien, in denen die Frau „passiv ihr biologisches Schicksal [erduldet]" (de Beauvoir 2000, 88 f). Oder das Gebären wird komplementär dazu in der Tradition von Platons „Politeia" und der neuzeitlichen Utopien auf das ‚poietische' Projekt einer Neuschöpfung der kommenden Generation nach pädagogischem Programm reduziert.

32 Zur sozio-kulturellen Vermittlung des gegenwärtigen Gebärens vgl. insb. den Beitrag von Rose und Planitz zum gegenwärtigen Band.

überwältigt zu werden, in den leiblichen Mitvollzug des Wehens hineingezwungen zu werden und sich auf Andere – persönliche oder professionelle Geburtshelfer_innen – angewiesen zu erleben; und sie reflektieren sozio-kulturell bestimmte Rollen und Köperpraktiken des Gebärens und der Geburtshilfe – vom Veratmen der Wehenkrämpfe, dem Beistand des Vaters über medikamentöse Schmerztherapie und intensivmedizinische Eingriffe unter der Geburt bis hin zum Wunschkaiserschnitt (vgl. den Beitrag von Stähler im vorliegenden Band). Unter der personalen Lebensform reduziert sich das Zur-Welt-Bringen eines Kindes für ‚unterscheidende' Eltern allerdings nicht auf die Entbindung. Über die körperliche Entzweiung von Mutter und Kind in der Entbindung hinaus adressieren ‚unterscheidende' Eltern weitere Gestalten und Phasen des Zur-Welt-Bringen des Kindes. Bereits vor der Entbindung sprechen sie das Zur-Welt-Bringen des Kindes in Gestalt der körper-leiblichen Zeugung an, die sie miteinander ausüben, sowie des Schwanger-Gehens, das die ‚werdende' Mutter durchlebt. In Anschluss an die körperliche Entzweiung von Mutter und Kind in der Entbindung nehmen sie die Akte des alltäglichen Miteinander-Lebens, Sorgens und Erziehens – von Stillen, Füttern und Windeln über die dialogische Hinwendung und Ansprache, den Beistand bei Krankheit, Schmerz und Leid, die Unterstützung beim Erlernen der ersten Schritte und Worte, bis zur Eingewöhnung in gesellschaftliche Rollen und zur Einführung in das sozio-kulturell verfügbare Wissen – in den Blick, in denen sie das Kind bis zu dessen Entlassung in die Mündigkeit zur Welt bringen.[33]

In ihrem vieldimensionalen Gebären wissen sich ‚unterscheidende' Eltern darüber hinaus in das *dialogische* Miteinander mit Anderen verschränkt. Als Subjekte des personalen Gebärens sprechen sie – in den verschiedenen Phasen des Geburtsprozesses und unter den sozio-kulturell zur Verfügung stehenden Rollen – neben sich selbst auch den je anderen Elternteil, das Kind sowie vierte Parteien an: etwa Großeltern, Geschwisterkinder, den Partner oder die Partnerin in ‚Patchwork'-Familien, Geburtshelfer-, Erzieher- und Lehrer_innen.[34] Dabei ist ihnen das Kind – jenseits vereinfachender, am Vorbild des ‚Werkmeisters' orientierter, poietischer Vorstellungen – mit Anbeginn seines leiblichen Ausdrucksverhaltens in der mütterlichen Bauchhöhle – nicht nur Objekt, sondern

33 Dabei wissen sie um die vermittelnde Funktion der sozio-kulturellen Bilder und Praktiken des Gebärens: als Formen, die nicht nur den Spielraum für die Einzelakte des Gebärens und das Miteinander mit dem Kind in der Geburt, sondern auch den Kreis derjenigen mit abstecken, die als Subjekte des post-natalen Zur-Welt-Bringens eines Kindes fungieren können.

34 Zur Geburtshilfe in Geschichte und Gegenwart vgl. insb. die Beiträge von Hartmann-Dörpinghaus und Hilber im vorliegenden Band.

zugleich auch Subjekt seines Zur-Welt-Kommens.[35] In den verschiedenen Phasen ihres Gebärens wissen sich ‚unterscheidende' Eltern vom Kind auf unterschiedliche Weise durch sein leibliches oder geistiges Ausdrucksverhalten angesprochen und zu verschiedenen Formen des dialogischen Miteinanders – vom geteilten Leben[36] bis zur direkten Zuwendung – aufgefordert.

Und schließlich adressieren ‚unterscheidende' Eltern ihr – mit dem Kind und Anderen geteiltes – Zur-Welt-Bringen eines Kindes als einen *rückhaltlosen, individuellen Prozess.* In seiner Exzentrizität, Vieldimensionalität und Dialogizität unterläuft ihr Begriff des ‚personalen' Gebärens die Verabsolutierung einer Lebensdimension zur ‚Substanz' des Zur-Welt-Bringens eines Kindes. Damit enthalten sich ‚unterscheidende' Eltern zugleich der Festlegung einer Lebensdimension als ‚Substanz' oder Zielgestalt der kindlichen Entwicklung.[37] In dieser Rückhaltlosigkeit stellt sich ihnen der Prozess, den ihr Gebären in seinen verschiedenen Gestalten – von der Zeugung bis zur Entlassung des Kindes in die Selbstverantwortung – durchläuft, als individuelle Entwicklung dar. ‚Unterscheidende' Eltern fassen den Prozess ihres Zur-Welt-Bringens eines Kindes als eine besondere Entwicklung auf, der die Prinzipien, die sie anleiten, nicht – in Gestalt einer Zielgestalt der kindlichen Entwicklung – vorausgehen, sondern in deren Verlauf sie die Prinzipien oder Schemata ihres Gebärens allererst Schritt für Schritt hervorbringen: unter den sozio-kulturellen Bildern und Praktiken der Elternschaft, im Dialog mit dem Kind und unterstützt von weiteren Personen.

Vor dem Hintergrund seiner exzentrischen, vieldimensionalen, dialogischen und rückhaltlosen Bestimmung lässt sich nun einsehen, inwiefern ‚unterscheidende' Eltern mit ihrem Reflexionsbegriff des ‚personalen' Gebärens Erkenntnis

---

35 Das kindliche Werden – das sich in der Geburt verschränkt in ihr Gebären ereignet – nehmen ‚unterscheidende' Eltern seinerseits als ein vieldimensionales und vielstufiges Zur-Welt-Kommen in den Blick. Im Horizont ihres geteilten Lebens stellt sich ihnen das kindliche Werden von Anfang an integriert in ihre eigenen – sozio-kulturell vermittelten – emotionalen und praktischen Bezugnahmen und damit einbegriffen in die personale Form ihres geteilten Lebens dar. Zugleich sprechen sie das Zur-Welt-Kommen des Kindes als einen vielstufigen Prozess an, der vom ersten – medizintechnisch durch den Ultraschall vermittelten – In-Erscheinung-Treten und dem ersten Ausdrucksverhalten des Embryos über das körper-leibliche Sich-Herausdrehen des Säuglings aus dem mütterlichen Geburtskanal im Zuge der ‚Entbindung' bis zu den individuellen Formen reicht, in denen sich das Kind die sozio-kulturell vermittelten Ausdrucks- und Lebensformen aneignet und in ihnen als besondere Person in Erscheinung tritt.

36 Zum Begriff des ‚geteilten Lebens' vgl. Krebs (2015, 226–229); zum Verhältnis von Mutter und Kind während der Schwangerschaft jenseits von symbiotischer Einheit und Entzweiung vgl. Stähler (2016).

37 Damit einhergehend enthalten sie sich auch Versuchen, innerhalb der Entwicklung des Kindes eine bestimmte Schwelle zu markieren, an der es zur Person würde (vgl. exemplarisch Singer 2013, 142 f; 174–191).

von ihrem tatsächlichen Gebären gewinnen können, auf das sie sich in der praktischen Verwendung dieses Begriffs beziehen. In negativer Hinsicht unterläuft der Begriff des ‚personalen' Gebärens ideologische Schließungen. Er enthält sich einseitiger Verabsolutierungen von einzelnen Aspekten des körperlich-leiblichen, seelischen oder sozio-kulturell vermittelten, geistigen Gebärens zur ‚Substanz' oder zum eigentlichen ‚Kern' spezifisch menschlichen Gebärens – die den Eltern den Zugang zu anderen Aspekten und Gestaltungsmöglichkeiten des tatsächlichen Gebärens verstellten, das sie hier und jetzt durchleben. Indem der Begriff des ‚personalen Gebärens' solche ideologischen Schließungen vermeidet und das ‚Wesen' des menschlichen Gebärens offenhält, kann er den ‚unterscheidenden' Eltern in positiver Hinsicht als heuristisches Instrument dienen: als ein Begriff, der ihnen Erkenntnis von den Akten des tatsächlichen Gebärens eröffnet, die sie hier und jetzt durchleben und mitgestalten und auf die sie sich mit Hilfe ebendieses Begriffs beziehen. Dabei entschränkt der Begriff des personalen Gebärens in seiner integrativen Anlage den Blick für das gesamte Spektrum des – in den konkreten Geburtssituationen zu durchlebenden – Zur-Welt-Bringens eines Kindes.

Schließlich lässt sich nun auch verstehen, dass ‚unterscheidenden' Eltern ihr tatsächliches Gebären seinerseits als konkrete ‚Forderung der Stunde' begegnen kann. In Gestalt des tatsächlichen Gebärens, auf das sie sich mit dem Begriff des ‚personalen' Gebärens beziehen, verstehen sie nämlich ‚ihr' Gebären: die konkreten Vollzüge des Gebärens, die ihnen hier und jetzt widerfahren und deren Mitvollzug und Ausgestaltung ihnen – zusammen mit dem Kind und weiteren Personen – aufgegeben sind. Da ihnen zugleich ein ‚Rückhalt' an einem letzten *Worum-willen* ihres Mit-Gebärens entzogen ist, kann sich den ‚unterscheidenden' Eltern das ganze Spektrum der Gelingensfragen auftun, von denen ich ausgegangen bin: die Fragen, wie sie die anstehenden Akte des Zur-Welt-Bringens des Kindes gut ausüben können, sodass die Geburt des Kindes aus den unterschiedlichen, darin ineinandergreifenden Perspektiven gelingt.

4 Gebären bzw. Elternschaft im Modus des ‚Unterscheidens'

Vor dem Hintergrund seines Reflexionsbegriffs des personalen Gebärens möchte ich das ‚Unterscheiden' nun als Praxis der Elternschaft ins Auge fassen. In Fortsetzung meines verstehenden Ansatzes möchte ich in einer geburtsethischen Auseinandersetzung zunächst nach der Orientierung fragen, die das ‚Unterscheiden' dem elterlichen Gebären leistet; und in Anschluss daran die Freiheits-

und Gelingenspotentiale ins Auge fassen, die diese Selbstliebepraxis dem elterlichen Gebären und dem kindlichen Zur-Welt-Kommen eröffnet.

4.1 Die Orientierung des elterlichen Gebärens durch die ‚Unterscheidung der Geister'

Im Folgenden werde ich die These vertreten, dass das ‚Unterscheiden' eine Praxis darstellt, die dem elterlichen Gebären eine ‚reflektierende' Form der Orientierung leistet: eine Form der Orientierung, in der anstehende Akte des Zur-Welt-Bringen eines Kindes nicht im Rückgriff auf eine Zielgestalt der kindlichen Entwicklung, sondern ‚im Lichte' des individuell aufgegebenen Gebärens beurteilt werden – von dem die Eltern kein diskursives Wissen haben. Um diese These näher auszuführen, werde von der Gestalt ausgehen, die das ‚Unterscheiden' inmitten des Gebärens annimmt.

Im Vollzug des ‚Unterscheidens' heben Eltern die ‚Gebote' der konkreten Geburtsstunde von den Ängsten, Ressentiments und ‚Leitbildern' des guten Lebens – insb. des guten Mutter- bzw. Vater-Seins – ab, die sie in ihrer Vergangenheit ausgebildet haben und in die mit dem Kind geteilte Geburt ‚hineintragen'. Im Zuge ihres ‚Unterscheidens' überprüfen die Eltern die Forderungen, mit denen sie sich in Grenzsituationen ihres mit dem Kind geteilten Lebens konfrontiert sehen, in Bezug auf die Quellen, aus denen sie sich speisen. Im ‚Unterscheiden' beantworten sie den Komplex der Gelingensfragen folglich mit anderen Fragen: „Was sind das für Ansprüche, die hier und jetzt an mich bzw. an uns ergehen: werde ich in Gestalt dieser Ansprüche in bestimmte mir hier und jetzt aufgegebene Akte mütterlicher, väterlicher, pädagogischer Sorge hineingezogen, oder unterliege ich darin nur den Konsequenzen meines eigenen Geworden-Seins: den Verpflichtungen, die aus ‚Leitbildern' der Elternschaft, Idealen der Kindheit, Ängsten und Ressentiments resultieren, die ich – z.T. sozio-kulturell vermittelt – in der Vergangenheit ausgebildet habe? Was meldet sich in meinem Begehren zu Gehör, zuhause und möglichst ohne ärztliche Unterstützung zu entbinden? Was darin, mich umgekehrt einem geplanten Kaiserschnitt zu unterziehen: leibliches Wissen über mein Gesamtbefinden in der Schwangerschaft oder Ressentiments und Ängste gegenüber der ‚Medizinmaschinerie' bzw. vor den Schmerzen unter der Geburt? Welche Kräfte machen sich etwa in mir geltend, wenn ich meinen Sohn in Antwort auf sein fortwährendes ‚Grenzen-Austesten' in sein Zimmer schicke: die Einsicht, dass unser gegenwärtiges Miteinander so schiefläuft, dass wir hier und jetzt eine Auszeit von dem Einander-Ausgesetzt-Sein brauchen oder das Bestreben, mein Kind an Ideale des Gehorsams anzupassen, denen ich – vielleicht unbewusst – seit langem verpflichtet bin? Welchen Quellen entspringt die in mir aufkommende Forderung, mich dem Wunsch meines Kindes zu widersetzen, es vom weiteren Schulbesuch zu befreien, damit es sich politischen Aktivitäten widmen kann: der liebenden Unterstützung meines Kindes in dem Leben, das es hier und jetzt zu führen hat oder meinen eigenen ‚Leitbildern' eines sozial erfolgreichen Lebens?

Im ‚Unterscheiden' der sich hier und jetzt zu Wort meldenden Forderungen wird Elternschaft in mehrfacher Hinsicht orientiert. Zunächst kann das ‚Unterscheiden' Eltern dazu befähigen, im Geflecht der unterschiedlichen Anforderungen, denen sie in ihrem Leben ausgesetzt sind, kindliche ‚Appelle' (Wiesemann) allererst zu hören: ‚Appelle' nach Zuwendung, Beistand und Unterstützung, die das Kind bewusst oder unbewusst in Gestalt seines körper-leiblichen In-Erscheinung-Tretens, seines leiblichen und sprachlichen Ausdrucksverhaltens an sie richtet. So mag etwa eine ‚unterscheidende' Schwangere den ‚Appell' verstehen, der von den unruhigen Bewegungen des Kindes in ihrem Bauch ausgeht, das eigene Leben im Geflecht aus Beruf, Partnerschaft und Freizeitaktivitäten neu auszurichten. In dieser Ausrichtung an den kindlichen ‚Appellen' üben ‚unterscheidende' Eltern ihr Zur-Welt-Bringen des Kindes folglich mit Beginn seines leiblichen Ausdrucksverhaltens – und damit bereits weit vor der Entbindung – im Dialog mit dem Kind aus.[38]

Darüber hinaus kann das ‚Unterscheiden' Eltern dazu in Stand setzen, ihr Hineingerufen-Werden in die ihnen hier und jetzt abverlangte, besondere Ausgestaltung der einzelnen Gebärensakte zu verstehen. Dabei können die ‚Gebote der Stunde', die sich an Eltern in den konkreten Lebenssituationen stellen, u.U. gerade verlangen, sich den Forderungen zu widersetzen, die das Kind bewusst – in Form seines verbalen oder leiblichen Ausdrucksverhaltens – an sie richtet: z.B. gegen all seine Widerstände ein ‚trotzendes' Kind auf regelmäßiges Zähneputzen, gesunde Ernährung und geregelte Zu-Bett-Geh-Zeiten zu verpflichten.

Und drittens können ‚unterscheidende' Eltern die ‚Forderungen der Stunde' verstehen, bestimmte Aspekte ihres Eltern-Seins zu beenden. In der Gemengelage der unterschiedlichen Rollen und Anforderungen innerhalb und außerhalb der Familie kann ‚unterscheidenden' Eltern etwa an einem bestimmten Punkt innerhalb ihres mit dem Kind geteilten Lebens die Forderung begegnen, sich nach der Phase der ‚Elternzeit' wieder verstärkt beruflich zu engagieren. Dabei kann von ihnen verlangt sein, bestimmte Aspekte des Zur-Welt-Bringens des Kindes dem anderen Elternteil oder Dritten zu überantworten oder das Kind in Eigenverantwortung für bestimmte Aspekte seines Lebens zu entlassen. Im Verlauf der

38 Hierin unterscheidet es sich von den eingangs diskutierten Formen der Elternschaft, die in ihrer Orientierung an der Zielgestalt der kindlichen Entwicklung monologisch angelegt sind.

Schwangerschaft können ‚unterscheidende' Mütter aber auch von der ‚Forderung der Stunde' eingeholt werden, ihre Schwangerschaft abzubrechen – und damit nicht nur einzelne Aspekte ihres Mutter-Seins, sondern vielmehr ihr Dasein als Mutter dieses besonderen Kindes zu beenden, das sie in sich tragen.[39]

Vor dem Hintergrund dieser Skizze der Orientierungsleistungen, die das ‚Unterscheiden' Eltern eröffnet, lässt sich letzteres nun als eine Praxis der ‚reflektierenden' Orientierung von Elternschaft einsehen. Im ‚Unterscheiden' nehmen Eltern kein diskursives Wissen über das Gute in Anspruch: über die ihnen – individuell oder durch ihr Mensch-Sein aufgegebene – Form ihrer Mutter-, Vater- oder Elternschaft. Vielmehr nehmen Eltern in der Ausübung dieser Sorgepraxis an den konkreten ‚Geboten der Stunde' Maß, zu denen u. a. auch die ‚Appelle' ihrer Kinder gehören. In der Ausrichtung an dem ihnen hier und jetzt Gebotenen rücken sie die Einzelakte des Zur-Welt-Bringens ihrer Kinder dergestalt *mittelbar* in den Horizont des Lebens ein, das ihnen als Eltern und Gesamtpersonen aufgegeben ist. In den konkreten Situationen ihres Lebens führen sie ihr Leben damit als Eltern und als Gesamtpersonen ‚im Lichte' ihrer ‚individuellen Bestimmung' – von der sie kein diskursives Wissen haben.

4.2 Die Freiheits- und Sinnpotentiale, die das ‚Unterscheiden' Eltern und Kindern eröffnet

Vor dem Hintergrund seiner Orientierungsfunktion lassen sich nun die Freiheits- und Sinnpotentiale einsehen, die das elterliche ‚Unterscheiden' Eltern und Kindern eröffnet. Blicken wir zunächst auf die ‚unterscheidenden' Eltern. Indem sie ihr Gebären in den konkreten Situationen des mit den Kindern geteilten Lebens immer aufs Neue an dem hier und jetzt Gebotenen ausrichten, sind ihre Einzelakte des Zeugens, Schwanger-Gehens, Entbindens, Sorgens, Erziehens in einem spezifischen Verständnis selbstbestimmt und von Sinn erfüllt: nämlich bestimmt und erfüllt von dem besonderen Selbst- oder Mensch-Sein, um das es für sie individuell in diesem Augenblick geht. Dabei hat die Selbstbestimmung, die das ‚Unterscheiden' Eltern eröffnet, nichts mit aktiver Lebensplanung zu tun – die in der Konfrontation mit dem in das eigene Leben einbrechenden Kind notwendiger-

---

39 Damit möchte ich freilich nicht sagen, dass *jede* Forderung nach dem Abbruch ihrer Schwangerschaft, die in Schwangeren aufkommt, als ‚Forderung der Stunde' zu deuten ist. Das Begehren nach Schwangerschaftsabbruch kann sich, muss sich aber nicht aus Ängsten, Ressentiments oder Werturteilen über ein gutes Leben speisen, die Schwangere in ihrer Vergangenheit ausgebildet haben. Eine eindrückliche, ethische Auseinandersetzung mit Schwangerschaftsspätabbrüchen leistet Rehmann-Sutter im vorliegenden Band.

weise zu kurz greifen muss. Selbst-bestimmt ist ihr Gebären nicht, weil ‚unterscheidende' Eltern es an ihren eigenen Werturteilen oder ‚Leitbildern' guter Elternschaft ausrichteten. Selbst-bestimmt ist ihr Gebären vielmehr, weil sie sich in der Ausgestaltung ihrer Elternschaft von dem Selbst-Sein formen lassen, dessen Ausübung ihnen in den konkreten Einzelsituationen der mit dem Kind – und weiteren Personen – geteilten Geburt aufgegeben ist. Analog dazu ist der widerfahrende Sinn, der das Gebären von ‚unterscheidenden' Eltern erfüllen kann, von der Verwirklichung von ‚Lebensplänen' zu unterscheiden, an denen sich Eltern in ihrem Leben in und außerhalb ihrer Familie orientieren mögen.[40] Im Unterschied zur Realisierung eines ‚Lebensplans' vermittelt das ‚Unterscheiden' der Elternschaft ein ‚kairotisches' Gelingen im Augenblick: das Erfüllt-Werden von den Begegnungen der Liebe mit dem besonderen Kind, das in das Leben der Eltern tritt. Dabei wird das ‚kairotische' Gelingen des Gebärens im ‚Unterscheiden' nicht *direkt* als Zweck verfolgt.[41] Die Erfüllung der Gegenwart macht vielmehr ein ‚Beiwerk' aus: ein ‚Beiwerk', das sich in ‚unterscheidender' Elternschaft augenblickhaft – unvorhersehbar und unplanbar – einstellt, die das eigene Gebären seinerseits an den konkreten ‚Forderungen' des mit dem Kind geteilten Lebens ausrichtet. Zusammenfassend lässt sich damit festhalten, dass die sozio-kulturellen Praktiken des ‚Unterscheidens' Eltern dazu freisetzt, ihre Kinder nicht bedingt durch ihr eigenes Geworden-Sein, sondern orientiert von ihrem Lieben – und dergestalt selbstbestimmt und ‚durchsetzt' von erfüllten Augenblicken – zur Welt zu bringen.

Dass das elterliche ‚Unterscheiden' nicht nur dem elterlichen Gebären, sondern auch dem kindlichen Zur-Welt-Kommen genuine Freiheits- und Sinnpotentiale eröffnet, zeigt sich, wenn man die dialogische Anlage des ‚personalen Gebärens' mit ins Auge fasst: dass Eltern ihre Kinder unter der personalen Lebensform nicht im Monolog nach Plan ‚herstellen', sondern die anstehenden Einzelakte ihres Gebärens – in dem von den soziokulturellen Bildern und Rollen abgesteckten Spielraum – von den Begegnungen mit den Kindern her ausgestalten. Indem sie die ‚Appelle' (Wiesemann) verstehen, die die Kinder – bewusst oder unbewusst, leiblich oder sprachlich – hier und jetzt an sie richten, lassen sich ‚unterscheidende' Eltern in die Liebe zu ihren Kindern hineinziehen. Indem

---

40 Zur philosophischen Diskussion, die sich kritisch mit der von John Rawls aufgebrachten Vorstellung eines ‚Lebensplans' auseinandersetzt, den es – um willen eines gelingenden Lebens – zu verwirklichen gelte, vgl. Mitscherlich-Schönherr (2011).

41 In dem Moment, in dem die ‚kairotische Erfüllung' direkt verfolgt wird, schlägt Selbstliebe dagegen in Eigenliebe um, die in der ‚Erfüllung' ihr Ideal guten Lebens findet und der es in ihrer Lebensplanung darum zu tun ist, dieses im Leben zu realisieren, damit ihr Leben gelinge.

sie ihre Kinder in ihrer individuellen Besonderheit bejahten, leisten sie dem kindlichen Zur-Welt-Kommen mehrere Funktionen.

Von den kindlichen ‚Appellen‘ lassen sich ‚unterscheidende‘ Eltern in die Akte der Unterstützung hineinziehen, derer das Kind hier und jetzt bedarf, um das ihm individuell aufgegebene Zur-Welt-Kommen auszuüben: um körper-leiblich zu leben und sich zu entwickeln, das Begegnende individuell zu erfassen oder eingreifend zu manipulieren und erste Akte der Lebensgestaltung auszuüben. Vom Kind in unterschiedliche Formen der Greifspiele hineingezogen, unterstützt ein ‚unterscheidender‘ Vater etwa das Kleinkind darin, erste Formen des taktilen Manipulierens seiner Umwelt auszuüben und auszubilden. Im weiteren Verlauf des Lebens stehen ‚unterscheidende‘ Eltern ihren Kindern darin bei, hier und jetzt ihre individuellen Formen des Sich-Gehör-Verschaffens und des Eingreifens in die Welt in Auseinandersetzung mit den sozio-kulturellen Rollen und Wissensbeständen zu vervollkommnen. Dabei kann die Unterstützung, zu der sich ‚unterscheidende‘ Eltern aufgerufen erfahren, nicht mit der Hilfe gleichsetzt werden, die das Kind explizit einfordert. Vielmehr kann sie auch Akte der Hilfe umfassen, von denen die Kinder noch nichts wissen, oder die sie sogar explizit ablehnen. So können ‚unterscheidende‘ Eltern ihren Kindern im allabendlichen Kampf ums Zähneputzen z. B. dadurch beistehen, dass sie sich nicht ‚wegducken‘, den kindlichen Protest nicht als Ausdruck seiner Selbstbestimmung umzudeuten, sondern gegenüber dem Kind darauf zu bestehen, dass sie sich miteinander um sein körper-leibliches Wohlergehen zu sorgen haben. In ihrem Beistand enthalten sie sich paternalistischer Fremdbestimmung nicht, indem sie an den expliziten Willensäußerungen ihrer Kinder anstatt an ihren eigenen Werturteilen über ein gutes Leben Maß nehmen. Sie wahren vielmehr dadurch Distanz von eigenen paternalistischen Übergriffen, indem sie die erotischen Quellen der Forderungen kritisch reflektieren und beurteilen, ihren Kindern hier und jetzt auf bestimmte Weise beizustehen: ob sich darin Ängste, Ressentiments oder – implizite oder explizite – Werturteile über ein gutes Leben Gehör verschaffen, die *sie selbst oder das Kind* ausgebildet haben mögen, oder ob sie darin in die Akte der Unterstützung ihres Kindes hineingerufen werden, die ihnen durch dessen gegenwärtiges Zur-Welt-Kommen aufgegeben sind. Dabei kann es für ‚unterscheidende‘ Eltern auch gerade darum gehen, dem Kind dabei zu helfen, eigene Verstricktheiten aufzulösen, anstatt sich weiter an ihnen orientieren: etwa die Gebundenheit an die Vorstellungen, dass ein gutes Leben ein Leben als ‚Zentrum der Welt‘ oder ein Leben in umgehender Bedürfnisbefriedigung sei.[42]

---

42 Wie unglücklich formuliert sie auch immer sein mögen, sehe ich im Unterschied zu Claudia Wiesemann in Ausdrücken wie dem altvertrauten „Dafür wirst Du mir eines Tages noch dankbar

Vom Kind in Zuwendung hineingerufen, üben ‚unterscheidende' Eltern zum anderen ihre Funktion als Vermittler_innen zwischen Kind und Welt in Liebe zum Kind – und damit so aus, dass sich das Kind in der Welt, die ihm begegnet, geborgen fühlen kann. Sie halten nicht nur Schädigungen vom Kind ab und seine Zukunft gegenüber festlegenden Eingriffen von außen offen. Vielmehr gestalten sie die Welt, die dem Kind gegenübertritt, so mit, dass es sich in ihr bejaht erleben kann: dass es Gehör für das Erleben, Wollen und Urteilen findet, die es zum Ausdruck bringt, und dass ihm Möglichkeiten offenstehen, aktiv in den ‚Lauf der Dinge' einzugreifen. So lebt etwa eine ‚unterscheidende' Mutter nicht nur ‚parallel' neben ihrem Kleinkind, sondern wendet sich ihm zugleich zu, spricht es an und bemüht sich darum, die alltäglichen Situationen ihres geteilten Lebens so zu gestalten, dass sich das Kind darin getragen fühlt: dass es satt und sauber ist, ausreichend Schaf bekommt, es warm hat und sich in einem friedlichen, ihm zugewandten Miteinander vorfindet. Indem ‚unterscheidende' Eltern dem Kind eine Wirklichkeit vermitteln, die es bejaht, setzen sie es – mit Hannah Arendt gesprochen[43] – frei, in der Welt als „Neuankömmling" in Erscheinung zu treten (Arendt 2001,18; vgl. Schües im vorliegenden Band). Sie halten das Kind nämlich nicht nur am Leben und eröffnen ihm nicht nur den Zugang zu den sozio-kulturell tradierten Rollen und Wissensbeständen, sondern setzen es zugleich dazu in Stand, diese Rollen und Wissensbestände – jenseits von deren bloßen ‚Reproduktion' – individuell neu anzueignen, umzuformen und weiterzubilden. Auf diese Weise befähigen sie es dazu, seinen Lebensweg individuell zu gestalten und inmitten des ‚Laufes der Welt' einen „Neuanfang" zu setzen, der „von dem Ge-

---

sein" keine notwendigen Anzeichen für paternalistische Fremdbestimmung (vgl. Wiesemann im vorliegenden Band). Derartige Ausdrücke mögen von einer Haltung des Paternalismus zeugen; in ihnen kann sich aber auch die Einsicht der Eltern Gehör verschaffen, dass es für das Kind hier und jetzt darum geht, bestimmte Verstrickungen aufzulösen, statt weiter zu pflegen.

43 Wenn Arendt mit dem Gedanken der „Natalität" dafür eintritt, dass jede menschliche Geburt einen prinzipiellen Neuanfang in der Welt setzt (vgl. Arendt 2001, 215–217; 2016, 208), dann blendet sie die sozio-kulturellen Ermöglichungsbedingungen dieses Ereignisses ab: dass die Welt – meist insb. durch Vermittlung der Eltern – dem Kind ihrerseits bejahend begegnen muss, damit seine Geburt einen Neuanfang in ihr setzen kann. Dass die Geburt eines Kindes nicht per se als isoliertes Ereignis einen Neuanfang formt, macht nicht zuletzt ein Blick auf die Fälle deutlich, in denen ein Kind am Anfang seines Lebens nicht bejaht wird: bei Schwangerschaftsabbrüchen, Infantiziden, oder in Fällen extremer Vernachlässigung von Kindern durch ihre Bezugspersonen, die – etwa aufgrund von psychischen Erkrankungen oder Substanzabhängigkeiten – ‚taub' für ihre ‚Appelle' sind. In diesen Fällen wird es den Kindern – früher oder später – verwehrt, als ‚Neuankömmling' in der Welt in Erscheinung zu treten und in ihr einen neuen Anfang zu setzen; Zur Mutter-Kind-Bindung bei peripartaler psychischer Störung vgl. den Beitrag von Reck und Noe im vorliegenden Band.

wesenen und Geschehenen her gesehen schlechterdings unerwartet und unerrechenbar“ ist (Arendt 2001, 216).[44]

Und drittens leisten ‚unterscheidende‘ Eltern ihren Kinder die Funktion, sie nicht nur in den Kreis der menschlichen Personen aufzunehmen, sondern damit zugleich auch in eine Lebensgestaltung in Selbstliebe einzuführen. Dabei verabsolutieren sie das ‚ethos‘ der Selbstliebe genauso wenig zur Zielgestalt der kindlichen Entwicklung wie zum ‚Leitbild‘ ihrer eigenen Lebensgestaltung. Nicht nur zeitigen die pädagogischen Bemühungen, Kinder in eine bestimmte Auffassung des Guten einzuführen, – wie oben in der Auseinandersetzung mit der ‚substanzialistischen‘ Pädagogik gesehen – die Gefahr, in normalisierende Gewalt umzuschlagen. Vor allem scheiterte eine an der ‚Zielgestalt‘ der kindlichen Selbstliebe orientierte Erziehung auch notwendigerweise an ihrem eigenen Ziel: das Kind in eine Lebensgestaltung einzuführen, die gerade nicht an Werturteilen oder ‚Leitbildern‘ des Guten, sondern an Ereignissen der Liebe Maß nimmt. In Distanz von solchen positiv ausgedeuteten, pädagogischen Programmen führen ‚unterscheidende‘ Eltern ihre Kinder vielmehr ‚nebenbei‘ in das ‚Unterscheiden‘ ein: indem sie den ‚Appellen‘ (Wiesemann) entsprechen, die das Kind mit Anbeginn seines ersten – u. U. technisch durch Ultraschall vermittelten – körperleiblichen In-Erscheinung-Tretens an sie richtet, ihr Leben mit ihm zu teilen. Indem sie ihr Leben in Liebe mit dem Kind teilen, führen sie es ‚nebenbei‘ in eine Lebensgestaltung in Selbstliebe ein.

Jenseits von diskursiven Festlegungen einer ‚Zielgestalt‘ der kindlichen Entwicklung eröffnen ‚unterscheidende‘ Eltern ihren Kindern damit ein selbst-bestimmtes und von Sinn erfülltes Leben, indem sie sich durch die kindlichen ‚Appelle‘ in den liebenden Mitvollzug des kindlichen Zur-Welt-Kommens hineinziehen lassen: ihre Kinder in den anstehenden Akten des Zur-Welt-Kommens unterstützen, die den Kindern begegnende Welt so mitgestalten, dass die Kinder in ihr als ‚Neuankömmlinge‘ hervortreten können, und die Kinder ‚nebenbei‘ in ein Leben in Selbstliebe einführen.

5 Die Angewiesenheit der ‚unterscheidenden‘ Eltern auf Unterstützung

Eltern üben die Akte, die an sie ergehenden Forderungen zu ‚unterscheiden‘, nicht im luftleeren Raum, sondern inmitten ihres Lebens – und d. h.: immer auch vor

44 Zu einer politischen Philosophie der Natalität in Anschluss an Arendt vgl. Schües im vorliegenden Band sowie dies. 2008, 401.

dem Hintergrund ihres eigenen Geworden-Seins – aus. Um in dieser Gemengelage nicht von den eigenen Verstrickungen eingeholt zu werden, sind sie bei der Ausübung ihres ‚Unterscheidens' in dessen beiden dialogischen Achsen auf Unterstützung angewiesen: auf Unterstützung sowohl durch das Kind als auch durch Dritte bzw. Vierte. In der Fortsetzung meines verstehenden Vorgehens möchte ich im folgenden Schlussabschnitt meiner Überlegungen die Formen der Hilfe ins Bewusstsein rücken, die Eltern auf den beiden dialogischen Achsen ihres ‚Unterscheidens' zuteilwerden.

Als respondierender Elternschaft ist das ‚unterscheidende' Gebären in mehrfacher Hinsicht auf Unterstützung durch das Kind angewiesen. Um dem Kind die Formen der Zuwendung und des Beistands vermitteln zu können, derer es hier und jetzt bei seinem Zur-Welt-Kommen bedarf, sind Eltern zunächst auf ein verständliches ‚Appellieren' der Kinder angewiesen. Sie sind darauf angewiesen, dass das Ausdrucksverhalten des Kindes verstehbar ist und im Geflecht ihrer alltäglichen Verpflichtungen zu ihnen vordringt. So können etwa auch die wohlwollendsten Eltern in ihren Bemühungen scheitern, ihrem Säugling Linderung seines Leidens zu vermitteln, wenn sie an dessen Ausdrucksverhalten nicht das genaue Leiderleben ihres Kindes ablesen können – und nach allem vergeblichen Stillen, Windeln, Herumtragen nicht wissen, ob es zahnt, übermüdet ist, oder von Angstzuständen heimgesucht wird, gegen die sie nicht ankommen. Oder ein gestresster Vater mag darauf angewiesen sein, dass sein Sohn ihn allmorgendlich daran erinnert, ihm beim Abschied in der Kita nochmals durchs Fenster zuzuwinken, bevor er weiter in die Arbeit fährt. Darüber hinaus sind ‚unterscheidende' Eltern auf das Vertrauen ihrer Kinder angewiesen, um die Kinder bei ihrem In-Kontakt-Treten mit der Welt unterstützen zu können (zum kindlichen Vertrauen vgl. Schües und Wiesemann im vorliegenden Band). Nur indem die Kinder sie in Gestalt ihres Vertrauens als Vermittler_innen einsetzen, können ‚unterscheidende' Eltern ihren Kindern – u. U. auch gegen deren explizit sprachlich ausgedrücktes Verlangen – darin beistehen, ihren Ort in der Welt zu finden. Dabei kann das Vertrauen des Kindes zu den Eltern in den unterschiedlichen Phasen ihres Lebens das gesamte Spektrum der Formen des bewusst erlebten und explizit geäußerten Vertrauens über ‚alltägliche' Formen des Sich-Verlassens bis hin zu Formen des Dableibens-im-Streit bzw. des Zurückkommens-nach-einem-Streit annehmen. Und schließlich sind Eltern, um in Liebe zu sich selbst und den Kindern leben zu können, auf deren Verzeihen angewiesen. Eingespannt in eigene Verstrickungen, in andere Beziehungen, sozio-kulturelle Rollenvorgaben und berufliche Verpflichtungen überhören und missverstehen Eltern die kindlichen ‚Appelle' (Wiesemann) immer wieder. Damit werden sie sich selbst genauso wenig gerecht wie dem Kind. Um sich von den eigenen Versäumnissen gegenüber dem Kind nicht bannen zu lassen, sondern sich erneut auf die

Gegenwart des mit dem Kind geteilten Lebens einlassen und von ihr in die Pflicht nehmen lassen zu können, sind sie auf die Hilfe des Kindes angewiesen: auf dessen Verzeihen, in dessen Gestalt das Kind sie freisetzt, hier und jetzt neu anzufangen und aufs Neue von dem ihnen in der Gegenwart aufgegebenen Mensch-Sein in all seinen Facetten her zu leben.

Eltern bringen ihre Kinder nicht nur im Dialog mit ihren Kindern zur Welt, sondern üben das mit den Kindern geteilte Gebären darüber hinaus eingelassen in weitere sozio-kulturelle Beziehungen aus. Dergestalt sind Eltern – in ihren Familien, Freundschaften, Glaubensgemeinschaften, beruflichen und politischen Rollen – immer auch Andere und Anderes als die Eltern ihrer Kinder und die Kinder sind von Anfang an nicht nur die Kinder ihrer Eltern, sondern auch Teil einer bestimmten sozio-kulturellen Gesellschaft, der Menschheit und der Welt. Um von den Geboten der konkreten Einzelsituationen ihres mit dem Kind geteilten Lebens her leben zu können, sind ‚unterscheidende' Eltern solcherart auf Unterstützung ‚von außen' angewiesen. Um sich in dem Gemenge der Forderungen, die in der Gegenwart auf sie einbrechen, immer aufs Neue für die ‚Gebote der Stunde' im Allgemeinen und die ‚Appelle' ihrer Kindes im Besonderen öffnen zu können, bedürfen sie der vielstimmigen Unterstützung durch Freund_innen, die ihnen und dem Kind nahestehen, durch ihre Lebenspartnerin bzw. ihren Lebenspartner, durch Verwandte und Wahlverwandte.[45] Dabei kann deren Unterstützung das gesamte Spektrum von Rat über Beistand bis zur Stellvertretung umfassen. So können ‚unterscheidende' Eltern etwa des Beistandes von Freund_innen bedürfen, um im Zuge ihrer eigenen Scheidungsauseinandersetzungen die ‚Appelle' des Kindes nach Hinwendung nicht zu überhören. Oder sie mögen auf die Vertretung durch ihre eigenen Eltern angewiesen sein, um die Kinder trotz ihrer beruflichen Verpflichtungen gemeinsam pünktlich von der Schule abzuholen.

Jenseits der dialogischen Unterstützung in ihren Nahgemeinschaften sind Eltern darüber hinaus auf eine gut verfasste politische Ordnung des gesamtgesellschaftlichen Gefüges angewiesen, die die Liebesgemeinschaften von Eltern und Kindern in besonderer Weise schützt. Eine philosophische Ethik der Elternschaft lässt sich folglich nicht von einer philosophischen Politik der Elternschaft trennen. Damit sich Eltern beim Zur-Welt-Bringen ihrer Kinder an den konkreten ‚Appellen' orientieren können, die ihre Kinder an sie richten, muss das gesellschaftliche Gefüge, in das die Familie eingelassen ist, nicht nur politisch und ökonomisch stabil

45 In diesem Sinne ist auch die Selbstbestimmung, die Eltern im ‚Unterscheiden' ausüben, von ihrer Form her keine monologische, sondern dialogische Selbstbestimmung bzw. – mit Tatjana Noemi Tömmel gesprochen – „relationale Autonomie" (vgl. Tömmel im vorliegenden Band).

sein. In ihm muss die Erwerbsarbeit darüber hinaus – etwa durch Teilzeitregelungen, Pflegezeiten, Versicherungsansprüchen – so gestaltet sein, dass sie Eltern ‚freie Zeitfenster' für das Miteinander mit den Kindern eröffnet. Und schließlich müssen in ihm auch das Gesundheitssystem sowie das Erziehungs- und Bildungswesen so ausgestaltet sein, dass Eltern die Hilfe bei der Unterstützung ihrer Kinder erhalten, deren sie in den konkreten Situationen ihres Lebens mit den Kindern bedürfen (vgl. dazu die Beiträge von Hartmann-Dörpinghaus, Kuschel, Rehmann-Sutter sowie Rose und Planitz im vorliegenden Band). Vom Erhalt und Ausbau dieser gesamtgesellschaftlichen ‚Sorgekultur' hängt es auch ab, ob wir unsere Elternschaft auch künftig im Modus ‚unterscheidender' Selbstliebe werden ausüben können.

Literatur

Arendt, Hannah (2001): Vita activa oder Vom tätigen Leben, München/Zürich.
Arendt, Hannah (2016): Denktagebücher. Erster Band: 1950–1973, München/Zürich.
de Beauvoir, Simone (2000): Das andere Geschlecht. Sitte und Sexus der Frau, Reinbek b. Hamburg.
Birnbacher, Dieter (2008): Was leistet die ‚Natur des Menschen' für die ethische Orientierung? in: Maio, Giovanni/Clausen, Jens/Müller, Oliver (Hg.): Mensch ohne Maß? Reichweite und Grenzen anthropologischer Argumente in der biomedizinischen Ethik, Freiburg/München, 58–78.
Böhme, Gernot (2010): Anthropologie in pragmatischer Hinsicht, Bielefeld/Basel.
Buchanan, Allan et. al. (2000): From Chance to Choice: Genetics and Justice, Cambridge.
Hartmann-Dörpinghaus, Sabine: Bedrohte Selbstbestimmung in betroffener Selbstgegebenheit, im vorliegenden Band.
Esser, Andrea (2019): „Übrigens sterben immer die Anderen ... „ – Kann man die eigene Sterblichkeit verstehen? in: Mitscherlich-Schönherr, Olivia (Hg.): Gelingendes Sterben. Zeitgenössische Theorien im interdisziplinären Dialog, Berlin, 33–52.
Feinberg, Joel (1980): The Child's Right to an Open Future, in: Aiken,William/LaFollette, Hugh (Hg.): Whose Child? Children's Rights, Parental Authority, and State Power, Totowa, NJ, 124–153.
Foot, Philippa (2004): Die Natur des Guten, Frankfurt a. M.
Frankfurt, Harry (2005): Gründe der Liebe, Frankfurt a. M.
Habermas, Jürgen (2001): Die Zukunft der menschlichen Natur. Auf dem Weg zu einer liberalen Eugenik? Frankfurt a. M.
Hilber, Marina: „Nach den Regeln der Kunst". Leitmotive in der Geschichte der europäischen Geburtshilfe (18.–20. Jahrhundert), im vorliegenden Band.
Janus, Ludwig: Gibt es ein gutes Leben vor der Geburt? im vorliegenden Band.
Jaspers, Karl (1994): Philosophie, Bd. II: Existenzerhellung, München.
Joas, Hans (2015): Die Sakralität der Person, Eine neue Genealogie der Menschenrechte, Berlin.

Kant, Immanuel (1983): Kritik der Urteilskraft, in: Ders.: Werke, Bd. 8: Kritik der Urteilskraft und Schriften zur Naturphilosophie, Darmstadt, 233–620.

Kersting, Daniel (2017): Tod ohne Leitbild? Philosophische Untersuchungen in einem integrativen Todeskonzept, Paderborn.

Kuschel, Bettina: Die ‚gelingende Geburt' – Herausforderungen aus medizinischer Perspektive, im vorliegenden Band.

Krebs, Angelika (2015): Zwischen Ich und Du. Eine dialogische Philosophie der Liebe, Berlin.

McDowell, John (2001): Welt und Gründe, Frankfurt a. M.

McDowell, John (2002): Zwei Arten von Naturalismus, in: Ders.: Wert und Wirklichkeit. Aufsätze zur Moralphilosophie, Frankfurt a. M., 30–73.

Mitscherlich, Olivia (2007): Natur *und* Geschichte. Helmuth Plessners in sich gebrochene Lebensphilosophie, Berlin.

Mitscherlich, Olivia (2008): Der Mensch als Geheimnis. Helmuth Plessners Theorie des homo absconditus, http://www.dgphil2008.de/fileadmin/download/Sektionsbeitraege/03-1_Mitscherlich.pdf.

Mitscherlich-Schönherr, Olivia (2011): Glück und Zeit. Erfüllte Zeit und gelingendes Leben, in: Thomae, Dieter/Henning, Christoph/Mitscherlich-Schönherr, Olivia (Hg.): Glück. Ein interdisziplinäres Handbuch, Stuttgart, 63–75.

Mitscherlich-Schönherr, Olivia (2019): Das Lieben im Sterben – Eine verstehende Liebesethik des Sterbens in Selbstliebe, in: Mitscherlich-Schönherr, Olivia (Hg.): Gelingendes Sterben. Zeitgenössische Theorien im interdisziplinären Dialog, Berlin, 101–128.

Mitscherlich-Schönherr, Olivia (2020): In Verteidigung der Rückhaltlosigkeit der Geburt, https://link.springer.com/article/10.1007/s42048-020-00070-8.

Mitscherlich-Schönherr, Olivia (i.V.): Die Wirklichkeit der Liebe. Habilitationsschrift, Veröffentlichung in Vorbereitung.

Millum, Joseph (2014): The foundation of the child's right to an open future, in: Journal of social philosophy 45/4, 522–538.

Mulligan, Kevin (2009): Von angemessenen Emotionen zu Werten, in: Döring, Sabine A. (Hg.): Philosophie der Gefühle, Frankfurt a. M., 462–495.

Plessner, Helmuth (1975): Die Stufen des Organischen und der Mensch. Einleitung in die philosophische Anthropologie, Berlin/New York.

Quante, Michael (2006): Ein stereoskopischer Blick? Lebenswissenschaften, Philosophie des Geistes und der Begriff der Natur, in: Sturma, Dieter (Hg.): Philosophie und Neurowissenschaften, Frankfurt a. M., 124–145.

Reck, Corinna/Noe, Daniela: Mutter-Kind-Bindung bei peripartaler psychischer Störung, im vorliegenden Band.

Rehbock, Theda (2005): Personsein in Grenzsituationen. Zur Kritik der Ethik medizinischen Handelns, Paderborn.

Rehmann-Sutter, Christoph: Zur ethischen Bedeutung der vorgeburtlichen Diagnostik, im vorliegenden Band.

Rose, Lotte/Planitz, Birgit Planitz: Der ungleiche Start ins Leben. Soziale Differenzen ‚rund um die Geburt' als wissenschaftliche und sozialpolitische Herausforderung, im vorliegenden Band.

Rothhaar: Markus: Gerechtfertigter Fetozid? Eine rechtsphilosophische Kritik der Spätabtreibung, im vorliegenden Band.

Rousseau, Jean-Jacques (1971): Discours sur l'origine et les fondements de l'inégalité parmi les hommes, Paris.
Scheler, Max (1927): Der Formalismus in der Ethik und die materiale Wertethik, Halle.
Scheler, Max (2000): Ordo amoris, in: Frings, Manfred S. (Hg.): Schriften aus dem Nachlass, Bd. I: Zur Ethik und Erkenntnistheorie, Bonn, 345–376.
Schmid, Hans-Bernhard/Schweikard, David P. (2009), Kollektive Intentionalität. Eine Debatte über die Grundlagen des Sozialen, Berlin.
Schloßberger, Matthias (2015): The Varieties of Togetherness: Scheler on Collective Affective Intentionality, in: Schmid, Hans-Bernhard/Salice, Alessandro (Hg): Social Reality. The Phenomenological Approach, Berlin/New York, 173–195.
Schües, Christina (2008): Philosophie des Geborenseins, Freiburg/München.
Schües, Christina: Das Versprechen der Geburt, im vorliegenden Band.
Singer, Peter (2013): Praktische Ethik, Stuttgart.
Schürmann, Volker (1997): Unergründlichkeit und Kritik-Begriff. Plessners Politische Anthropologie als Absage am die Schulphilosophie, in: Deutsche Zeitschrift für Philosophie 45/3, 345–361.
Spaemann, Robert (1990): Glück und Wohlwollen. Versuch über Ethik, Stuttgart.
Spaemann, Robert (1996): Personen. Versuche über den Unterschied zwischen ‚etwas' und ‚jemand', Stuttgart.
Spaemann, Robert (2002a): Über den Mut zur Erziehung, in: Ders.: Grenzen. Zur ethischen Dimension des Handelns, Stuttgart, 490–502.
Spaemann, Robert (2002b): Erziehung zur Wirklichkeit. Rede zum Jubiläum eines Kinderhauses, in: Ders.: Grenzen. Zur ethischen Dimension des Handelns, Stuttgart 503–512.
Spaemann, Robert (2009a): Erziehung oder: Lustprinzip und Realitätsprinzip, in: Ders.: Moralische Grundbegriffe, München, 24–35.
Spaemann, Robert (2009b): Bildung oder: Eigeninteresse und Wertgefühl, in: Ders.: Moralische Grundbegriffe, München, 36–45.
Stähler, Tanja (2016): Vom Berührtwerden. Schwangerschaft als paradoxes Phänomen, in: Marcinski, Isabella/Landweer, Hilge (Hg.): Dem Erleben auf der Spur. Feminismus und die Philosophie des Leibes, Bielefeld, 27–44.
Stähler, Tanja: Umkehrungen: Wie Schwangerschaft und Geburt unsere Welterfahrung auf den Kopf stellen, im vorliegenden Band.
Tappolet, Christine (2009): Emotionen und die Wahrnehmung von Werten, in: Döring, Sabine A. (Hg.): Philosophie der Gefühle, Frankfurt a. Main, 439–461.
Tomasello, Michael (2011): Die Ursprünge der menschlichen Kommunikation, Frankfurt a. M.
Thomä, Dieter (2002): Eltern. Kleine Philosophie einer riskanten Lebensform, München.
Tömmel, Tatjana Noemi: Selbstbestimmte Geburt. Autonomie *sub partu* als Rechtsanspruch, Fähigkeit und Ideal, im vorliegenden Band.
Vendrell Ferran, Íngrid (2009): Die Emotionen. Gefühle in der realistischen Phänomenologie, Berlin.
Wiesemann, Claudia (2006): Von der Verantwortung ein Kind zu bekommen. Eine Ethik der Elternschaft, München.
Wiesemann, Claudia (2016): Moral Equality, Bioethics, and the Child, Cham.
Wiesemann, Claudia: Geburt als Appell. Eine Ethik der Beziehung von Eltern und Kind, im vorliegenden Band.

Wunsch, Matthias (2008): Mensch und Natur in McDowells ‚Mind and World', http://www.dgphil2008.de/fileadmin/download/Sektionsbeitraege/03-2_Wunsch.pdf
Wunsch, Matthias (2014): Fragen nach dem Menschen, Frankfurt a. M.
Wunsch, Matthias: Konzeptionen des Lebensbeginns von Menschen, im vorliegenden Band.

Christina Schües

Das Versprechen der Geburt

> Im Geborensein etabliert sich das Menschliche als ein irdisches Reich, auf das hin sich ein Jeder bezieht, in dem er seinen Platz sucht und findet, ohne jeden Gedanken daran, dass er selbst eines Tages wieder weggeht. Hier ist seine Verantwortung, Chance etc.
>
> Hannah Arendt (2002): *Denktagebücher*

Zusammenfassung: Neuanfänge haben eine relationale Struktur. Das gilt sowohl für die Geburt eines Kindes als auch für Handlungsanfänge in der Welt. Aus einer existential-anthropologischen Perspektive nennt Hannah Arendt den Begriff der Gebürtlichkeit als strukturelle Grundbedingung für politische Neuanfänge. Ohne den Begriff zu entfalten und angesichts des historischen Zusammenbruchs der Welt, gleichwohl in einer optimistischen Haltung, verbindet sie Natalität mit Hoffnung und Versprechen. Doch überzeugt diese Grundannahme erst, wenn ersichtlich wird, was es heißt, von jemandem, einer Frau, geboren worden zu sein. Die These, dass die Natalität etwas zu tun hat, mit der Befähigung Anfänge zu initiieren, wird erst verständlich, wenn die flankierenden zukunftsweisenden Begriffe von Versprechen und Vertrauen auch vorm Hintergrund der Philosophiegeschichte expliziert werden.

Was das *Versprechen der Geburt* aufzeigt, ist eine Ebene der anderen Moral und Sprache: Moral gerinnt in diesem Zusammenhang nicht zu einem Kanon von Verpflichtung und Norm. Deshalb basiert ein Versprechen der Natalität nicht auf einer Sprache der Beweise, sondern auf der leibhaftigen Gegenwart eines Neuankömmlings in seiner radikalen Alterität und der zwischenmenschlichen Verbindlichkeiten diesseits einer Sprache des Rechts, der Verwaltung oder Planung. Der Beitrag vertritt die These, dass im gelingenden Geborenwerden und -sein ein Versprechen ruht, das in Beziehungen des Vertrauens und der Verantwortung eingelöst werden kann. Diese Beziehungen machen letztendlich eine Welt aus, in der eine Willkommenskultur für Neuankömmlinge angelegt ist.

1 Einleitung

Wer nach dem Gelingen der Geburt fragt, hat das Gebären, den Vorgang der Geburt oder auch das Geborenwerden vor Augen. In diesem Beitrag wird es um das Geborenwerden gehen. Durch die Geburt wird jemand auf die Welt geboren. Das Geborenwordensein begründet die Gebürtlichkeit, die begrifflich für die existentielle Grundsituation aller Menschen steht. Die Geburt bedeutet *strukturell*, dass jede und jeder in einem generativen Zusammenhang geboren und von einer Frau auf

https://doi.org/10.1515/9783110719864-008

die Welt gebracht wurde. Das geborene Kind wird durch die Andere(n) angefangen als Neuankömmling und Anfänger in einer Welt. Wie Arendt in „Vita activa" ausführt ist diese strukturelle Grundsituation konstitutiv für die Pluralität und Beziehungsgestaltung im politischen öffentlichen Raum (Schües 2019). Denn Gebürtlichkeit bedeutet, zum Anfangen – zum Handeln und Sprechen – befähigt worden zu sein. Und weil jede Geburt ein Anfang ist, der die Möglichkeit auf Neues birgt sowie auch mit Unvorhersehbarkeit verknüpft ist, enthält sie ein Versprechen für die Zukunft. Mit dieser Grundüberlegung wurde der Begriff der Gebürtlichkeit oder der Natalität, in den philosophiehistorischen Diskurs eingeführt. Wenngleich Arendt Natalität als Begriff nicht umfassend entfaltet, so wird dennoch deutlich, dass er als fundierende existential-anthropologische und politische Perspektive ihr Denken situiert.

Von Arendts Texten geht ein Optimismus aus, der zukunftsweisend nach den Bedingungen der Möglichkeit für Neuanfänge sucht, die nämlich notwendig sind für die Wiederbelebung und den Erhalt einer politischen Welt zwischen den Menschen. Wenn die historischen Geschehnisse die Praxis auseinanderbrechen lassen und sich der Zustand der organisierten Verlassenheit der Menschen eingestellt hat, dann gibt es die Gefahr, dass „die uns bekannte Welt, die überall an ein Ende geraten scheint, zu verwüsten droht, bevor wir die Zeit gehabt haben, aus diesem Ende einen neuen Anfang erstehen zu sehen, der an sich in jedem Ende liegt, ja, der das eigentliche Versprechen des Endes an uns ist" (Arendt 1986, 730). Nach diesen Zeilen verweist Arendt auf die Geburt eines jeden Menschen, durch die ein Anfang stets „da und bereit" ist (Arendt 1986, 730). Dadurch dass Menschen geboren werden, wird die Natalität in die Welt gebracht und in ihr eine Kraft des Versprechens, die Zukunft entstehen lässt und in sie ausstrahlt.

Im Folgenden werde ich zuerst Arendts Begriff der Natalität als weltfundierende und erneuernde anthropologische Kategorie entfalten, dann das Versprechen als gesellschaftsfundierende, moralische Kategorie einführen, um schließlich den inhärenten Zusammenhang zu diskutieren, der zwischen der Natalität und dem Versprechen gegenüber dem Kind und der Welt besteht.

2 Natalität – Am Anfang ist die Beziehung

Die Geburt ist unser Anfang auf der Welt und mit Anderen. Wir *werden* in einer Beziehung *angefangen*, einer Beziehung, die *mit* Anderen und *von* Anderen (mindestens einer Anderen) gestaltet wird. *Wie* wir sind, *was* aus uns wird, *wer* wir sind – all das ist nicht vorbestimmt, aber als Ermöglichungsgrund gestaltbar in der jeweiligen vorgegebenen Lebenswelt und in unserem jeweiligen Selbst- und

Weltverhältnis. Diese „Unvorhersehbarkeit des Ereignisses ist allen Anfängen und allen Ursprüngen inhärent" (Arendt 1987, 166).

Arendt versteht die Tatsache des Geborenseins als „Anfang des Anfangs" oder als das „Anfangen selbst", wodurch Menschen die prinzipielle Fähigkeit des Anfangenkönnens und des Handelns besitzen (Arendt 1987, 166). Anfangen bedeutet, eine Veränderung der Vorgänge in der Welt, neue Beziehungen und die Unterbrechung von Routinen. Diese Fähigkeit des Anfangenkönnens ist im Sinne von Arendt nicht einfach als eine Eigenschaft zu verstehen, sondern als ein *Antworten* auf eine Beziehungskonstellation in der Welt. Somit bedeutet Handeln ein Antworten auf eine konkrete Beziehungskonstellation des Anfangs. „Sprechend und handelnd schalten wir uns in die Welt der Menschen ein, die existierte, bevor wir in sie geboren wurden, und diese Einschaltung ist wie eine *zweite* Geburt, in der wir die nackte Tatsache des Geborenseins bestätigen, gleichsam die Verantwortung dafür auf uns nehmen." (Arendt 1987, 165).

Strukturell ähnelt die erste Geburt, die Geburt auf die Welt, der zweiten Geburt, der Geburt im Sinne des Anfangens in der Welt. Die zweite Geburt, mit der sich die Menschen in die Welt einschalten, also handeln und sprechen, wiederholt im gewissen Sinne strukturelle Komponenten der ersten Geburt: die Pluralität zwischen den Menschen und die Notwendigkeit von Beziehungen. Arendts Überzeugung ist es, dass die Anerkennung der konkreten Einzigartigkeit auch die *Pluralität* und die prinzipielle *Bezogenheit* der Menschen aufeinander nach sich zieht. Da die Pluralität und Bezogenheit der Menschen immer wieder neu durch die Geburt initiiert werden und diese die *conditio humana* der Menschen sind, entspricht es der Verantwortung eines Individuums, nicht nur auf diese konkrete Struktur zu antworten, sondern sie auch zu *verantworten.*

Verantwortung aus dieser Situation heraus gedacht beinhaltet die Aufgabe, die Welt zu erneuern: Nämlich durch ein Antworten auf die konkrete Situation und in Anerkennung und Sorge für die Welt selbst, eine Welt zu schaffen, in der Pluralität und gelungene mitmenschliche Beziehungen anerkannt und erstrebt werden. Hierbei wird die Gebürtlichkeit zur Bedingung von Handeln und Sprechen erhoben – und fordert somit auch zur Verantwortungsübernahme in der Welt und für ihre Gestaltung auf. Die Welt selbst wiederum beinhaltet die Erscheinungs- und Ermöglichungsbedingungen für die Verwirklichung der Gebürtlichkeit. Somit ist die Sorge für die Gebürtlichkeit sowohl eine politische als auch ethische Angelegenheit für die *conditio mundana*, für die Verfasstheit der Welt (Schües 2016, 408; Schües 2016a, 243).

Die genannte existenzielle Konstellation, sich auf andere beziehen zu müssen, erfordert, von einer egozentrischen Haltung abzurücken und eine Perspektive einzunehmen, die die Vielfältigkeit von Beziehungen und deren Gestaltung im

Blick hat. Genau das ist die Perspektive der Natalität, die durch mindestens drei Aspekte gekennzeichnet ist:

Erstens liegt der Natalität das Geborensein zugrunde; nämlich die schlichte Tatsache, dass Menschen gezeugt und *von* einer Frau geboren werden, weshalb dieser Anfang, wie aber auch jeder andere Anfang, eine Beziehung ist (Cavarero 1997, 212). Von einer Frau geboren worden zu sein, bedeutet (mindestens) *mit* ihr auf die Welt zu kommen. Wenn eine Geburt nicht einfach als biologisches Faktum verstanden wird, sondern auch als der Eintritt in die ethische Gemeinschaft mit anderen, dann kann die Geburt nicht einfach als naturgegeben vom mitmenschlichen Bedeutungszusammenhang ausgeklammert werden. Mit der Schwangerschaft und Geburt setzt sich mindestens die Mutter – soweit es ihr gelingt – ‚tragend' und höchst persönlich für die Andere oder den Anderen, den Geborenen oder die Geborene ein. Jeder menschlichen Existenz auf der Welt liegt eine vorangehende Beziehung, ein nicht-reziprokes Geben zugrunde. Der Eintritt und die Zugehörigkeit zur ethischen und politischen Gemeinschaft der Menschen muss immer wieder neu hergestellt werden. Somit ist für den Erhalt der Gemeinschaft und für die Art und Weise, wie Menschen Initiative ergreifen, bedeutungsrelevant, wie diese auf die Welt gebracht werden. Der norwegische Philosoph Arne Vetlesen formulierte eine Einsicht, die nicht leichtfertig aufs Spiel gesetzt werden sollte: „Empfänger einer unbedingten Unterstützung zu sein [...] ist die erste Erfahrung eines Menschen. Und es ist dank der Erfahrung, in Beziehung und unterstützt worden zu sein, dass wir die kognitiv-emotionalen Fähigkeiten, ein *Geber* zu sein, entwickeln." (Vetlesen 1995, 379; auch Gürtler 2001, 372). Die Erfahrungen, die das Anfangen auf der Welt prägen und die später im Leben nicht mehr erinnert werden können, mögen gleichwohl prägend sein und die Beziehungen, in denen sich ein Mensch vorfindet, gestalten.

Wenn nun Menschen nicht mehr gezeugt, getragen oder geboren würden, so wäre ihre Herkunft von dem Mangel an bedingungslosen und irreduziblen Beziehungen geprägt. Die Form und die Intensität dieser sehr konkreten Beziehungen prägen die Anfänge der Menschwerdung. Gleichwohl werden sie geprägt von Vernachlässigungen oder Verlässlichkeit, Unterstützungen, bedingungslose Liebe oder die auf Bedingungen gestützte Zuwendung oder Testung im Rahmen biomedizinischer Reproduktionstechnologien.

Die Einsicht, dass der Anfang in einer Beziehung liegt, beeinflusst auch den zweiten schon genannten Aspekt der Natalität, der die Befähigung zum Anfangen benennt. Geborenwordensein bedeuten *angefangen worden sein* und selbst als Neugeborene oder Neugeborener, als anfangend in der Welt Erfahrungen zu machen. Es ist eine *Erfahrung*, die grundlegend für das weitere Leben ist.

Wenngleich die jeweils eigene Geburt auf die Welt vergessen wurde, also nicht *explizit* erinnert werden kann, so hat sie dennoch als präreflexives Erlebnis stattgefunden, ihre leiblichen Spuren hinterlassen und sich als ein nicht-erinnerbares Phänomen dargestellt, das auf den Eindruck, man sei angefangen worden, hindeutet. Merleau-Pontys Deutung einer Transformation des Geborenseins hin zu einer „anonymen Natalität", die in ihrer fundamentalen Anonymität das körperlich-leibliche Sein des Kindes in das Verhältnis zwischen Selbst, Welt und Andere sinnesgeschichtlich einspannt, zeigt, dass das Erlebnis des Geborenwerdens nicht einfach vergessen ist (Merleau-Ponty 1966, 253). Es bleibt eingeschrieben im habituellen Leib, der (mit Verweis auf Edmund Husserl) Träger einer „sedimentierten Geschichte" aus „unexpliziert gebliebenen Erfahrungen" ist (Merleau-Ponty 1966, 450).[1] Menschen bleiben von ihrem je schon angefangenen psychischen, leiblichen und körperlichen Sein in Besitz genommen. Das Geborensein bleibt ein Element einer jeden weltlichen Existenz – sowohl in ihrem Verhältnis zur Welt als auch in ihrer Beziehung mit Anderen.

Da Arendt jede Geburt prinzipiell als Ermöglichung, aber nicht notwendiger Realisierung eines Neuanfangens in der Welt – sogar einer Welt, die zusammengebrochen ist – versteht, platziert sie folgerichtig die Gebürtlichkeit auch in den historischen Kontext der „finsteren Zeiten" (Arendt 1989, 261).[2] Arendt beschreibt als Welt, die zusammengebrochen und aus den Fugen geraten ist, die organisierte Verlassenheit der Menschen in der totalitären Herrschaft und die unorganisierte Ohnmacht in der Tyrannis. Im Falle der totalitären Herrschaft der NS-Zeit, der Zeit der Shoa, ist alles zusammengebrochen, auf das Verlass war oder sein könnte. „Es ist, als breche alles, was Menschen miteinander verbindet, in der Krise zusammen, so daß jeder von jedem verlassen und auf nichts mehr Verlaß ist." (Arendt 1951, 729). Arendt beschreibt in *Elemente und Ursprünge totaler Herrschaft* (1951) die totale Ergriffenheit von Bedrohung, Terror und Gräueln und die Bewegung hin zum absoluten Verderben. Dass dieser Sturm der Vernichtung losgetreten werden konnte, mag nicht voraussehbar gewesen sein, aber es mag wohl so sein, und hier scheint in Arendts Text doch ein wenig Optimismus durch, dass, mit Augustinus gesprochen, der Anfang durch die Geburt eines jeden Menschen „immer und überall da und bereit" ist und „garantiert" wird (Arendt 1951, 730). Dieser Optimismus, auf den ich später in diesem Beitrag noch einmal zurückkommen möchte, ist als letzter Satz in ihrer historischen Studie formuliert. „Initium ut esset, creatus est homo – ‚damit ein Anfang sei, wurde der Mensch geschaffen', [...]. Dieser Anfang ist immer und überall da und bereit. Seine Kon-

---

1 Merleau-Ponty interpretiert in der Phänomenologie der Wahrnehmung die Ambiguität des Leibes, der sowohl aktueller Leib, und damit in seiner Weise des Zur-Welt-Seins über sich hinausweist, als auch habitueller Leib ist, der in dem hier explizierten Kontext der Natalität von Interesse ist.

2 Brecht benutzt diesen Begriff in seinem Text „An die Nachgeborenen".

tinuität kann nicht unterbrochen werden, denn sie ist garantiert durch die Geburt eines jeden Menschen." (Arendt 1986, 730; auch 1987, 166). Menschen kommen neu auf die Welt und in ihre Beziehungen; als Neuankömmlinge sind sie grundsätzlich verschieden von denjenigen, die vorher gelebt haben, gegenwärtig leben oder zukünftig leben werden (Arendt 1987, 15). Diese Beobachtung diese Einzigartigkeit einer jeden Person von Natur aus bietet die Grundlage für die Forderung von politischer Gleichheit angesichts dieser Verschiedenheit.

Folglich impliziert, drittens, die Perspektive der Gebürtlichkeit auch die Anerkennung der Pluralität zwischen den Menschen.[3] Diese Anerkennung der Verschiedenheit und Relationalität der Menschen ist an die Bestätigung der jeweiligen *Andersheit* eines Menschen und der *Mitmenschlichkeit* geknüpft. Wenn also Menschen *nur* als biologische Wesen, *nur* als zu verwaltende Faktoren (oder *nur* als Konsumenten) gesehen würden, dann implodiert die Pluralität der Menschen in der Reduktion zum verallgemeinernden Singular. Die Folge wäre, dass die einzelnen Menschen für einander als Andere in der allgemeinen Masse verschwänden. Dadurch würde sich letztendlich Mitmenschlichkeit in einer Verlassenheit der Vereinzelung auflösen. Menschen würden weder als handelnde noch als verantwortliche Wesen anerkannt werden.

Die Perspektive der Gebürtlichkeit anzunehmen, bedeutet, dass alle Menschen von deren grundsätzlichen Bezogenheit und Pluralität her zu denken sind. Dieser erkenntnistheoretische und normative Anspruch beinhaltet die Anerkennung und Wertschätzung der grundsätzlichen Bezogenheit und Pluralität und er ist gleichzeitig das Motiv dazu, diese immer wieder in der Welt zur Geltung zu bringen und zu schützen. Somit gründet die Übernahme von Verantwortung zur Gestaltung der zwischenmenschlichen Beziehungen und der Pluralität der Welt auf der Anerkennung der Gebürtlichkeit.[4]

Anfangen impliziert, dass Menschen nicht nur Anfänge initiieren zu können. Vielmehr müssen sie diese auch weiterführen, nicht zuletzt deshalb, um sie *als Anfang* kenntlich werden zu lassen. Nur indem Menschen an Anfänge anknüpfen,

---

3 Die Grenze der zu tolerierenden Pluralität ist erreicht, wenn Menschen gegen andere mit Gewalt oder Unterdrückungsmechanismen antreten, um letztendlich die Beziehungen und die Pluralität zwischen den Menschen zu zerstören oder um ihnen ihre Anfänglichkeit und Verantwortlichkeit zu nehmen.

4 Zudem fordert die Übernahme von Verantwortung dazu auf, sich in *angemessener* Weise um die Beziehungen zwischen den Menschen zu kümmern Was als ‚angemessen' gilt, ist nicht eindeutig und für alle festzulegen. Auch hier gibt es Verhandlungsprozesse, die kultur- und gesellschaftsspezifisch geprägt sind. Gleichwohl werden im Bereich von Gewalt, Unterdrückung und Vernachlässigung sicherlich einige Handlungen sehr allgemein als negativ und zerstörerisch beschrieben.

nur indem sie sich um Neuankömmlinge kümmern, können eben diese Anfänge in ihrer Weiterführung sichtbar werden. Wie aber angeknüpft wird, liegt nicht mehr in der Hand des ‚Anfängers'. Somit schafft Pluralität Freiheit allerdings auch Unsicherheit, denn *wie* Andere an angefangene Handlungen anknüpfen ist nicht vorhersehbar. Erst im Nachhinein, wird sich zeigen können, ob ein Anfang als Anfang realisiert wurde. Ist die Wertschätzung der Freiheit zwischen den Menschen ein wesentliches Konstitutionsmoment von Politik und die mit der Natalität einhergehende Verantwortung eine ethische Komponente dieses sozialphilosophischen Ansatzes, so wird die im Anfangen inhärente Unsicherheit, nicht zu wissen, was die anderen Menschen vorhaben, dazu verleiten, nach Modi der Verlässlichkeit zu suchen. So ist es die Aufgabe des Versprechens und des Haltens von Versprechen, für die Versicherung der Zukunft und für ein verlässliches Miteinanderhandeln diese Verwandlung zu ermöglichen. Deshalb werden im Folgenden unterschiedliche Aspekte des Versprechens untersucht.

3 Normative Ansprüche des Versprechens

Versprechen sollen einer Unsicherheit mit Blick auf das zukünftige Handeln Sicherheit verleihen und der Verlässlichkeit zwischen den Menschen einen moralischen Boden geben. Ein Versprechen wird einer anderen Person in einer bestimmten mitmenschlichen Beziehung und für die Zukunft gegeben. Deshalb enthält ein Versprechen neben eines normativen Anspruches immer auch eine relationale und zeitliche Komponente. Ob ein Versprechen als solches erkannt, womöglich geglaubt wird, hängt auch ab von dessen Inhalt und wie es artikuliert wird. Der Inhalt eines Versprechens bestimmt nicht seine Form und kann eine Reihe von Handlungsmöglichkeiten umfassen: So kann, sehr allgemein gesagt, eine Person jemandem etwas versprechen, etwa in Zuwendung und mit Verantwortung für sie zu sorgen, bald einen Vertrag über den Verkauf einer Ware abzuschließen, sich um etwas zu kümmern oder vielleicht auch gar nichts zu tun. Zumeist aber denken wir beim Versprechen an beziehungsfördernde, positive Inhalte und schließen vom Halten eines Versprechens auf die Zuverlässigkeit einer Person.

Der Begriff des Versprechens, vor allem aber das Halten von Versprechen, gehört in das Zentrum der politischen Philosophie und Moralphilosophie seit der Moderne: Machiavelli etwa hat das Versprechen als Taktik gesehen; für Thomas Hobbes wurde es im Rahmen der Vorbereitung für die Abschließung eines Vertrages gegeben; David Hume, polemisierend gegen die Vertragstheorie, gründete es auf Konventionen; während Immanuel Kant das Versprechen als Ausweis der Gültigkeit moralischer Kategorien aufzeigte. Kritisch, geradezu wirklichkeitsnah, setzte Friedrich Nietzsche dagegen das Versprechen in enger Beziehung zu Freiheit und Herrschaft, und zwar zu Recht, denn eine Person, die gezwungen wird, kann nicht versprechen. Von daher obliegt es nach Nietzsche überhaupt nur dem souveränen Menschen, Versprechen geben zu dürfen (Nietzsche 1988, 291–297). Arendt hat sich vor allem auf die Ansätze von Hobbes und Nietzsche bezogen. Ihr Augenmerk galt sowohl der Freiheit, die der Sicherung für die Zukunft bedarf, als auch dem Raum zwischen den Menschen, der als Beziehungsraum des Handelns und Sprechens immer wieder ein Heilmittel gegen die drohende Zerbrechlichkeit braucht.

Ein Versprechen garantiert nicht, dass es gehalten wird und dass das, was versprochen wurde, tatsächlich durchgeführt wird. Somit *garantiert* ein Versprechen keine Sicherheit. Gleichwohl formuliert eine Person diese Absicht, die das Versprechen gibt, und impliziert damit einen moralischen Anspruch auf Einhaltung dessen, was versprochen wird. Die Grundlage eines Versprechens ist nicht die Gewalt, eine Art von Naturkausalität oder naturwissenschaftliche Voraussicht (die im Übrigen auch keine absolute Sicherheit bieten kann). Die einzige verbindende Kraft des Versprechens ist die des Vertrauens, der Treue und der Norm, dass das Versprechen nicht gebrochen werden darf. Denn nur das gehaltene Versprechen bedeutet die Stärkung einer zwischenmenschlichen Beziehung und die Sicherung der Zukunft für die Gegenwart.

Üblicherweise wird das Versprechen als ein sprachlicher und handelnder Akt zwischen mindestens zwei Personen aufgefasst. Wenn nun behauptet wird, dass auch der Natalität ein Versprechen innewohnt, dann muss noch untersucht werden, von welcher Art dieses sein könnte. Dazu ist es aber dienlich, zuerst einmal dem Versprechen als einem moralischen Element in der Philosophiegeschichte auf die Spur zu kommen. Dieser Rückgriff soll die normative Kraft des Versprechens und ihre Limitierung aufzeigen und vorführen, wie die Institution des Versprechens als Teil des gesellschaftlichen Umgangs ausbuchstabiert wurde. Wenngleich eine Reihe unterschiedlicher Ansätze des Versprechens in der Philosophiegeschichte aufzufinden ist, so sollen aber nur jene angeführt werden, die für eine Klärung des Versprechens im Kontext der Natalität hilfreich sind.

Der Staatstheoretiker und Philosoph des 17. Jahrhunderts Thomas Hobbes diskutiert, ob ein Wort des Versprechens Verbindlichkeiten für die gesellschaftlichen Lebenszusammenhänge stiften kann. Die Frage nach der Rolle und Tragfähigkeit von Versprechen ist im vertragstheoretischen Ansatz von Hobbes eng mit dem anthropologischen Verständnis verknüpft, dass Menschen vorrangig an ihrer „Selbsterhaltung" (Hobbes 1966, 95) interessiert seien und von Natur aus in einem Konkurrenzverhältnis stünden (Hobbes 1994, 95). Diese Annahmen spiegeln Hobbes politische Erfahrungen von Bürgerkrieg und unsicheren Lebensverhältnissen seiner Zeit wider, doch lassen sich nicht alleine mit ihnen erklären. Vor dem Hintergrund der Lebensumstände, die die Menschen unter das Regime der Furcht vor ihrem gewaltsamen Tod stellen, untersucht Hobbes Mittel und Wege, die es ermöglichen, dass Menschen in einer Gesellschaft friedlich mit einander leben können. Hierzu imaginiert er einen fiktiven „Naturzustand", der die Menschen als einzelne beziehungslose Entitäten beschreibt, zwischen denen mindestens drei Konfliktursachen zu finden sind: Konkurrenz, Misstrauen und Ruhmsucht. Für den Zusammenhang zwischen einer Unsicherheit und des Versprechens ist besonders das Misstrauen zentral. „Und wegen dieses gegenseitigen Mißtrauens gibt es für niemanden einen anderen Weg, sich selbst zu sichern, der so vernünftig wäre wie Vorbeugung, das heißt, mit Gewalt oder List nach Kräften jedermann zu unterwerfen, und zwar so lange, bis er keine andere Macht mehr sieht, die groß genug wäre, ihn zu gefährden" (Hobbes 1966, 95). Deshalb werden sie, sobald sie mit anderen Menschen in Kontakt treten, aufgrund derer bloßen Anwesenheit motiviert, nach Macht zu streben. So geht es zwischen den Menschen, wenn man sie ließe, um Zwist, Krieg und Zerstörung. Und wenn es gerade keinen Krieg gibt, so bliebe doch stets die Bereitschaft dazu. Weil es aber letztendlich für alle klüger ist, sich um „Frieden zu bemühen", soll jedermann, „wenn andere ebenfalls dazu bereit sind, auf sein Recht auf alles verzichten, soweit er dies um des Frieden und der Selbstverteidigung willen für notwendig hält" (Hobbes 1966, 100; auch 1994, 87). Auf ein Recht kann verzichtet werden und es kann auch übertragen werden, letzteres nennt Hobbes „Vertrag" (Hobbes 1966, 102f). Das Mittel der Vergesellschaftung dieser vereinzelten Entitäten in Beziehungen ist für Hobbes der Vertrag. Diesem geht ein Versprechen voraus, das den Weg hin zur Sicherheit bahnen soll.[5]

Wenngleich die einzelnen Menschen in Hobbes fiktiven Naturzustand isoliert und gegeneinander ausgerichtet sind, so können sie doch miteinander sprechen und Übereinkommen versprechen, um so Verbindlichkeiten zu schaffen, die die Furcht voreinander zu bannen verspricht. Üblicherweise haben Vertragserklärungen zwischen den Menschen mit Worten zu tun, die in die Vergangenheit, Gegenwart oder Zukunft gerichtet sein können. Sind sie in die Zukunft gerichtet, dann nennt Hobbes sie „Versprechen" (Hobbes 1966, 102). Allerdings sind diese Versprechen kein ausreichendes Zeichen der Vertragsübertragung, Schenkung oder gar Sicherung der Zukunft. Sie bleiben Absichtserklärungen und „verpflichten deshalb nicht" (Hobbes 1966, 103). Worte aber, die sich auf die Gegen-

5 Hierbei unterscheidet Hobbes zwischen Verträgen zwischen den Menschen und einem Unterwerfungsvertrag zwischen den Bürgern und einem Souverän. Mit Hilfe der erstgenannten übertragen die Menschen spezifische Rechte auf andere und verzichten damit auf das Recht aller gegen alle; mit dem Unterwerfungsvertrag übertragen die Bürger ihre Macht auf den Souverän, dessen Willen sie sich unterwerfen.

wart oder Vergangenheit beziehen, verpflichten, denn sie übertragen bereits in ihrem Akt ein Recht. Wenn nun bereits in der Gegenwart ein Versprechen für die Zukunft durch eine Rechtsübertragung, z.B. eine Schenkung als Zeichen der Versicherung, gestärkt wird, dann gilt es als verpflichtend und kann somit nicht einfach zur Vorteilssuche eingesetzt werden. Ist schließlich ein Vertrag geschlossen, werden jegliche Versprechen nichtig. Von Hobbes können wir lernen, dass die „Kraft der Worte" zu schwach sind, um „Menschen zur Erfüllung ihrer Verträge anzuhalten" (Hobbes 1994, 95). Selbst die von Hobbes beschriebene Macht des Souveräns, der das aufgrund des allseitigen Misstrauens grassierende Gewaltpotential bändigen könnte, kann sich nur auf die „Treue" als die allein bindende Kraft verlassen, solange er als Souverän funktioniert. Lediglich die Furcht vor den Folgen eines Wortbruches, etwa der Verlust von Ruhm und Ehre in der Gesellschaft, wäre Hilfsmittel zur Stärkung der Bindungen zwischen den Menschen. Gleichwohl haben diejenigen, die „einen Wortbruch gar nicht nötig haben" auch gar keine Furcht vor dessen Konsequenzen (Hobbes 1966, 108).

Hobbes versucht nun mit dem Verweis auf den Eid, der vor Gott als Zeuge gesprochen wird, die Furcht vor dem Wortbruch, zu erhöhen. „Die Wirkung des Eides ist daher nur die, daß die von Natur zum Treubruch neigenden Menschen durch den Schwur größeren Anlaß zur Furcht haben." (Hobbes 1994, 97). Dieses Hobbessche Szenario des Haltens von Versprechen aufgrund von Furcht oder Ruhm macht deutlich, dass letztendlich dieses Versprechenhalten nicht zu einer Vertrauensbeziehung mit dem Versprechenden als „Urheber" des gegebenen Wortes führen kann (Hobbes 1994, 54). Somit wird im Hobbesschen Model die Beziehung zwischen zwei einzelnen Menschen mit Hilfe einer Kalkulation auf persönliche Machtsteigerung sowie auf der Basis von Furcht und Misstrauen gestiftet. Gegebene und gehaltene Versprechen führen nicht zum Vertrauen zwischen den Menschen, vielmehr wird die Treue zum Wort durch die Furcht vor den Konsequenzen eines Wortbruchs motiviert. Letztendlich entsteht aus der von Hobbes inszenierten Konstellation die paradoxe Situation, dass wer bereits mächtig ist, die Konsequenzen eines nicht gehaltenen Wortes weniger zu fürchten hat.

Nietzsche hat diese paradoxe Situation deutlich herausgearbeitet und in die Tiefendimension der Moralität verschoben. In einer *Genealogie der Moral* möchte er nachweisen, dass die Moral letztendlich ihren Ursprung in einer Geschichte der Strafe und Bändigung von Affekten und Begierden hat. Damit ist die Klärung des Verhältnisses zwischen Souveränität und Abhängigkeit entscheidend für die Rolle des Versprechens. Denn Versprechen werden im Rahmen von Erziehung und Züchtigung gegeben, nämlich im Falle einer Verfehlung, bestimmte Dinge nicht mehr zu tun. Der Wille soll gebunden werden an die „Ideale" des „gemeinen Menschenverstandes", die sich im Laufe des Lebens mit Hilfe von mnemotechnischen, schmerzhaften Erziehungsmethoden in Erfahrung und Gedächtnis eingebrannt haben. Der „Schmerz [...] ist das mächtigste Hülfsmittel der Mnemonik", mit dem die Erziehung zu Moral und Sittlichkeit die Menschen „zur Vernunft!", zur „Herrschaft über die Affekte" bringt und damit den Willen „berechenbar" in einige in das Gedächtnis eingebrannte „endliche fünf, sechs ‚ich-will-nicht'" bannt (Nietzsche 1988, 295, 293, 297).

Nietzsche entfaltet den paradoxen Zusammenhang, dass die Eingewöhnung in eine Gemeinschaft letztendlich mit Erziehung und Dressur zu tun hat. Die Individuen werden zum Versprechen gezwungen, indem ihnen schmerzhafte Konsequenzen androht werden. Eigentlich darf nur derjenige versprechen, der die Macht und Freiheit über die Konsequenzen von Handlungen hat. Somit ist es nur dem souveränen Menschen gegeben, versprechen zu dürfen. Doch dieser fühlt sich aufgrund seiner Souveränität und Unabhängigkeit nicht wirklich an seine Versprechen gebunden, denn selbst, wenn er seine Versprechen bricht, muss er nicht um die Konsequenzen fürchten. In diesem Punkt ähneln sich die Ansätze von Hobbes und Nietzsche. Doch diese Beschränkung des Versprechens ist nicht die einzige: Nietzsche gibt in „Menschliches, Allzumenschliches" zu bedenken, dass gar nicht alles versprochen werden kann. „Das, was der Mensch in der Leidenschaft sagt, verspricht, beschliesst, nachher in Kälte und Nüchternheit zu vertreten – diese Forderung gehört zu den schwersten Lasten, welche die Menschheit drückt." (Nietzsche 1988a, 354) Kurz gesagt, ewige Treue schwören, kann man nicht; es wäre höchstens möglich, ein ‚hypothetisches Versprechen' zu geben, dass man sich wünsche, diese Treue zu fühlen. Allenfalls lassen sich somit nur solche Handlungen versprechen, die tatsächlich gehalten werden können; etwa im Falle eines Treueschwures trotz abgeklungener Gefühle wenigsten so zu tun, als sei man in Treue verbunden. Somit würde im falsch gegebenen Versprechen, einem, das Gefühle und Empfindungen für die Zukunft verspricht, stets der Verrat lauern. Denn der Mensch, gerade der souveräne Mensch, ist immer wieder bereit, seine Ideale preiszugeben oder nur auf seine Leidenschaften zu hören.

Wenn Nietzsche in genealogischer Perspektive zu zeigen beansprucht, dass das Versprechen ein zentrales Element der Moralität sei, gleichwohl auf einer paradoxen Unmöglichkeit gründet, dann verweisen diese Beobachtungen auch darauf, dass die Individualethik, in der nur das richtige Handeln eines Individuums im Blick ist, keine angemessene Begründungsebene für einen politische Beziehungsraum bieten kann. Arendt hat Nietzsches Bedenken in der „Genealogie der Moral" zur Souveränität und Sozialisierung des Menschen 71 Jahre später für ihre Ausführungen weitergedacht und bestätigt, dass Versprechen ein zentrales moralisches Element für die Konstitution der Freiheit zwischen den Menschen und den Erhalt des politischen Beziehungsraumes sind. Hierbei hat Arendt, die zwar um die Zentralität des Versprechens für die Moralphilosophie wusste, sich aber nicht als Ethikerin verstand, Nietzsches Vorbehalte gegen Moralität und Sittlichkeit elegant ausgeblendet. Wenn Arendt im „Denktagebuch" schreibt, dass „das Versprechen [...] so zentral das moralische Phänomen par excellence [ist], wie der aus dem Vermögen zum Versprechen hervorgehende Kontrakt das zentrale politische Phänomen ist" (Arendt 2002, 54; s. auch 135), dann ist diese richtige Beobachtung eine Einschätzung, die gerade mit Nietzsches Kritik ihren problematischen philosophiegeschichtlichen Höhepunkt findet. Gleichwohl hat Arendt an Hobbes Überlegung, dass Versprechen eine Ambivalenz zwischen Gewissheit und Ungewissheit bergen, 200 Jahre später angeknüpft, in dem sie beschreibt, was es heißt, wenn Versprechen ihre Gültigkeiten verlieren: „Sobald Versprechen aufhören, solchen Inseln in einem Meer der Ungewißheit zu gleichen, sobald sie dazu mißbraucht werden, den Boden der Zukunft abzustecken und einen Weg zu ebnen, der nach allen Seiten gesichert ist, verlieren sie ihre bindende Kraft und heben sich selbst auf" (Arendt 1987, 240).

Arendt setzt nun die Fähigkeiten zu versprechen und zu verzeihen als „Heilmittel" ein, um diese beiden Gefahren – die „Unwiderruflichkeit des Getanen" und die zukünftig drohende Schrankenlosigkeit der handelnden Praxis – abzumildern. (Arendt 1987, 231) Durch die „Macht des Verzeihens" entbindet die von schlechten Handlungsfolgen betroffene Person die handelnde Person von der persönlichen Schuld für die Handlungsfolgen. So wird das Verzeihen zwar weder eine Handlung ungeschehen machen noch diese entschuldigen, aber doch den Anderen in die Lage versetzen, wieder neu anzufangen, also weiter im Bereich der politischen Praxis zu wirken. Das Versprechen greift Arendt als „bindendes" Element auf, um die „chaotische Ungewissheit alles Zukünftigen" zu festigen und um im Bezugssystem der täglichen Angelegenheiten, also in der Praxis, „Wegweiser in die Zukunft" aufzurichten, die wie „Inseln der Sicherheit [...] irgendeine Kontinuität menschlicher Beziehungen" ermöglichen (Arendt 1987, 232). Die bei Nietzsche unterbelichtete Frage nach der Möglichkeit sozialen Lebens wird nun bei Arendt deutlich in den Zusammenhang des Versprechens und Verzeihens gestellt. Versprechen wird nicht wie bei Nietzsche im Rahmen einer erzieherischen Abforderungspraxis verortet, sondern von Menschen, die um ihre beziehungsstärkende und zukunftsversichernde Rolle wissen, gegeben und gehalten:

> „Erst wenn ich im Versprechen an Andere gebunden oder im Willen mich an mich selbst gebunden habe, höre ich auf, für mich so unübersehbar und so unvoraussehbar zu sein, wie all anderen Menschen notwendigerweise für mich bleiben müssen. [...] Die Herrschsucht und der Machtwille der Einsamen entspringen aus der Zweideutigkeit, aus der Zwiefalt ihrer selbst. Diese nämlich hat zur Folge, dass sie für sich so unberechenbar unvoraussehbar sind wie für uns alle andern Menschen. Die Unvoraussehbarkeit der Andern – d. h. ihre Freiheit – können wir nur ertragen, wenn wir uns wenigstens auf uns selbst verlassen können. Dies

realisiert sich im Versprechen und im Versprechen halten. Ohne diese Verlässlichkeit, die nur der Einer gewordene Mensch im Verkehr mit dem Andern erfahren kann, ist die Welt der Menschen schlechthin ein Chaos" (Arendt 2002, 73 f.).

Somit geht es bei der Fähigkeit des Versprechens sowohl um die Beziehung und Verbundenheit mit der anderen Person, als auch um die Befähigung selbst, verlässlich zu sein und der Welt ein Chaos, eine Zerrüttung der Beziehungen, zu ersparen. Diese Verlässlichkeit, die konstituierend für die Gestaltung mitmenschlicher Beziehungen ist, gründet im Versprechen und vor allem im Halten des Versprochenen. Wenngleich Arendt dies nicht ausdrücklich schreibt, so wird doch deutlich, dass es ihr nicht um ein Nietzscheanisches Versprechen geht, das im Rahmen eines Erziehungsprogramms vorsieht, den Willen des Menschen „regelmäßig, folglich und berechenbar zu machen" (Nietzsche 1988, 293). Es geht ihr auch nicht um ein Hobbesches Versprechen, das sich vereinzelte, in Konkurrenz befindliche, Individuen als eine Art Vor-Vertrag geben. Das Versprechen von Gefühlen, die womöglich schwanken können, oder von schlechten, zerstörerischen Handlungen, etwa von Gewalt, würde zwar formal als Geben eines Versprechens gedeutet werden können, wäre aber als Grundlage von mitmenschlichen Beziehungen im Sinne der *Verlässlichkeit* nicht tauglich. Arendt geht es hier um ein Versprechen, das zum Inhalt die Verlässlichkeit von Beziehungen hat. Verlässlichkeit geht Hand in Hand mit *Vertrauen.* Vertrauen wird geschenkt und gründet darauf, dass eine Person einer anderen gegenüber nicht nur „keine Gründe des Misstrauens" hat, sondern darüber hinaus in der Beziehung zu ihr ein Gefühl des Vertrauens entwickelt, das womöglich mit allein rationalen Kriterien nicht beschrieben werden kann (Schües 2015, 162). Das Geben und Halten von Versprechen sind bereits Handlungen, somit performativ, und korrelieren mit der Vertrauenswürdigkeit und dem Erhalt oder Aufbau einer vertrauensvollen Beziehung.

4 Versprechen und Natalität

Üblicherweise wird das Versprechen im Bereich des moralischen Handelns verortet, so auch die bislang angeführten Ansätze von Hobbes, Nietzsche und Arendt. Wenngleich diese in der Philosophiegeschichte zentrale Elemente für ein politisches und moralisches Verständnis des Verstehens benennen, so sind sie doch nicht umfassend genug und auf der angemessenen Reflexionsebene, um dem Zusammenhang zwischen Versprechen und Natalität, Geburt des Kindes und Familie konkret auf die Spur zu kommen.

Die soziale Ordnung der Familie ist nicht einfach als formaler Zusammenhang einer bürgerlichen Gesellschaft zu sehen, sondern als ein Beziehungszusammenhang der Vertrautheit und Fürsorge, der im Begriff ‚Familiarität' oder ‚familiär' jeweils als Ideal mitschwingt (aber real nicht immer gegeben ist). Diese Vertrautheit und Fürsorge gelten vor allem den Kindern, die von ihren Eltern auf die Welt gebracht wurden (oder von anderen Personen adoptiert wurden). Im ersten Teil dieses Beitrages wurde bereits auf ein der Natalität inhärentes Versprechen hingewiesen, im zweiten Teil wurden einige Elemente des Versprechens im Zusammenhang von Beziehung und Gesellschaft aufgeführt. Nun gilt es, das in der Natalität innewohnende Versprechen, also das Versprechen, das die Eltern ihren Kindern *implizit* geben, genauer zu entfalten.

Wer ein Kind auf die Welt bringt, wird dadurch in ein existentialethisches, irreduzibles und unumkehrbares Verhältnis zum Anderen geraten, das mit Emannuel Levinas als eine ethische Grundstruktur der „radikalen Andersheit des Anderen", also die „Verstrickung der Alterität" (*intrigue de l'altérité*) oder des „Einer-für den Anderen-Sein" gedeutet werden kann (Levinas 2014, 39; Gürtler 2001, 348). In Anlehnung an Levinas bedeutet ein Leben mit Kindern eine intersubjektive Verfasstheit zwischen den Menschen, die auf eine ethische Transzendenz der Verantwortung hinweist. Denn die Alterität des Kindes verwirklicht sich in einer Beziehung, dessen Wesentliches der „Anruf, der Vokativ" ist (Levinas 2014, 92). Mit diesem Anruf sind die Anderen, vorrangig die Eltern, angesichts des Kindes in die Verantwortung genommen.

Im ersten Teil dieses Beitrages wurde bereits ausgeführt, dass die Fähigkeit zur Übernahme von *Verantwortung* auf einem *Antworten* auf die eigene Geburt beruht. Diese Überlegungen wurden mit einer strukturellen Ähnlichkeit der ersten und der zweiten Geburt begründet. Die in der elterlichen Natalität wurzelnde Fähigkeit zur Verantwortung kann nun verstanden werden als Motiv, zum Wohle der nächsten Generation zu handeln. Die Gestaltung der mitmenschlichen Bedingungen – die ‚conditio humana' – unter denen Kinder geboren werden, liegt in der Verantwortung derer, die sie, die Kinder, in diese Welt bringen. Kinder werden nicht zu ihren Bedingungen geboren und sind deshalb „Anvertraute *par excellence*" (Liebsch 1996, 341). Gleichwohl ist das Kind Zeuge für ein Versprechen, das die Eltern nicht ausdrücklich der Welt gegeben haben, sondern das „in der Gegenwart eines anderen Menschen selbst liegt" (Liebsch 1996, 341; vgl. auch 2008). Und damit ist dieser Anfang ein Versprechen an die Zukunft, allerdings nur, wenn Versprechen in der weiten Bedeutung von Hoffnung und Verbindlichkeit verstanden wird, wie noch gezeigt werden soll (Schües 2016, 466). Im Folgenden wird geklärt, inwiefern der Natalität ein Versprechen innewohnt und dieses dem geborenen Kinde und der Welt gegeben werden kann.

Die Medizinethikerin Claudia Wiesemann vertritt die These, dass es problematisch, ja womöglich schädlich wäre, wenn angesichts der existenziell abhängigen Situation des Kindes nur mit einem Versprechen auf die zukünftige Autonomie reagiert würde. In der Tat, und hier stimme ich ihr zu, erfordert die Natalität eine moralische Antwort, „die das Kind nicht als zweitrangig hinter seiner zukünftigen, erwachsenen Person zurücktreten lässt" (Wiesemann 2015, 222; s. auch Wiesemann, in diesem Band). So ist es m. E. richtig, dass mit dem Versprechen nicht einfach auf die Abhängigkeit und das Ausgeliefertsein der Kinder reagiert wird. Vielmehr, so möchte ich im Sinne von Arendt und auch Levinas nahelegen, wird *angesichts* des Kindes, der Gesellschaft, emphatisch gesagt, der Welt, ein Versprechen gegeben, an das sich die Eltern binden.[6] Eltern finden sich in einer Situation und Konstellation wider, die bestimmte Anforderungen an sie heranträgt, nämlich für ein Kind, seine Beziehungszusammenhänge und Zukunft zu sorgen. Die Eltern sind nicht einfach frei, also unabhängig vom Kind oder von den Bindungen in der Welt. Die Frage der Einforderung von Versprechen oder der Ablehnung, Versprechen geben zu müssen, stellt sich nicht. Sie haben sich mit der Geburt des Kindes an dieses in der Welt gebunden, und in dieser Bindung liegt die Verbindlichkeit und Verlässlichkeit des Versprechens (das einige Eltern allerdings brechen, indem sie ihre Kinder misshandeln oder vernachlässigen). Darüber hinaus ist festzuhalten, dass die existentielle Abhängigkeit der Kinder hinsichtlich ihrer Grundversorgung alleine nicht als Grundlage des Versprechens gelten kann. Denn würde die Ebene der Abhängigkeit des Kindes einzig als Basis des Versprechens herangezogen werden, dann wäre das Ausgeliefertsein des Kindes auf die Ebene des Überlebens reduziert.

Neugeborene sind auf Fürsorge und Zuwendung Angewiesene. Sie sind in ihrer Hilflosigkeit auf fürsorgende und zugewandte Eltern angewiesen.[7] Das Angewiesensein der Neugeborenen äußert sich in ihrem grenzenlosen *Vertrauen.* Auf das ihnen in Hilflosigkeit entgegengebrachte Vertrauen antworten die Eltern mit einem Versprechen. Das Kind mutet somit seinen Eltern eine grenzenlose Vertrauensbeziehung zu, die sie nicht notwendig vor seiner Geburt einschätzen konnten. Somit liegt es auf Seiten der Eltern, sich auf dieses zugemutete Vertrauen und auf dieses anvertraute Leben *einzulassen* (S. Schües 2016, 467 f). Anders als bei den bisher besprochenen Autoren ist dieses Versprechen kein Sprechakt, sondern ein

6 Von daher geben die Eltern ihre Souveränität auf. Im Gegensatz zu Hobbes Vorstellung, übertragen sie ihre Souveränität weder einem Souverän zu ihrem Schutz noch geben sie das Versprechen, um die Furcht vor dem Anderen zu verringern.

7 Die biologischen Eltern werden aber manchmal durch andere Personen ersetzt, die ihrerseits diese Angewiesenheit als Aufruf oder als Herausforderung annehmen (aber manchmal auch ablehnen).

moralisches und ein leibhaftiges elterliches Versprechen, das die Mutter als Mutter ist und der Vater als Vater, also ein doppeltes Versprechen, das in der Gegenwart eines Menschen selbst liegt und in dem auf den Neuankömmling mit Anerkennung geantwortet wird. Dieses Versprechen ist ein Versprechen, das auf die Würde des Menschen und die Gestaltung der mitmenschlichen Beziehung abzielt (Schües 2016, 468). *Angesichts* des Kindes als mitmenschliches Wesen und *angesichts* eines Grundvertrauens, das in der natalen Beziehungsstruktur selbst angelegt ist, versprechen die Eltern (im Idealfall) dem Kind, für es zu sorgen und es im Leben zu begleiten. Mit der Anerkennung dieser ersten Beziehung wird auch deutlich, dass mit der Geburt eines Kindes neues Vertrauen in die Welt kommt, das wiederum als Grundlage für das Versprechen dient, das die Eltern dem ihnen anvertrauen Kind geben. Somit wird ein Versprechen „induziert durch ein gewährtes Vertrauen, das [demjenigen], dem das Kind anvertraut ist, einsetzt als den, der dieses Vertrauen rechtfertigen wird. Durch jedes Kind kommt neues Vertrauen zur Welt, dessen die Anderen sich als würdig erweisen können, ohne es zuvor verdient zu haben." (Liebsch 1996, 339). Somit besteht die Herausforderung der Elternschaft darin, das Versprechen, das auf Vertrauen antwortet, zu geben und zu halten.

Diese Antwort der Eltern und ihr Versprechen ist in die Vergangenheit und in die Zukunft gerichtet. Denn sie bestätigen, wie bereits oben zu Arendts Begriff der Gebürtlichkeit ausgeführt, einerseits ihre eigene Geburt, und antworten andererseits auf das Grundvertrauen des Kindes. Somit verantworten die Eltern ihre eigene natale Existenz, ihre Gebürtlichkeit, *in* der Welt, wie auch das angefangene Anfangen des Neuankömmlings *auf* der Welt.

Diese Verantwortungskonstellation von Versprechen und Vertrauen beruht letztendlich auf einer Ethik der Natalität, die die Antwortenden aufgrund ihres Antwortens in die Verantwortung stellt. Dieser Verantwortung können sie im alltäglichen Leben besser oder schlechter nachgehen. Das Versprechen, das *angesichts* des Kindes und seines Grundvertrauens gegeben wird, also auf dieses antwortet, würde somit gebrochen werden, wenn nicht Verantwortung daraus resultierte.

Aus diesen Überlegungen folgt auch, dass das Versprechen, dessen Korrelat das Vertrauen ist, eine Verbindlichkeit hat, die keine Reziprozität impliziert (denn sonst wäre das Kind nicht frei) und die nicht in der Sprache der Rechte, der Planung oder Verwaltung, Mittel und Zwecke oder ökonomischer Austauschverhältnisse geäußert werden kann (oder soll). Entsprechend kann aus dieser Perspektive hervorgehoben werden, dass die liebevolle Zuwendung keine Erwiderung erwartet und die Verantwortung keine Reziprozität impliziert. „In der Annahme dieser Grundsituation ist die Verantwortungsbeziehung zwischen Natalität und Elternschaft als allumfassend, zuverlässig, beständig und als persönliche Verpflichtung zu sehen.“ (Schües/Foth 2019, 95; vgl. auch Wiesemann 2016).

Das leibliche und moralische Versprechen, das *angesichts* des Kindes gegeben wird und auf seine Würde abzielt, geben die Eltern als Stellvertreter der mitmenschlichen Gesellschaft. Sie geben dieses Versprechen *angesichts* eines Grundrechtes, das auch im ersten Artikel des Deutschen Grundgesetzes verankert ist, nämlich dass die Würde des Menschen unantastbar sei. Diese Würde wäre verletzt, wenn das Kind in eine Lage der Gleichgültigkeit, Gewalt oder Kontrolle gebracht würde und sich niemand um sein Wohl oder die Bedingung der mitmenschlichen Welt sorgen würde.

Inwiefern die angesichts der Kinder gegebenen Versprechen Chance auf ihre Verwirklichung haben, hängt ab vom gelebten Zusammenhang von Natalität und Versprechen sowie dem Gelingen mitmenschlicher Beziehungen, die durch ihr innewohnendes Vertrauen die Vergangenheit mit der Zukunft verbinden. Denn dort wo Vertrauen gelebt wird, können weitere Anfänge in der Welt mit anderen Menschen initiiert werden. Da diese anfängliche Struktur Pluralität der Perspektiven, Vertrauen in den Beziehungen und Hoffnung ermöglicht, kann sie im Rückblick als mehr oder weniger gelungen bezeichnet werden. So ist es nicht einfach die Geburt, die als gelungen erlebt werden kann – sondern vielmehr die Struktur des Anfangens als Beziehungszusammenhang: Die Geburt als Übergang in die Welt für ein Kind als auch der Akt des Hineinbringens eines Kindes für die Mutter. Jede dieser Beziehungen wandelt sich: So wird mit der Geburt auch eine Mutter, ein Vater, eine Großmutter, ein Großvater, eine Tante, ein Bruder, ... und einige weitere neue Existenzweisen zur Welt gebracht. Wie diese Beziehungen weitergesponnen werden können, mag Auskunft darüber geben, ob diese Anfangsbeziehungen als gelungen betrachtet werden können. Wenngleich die pränatale, perinatale und postnatale Geschehnisse leibliche, präreflexive Spuren hinterlassen hat, erinnert sich doch niemand explizit an die eigene Geburt oder die Zeit direkt danach oder womöglich vorher; dennoch prägen diese ersten Erlebnisse in konkreten Beziehungen, die in bestimmter und bestimmender Weise fürsorglich, nachlässig, schwierig oder auch liebevoll waren, für das weitere Leben. Da Erfahrungen an Beziehungen geknüpft und diese von bestimmter Qualität sind, werden im Rückblick Gefühle, wie etwa harmonische Vertrautheit, Enttäuschungen, Trauer oder fröhliche Stunden, im Zusammenhang von Beziehungen mit anderen Menschen erinnert. Diese Erinnerungen haben implizit oder explizit mit Erwartungen, Versprechungen, vielleicht sogar mit Verheißungen, für die Zukunft zu tun. Erinnerungen zeigen aber auch, dass sie immer auch die Welt und unser Verhältnis zur Welt mit einschließen.

Erwähnt, aber noch nicht weiter ausgeführt, wurde die doppelte Ausrichtung des Versprechens – nämlich auf ein Kind und auf die Welt: Bislang wurde die

Natalität als eine anthropologische Voraussetzung dafür diskutiert, dass es so etwas wie Anfangen und Neuanfangen von Menschen überhaupt gibt. Auch habe ich herausgestellt, dass mit der Geburt eines Kindes neues Vertrauen in die Welt kommt. Darüber hinaus ist die Geburt eines Kindes auch die Voraussetzung dafür, dass die jeweils etablierte Weltordnung, bzw. der Weltverlauf durch die Neuankömmlinge bzw. die neuen Generationen, Störungen und Unterbrechungen der Kontinuität ausgesetzt ist.

Weltlich betrachtet wirkt die Geburt wie ein Wunder; eines das darin besteht, dass „überhaupt Menschen geboren werden, und mit ihnen der Neuanfang, den sie handelnd verwirklichen können kraft ihres Geborenseins" (Arendt 1987, 243). Hier ließ sich Arendt vom Geiste der Christlichen Weihnachtsbotschaft „*Uns* ist ein Kind geboren!" beeinflussen (Arendt 1987, 243, kursiv CS). Uns, uns Menschen, zwischen uns in der Welt ist ein Kind geboren, das wie ein Wunder schlicht durch seine Existenz, sein Ausstehen in der Welt, dieser Heilung zu versprechen vermag. Dieses Versprechen ist somit keines, das eine Person, oder die Eltern, einer anderen Person geben. Es liegt in der Struktur der Natalität, die ermöglicht, später auf die eigene Geburt, in Verantwortung zu antworten. Das Versprechen beruht also auf der Befähigung, angesichts der eigenen Geburt, Verantwortung für Andere zu übernehmen. Durch diese Verantwortung angesichts der eigenen Geburt *können* Initiative, neue Anfänge und Denkpfade, Handeln und Sprechen in die Welt kommen. Geradezu emphatisch wird von Arendt die Geburt eines Kindes als Möglichkeit eines Neuanfangs gesetzt, weil die Geburt der nächsten Generation verspricht, die Ausweglosigkeit in der Gegenwart abzumildern, und deshalb auch in finsteren Zeiten stets ein Hoffnungsschimmer am Horizont der Zukunft bleibt.

Hier ließe sich einwenden, dass Arendt der Christuslegende (Arendt 2002, 208; Schües 2021) gedenkend einen Optimismus verbreitet, der einem Neugeborenen doch viel aufbürdet. So fragt sich, ob in ethischer Perspektive der Neuankömmling, also das Kind, an sich gut und wertvoll sei, und warum in politischer Perspektive ein Neuanfang Heilung verspricht. In einem relationalen Ansatz, den Arendt letztendlich vertritt, ließe sich eine metaphysische These einer Gutheit des Daseins nicht verorten. Es ist nicht das Kind oder ein Dasein als solches, das in besonderer Weise einen Wert hat; vielmehr wird der in einer Beziehung sichtbar gemacht Anfang, den ein Kind durchlebt, in bestimmter Weise – nämlich so wie auf ihn geantwortet wird – Neues, Veränderung, auch Neuanfänge ermöglichen. Wird auf die Geburt eines Kindes mit Gewalt, mit rein wissenschaftlichem Blick und nicht mit mitmenschlicher Fürsorge geantwortet, dann wird diese erste Ermöglichung einer Beziehung sogleich verwirkt. Ein Kind kommt durch die Geburt auf die Welt und bietet ihr damit die Möglichkeit einer weiteren Beziehung. In dieser strukturellen Möglichkeit, wird erst in der Beziehung deutlich, wie das Kind oder der Neuankömmling gesehen wird – als Sohn, Tochter oder womöglich nicht wert, überhaupt beachtet zu werden. Die Beziehung der Liebe allerdings wird von Arendt komplett in den privaten Bereich verbannt. Das könnte so gedeutet werden, als würde sie die Liebe geringschätzen, aber es könnte wohl auch auf das stützende Fundament dieses privaten Raumes verweisen. Der Optimismus, der von Arendt in die Geburt eines Kindes gelegt wird, bürdet also nicht dem Kind selbst, solange es Kind ist, die Verantwortung für einen Neuanfang der Beziehungen auf, sondern den Erwachsenen, die verantwortlich auf ihre eigene Geburt antworten können, indem sie das mit dem Kind in die Welt gebrachte neue Beziehungsgefüge und Vertrauen annehmen und fürsorglich verantworten. Somit liegt das Versprechen in einem Beziehungsanfang, der aber sogleich zunichte gemacht werden kann. Aber dann wurde das Versprechen weder gehört noch eingelöst. Wird der Beziehungsanfang gestört, zunichte gemacht, vielleicht auch einfach ignoriert, dann wird dieses Versprechen nicht eingelöst.

Entsprechend schreibt Arendt deutlich in ihrem „Denktagebuch": „Jede neue Geburt ist wie eine Garantie des Heiles in der Welt; wie ein Versprechen die Erlösung ist für die, welche nicht mehr am Anfang sind." (Arendt 2002, 208, grammatikalisch korrigiert, CS). Wenngleich eine Garantie gerade nicht ein Versprechen ist, so scheint es doch, dass dieser im Zitat angeführten Parallelsetzung ein Impuls der „Invokation immanent" ist (Trawny 2005, 141). Dieser Impuls verortet die Möglichkeit eines Anfangs oder auch das Versprechen, die die Gegenwart für Zukünftiges zu durchbrechen vermögen. Eine Invokation, ein Hineinrufen in die Gegenwart, sei es durch eine Geburt oder ein Versprechen, bedeutet auch Hoffnung. „Unsere Hoffnung hängt immer an dem Neuen, das jede Generation bringt; aber gerade weil wir nur hierauf unsere Hoffnung setzen können, verderben wir alles, wenn wir versuchen, das Neue so in die Hand zu bekommen, daß wir, die Alten, bestimmen können, wie es aussehen wird" (Arendt 1994, 273). Es wird deutlich, dass Arendt das Versprechen auf Neues, das mit der nächsten Generation in die Welt gebracht wird, an die Hoffnung für die Öffnung der Zukunft knüpft. Diese Überlegungen zu einem gelungenen Anfang auf der Welt korrelieren mit Arendts Impulsen für eine Bildung, die darauf bedacht ist, dass sie Kenntnisse in der Tiefe der Vergangenheit beisteuert und gleichzeitig den Kindern das Neue nicht aus der Hand schlägt. Die Ausrichtung der Bildung und die Anerkennung der Natalität greifen Hand in Hand. Diese Haltung zur Natalität spiegelt die Fürsorge in Erziehung und Bildung wider.

> „Was uns alle angeht und daher nicht [...] einer Spezialwissenschaft überlassen bleiben darf, ist der Bezug zwischen Erwachsenen und Kindern überhaupt, oder noch allgemeiner und genauer gesprochen, unsere Haltung zu der Tatsache der Natalität: daß wir alle durch Geburt in die Welt gekommen sind und daß diese Welt sich ständig durch Geburt erneuert. In der Erziehung entscheidet sich, ob wir die Welt genug lieben, um die Verantwortung für sie zu

übernehmen und sie gleichzeitig vor dem Ruin zu retten, der ohne Erneuerung, ohne die Ankunft von Neuen und Jungen, unaufhaltsam wäre“ (Arendt 1994, 276).

Das Versprechen der Natalität ist ein Versprechen, das die Eltern eines Kindes der Welt geben. Die Offenheit und Bereitschaft, ein Kind zu zeugen und zu gebären, beinhaltet eine Bejahung der Welt – diese Bejahung nennt Arendt noch emphatischer „amor mundi“.[8] Sie versteht das verantwortungsvolle Handeln als ein *Miteinander-handeln*, das von einer Sorge für die Welt getragen wird und für gute mitmenschliche Beziehungen steht. Diese Haltung drückt sie mit dem Diktum ‚amor mundi‘, die Liebe der Welt, aus. Der Genitiv in ‚amor mundi‘ impliziert hier zwei Vorstellungen: Einerseits, dass der Handelnde selbst mit für die Gestaltung der Welt – also wie wir in ihr leben können – sorgt, und andererseits, dass die Handelnden von einer mitmenschlichen Welt Fürsorge erfahren und damit die Welt selbst Möglichkeiten des Handelns bedingt. Die durch die Eltern auferlegte Übernahme der Verantwortung für die eigene Geburt bedeutet, in Zukunftsorientierung mit den Kontingenzen, also Unbestimmtheiten und Möglichkeiten des Handelns in mitmenschlichen Beziehungen, umzugehen und sich im Sinne einer *Aufgabe* für ein, wie Aristoteles in der *Nikomachischen Ethik* nahelegt, ‚gutes‘ oder ein ‚gelungenes‘ Leben in der Welt einzusetzen.

Dem elterlichen Versprechen allerdings, das dem grenzenlosen Vertrauen des Kindes in seiner Übermäßigkeit in nichts nachsteht, droht stets der *Verrat* am Kind. Die elterliche Herausforderung besteht darin, dass Kinder existentiell im doppelten Sinne auf die positive Umsetzung des Versprechens angewiesen sind: Sie müssen sich als Neuankömmlinge aufgrund ihrer anfänglichen Fremdheit durch eine Praxis des Verstehens in die Welt eingewöhnen und können gleichzeitig als Neuankömmlinge aufgrund ihrer Einzigartigkeit neue Verstehensweisen, neue Stimmen, neue Pfade des Denkens in die Welt einfügen. Die Schwierigkeit liegt darin, dass einerseits, wie Arendt sagt, durch die Möglichkeit eines einzigartigen Neuanfangs eine Versöhnung mit einer aus den Fugen geratenen Welt möglich ist, aber andererseits die Gefahr besteht, den Kindern den Weg zur Welt zu versperren und ihnen damit neue Pfade des Denkens und Handelns zu verwehren.

8 Zeugungsunfälle, Vergewaltigung, systematisches Zeugen von Kindern um den eigenen Genpool weiterzuverbreiten oder um für die Altersversorgung zu sorgen, all diese weiteren Wege und Motive, Kinder zu zeugen und gebären zu lassen werden von Arendt nicht weiter diskutiert. Man könnte vermuten, dass Kindern mit schwierigen Anfängen, das Angefangen-worden-sein erschwert wurde und ihnen somit ein Handlungspotential von vornherein verwehrt wird. Diese Annahme bleibt hier aber als Spekulation und wird nicht weiter behandelt.

Gewalt, unterdrückende Disziplin, eine Bildung, die auf die Reproduktion von funktionierenden Leistungsträgern setzt, erstickt das Neue und unterdrückt die Einzigartigkeit, – sie ist als Verrat des Versprechens zu bewerten. Dieser Verrat bedeutet, dass das dem Kinde implizit gegebene Versprechen, für es zu sorgen und seine Einzigartigkeit für die Welt zu bewahren, nicht gehalten wird. Es wird also in einer Weise getäuscht, dass seine Grundfeste des Vertrauens zerbrechen. Während der Verrat das Vertrauen des Kindes und seine Beheimatung in der Welt bedroht und behindert, so kann das in kommunikativen und mitmenschlichen Beziehungen angelegte Sinnverstehen der Welt, optimistisch gedacht, vielleicht auch als ein Heilmittel die Versöhnung *mit* der Welt ermöglichen.

Nicht aufgrund eines Sprechaktes, aber angesichts der leiblichen Gegenwart ihres Kindes und ihrer elterlichen Existenz sind Eltern mit dem In-die-Welt-setzen des Kindes an ein Versprechen gebunden. Dieses Versprechen beinhaltet zweierlei: Einmal die Anerkennung der Würde des Kindes, zudem die Tatsache, dass das Kind ein Anfang, ein Wunder in sich ist. Im Namen von *amor mundi* ist die Geburt des Kindes auch ein Versprechen an die Welt. Somit fasse ich die Geburt als die *Performanz* eines Versprechens an die Kinder und die Welt auf. Das Versprechen beinhaltet, *so* für den angefangenen Anfang eines Kindes zu sorgen, dass sich dieses sowohl in die Welt eingewöhnen kann, als auch das Neue, was es mitbringt, zu erhalten vermag. Es ist ein Versprechen für die Welt, die Beziehungen und Verhältnisse, so (mit-)zu gestalten, dass sie auch eine Welt für das Kind ist. Ohne Welt kann ein Kind nicht aufwachsen – ohne Neuankömmlinge die Welt nicht gestaltet werden. Somit liegt in *amor mundi* auch ein Willkommenheißen der Neuankömmlinge.

Das gesellschaftliche Willkommenheißen eines Kindes bedeutet, dieses Versprechen auch zu hören. Die Gesellschaft fragt nach: Wo ist das Kind? Die meisten Gesellschaften haben unterschiedliche Formen der Institutionalisierung eingerichtet, die darauf abzielen und zeigen, dass Kinder nicht nur Sache der Eltern sind, allerdings die Eltern in (hoffentlich) ihrer speziellen Liebe und Fürsorge, das *familiäre Band* zwischen Eltern und Kind formen. Doch dieses familiäre Band ist nur eines unter anderen: Die verschiedenen Bande, die einander bedingen und formen, reichen von z. B. Nachbarschaft, über weitere Freunde, die Verwandtschaft oder Schule.

Das Versprechen der Natalität zeigt eine andere Ebene von Moral und Sprache auf: Moral gerinnt in diesem Zusammenhang nicht zu einem Kanon von Verpflichtung und Norm. Im Gegenteil: „Alle Moral läßt sich wirklich auf Versprechen und Halten des Versprochenen reduzieren" (Arendt 2002, 54). Somit basiert ein Versprechen der Natalität nicht auf einer Sprache der Beweise, nicht auf einer Sprache des Rechts, der Verwaltung oder Planung, sondern auf einer *leiblichen* Gegenwart und zwischenmenschlichen Verbindlichkeiten. Und weil das so ist, ist die Herausarbeitung der Beziehung zwischen Recht und Moral, die hier lediglich hinsichtlich der Nennung des Würdekonzepts aufblitzte, wichtig.

In der Natalität liegt das Versprechen für ein Anfangen-können der Geborenen, die aufgrund ihres Geborenseins und angesichts der Liebe oder Sorge der Welt die Fähigkeit haben, mit Anderen zu handeln und Verantwortung zu übernehmen. Aber in der Natalität liegt auch ein Versprechen direkt für die Welt. Die Entscheidung für die Geburt eines Kindes, kann auch ein Versprechen für die Welt aus Sorge für die Welt bedeuten. Diese Bedeutung umschließt, dass wir die Welt genügend lieben, um Kinder und Neuanfänge, Vertrauen und Verantwortung zur Welt zu bringen.[9]

Literatur

Arendt, Hannah (⁵1987): Vita Activa oder vom tätigen Leben, München/Zürich.
Arendt, Hannah (1994): Krise der Erziehung [1958], in: dies., Zwischen Vergangenheit und Zukunft, München, 255–276.
Arendt, Hannah (1986): Elemente und Ursprünge totaler Herrschaft, München/Zürich.
Arendt, Hannah (2002): Denktagebuch, 2 Bände, 1950–1973, München/Zürich.
Arendt, Hannah (1989): Menschen in finsteren Zeiten, München.
Cavarero, Adriana (1997): Schauplätze der Einzigartigkeit, in: Stoller, Silvia/Vetter, Helmuth (Hg.): Phänomenologie und Geschlechterdifferenz, Wien, 207–226.
Gürtler, Sabine (2001): Elementare Ethik. Alterität, Generativität und Geschlechterverhältnis bei Emmanuel Lévinas, in: Grathoff, Richard/Waldenfels, Bernhard (Hg.): Übergänge 41, München.
Hobbes, Thomas (1994): Vom Menschen. Vom Bürger. Elemente der Philosophie II/III, hg. u. eingel. von Günter Gawlick, Hamburg.
Hobbes, Thomas (1966): Leviathan oder Stoff, Form und Gewalt eines kirchlichen und bürgerlichen Staates, hg. u. eingel. von Iring Fetscher, Frankfurt a. M.
Levinas, Emmanuel (⁵2014): Totalität und Unendlichkeit. Versuch über die Exteriorität, Freiburg/München.
Liebsch, Burkhard (1996): Geschichte im Zeichen des Abschieds, München.
Liebsch, Burkhard (2008): Gegebenes Wort oder Gelebtes Versprechen, Freiburg/München.
Merleau-Ponty, Maurice (1966): Phänomenologie der Wahrnehmung, Berlin.
Nietzsche, Friedrich (1988): Zur Genealogie der Moral. Kritische Studienausgabe, Bd. 5., Colli, Giorgio/Montinari, Mazzino (Hg.): Berlin/New York.

9 Für hilfreiche Anmerkungen danke ich Lena Cramer und Christoph Rehmann-Sutter. Dieser Beitrag entstand im Kontext von zwei Forschungsprojekten: *Practices of Prenatal Genetic Testing: A Comparative Empirical and Philosophical Study in Germany and Israel, PreGGI* (*DFG, grant* Schu 2846/2–1) und dem Research Project Philosophy of Birth: Rethinking the Origin from Medical Humanities (PHILBIRTH), University of Alcalá, AEI/FEDER/UE, 2016–19 (FFI2016–77755-R).

Nietzsche, Friedrich. 1988a. Menschliches Aussermenschliches I und II, Kritische Studienausgabe, Bd. 2. Colli, Giorgio/Montinari, Mazzino (Hg.): Berlin/New York.
Schües, Christina (2015): Vertrauen und Misstrauen in friedenspolitischer Absicht, in: Delhom, Pascal/Hirsch, Alfred (Hg.): Friedensgesellschaften – zwischen Verantwortung und Vertrauen, Reihe: Friedenstheorien, Freiburg/München, 156 – 181.
Schües, Christina (2016): Philosophie des Geborenseins, Freiburg/München.
Schües, Christina (2016a): Friedenswege in zeitlicher Diskontinuität, in: Schües, Christina/ Delhom, Pascal (Hg.): Zeit und Frieden, Freiburg/München, 7 – 28.
Schües, Christina/Foth, Hannes (2019): Elternschaft, in: Schweiger, Gottfried/Drerup, Gottfried/Drerup, Johannes (Hg.), Stuttgart, 90 – 98.
Schües, Christina (2019). Hannah Arendt – Philosophie der Praxis als Welteröffnung, in: Bedorf, Thomas/Gerleck, Selin (Hg.): Philosophie der Praxis – Ein Handbuch, Stuttgart, 179 – 209.
Schües, Christina (2021, im Erscheinen): The Promise inherent in Natality: Performance and Invocation, in: Zawisza, Rafael/Hagedorn, Ludger (Hg.): „Faith in the World". Post-Secular Readings of Hannah Arendt, Wien.
Trawny, Peter (2005): Denkbarer Holocaust. Die politische Ethik Hannah Arendts, Frankfurt a. M.
Vetlesen, Arne Johan (1995): Relations with Others in Sartre and Lévinas: Assessing Some Implications for an Ethics of Proximity, in: Constellations 1/3, 358 – 382.
Wiesemann, Claudia (2015): Natalität und Elternschaft, in: Zeitschrift praktische Philosophie, 2/2, 213 – 236.
Wiesemann, Claudia (2016): Moral Equality, Bioethics, and the Child, Cham.

Claudia Wiesemann

Geburt als Appell. Eine Ethik der Beziehung von Eltern und Kind

Zusammenfassung: Dieser Beitrag beschäftigt sich mit der Existenz von Menschen als geborene Wesen. Das Eltern-Kind-Verhältnis und in einem weiteren Schritt auch die Familie werden daraufhin untersucht, inwiefern sie ihre moralische Bedeutung aus der besonderen Situation des Kindes beziehen. Die Rechte von Kindern ernst zu nehmen, heißt, auch das Kind als moralischen Akteur zu betrachten und seine Perspektive neben der des Erwachsenen in ethische Analysen einzubeziehen. Mit diesem Ziel soll hier also die Geburt betrachtet werden als ein aus der Perspektive des Kindes hoch bedeutsames moralisches Ereignis. Die besondere Situation des Kindes ist gekennzeichnet durch das Faktum der ‚Natalität', d. h. durch ein radikales Vorherbestimmt-Sein und eine radikale Abhängigkeit der kindlichen Existenz. Vom Faktum der Natalität geht ein moralischer Appell aus, auf den die Eltern mit dem Versprechen antworten, das in sie gesetzte Vertrauen nicht zu enttäuschen. Nur so erscheint das Kind nicht wie ein Objekt der Fürsorge, sondern wie ein echtes Beziehungssubjekt.

Darf man Menschen klonen? Sollte es die moralische Pflicht von Eltern sein, mit Hilfe von Keimbahneingriffen die genetische Ausstattung ihres Kindes zu optimieren? Neue reprogenetische Techniken[1] lenken die Aufmerksamkeit der Ethik[2] auf die moralischen Bedingungen der Existenz von Menschen als geborene Wesen und rücken damit ins Zentrum, was sich bisher eher im Hintergrund befand: dass der Beginn des menschlichen Lebens im Zeichen von Fremdbestimmung steht. Menschen werden von anderen Menschen gezeugt und geboren, ohne auf die Umstände ihres Zur-Welt-Kommens in irgendeiner Weise Einfluss nehmen zu können. Wann, wo und unter welchen Umständen wir geboren werden, bestimmen Andere, ob mit oder ohne Reprogenetik. Allerdings haben die neuen re-

Gekürzte und überarbeitete Fassung meines Aufsatzes ‚Natalität und die Ethik von Elternschaft und Familie', erschienen 2015 in der *Zeitschrift für Praktische Philosophie*, Bd. 2, 213 – 236.

1 Unter Reprogenetik versteht man die Kombination von Fortpflanzungstechniken mit genetischer Diagnostik oder Eingriffen am Genom.
2 Da die Begriffe ‚ethisch' und ‚moralisch' nicht immer einheitlich verwendet werden, soll hier klargestellt werden, dass ‚Ethik' im Folgenden verstanden wird als Theorie der Moral.

https://doi.org/10.1515/9783110719864-009

produktionsmedizinischen Techniken wesentlich dazu beigetragen, das Ausmaß dieser Fremdbestimmung sichtbar zu machen. Indem sie den potentiellen Eltern Instrumente in die Hand geben, die Existenzweise ihres Kindes, z. B. durch genetische Auswahl, noch mehr als bisher zu beeinflussen, führen sie uns vor Augen, wie sehr der Beginn menschlichen Lebens ganz allgemein von den Entscheidungen Dritter abhängt. Für alle reproduktionsmedizinischen Techniken – seien es Verhütungsmittel, präkonzeptionelle genetische Tests, die Präimplantations- oder Pränataldiagnostik, die Keimzellspende oder Leihmutterschaft – gilt: Sie bieten vielleicht den beteiligten Eltern größere Freiheiten, aber die radikale Unfreiheit des Kindes ändern sie nicht. Diese tritt im Kontrast zur elterlichen Freiheit nur umso deutlicher zu Tage. Diese Unfreiheit ist radikal, weil sie sämtliche Lebensbedingungen des Geborenen betrifft. Kinder haben schon immer die Bedingungen ihrer Existenz zu akzeptieren, seien sie ein erwünschter oder unerwünschter Nachkomme, mit oder ohne erbliche Erkrankungen, von armen oder reichen Eltern gezeugt, in Krieg oder Frieden aufwachsend.

Darum wurde an die Kritiker reprogenetischer Techniken[3] auch die Frage gerichtet, warum im Konzert der vielfältigen Fremdbestimmungen, unter denen Kinder ohnehin zur Welt kommen, ausgerechnet die gezielte Veränderung und Verbesserung genetischer Anlagen moralisch problematisch sein sollte. Warum sollte es verwerflich sein, dass Eltern die Musikalität oder Intelligenz ihres Kindes beeinflussen wollen[4], wenn es gleichzeitig hingenommen werde, dass Kinder als Erbe oder als Altersvorsorge gezeugt werden, in Armut aufwachsen müssen oder in Familien mit psychisch kranker Mutter oder krankem Vater geboren werden? Weil dies schon immer so war? Tatsächlich müsste man, wenn man den moralischen Gehalt von Elternschaft bestimmen will, alle Formen der Fremdbestimmung kritisch unter die Lupe nehmen.

Im Folgenden soll das, was von einem Standpunkt der Freiheit wie moralisch unerwünschte Fremdbestimmung aussieht, aus einer anderen Perspektive betrachtet werden. Denn wenngleich wir alle als Kinder unweigerlich den Entscheidungen Dritter ausgesetzt sind, bewerten wir diese existenzielle Erfahrung doch in der Regel als positiv, und manchen gilt gerade die Eltern-Kind-Beziehung als moralisches Vorbild für viele andere Formen menschlicher Abhängigkeit. Nicht wenige werden auf ihre Kindheit als eine besonders schöne Zeit zurückblicken, in der sie sich umsorgt und behütet fühlten, und im Vergleich dazu die Zeit der Freiheit des Erwachsenenalters als eine eher belastende Situation emp-

---

3 Unter ihnen so prominente Philosophen wie Jürgen Habermas (2001).

4 Der Bioethiker Julian Savulescu (2001) postuliert beispielsweise eine Pflicht der Eltern zu „procreative beneficence", also zu verbessernden genetischen Maßnahmen, wenn diese für das Kind förderlich sind.

finden. Es lohnt sich also zu fragen, warum eine so große, geradezu existenzielle Fremdbestimmung als eine wunderbare Erfahrung und eine Beziehung der fundamentalsten Abhängigkeit als ein moralisch höchst geschätztes Verhältnis aufgefasst werden können.

Dazu muss vor allen Dingen mehr als bisher die Sicht der Kinder auf dieses Verhältnis ernst genommen werden. Denn bislang wurden die ethischen Fragen aus der Perspektive von Erwachsenen und im Rahmen einer Ethik für Erwachsene gestellt. Für das Neugeborene und das Kleinkind ist aber eine auf den Ideen der Freiheit und Selbstbestimmung fußende Ethik weitgehend sinnlos. Und doch kann die moralische Perspektive des Kindes nicht einfach übergangen werden, so als ob die Phase der Kindheit nur ein Übergangsstadium sei und sich die ernst zu nehmenden Fragen der Ethik erst stellten, wenn das betroffene Individuum das Stadium der moralischen Autonomie erlangt habe. Die Rechte von Kindern ernst zu nehmen heißt, auch das Kind als moralischen Akteur zu betrachten und seine Perspektive neben der des Erwachsenen in ethische Analysen einzubeziehen.[5]

Mit diesem Ziel soll hier also die Geburt betrachtet werden, als ein aus der Perspektive des Kindes hoch bedeutsames moralisches Ereignis. Dieses ist gekennzeichnet durch das Faktum der ‚Natalität', d. h. durch ein radikales Vorherbestimmt-Sein und eine radikale Abhängigkeit der kindlichen Existenz. Ich untersuche, welche Konsequenzen Natalität für das moralische Eltern-Kind-Verhältnis hat und wie sie die moralische Rolle der Familie bestimmt.

1 Phänomenologie der Natalität

Im französischen Dokumentarfilm ‚Babies' von 2010 schildert der Regisseur Thomas Balmès das Leben vierer Kinder von der Geburt bis zum Ende ihres ersten Lebensjahrs. Die beiden Buben Ponijao aus Namibia und Bayar aus der Mongolei und die beiden Mädchen Mari aus Japan und Hattie aus Kalifornien werden bei ihren ersten Entwicklungsschritten porträtiert, ihrem ersten Lachen, ihren ersten Gehversuchen, ihrem ersten Spiel.[6] Beeindruckend ist, wie sehr sich die Kindheiten unterscheiden. Während Bayar in einer einsam gelegenen mongolischen Jurte aufwächst und meistens mit Ziegen spielt, lebt Mari in der Millionenstadt Tokyo und wird noch vor ihrem ersten Lebensjahr zur musikalischen Früherzie-

5 Wenn im Folgenden von ‚Kind' die Rede ist, sind vor allen Dingen Neugeborene gemeint, weil die Situation des Geborenwerdens die moralische Rolle der Eltern grundlegend bestimmt. Das sich in dieser Situation manifestierende Eltern-Kind-Verhältnis bleibt aber prägend für alle weiteren Altersstufen des Kindes.

6 Babies (2010), Regie: Thomas Balmès.

hung gebracht. Kind zu sein heißt auf dieser Welt, unter den unterschiedlichsten Bedingungen aufzuwachsen und mit einer unendlichen Vielfalt von Kulturen konfrontiert zu sein, Kind einer nomadischen Viehzüchterfamilie oder akademisch gebildeter Eltern zu sein, in der Wüste wie in einer Millionenmetropole groß zu werden.

Als die Philosophin Hannah Arendt den Begriff ‚Natalität' prägte, wollte sie auf das Wunder dieses Lebensanfang aufmerksam machen. Für Arendt bedeutet Natalität[7] das ganz und gar Unerwartete, das sich in der Geburt eines jeden Menschen manifestiert (Arendt 1958; vgl. Schües 2000, 75 f, sowie in diesem Band). Der Mensch wird nicht mit einer bestimmten ‚Natur' geboren, sondern ist gekennzeichnet durch „(Zufall und Unvorhersehbarkeit) contingency and unpredictability" (Birmingham 2006, 12) als Antwort auf eine ebenso von Zufall und Unvorhersehbarkeit geprägte umgebende Welt.[8]

Radikale Kontingenz und radikale Determiniertheit sind zwei Seiten derselben Medaille. Weil das Kind sich in Situationen absoluter Fremdbestimmung vorfindet, ist es gezwungen, mit radikaler Offenheit darauf zu reagieren. Das „Diktat der Geburt" (Lütgehaus 2006, 66–79) betrifft Ort und Zeit, Herkunft und Ausstattung, Kultur und Religion. Nichts davon kann sich das Kind aussuchen – weder ob es in einer Kleinfamilie aufwächst noch in einem Nomadenstamm, in Krieg- oder Friedenszeiten, als erstes und einziges oder letztes von zehn Kindern, als lang ersehnter Erbe oder Verhütungsunfall. Für all das muss sich das Kind als offen erweisen, d. h. als fähig, auf unterschiedlichste Menschen, Situationen und Anforderungen zu reagieren und damit zurecht zu kommen. Die modernen reproduktionsmedizinischen Techniken haben der Vielfalt noch einige weitere sozio-kulturell bedeutsame Varianten hinzugefügt. Das Kind einer thailändischen Leihmutter, das von einem schwedischen Elternpaar aufgezogen wird, kann mehr als zwei Eltern und Vorfahren in unterschiedlichen Kontinenten haben; das Kind, das dank Samenspende von einem lesbischen Paar aufgezogen wird, hat zwei Mütter und einen Vater. Dies alles ist eine Herausforderung für moderne Familienbeziehungen und scheint die traditionelle Rolle von Eltern in Frage zu stellen, doch es lenkt zunächst nur den Blick auf die eine, wiederkehrende, gleich bleibende Tatsache: Mit der Geburt verbindet sich „nie die Freiheit der Geborenen, nur die ihrer Verursacher" (Lütgehaus 2006, 113).

Die Unfreiheit des Neugeborenen setzt sich in seinen ersten Lebensjahren fort. Es kann sich nicht selbst wärmen, sondern muss gewärmt werden. Es kann

7 Arendt selbst übersetzte ihren Begriff ‚natality' zumeist mit ‚Gebürtlichkeit'.

8 Hans Saner spricht sogar von einer „natürlichen Dissidenz" gegen die Diktatur des Seienden (Saner 1979, 104), weil das Neugeborene dank seiner Offenheit das überschreiten wird, was ihm kulturell vorgegeben wurde.

sich nicht selbst ernähren, sondern muss ernährt werden. Es kann sich nicht selbst bewegen, sondern muss getragen werden. Es wird in ein generatives Netzwerk menschlicher Beziehungen gestellt (Schües 2008, 13), die es selbst nicht gestalten kann. Es hat Eltern und Großeltern, Geschwister, Cousins und Cousinen; es erhält eine Staatsbürgerschaft und wird in einer Religion aufgezogen. Seine Identität, sein Platz in der Familie, so Hilde und James Lindemann Nelson, wird stets in vielerlei Hinsicht vorgeprägt sein: „the child has already come to have a place within the family's story – a heritage, a role in the scheme of things" (Lindemann Nelson/Lindeman Nelson 1995, 161).

‚Natalität' ist diese existenzielle Situation des Kindes zwischen radikaler Vorher- und Fremdbestimmung einerseits und radikaler Offenheit andererseits. Sie stellt eine moralische Herausforderung für alle jene Beteiligten dar, die sich die Freiheit herausnehmen, dem Kind eine solche Existenz zuzumuten. Dies wird umso deutlicher, je mehr wir Erwachsenen auf die Bedingungen des kindlichen Zur-Welt-Kommens direkten und gezielten Einfluss nehmen. Mit den praktischen Möglichkeiten, Ort und Zeit der Geburt, genetische Ausstattung und Verwandtschaftsverhältnisse des Geborenen zu bestimmen, tritt auch die moralische Verantwortung gegenüber dem so gezeugten Lebewesen umso deutlicher hervor.

2 Ethik der Natalität

Es fragt sich daher, was eine angemessene Antwort auf die moralisch prekäre Lage des Kindes ist. Aus der Perspektive des *ethischen Liberalismus* kann Natalität nur kompensiert werden, indem das Recht der zukünftigen Person auf Autonomie in den Mittelpunkt gerückt wird. Das leistet z. B. das sogenannte ‚Open-Future-Argument', das von Joel Feinberg in die Debatte eingeführt wurde. Es besagt, Erziehung müsse so gestaltet werden, dass dem Kind alle wesentlichen zukünftigen Optionen offengehalten werden. Feinberg argumentiert damit gegen bestimmte Formen fundamentaler religiöser Erziehung, wenn diese die schulische Bildung des Kindes kompromittieren. Dies beschränke wesentliche zukünftige Optionen der dereinst erwachsenen Person: „It is the adult [the child, C.W.] is to become who must exercise the choice, more exactly, the adult he will become if his basic options are kept open and his growth kept ‚natural' or unforced"(Feinberg 1980, 127).[9] Auch Jürgen Habermas versucht, das moralische Problem vorgeburtlicher genetischer Fremdbestimmung zu lösen, indem er auf die Notwendigkeit einer Zustimmung der zukünftigen autonomen Person verweist. Eine Entscheidung sei

9 Für Kritik am *Open-Future-Argument* s. Mills 2003 und Baines 2008, 143.

nur dann zu rechtfertigen, wenn antizipiert werden könne, „dass die zukünftige Person das grundsätzlich anfechtbare Ziel der Behandlung bejahen würde“ (Habermas 2001, 92).[10]

Doch jede Ethik, die sich an der Autonomie der zukünftigen Person orientiert, läuft Gefahr, das Kind hier und jetzt zu übergehen. „Dafür wirst Du mir noch einmal dankbar sein!“ sagten die Erwachsenen früher und damit wurden auch noch die gravierendsten Verstöße gegen die Würde des Kindes gerechtfertigt. Die Schlagen des Kindes war ja in den Augen vieler Pädagogen nicht Selbstzweck oder gar sadistisches Vergnügen, sondern sollte auf die Freiheit als Erwachsener vorbereiten, indem der kindliche Delinquent dazu anhalten wurde, anständig, fleißig oder selbstdiszipliniert zu werden, mithin später einmal eine Persönlichkeit zu entwickeln, der alle Türen offenstehen. Auf die existenziell abhängige Situation des Kindes nur mit einem Versprechen auf zukünftige Autonomie zu reagieren, ist also nicht nur unzureichend, sondern unter Umständen sogar schädlich. Natalität erfordert eine moralische Antwort, die das Kind nicht als zweitrangig hinter seiner zukünftigen, erwachsenen Person zurücktreten lässt.

Mit dem Faktum der Natalität als ethischer Herausforderung hat sich auch Immanuel Kant auseinandergesetzt. Dabei berücksichtigt Kant die Perspektive des Kindes. Man könne nicht anders, als „den Akt der Zeugung als einen solchen anzusehen, wodurch wir eine Person ohne ihre Einwilligung auf die Welt gesetzt, und eigenmächtig in sie herüber gebracht haben“. Die Heteronomie der Geburt erzeuge eine moralische Pflicht der Eltern, ihre Kinder für diesen Zustand zu kompensieren, da „auf den Eltern nun auch eine Verbindlichkeit haftet, sie, so viel in ihren Kräften ist, mit diesem ihrem Zustande zufrieden zu machen“ (Kant 1983/1797, 6–281). Die moralische Antwort der Eltern muss der existenziellen Situation des Kindes angemessen und so beschaffen sein, dass das Kind mit seinem fremdbestimmten Zustand zufrieden sein kann. Dies ist Aufgabe und Ziel der moralischen Kompensationsleistung der Eltern.

Für deren konkrete Ausgestaltung gibt es allerdings angesichts der Tatsache, dass Kinder unter den unterschiedlichsten Bedingungen zur Welt kommen, keine einfachen Rezepte. Natürlich denkt man dabei zunächst an solche einfachen Handlungen wie Füttern oder Windeln, ohne die ein Kind nicht überleben kann. Aber satt sein und sauber sein allein genügt nicht, um den Menschen mit seinem

---

10 Habermas bezieht sich ausschließlich auf vorgeburtliche genetische Eingriffe. Postnatale Sozialisationsentscheidungen sind in seinen Augen in ethischer Hinsicht weniger problematisch, weil sich das zukünftige Individuum dazu reflexiv und kritisch verhalten könne (Habermas 2001). Diese ungleiche Behandlung ist allerdings kaum nachzuvollziehen, bedenkt man, wie schwerwiegend sich Erziehungstraumata auf den zukünftigen Erwachsenen auswirken können. Vgl. dazu Beier, Wiesemann 2010.

„Zustande zufrieden zu machen“. Die Verantwortung der Eltern gegenüber ihrem Kind gilt nicht nur einem bedürftigen Wesen, das gewindelt und gefüttert werden muss, sondern der Person, die eigenmächtig „herüber gebracht“ wurde.

Auch Hans Jonas zufolge geht vom Sein des Neugeborenen ein elementarer moralischer Appell aus. Natalität impliziere ein elementares Sollen, ein „elemental ought“, dem man sich nicht entziehen könne. Das Neugeborene verpflichte die es umgebende Welt allein durch seine schiere Existenz„...whose mere breathing uncontradictably addresses an ought to the world around, namely, to take care of him. Look and you know.“ (Jonas 1984, 131).

Dieses existenzielle Ausgeliefert-Sein des Neugeborenen wird allerdings nicht ausreichend mit der Pflicht zu einzelnen Fürsorge-Leistungen beantwortet. Sonst würden Eltern sich nicht von professionell Pflegenden unterscheiden. Das Wesen der Elternschaft besteht gerade darin, funktionale und instrumentelle Zwecke zu überschreiten, indem dem „elemental ought“ moralischer Respekt gezollt wird. Die moralische Rolle der Eltern leitet sich nicht aus der Zukunft der Person des Kindes her (im Sinne einer Erziehung zu einem selbständigen Menschen), sondern aus der schieren Gegenwart, und zwar aus dem umfassenden Angewiesen-Sein des Kindes auf sein Gegenüber, das sich als verantwortungsbewusst zu erweisen hat. Und es ist diesem Verständnis zufolge nicht primär die Erfüllung bestimmter Fürsorgepflichten, die das Gegenüber als moralisch verantwortungsbewusst kennzeichnen, sondern die Haltung angesichts des Faktums der Natalität. Elternschaft antwortet in diesem Sinne auf die existenzielle Situation des Neugeborenen auf dreierlei Weise. Elementares Ausgeliefert-Sein erfordert umfassende Zuständigkeit, universelles Angewiesen-Sein erfordert bedingungslose Sorge, radikale Offenheit erfordert persönliche Zuwendung.[11]

3 Elternschaft

Das Wesen elterlicher Verantwortung wird üblicherweise als Schutz und Sorge für das Kind aufgefasst. Samantha Brennan und Robert Noggle charakterisieren beispielsweise die Rolle der Eltern als „stewardship“ (Brennan/Noggle 1997, 12), also als Verwalter der Rechte und Interessen des Kindes, und deren Aufgaben als „care, advocacy and protection“ (Brennan/Noggle 1997, 12). Tatsächlich wird es im Alltag oft auf solche Akte der Sorge, der Interessensvertretung oder des Schutzes

11 In diesem Sinne spricht auch Olivia Mitscherlich-Schönherr von einer Dialogizität des ‚personalen‘ Gebärens. Sie grenzt diese Art der Begegnung von Eltern und Kind zu Recht von einfachen präskriptiven Ansätzen guter Elternschaft ab, die „die Zeitlichkeit ihres eigenen Philosophierens nicht ernst genug zu nehmen“ (Mitscherlich-Schönherr, in diesem Band).

hinauslaufen. Doch greift diese Charakterisierung, die auf das Instrumentelle elterlichen Handelns zielt, zu kurz und trifft nicht das Eigentliche. Umfassende Sorge und elementare Zuständigkeit für das Kind sowie persönliche Zuwendung zum Kind implizieren mehr als Schutz und Sorge. Im Mittelpunkt steht nicht die Funktionalität bestimmter Handlungen (Wird das Kind gut ernährt? Wird es vor Gefahren geschützt?), sondern eine bestimmte Haltung, mit der das Kind in seiner Abhängigkeit und seinem Ausgeliefert-Sein als moralisch gleich anerkannt wird. Das setzt allerdings voraus, dass das Kind nicht nur als schutzbedürftiges Wesen, sondern auch als moralischer Akteur anerkannt wird. Hierin liegt vermutlich die größte Hürde für eine Ethik der Natalität. Denn die Entwicklungspsychologie ist über lange Zeit davon ausgegangen, dass das Kind ein amorales Wesen ist, das Moralität erst von den Erwachsenen erlernt. Ganz unbemerkt von der philosophischen Ethik hat sich aber in der Entwicklungspsychologie eine Revolution vollzogen. Forscher wie Michael Tomasello, Alison Gopnik oder Eliot Turiel konnten zeigen, dass schon Dreijährige ein grundlegendes Moralempfinden zeigen, das unabhängig vom Urteil erwachsener Autoritäten ist.[12] Und das bedeutet: Das Kind ist nicht nur *schutz*bedürftig, es bedarf der *Anerkennung* als moralisch empfindendes Wesen. Es ist nicht Objekt elterlichen Schutzes, sondern Beziehungssubjekt. Während es womöglich noch naheliegend ist, dass Kleinkind als moralisch empfindendes Wesen aufzufassen, fällt es jedoch schon wesentlich schwerer, in ihm auch einen moralischen Akteur zu sehen – eine Person, die aktiv moralische Beziehungen gestaltet. Das liegt zum einen daran, dass die Ethik oft mit einem sehr eingeengten Begriff des moralischen Akteurs operiert. Diesem engen Verständnis zufolge ist ein moralischer Akteur jemand, der moralische Verantwortung für sein Handeln übernimmt. Das können Kleinkinder nicht. Meines Erachtens ist es nicht angezeigt, den Begriff derart auf bestimmte moralische Verhaltensweise zu reduzieren (und damit implizit kleine Kinder aus der Welt der moralischen Akteure zu verbannen). Unter einem moralischen Akteur verstehe ich eine Person, die zu moralischen Empfindungen in der Lage ist und ihr Verhalten danach ausrichtet. Eine solche Charakterisierung trifft auch schon auf Kleinkinder zu. Zwar können Kleinkinder noch keine rationalen Entscheidungen über das moralische angemessenste Verhalten treffen, aber sie können schon auf eine sehr basale Art und Weise ihren Moralempfindungen Ausdruck verleihen.

---

12 Für eine Diskussion der Bedeutung dieser entwicklungspsychologischen Forschung für die Ethik s. Wiesemann 2016a, 27–29.

4 Vertrauen

Zutreffend ist deshalb meines Erachtens Burkhard Liebsch' Charakterisierung von Elternschaft als eines Versprechens, das Vertrauen des Kindes nicht zu enttäuschen. Auch Liebsch betont jenen moralischen Appell, der vom Neugeborenen ausgeht: „Hat nicht", so fragt er, „der vom Anderen ausgehende Befehl, von dem Levinas spricht, im Gesicht des Neugeborenen sein erstes Paradigma?" (Liebsch 1996, 335).[13] Dieser Appell manifestiert sich im unbegrenzten Vertrauen, das ein Kind jedem Menschen, von dem es versorgt wird, quasi als Vorschuss entgegenbringt – ein Vertrauen, das in seiner unverdienten Maßlosigkeit eine Entsprechung fordert.[14] Das in der Elternschaft liegende Versprechen, so Liebsch,

> „wird induziert durch ein gewährtes Vertrauen, das denjenigen, dem das Kind anvertraut ist, einsetzt als den, der dieses Vertrauen rechtfertigen wird. Durch jedes Kind kommt neues Vertrauen zur Welt, dessen die Anderen sich als würdig erweisen können, ohne es zuvor verdient zu haben" (ebd., 339).

Elternschaft wird dieser Auffassung zufolge also in normativer Hinsicht nicht durch Zeugung oder durch einen Entschluss der sorgenden Person begründet; zu Eltern wird man vielmehr „eingesetzt" angesichts des im Übermaß vertrauenden Kindes. Dieses Vertrauen des Kindes ist „verschwenderisch", denn es rechnet nicht mit einem ausgewogenen Geben und Nehmen. Gegen ein solches ökonomisches Verständnis von Reziprozität ist Liebsch zu Recht misstrauisch. Geschenkt wird „verschwendetes Vertrauen, das sich im ersten Angewiesensein auf den Anderen bereits verausgabt und jeglicher Ökonomie der Reziprozität spottet" (ebd.). Dennoch entsteht eine Reziprozität in moralischer Hinsicht, indem jenes verschwenderische Vertrauen auf ein selbstloses, keinerlei Gegenleistung erwartendes Versprechen trifft:

---

13 Ich verdanke den Hinweis auf Liebsch der Studie von Christina Schües „Philosophie des Geborenseins". Auch Schües versteht im Anschluss an Liebsch Elternschaft als Versprechen: Die Angewiesenheit des Kindes äußert sich in grenzenlosem Vertrauen. Darauf antworten die Eltern mit einem Versprechen: „Dieses Versprechen ist kein Sprechakt, sondern ein sittliches und ein leibhaftiges elterliches Versprechen, das die Mutter als Mutter ist und der Vater als Vater, also ein doppeltes Versprechen, das in der Gegenwart eines Menschen selbst liegt und in dem auf den Neuankömmling mit Anerkennung geantwortet wird. Das sittliche Versprechen [...] ist ein Versprechen, das auf die Würde des Menschen abzielt." (Schües 2008, 468). Vgl. auch den Beitrag von Schües in diesem Band.

14 Liebsch interessiert sich zwar besonders für die Philosophie der Vaterschaft, aber in dem hier vorgestellten Aspekt des Eltern-Kind-Verhältnisses sind sich Vater und Mutter gleich.

> „Was dem Anvertrauten gegenüber verpflichten kann, ist allenfalls das ohne Rücksicht auf Verdienst und Rückzahlung gewährte und als geschenkt empfundene Vertrauen. Nicht einem ursprünglichen Verdacht, sondern diesem Gewähren entspricht das ebenso 'selbstlose', keinerlei Gegenleistung erwartende und als solches für die Zukunft des Anderen bürgende Versprechen, welches das in die Vaterschaft gesetzte Vertrauen rechtfertigen wird." (ebd.)

Tatsächlich ist der Begriff des Vertrauens hervorragend geeignet, moralische Beziehungen jenseits von freiwilligen Zusammenschlüssen von Menschen zu charakterisieren. Die Bedeutung von Vertrauen für förderliche zwischenmenschliche Beziehungen, sein Stellenwert als ein soziales Gut, seine Implikation der Verletzlichkeit des Menschen, der für Vertrauen notwendige Glaube an ein Gutes im Anderen – diese Eigenschaften haben Vertrauen zu einem gerade für Ethiker faszinierenden Begriff werden lassen (vgl. Steinfath et al. 2016). Annette Baier zufolge charakterisiert er vor allen Dingen menschliche Nahbeziehungen, die nicht in Form von (vertraglichen) Rechten und Pflichten geregelt sind und dennoch ein tragfähiges moralisches Fundament haben. Vertrauen bedeutet Baier zufolge, sich auf das Wohlwollen (‚*goodwill*') einer anderen Person zu verlassen (Baier 1987). Dies ist nicht nur instrumentell gedacht, sondern zielt auf etwas intrinsisch Gutes: „The belief that their will is good is itself a good, not merely instrumentally but in itself, and the pleasure we take in that belief is no mere pleasure, but part of an important good." (Baier 1995, 132; vgl. a. Hartmann 2011, 231; Lahno 2001, 185) Andere Philosophen setzen zumindest voraus, dass Vertrauen die moralische Integrität des Anderen unterstellt und auf der Erwartung geteilter Normen oder Werte beruht (Lahno 2001; McLeod 2011). All dies verweist auf die moralische Grundstruktur von Vertrauensverhältnissen.[15]

Ein Vertrauensverhältnis ist ein Abhängigkeitsverhältnis, denn wer vertraut, überantwortet dem Vertrauten – jedenfalls in Teilen – die Verantwortung für das eigene Wohlergehen, ohne dessen Handlungen im Einzelnen kontrollieren zu können.[16] Dennoch ist der Abhängige nicht ohnmächtig dem Anderen ausgeliefert, denn indem er vertraut, verpflichtet er sein Gegenüber implizit zu einem förderlichen Verhalten. Wer Vertrauen leichtfertig enttäuscht, muss mit sozialen Sanktionen rechnen, beispielsweise mit dem Entzug der Freundschaft. Und mehr noch: Gegen Vertrauenspraxen zu verstoßen hat oft weitreichende gesellschaftliche Folgen, für die man ebenfalls zur Verantwortung gezogen werden kann.[17] Ein Arzt, der professionelles Vertrauen verspielt, etwa weil er Operationen nur gegen

---

15 Ausführlich zu Vertrauen als moralischem Konzept: Wiesemann (2016b).

16 Damit grenze ich mein Verständnis von Vertrauen von *rational choice theories* ab, denen zufolge Vertrauen ein rationales Kalkül zu Grunde liegt.

17 Den Begriff der „Vertrauenspraxis" verdanke ich der Analyse von Martin Hartmann (2011).

Bestechungsgeld durchführt, kann der ganzen Profession Schaden zufügen und muss deshalb mit weitreichender Missbilligung rechnen.

Wenn man die Eltern-Kind-Beziehung als ein umfassendes Vertrauensverhältnis versteht, berücksichtigt man zum einen die existenzielle Abhängigkeit des Kindes, gesteht dem Kind zum anderen aber auch eine moralisch aktive Rolle zu (vgl. Wiesemann 2016a). Denn indem das Kind Vertrauen schenkt, übernimmt es einen aktiven Part in der Beziehung. Man mag hier einwenden, dass ein sehr kleines Kind ja nicht anders könne, als den Eltern zu vertrauen. Doch auch ein sehr kleines Kind kann schon mit nachhaltigem Misstrauen auf grob ungeschickte oder gar böswillige elterliche Verhaltensweisen reagieren; dies äußert sich zumeist in abwehrendem Verhalten, Schreien oder emotionalem Rückzug. Kinder machen von dieser Möglichkeit, Erwachsene in ihrem Verhalten zu beeinflussen, schon früh Gebrauch. Nach Erikson äußert sich das Urvertrauen („basic trust") des Kindes in den ersten Monaten darin, dass das Kind die Abwesenheit der Mutter erträgt, ohne zu schreien (Erikson 1967, 239).[18] Eltern wird diese Bereitschaft, ihnen auch in Abwesenheit zu vertrauen, motivieren, dem Kind zu Hilfe zu eilen, wenn es schreit. So induziert geschenktes Vertrauen weiteres vertrauenswürdiges Verhalten, und das wiederum ermöglicht neues Vertrauen. In dieser Interaktion sind beide Partner aktiv, wenn auch auf sehr unterschiedliche Weise. Jedes elterliche Spiel, jede Interaktion ist ein Werben um das Vertrauen des Kindes – die Reaktionen des Kindes wiederum zeigen, wann Vertrauen geschenkt wird und wann nicht. Wenn man das Kind in Höhe wirft, um ihm Vergnügen zu bereiten, wenn es das erste Mal allein laufen soll, wenn es zum Arzt gebracht wird, um sich untersuchen zu lassen, werden Eltern und Kind gemeinsam herausfinden müssen, was das Kind bereit ist, mitzumachen, und wann sich sein Vertrauen erschöpft.

5 Familie

Betrachtet man die Eltern-Kind-Beziehung als Kristallisationskern von Familie, lassen sich diese Überlegungen auch auf größere Beziehungsnetzwerke ausdeh-

18 Die Auffassung, kindliches Vertrauen sei als blind oder automatisch zu verstehen, wird z. B. von Manson und O'Neill vertreten: „Childish trust is indeed blind at first, a matter of attitude and affect rather than of judgement: children do not weigh up evidence in favour of trusting or decide to trust in the light of evidence." (Manson/O'Neill 2007, 161). Hier wird allerdings ein rationalistisches Modell von Vertrauen zugrunde gelegt, das man zu Recht anzweifeln kann (vgl. Hartmann 2003, 405). Mit Liebsch kann man entgegenhalten, dass kindliches Vertrauen nicht blind ist, sondern übermäßig (Liebsch 1996, 339).

nen. Geschwister, Großeltern oder Kindeskinder stehen in demselben Natalitäts-Verhältnis zueinander, nicht weil sie genetisch voneinander abstammen, sondern weil die moralische Rolle der Erwachsenen bzw. der jeweils Älteren darin besteht, auf das fundamentale Ausgeliefert-, Fremdbestimmt- und Angewiesen-Sein der Kinder eine moralisch angemessene Antwort zu geben. Damit wird auch klar, dass und warum es zu kurz gedacht ist, Familien in moralischer Hinsicht auf genetische Beziehungen oder auf soziale Arrangements wie die Ehe zu reduzieren. Genetische Beziehungen bzw. Eheversprechen sind zwar in der Lage, dem Faktum der persönlichen Verbundenheit auch auf biologischer bzw. sozialer Ebene Ausdruck zu verleihen. Sie bekräftigen die Idee der umfassenden und unabweisbaren persönlichen Beziehung. Das hat sie zu wichtigen Indikatoren dieser besonderen menschlichen Beziehungen werden lassen. Sie allein begründen aber nicht notwendigerweise die Eltern-Kind-Beziehung und in der Folge auch nicht die Familie.

Iris Marion Young versteht unter Familie Menschen, die ihr Leben miteinander teilen und sich auf lange Sicht der Sorge füreinander verschrieben haben, gleich ob sie miteinander verwandt sind oder nicht, verheiratet sind oder nicht, Kinder haben oder nicht:

> „people who live together and/or share resources necessary to the means of life and comfort; who are committed to taking care of one another's physical and emotional needs to the best of their ability; who conceive themselves in a relatively long-term, if not permanent relationship; and who recognize themselves as family" (Young 1997, 196).

Young verweist damit auf eine wichtige Eigenschaft von Familien: deren ernsthaftes, auf Dauer angelegtes Bekenntnis der Mitglieder zueinander und zur Familie als Ganze. Familien sind aus der Perspektive einer liberalen Ethik ungewöhnliche, ja verdächtige Entitäten. Ihr Zusammenschluss beruht nicht auf einer freien Entscheidung, jedenfalls dann nicht, wenn sie Kinder beinhalten. Kinder können sich ihre Familien nicht aussuchen, sondern werden in ein generatives Netzwerk hineingeboren. Dieses Element der Unfreiheit macht sie für die Ethik zu einer problematischen Institution. Denn die Familie konnte und kann ein Hort der Unterdrückung sein, nicht nur für Kinder, sondern oft auch für Frauen, die früher, einmal verheiratet, oft in einer ähnlich unfreien Situation waren wie Kinder. Ehe und Familie wurden aus diesem Grund über eine lange Zeit von feministischen Autorinnen kritisiert. Als Antwort auf diese Gefahr wurde die Notwendigkeit der Freiheit des Einzelnen, sich einer Familie anzuschließen und enge familiäre Bindungen einzugehen, betont. Auch Youngs Definition von Familie geht in diese Richtung, betont sie doch den aktiven, selbstbestimmten Aspekt familiären Engagements: Man „bekennt sich" zueinander, „versteht sich" als einander zugehörig und „erkennt sich" als Teil einer Familie. Dabei sollte aber nicht übersehen werden, dass das Wesen der Familie auch in den nicht-voluntaristischen Aspekten besteht. Vertrauen erlaubt es, diese Elemente der Abhängigkeit und des Angewiesen-Seins moralisch zu fassen und in normativer Hinsicht reziproke Beziehungen herzustellen.

6 Schluss

Ich habe eine moralische Konzeption von Elternschaft vorgestellt, die von der Natalität des Kindes ihren Ausgang nimmt. Natalität meint die existenzielle Situation des Kindes zwischen radikaler Vorher- und Fremdbestimmung einerseits und radikaler Offenheit andererseits. Vom Faktum der Natalität geht dieser Auffassung zufolge ein moralischer Appell aus, auf den die Eltern mit dem Versprechen antworten, das in sie gesetzte Vertrauen nicht zu enttäuschen. Selbst wenn man zugesteht, dass es sich dabei um ein anspruchsvolles moralisches Ziel handelt, dem die allermeisten Menschen im Lebensalltag allenfalls nahe kommen, hat dieses Ideal doch ein hohe gesellschaftliche Bedeutung und erklärt das außerordentlich große Maß an Zuwendung, ja Selbstaufopferung, zu dem viele Eltern in der Lage sind. Dies lässt sich nur begreiflich machen, wenn wir die elterliche Selbstverpflichtung als Spiegelbild des kindlichen Ausgeliefert-Seins verstehen. Die moralische Beziehung zwischen Eltern und Kind wird dadurch reziprok: Dem umfassenden Ausgeliefert-Sein wird mit einem ebenso umfassenden Versprechen auf Vertrauen begegnet. Nur so erscheint das Kind nicht wie ein Objekt der Fürsorge, sondern wie ein echtes Beziehungssubjekt.[19] Das elterliche Versprechen zielt also hoch, nicht auf die Bedürfnisse des Kindes, sondern auf das Kind als Person und moralischer Akteur. Ein solches Versprechen auf Vertrauen charakterisiert auch die Familie als jenes Netzwerk von Beziehungen, welches durch Natalität erzeugt wird.

Literatur

Arendt, Hannah (1958): The Human Condition, Chicago.
Baier, Annette. C. (1987): The Need for More than Justice, Canadian Journal of Philosophy 13, 41–56.
Baier, Annette. C. (1995): Trust and Its Vulnerabilities, in: Moral Prejudices. Essays on Ethics, Cambridge, 130–151.

19 Ein Problem, mit dem z. B. die Care-Ethik konfrontiert ist (vgl. Held 2006).

Baines, P. (2008): Medical ethics for children: applying the four principles to paediatrics, in: Journal of medical ethics 34, 141–145.
Beier, Katharina/Wiesemann, Claudia (2010): Zur Dialektik der Elternschaft im Zeitalter der Reprogenetik. Ein ethischer Dialog, in: Deutsche Zeitschrift für Philosophie 58, 855–871.
Birmingham, Peg (2006): Hannah Arendt and Human Rights. The Predicament of Common Responsibility, Bloomington.
Brennan, Samantha/Noggle, Robert (1997): The Moral Status of Children. Children's Rights, Parents' Rights, and Family Justice, in: Social Theory and Practice 23, 1–26.
Erikson, Erik H. (1967): Childhood and Society, Harmondsworth.
Feinberg, Joel (1980): The Child's Right to an Open Future, in: Aiken,William/LaFollette, Hugh (Hg.): Whose Child? Children's Rights, Parental Authority, and State Power, Totowa, NJ, 124–153.
Habermas, Jürgen (2001): Die Zukunft der menschlichen Natur. Auf dem Weg zu einer liberalen Eugenik?, Frankfurt a. M.
Hartmann, Martin (2011): Die Praxis des Vertrauens, Frankfurt a. M.
Held, Virginia (2006): The Ethics of Care: Personal, Political, and Global, Oxford.
Jonas, Hans (1984): Das Prinzip Verantwortung. Versuch einer Ethik für die technologische Zivilisation (1979), Frankfurt a. M..
Kant, Immanuel (1983): Metaphysik der Sitten, Darmstadt.
Lahno, Bernd (2001): On the Emotional Character of Trust, in: Ethical Theory and Moral Practice 4, 171–189.
Liebsch, Burkhard (1996): Geschichte im Zeichen des Abschieds, München.
Lindemann Nelson, Hilde/Lindemann Nelson, James (1995): The Patient in the Family. An Ethics of Medicine and Families, New York.
Lütgehaus, Ludger (2006): Natalität: Philosophie der Geburt, Kusterdingen.
Manson, Neil C./O'Neill, Onora (2007): Rethinking Informed Consent, Cambridge.
McLeod, Carolyn (2011): „Trust", in: Edward N. Zalta (Hg.): *The Stanford Encyclopedia of Philosophy* (Spring 2011 Edition), http://plato.stanford.edu/archives/spr2011/entries/trust/.
Mills, Claudia (2003): The child's right to an open future? in: Journal of Social Philosophy 34, 499–599.
Saner, Hans (1979): Geburt und Phantasie. Von der natürlichen Dissidenz des Kindes, Basel.
Savulescu, Julian (2001): Procreative Beneficence. Why We Should Select the Best Children, in: Bioethics 15, 413–426.
Schües, Christina (2000): Leben als Geborene – Handeln in Beziehung, in: Conradi, Elisabeth/Plonz, Sabine (Hg.): Tätiges Leben: Pluralität und Arbeit im politischen Denken Hannah Arendts, Bochum, 67–93.
Schües, Christina (2008): Philosophie des Geborenseins, Freiburg.
Steinfath, Holmer/Wiesemann, Claudia (zusammen mit Reiner Anselm, Gunnar Duttge, Volker Lipp, Friedemann Nauck und Silke Schicktanz) (Hg.) (2016): Autonomie und Vertrauen. Schlüsselbegriffe der modernen Medizin, Heidelberg.
Wiesemann, Claudia (2016a): Moral Equality, Bioethics and the Child, New York.
Wiesemann, Claudia (2016b): Vertrauen als moralische Praxis – Bedeutung für Medizin und Ethik, in: Steinfath, Holmer/Wiesemann, Claudia (zusammen mit Reiner Anselm, Gunnar Duttge, Volker Lipp, Friedemann Nauck und Silke Schicktanz) (Hg.): Autonomie und Vertrauen. Schlüsselbegriffe der modernen Medizin, Heidelberg, 69–99.

Young, Iris M. (1997): Intersecting Voices. Dilemmas of Gender, Political Philosophy, and Policy, Princeton.

III Biopolitische Aspekte der Professionalisierung von Geburtshilfe

Marina Hilber

„Nach den Regeln der Kunst". Leitmotive in der Geschichte der europäischen Geburtshilfe (18. – 20. Jahrhundert)

Zusammenfassung: Das Gelingen von Geburt rückte seit der Mitte des 18. Jahrhunderts immer stärker in den Fokus bevölkerungspolitischer Interessen. Am Beispiel der zunehmend aufgeklärten Herrschaftselite der Habsburgermonarchie analysiert der Beitrag zunächst staatliche Reglementierungen im Rahmen einer Medikalisierung der Geburt. Diese zielten darauf ab, durch die Verfügbarmachung qualifizierter und staatlich approbierter medizinischer Geburtsbegleitung, die Mütter- und Säuglingssterblichkeit zu minimieren. Dabei war dem aufgeklärt-absolutistischen Staat nicht daran gelegen, Hebammen zu verdrängen, sondern ihnen ein gesichertes, klar definiertes Tätigkeitsfeld zuzuweisen. Dieser Hierarchisierungsprozess am medikalen Markt wird zunächst anhand der Gesetzgebung im Bereich der Ausbildung und praktischen Berufstätigkeit von Hebammen rekonstruiert. In einem zweiten Teil widmet sich der Beitrag den Ambivalenzen und Herausforderungen mit denen Hebammen und Geburtshelfer in ihrer Praxisausübung und in direktem Kontakt mit den Gebärenden konfrontiert waren. Der Beitrag versteht sich als ein Plädoyer für eine multiperspektivische, sozialhistorisch geprägte Herangehensweise an die diffizile und regional unterschiedlich verlaufende Geschichte der Geburtshilfe, die verstärkt auch die Rezipientinnen, Schwangere, Gebärende und Wöchnerinnen, in den Blick nehmen muss.

> „Die Beyspiele verunglückter Schwangerschaften, Geburten und Kindbetten, welche sich in einer volkreichen Provinz das Jahr hindurch äußern, sind beynahe unzählig. Die Folgen derselben sind: Unfruchtbarkeit, – Zerstörung der Gesundheit, und ein müheseliges Leben, wodurch sie der bürgerlichen Gesellschaft, besonders aber dem Manne zum Ekel werden, und dem Staate zur Last liegen, – ja der Tod selbst.
>
> Mangel an gutem Rath – gänzliche Hülflosigkeit wegen Armuth, oder andern unvorherzusehenden Umständen – verkehrte, und durch Unwissenheit, Nachlässigkeit, oder Ungeschicklichkeit der Kunstverständigen veranlaßte Behandlungsart – Eigensinn, Vorurtheile, Aberglauben, Leichtglaubigkeit, Unfolgsamkeit, blindes Vertrauen von Seite der Frauen selbst auf Hebammen, welche nach einer alten vernunftwidrigen höchstschädlichen Meinung des gemeinen Stadt- und Landvolks die Gebrechen der Frauen und Kinder besser als Aerzte verstehen sollen, das Geschwätz der Wärterinnen, Freundinnen, und anderer geschäftiger Weiber – und endlich das Unbewußtsein eines gehörigen ihrem Stande angemessenen Verhaltens sind die Ursachen, welche durch die oben angeführten traurigen Folgen der Bevölkerung schaden, der Menschheit und dem Vaterlande die allerempfindlichsten Wunden versetzen." (Steidele 1813, Vorrede).

https://doi.org/10.1515/9783110719864-010

Mit diesen drastischen Worten leitete der prominente Chirurg und Lehrer der theoretischen Geburtshilfe in Wien, Raphael Johann Steidele (1737–1823), seine 1787 erstmals aufgelegte Schrift der „Verhaltensregeln für Schwangere, Gebärende und Wöcherinnen" ein. Ganz in aufklärerischer Manier wetterte Steidele gegen die vermeintlich unbelehrbaren Frauen, die sich weder als Empfängerinnen, noch als Anbieterinnen geburtshilflicher Leistungen an ‚modernen' Grundsätzen orientierten. Vielmehr attestierte Steidele dem Kollektiv der weiblichen Hilfsgemeinschaft einen Hang zum Aberglauben, zu Ignoranz und Dummheit. Durch diese Rücksichtslosigkeit würden, so der Mediziner, die Bevölkerung und der Staat gleichermaßen geschädigt. Die auf Gewinnmaximierung abzielende merkantilistische Wirtschaftspolitik würde durch den Mangel an Arbeitskräften ebenso stagnieren, wie die Schlagkraft des Heeres durch den Abgang vitalen Nachschubs gemindert würde. Steidele hatte die Prinzipien der peuplistischen Bevölkerungspolitik (Fuhrmann 2002; Horn 2008), die gemeinsame Ziele mit der aufstrebenden Wissenschaft der Geburtshilfe verfolgte, verinnerlicht. Er fungierte nicht nur als bereitwilliger Vermittler des Maßnahmenprogramms, das die Medikalisierung von Schwangerschaft, Geburt und Wochenbett einleitete, sondern gerierte sich selbst zum Experten einer sich emanzipierenden medizinischen Disziplin (Huerkamp 1985; Seidel 1998).

Isoliert betrachtet, fügt sich Steideles Schrift scheinbar passgenau in das von der feministischen Geschichtswissenschaft konstruierte Bild, das seit den späten 1970er Jahren gerade im Bereich der Geburtshilfe eine Geschichte von Entrechtung und Entmachtung weiblicher Akteurinnen zugunsten männlicher Mediziner sah. Es ging vornehmlich darum, gegen die positivistische Fortschrittsgeschichte der traditionellen Medizingeschichte, die meist von männlichen Medizinern für Mediziner verfasst wurde (Fasbender 1909, Fischer 1909), anzuschreiben. Dabei wurden aber nicht nur mit dem Blick auf die Frau wertvolle Impulse in der Sichtbarmachung weiblicher Lebenswelten geliefert, sondern auch ein tendenziell opferzentriertes Narrativ kreiert. Sowohl Hebammen, als auch Frauen im reproduktiven Alter wurden als Verliererinnen im Rennen um die Vormachtstellung und Deutungshoheit im erstarkenden Medizinalsystem des ausgehenden 18. Jahrhunderts gesehen (Frevert 1982; Metz-Becker 1997; Seidel 1998). Schon bald wurde jedoch von einzelnen Wissenschaftlerinnen und Wissenschaftlern Kritik an diesem Opfernarrativ laut, das eine undifferenzierte, kollektive Interessenslage von Schwangeren, Gebärenden, Wöchnerinnen und Hebammen annahm. Im Zuge des sozial- und vor allem patientengeschichtlichen ‚turns' in der Medizingeschichte wurden zunehmend multiperspektivische Zugänge gewählt, die anhand von regional- und mikrogeschichtlichen Studien facettenreiche Ergebnisse jenseits von Verallgemeinerungen produzierten (Green 2008; Wilson

1985; Wilson 1993; Schlumbohm 2012; Schlumbohm 2018; Loytved 2001; Loytved 2003; Hilber 2015; Hilber 2018).

Doch nicht nur die Interessen von Frauen lassen sich historisch nicht verallgemeinern, auch die am Prozess der Professionalisierung beteiligten ärztlichen Akteure bedürfen einer stärkeren Differenzierung. So muss auch die eingangs zitierte Quelle in einen breiteren Kontext gestellt werden. Während das Rezensionsorgan der „Allgemeinen deutschen Bibliothek“ Steideles Werk lobte (N.N. o.J., 1748), erfuhr der Ratgeber nicht überall derartige Zustimmung. Eine im Jahr 1788 in Wien erschienene, anonyme Druckschrift, die lediglich angab „von einer geprüften Hebamme“ zu stammen, polemisierte offen gegen Steidele (N.N. 1788). Die anonym bleibende Hebamme demontierte den Expertenstatus des Geburtshelfers und prangerte nicht nur seine Geltungssucht, sondern auch sein fehlendes Wissen an. Obwohl darin in erster Linie der altbekannte zweidimensionale Professionalisierungskonflikt zwischen Hebamme und Arzt ausgefochten wurde, lässt sich eine Konfliktgeschichte auf unterschiedlichen und teils sehr persönlichen Ebenen greifen. Nicht nur der Geburtshelfer Steidele wurde als ein sich den Obrigkeiten andienender, gewinnsüchtiger Stümper verunglimpft, sondern auch gegen „unerfahrene Wundärzte und Quacksalber“, „ungeprüfte Landweiber“ sowie „die ohnehin oft sehr eigensinnige Gebährende“ argumentiert (N.N. 1788). Was sich einerseits als Verteidigungsschrift für alle rechtschaffenen Berufsgenossinnen präsentiert, wirft andererseits Fragen nach der Provenienz der Schrift auf. Konnte es wirklich eine Hebamme sein, die diese eloquenten Zeilen verfasste, eine so reiche Kenntnis der einschlägigen geburtshilflichen Literatur besaß, um Steideles marginales Wissen zu entlarven und zudem über die Mittel verfügte, um diese Schrift vervielfältigen zu lassen? Bereits die Zeitgenossen zweifelten an dieser Möglichkeit und schrieben den Text vielmehr dem Geburtshelfer Friedrich Colland (1755 – 1815) (Gradmann 1802, 830), einem direkten Konkurrenten Steideles zu (Schulz 2010; Fischer 1909). Die noch junge Disziplin der Geburtshilfe war im ausgehenden 18. Jahrhundert ein umkämpftes Gebiet und sollte aufgrund der divergierenden Interessenslagen der unterschiedlichen Akteurinnen und Akteure, die staatliche Sanitätsbeamte, männliche Geburtshelfer, Hebammen sowie Gebärende und ihre Familien miteinschloss, lange Zeit ein konfliktbeladenes medizinisches Feld bleiben.

An den Leitmotiven in der Geschichte der Geburtshilfe interessiert, versucht der vorliegende Beitrag Einblicke in die Entwicklungslinien vom 18. bis ins frühe 20. Jahrhundert zu geben. Als primärer Untersuchungsraum dient die geburtshilfliche Landschaft der Habsburgermonarchie, die jedoch weitläufige transnationale Anknüpfungspunkte zu einer übergeordneten europäischen Wissens(chafts)geschichte der Geburtshilfe liefert. Dabei stehen vor allem die politischen, rechtlichen und medizinischen Rahmenbedingungen, die zum Gelingen der Geburt beitragen sollten, im Fokus. Nach einer Klärung der rechtlichen Grundlagen und langfristigen Entwicklungen im Bereich der Reglementierung geburtshilflicher Tätigkeit wird in einem zweiten Kapitel ein kritischer Blick auf die Herausforderungen der Praxisausübung geworfen. Dabei wird versucht eine multiperspektivische Lesart der Geschichte der Geburtshilfe anzubieten, deren Akteurinnen und Akteure trotz mannigfaltiger Spannungen doch in erster Linie am positiven Ausgang der betreuten Geburten interessiert waren.

1 Reglementierung der ‚Kunst' – normative und wissensgeschichtliche Aspekte

Die Geburtshilfe als medizinische Wissenschaft weist enge Verbindungen mit den Disziplinen der Anatomie und Chirurgie auf. Vielfach waren die ersten Lehrkanzeln an den Universitäten des 18. Jahrhunderts, die sich der Geburtshilfe widmeten, in Personalunion mit Anatomen und Chirurgen besetzt worden. Erst langsam emanzipierte sich die Geburtshilfe als eigenständige Disziplin und erfuhr am Ende des 18. Jahrhunderts eine weitere Ausdifferenzierung in die Teilbereiche der theoretischen und praktischen Geburtshilfe. Es kann daher nicht verwundern, dass die Geburtshilfe bis in das späte 18. Jahrhundert hinein stark technisierte Züge trug. Durch intensive anatomische Studien waren die Physiologie und Pathologie des weiblichen Körpers und der Geburt stärker in den Fokus gerückt. Im Zuge der Verwissenschaftlichung der Geburt, auch als Medikalisierung beschrieben, wurden nicht nur die weiblichen Reproduktionsorgane sichtbar gemacht sowie die Entwicklung des Embryos im Körper der Mutter erforscht, sondern auch der Geburtsverlauf in klar erkennbare Phasen zergliedert. Diese starke anatomische Prägung der Geburtshilfe führte, Daniel Schäfer zufolge, nicht nur zur starken chirurgischen Ausrichtung in den Anfängen der Disziplin, sondern auch zu einem eklatanten Wissensvorsprung der akademischen Medizin vor der auf Empirie basierenden traditionellen Hebammenkunst (Schäfer 2010, 16 f; Seidel 1998, 135 ff).

Die Unterteilung in regelmäßige und widernatürliche Verläufe erforderte schließlich auch ein je spezifisches Verfahren. Die Kompetenzen der perinatalen Versorgung sollten nicht mehr allein bei der Hebamme liegen, sondern im Fall von Geburtskomplikationen die Beiziehung eines Geburtshelfers nötig machen. Dieser besaß nicht nur die notwendigen anatomischen Kenntnisse und spezifisches Wissen über die pathologischen Erscheinungen der Geburt, sondern brachte mit seinem reichhaltigen Instrumentarium – Hebeln, Zangen und Bohrern – die technischen Hilfsmittel mit, die seinen Stand lange Zeit symbolisierten.

Während die männliche, akademische Einflussnahme auf das frühneuzeitliche Hebammenwesen meist auf die Formulierung von städtischen Hebammenordnungen und die formale Examinierung von potentiellen Anwärterinnen auf städtische Hebammenämter beschränkt war, kam im 18. Jahrhundert ein Prozess in Gang, der weitreichende Veränderungen am medikalen Markt mit sich brachte. Die Regierungsprogramme der zunehmend aufgeklärten Herrscherinnen und Herrscher sahen seit Beginn des 18. Jahrhunderts grundlegende Reformen des Sanitätswesens vor. In der Habsburgermonarchie ist der Beginn des Medikalisierungsprozesses eng mit der Regierungszeit Maria Theresias (1740 – 1780) verbunden. Ihr Leibarzt Gerard van Swieten (1700 – 1772) initiierte eine großangelegte Sanitätsreform, in deren Gefolge wegweisende Gesetze erlassen wurden (Lesky 1973). Das „Sanitätsnormativ für die k.k. Erblande“ muss in diesem Zusammenhang als der Grundstein für die weitere Entwicklung im Bereich der Geburtshilfe gelten. Diesem Gesetz, das die Kompetenzen sämtlicher medizinisch tätiger Personengruppen regelte, war auch eine „Instruktion für die Hebammen“ beigefügt. „Die Unerfahrenheit der Hebammen hat dem Staate schon so oft und vielmal den Verlust mancher Mitbürger gekostet“ (Macher 1846, 126), legitimierten sich die nachfolgenden Reglementierungen bereits in den einleitenden Worten. Die Qualität der geburtshilflichen Unterstützung sollte durch eine verschulte, systematisierte Ausbildung mit landesweit einheitlichen Wissensbeständen gehoben werden. Der plurale medikale Markt wurde hierarchisiert und die Hebamme in diesem System den Ärzten untergeordnet. Ihre selbständige Tätigkeit war fortan auf die Betreuung regelmäßiger Geburten beschränkt. Traten im Geburtsverlauf Komplikationen auf, die eine Gefahr für die Mutter oder das ungeborene Kind darstellten, musste ein Geburtshelfer beigezogen werden. Allein durch das intensive Studium der vorgeschriebenen geburtshilflichen Literatur und die Absolvierung des verpflichtenden Kurses war die Hebamme in der Lage, etwaige Komplikationen frühzeitig zu erkennen und ihren Dienst pflichtgetreu auszuüben. Die Beiziehungspflicht wurde den Hebammen mit Nachdruck vermittelt, denn „eine dießfällige Uebergehung [würde] mit den empfindlichsten Strafen, vorzüglich aber mit der Entsezung [sic] ihres Amtes, angesehen werden...“ (Macher 1846, 127). Neben einem dezidierten Verbot zur Verwendung von Instrumenten, war es Hebammen auch untersagt, Medikamente an Schwangere, Gebärende, Wöchnerinnen oder Kinder auszugeben. Mit der monarchieweit geltenden Instruktion wurden den Hebammen nicht nur klar definierte medizinische Kompetenzen zugewiesen, sondern auch ihre religiöse Rolle definiert. „Eine der vorzüglichsten Sorgen der Wehemütter bestehet in dem, daß in gefährlichen Umständen einer Geburt und wo diese bei Leben zu erhalten Gefahr unterlaufet, mit der Nottaufe sobald möglich, und es nach dem Gebrauche der heil. Kirche tunlich, fürgegangen werde“ (Macher 1846, 127; Hilber 2016a).

Diese Instruktion war in der Folge nahezu unverändert über 100 Jahre in Kraft, denn die 1808 erlassene Hebammeninstruktion hatte im Wesentlichen die bereits 1770 zementierten Regeln repliziert (Astl 1865, 1498). Die 1874 neu erlassene Instruktion war bereits differenzierter und an die Erfordernisse der intensivierten Staatsverwaltung angepasst. So musste sich die Hebamme bei den Behörden vor der Aufnahme ihrer Tätigkeit melden sowie die erfolgte Geburt eines Kindes in das entsprechende Register eintragen lassen. Im Hinblick auf die Nottaufe war sie weiterhin verpflichtet, diese an lebensschwache Kinder zu spenden, allerdings nicht ohne die vorherige Einwilligung der Eltern. In medizinischen Belangen blieb die Hebammeninstruktion vage. Neben einer Erinnerung, die Grenzen ihrer Kompetenzen unbedingt zu wahren, wurde mit einer Bemerkung jedoch auf Eventualitäten hingewiesen, die den Hebammen eine Kompetenzüberschreitung zubilligten. „Es ist ihnen auf das strengste verboten, bei Schwangeren, Gebärenden, Wöchnerinnen oder Kindern ohne zwingende Noth selbst solche Verrichtungen vorzunehmen, deren Vornahme nur dem Geburtshelfer oder dem Arzte zusteht“ (Reichsgesetzblatt 1874, 32). Die Ambivalenz dieser Bestimmung wird insbesondere bei kindlichen Fehllagen deutlich. Während den Hebammen klar aufgetragen wurde, bei Komplikationen einen Geburtshelfer holen zu lassen, empfahl Steidele den österreichischen Hebammenlehrern schon 1775 die Technik der Wendung im praktischen Lehrkurs zu trainieren. Die Wendung galt generell als Operation, doch waren zur Ausführung derselben keine Instrumente nötig. Bei der teilweise noch sehr dürftigen Dichte des medizinischen Netzwerkes, vor allem in ländlichen, alpinen Regionen sollte es Hebammen erlaubt sein, die Fehllage des Ungeborenen durch innerliche Manipulation zu beheben und so einen glücklichen Ausgang der Geburt zu ermöglichen, so der Geburtshelfer. Doch bereits sein Opponent Colland riet den städtischen Hebammen, keine Wendungen selbständig vorzunehmen, da sie sich im Falle des Scheiterns den Vorwurf der Kompetenzüberschreitung und der unterlassenen Beiziehung eines Geburtshelfers strafbar machen. Dennoch blieb die Wendung auch im 19. Jahrhundert eine derjenigen „Operationen, deren Ausführung im Nothfalle der Hebamme erlaubt ist.“ (Späth [4]1886, 315 – 327). Doch tatsächlich beschränkte sich diese Erlaubnis vor allem auf ländliche Hebammen. So urteilte beispielsweise auch der Tiroler Hebammenlehrer Virgil von Mayrhofen (1815 – 1877), dass die städtische Hebamme „nie durch Dringlichkeit der Umstände zur Vornahme der Wendung gezwungen werden“ könne (Mayrhofen 1854, 274). „Am Lande aber kann es sich ereignen, daß bis zur Ankunft eines Arztes mehrere Stunden vergehen und dessen Abwarten unmöglich wäre“ (Mayrhofen 1854, 275). Auch in Ludwig Piskačeks (1854 – 1932) weitverbreitetem Hebammenlehrbuch, das zwischen 1896 und 1928 mehrmals neu aufgelegt wurde, zählte die Kenntnis der inneren Wendung zum notwendigen Repertoire einer Landhebamme. „Die Gebärende ist ja oft viele Kilometer vom Arzte entfernt, der, um an Ort und Stelle zu kommen, nicht nur die Entfernung, sondern oft auch die Terrainverhältnisse und die durch die Jahreszeit bedingten Hindernisse überwinden muss. Wann kann da unter solchen Umständen die ärztliche Hilfe kommen!" (Piskaček 1896, XI).

Piskaček machte nicht nur auf die noch an der Wende zum 20. Jahrhundert vorherrschende medizinische Unterversorgung ländlicher Regionen aufmerksam, sondern perfektionierte mit seinem Lehrbuch auch die seit 1881 geltende Pflicht zur antiseptischen Geburtsleitung in der Hebammenpraxis. Die 1881 mittels einer revidierten Hebammeninstruktion eingeführten Richtlinien schrieben die Verwendung chemischer Lösungen zur Desinfektion von untersuchenden Händen, Instrumenten und Verbänden vor (Reichsgesetzblatt 1881, 212–215). Rund 30 Jahre hatte es gedauert, bis der von Ignaz Semmelweis 1847 entdeckte Zusammenhang zwischen Untersuchungen und der Übertragung des Kindbettfiebers unter führenden Medizinern soweit akzeptiert war, dass man daran ging, auch Hebammen in der Umsetzung präventiver Maßnahmen zu schulen. Die Vorzüge des Desinfizierens sollten über die Hebammenpraxis auch breiteren Bevölkerungsteilen, abseits der klinischen Entbindungshäuser, die lange Zeit für ihre hohe Sterblichkeitsraten von Wöchnerinnen gefürchtet waren, zu Teil werden. Die dahingehenden Verhandlungen wurden 1877 von ärztlicher Seite angestoßen. Allerdings herrschte Uneinigkeit bei den führenden österreichischen Geburtshelfern, welche Techniken einer Hebamme zugemutet werden konnten. Neben den weitverbreiteten Bedenken der männlichen Ärzte über die mangelnde Intelligenz der Hebammen, die das Risiko von missbräuchlicher Anwendung der chemischen Substanzen erhöhte, stand auch die Praktikabilität des aufwendigen Prozesses zur Diskussion. Die prominent besetzte Kommission des Obersten Sanitätsrates segnete schließlich die Änderungen ab und ebnete den Weg für eine der grundlegendsten Reformen im geburtshilflichen Bereich seit der Einführung zentralisierter und systematisierter Ausbildungskurse im 18. Jahrhundert (Hilber, [2021]). Obwohl statistische Zahlen fehlen, muss auch für die Habsburgermonarchie ein kausaler Zusammenhang zwischen der Reduktion mütterlicher Mortalität im Wochenbett und der Einführung der antiseptischen, später aseptischen Geburtsleitung vermutet werden (Högberg 1985; Loudon 1992; Løkke 1999; Högberg 2004; Schlumbohm 2002; Curtis 2005; De Brouwere 2007).

2 Aushandlungen der ‚Kunst' – sozial- und kulturgeschichtliche Aspekte

Die von Seiten des Staates erlassene Verpflichtung zur Anwendung antiseptischer Prinzipien in Form des Gebrauchs desinfizierender Lösungen wird zwar als finaler Siegeszug gegen das verheerende Kindbettfieber bezeichnet, in der Praxis war die Umsetzung dieser Richtlinien jedoch nicht immer einfach. Etliche Jahre nach der erstmaligen Einführung von Desinfektionsbestimmungen war die Unsicherheit bei praktizierenden Hebammen noch immer groß, wie die Leserinnenbriefe in der 1887 neu gegründeten österreichischen „Hebammen-Zeitung" zeigen. Dort wurden grundlegende Fragen zur Anwendung der als Mittel der Wahl propagierten Karbolsäure verhandelt. Die Hebammen berichteten über Schwierigkeiten im Bezug der Säure, über Unsicherheiten in der Zubereitung nicht-ätzender Lösungen und der Unwissenheit über Schutzmaßnahmen für die eigenen Hände, die durch das kontinuierliche Hantieren mit der ätzenden Flüssigkeit Schaden nahmen (Hebammen-Zeitung 1887, 7; 4; 6). Noch im Jahr 1900 attestierte Ludwig Piskaček den österreichischen Hebammen, die Applikation einer „Scheinantiseptik oder [...] eine gänzliche Unterlassung der Reinigungs- und Desinfectionsvorschriften" (Piskaček 1900, 498). Die Gründe für die schleppende Umsetzung der 1881 erlassenen Vorschriften sah der Hebammenlehrer in der prekären ökonomischen Lage vieler Hebammen begründet. Die Desinfektionsmittel und Verbandsmaterialien seien teuer in der Anschaffung und viele Hebammen könnten sich mit den geringen Einkünften, die sie von den Gemeinden und betreuten Familien erhielten, kaum über Wasser halten. Die Handhabung sei umständlich und zudem wäre die Notwendigkeit der Desinfektion in der breiten Bevölkerung noch nicht akzeptiert. Der Arzt sprach von einem „Widerstreben [...] gegen die Anwendung der Antiseptica" mit dem die Hebamme in der Praxis konfrontiert sei. Im Interesse ihres Geschäftes gebe sie nur allzu oft dem Drängen der Familien nach, die Desinfektion zu unterlassen und so die Kosten für die Familien gering zu halten. Auch professionsintern führte die neue Gesetzeslage zu Unstimmigkeiten, wie Piskaček ausführte: „Es ist bedauerlich, dass in dieser Hinsicht die jungen Hebammen von den alten viel zu leiden haben, indem sie gerade aus dem Grunde, weil sie nach den Lehren der Schule vorgehen möchten, verhöhnt und solchermaassen in ihrem Gewerbe geschädigt werden" (Piskaček 1900, 498).

Die geburtshilfliche Praxisausübung der Hebammen war vielfältigen Ambivalenzen unterworfen. Nicht nur in medizinischen Belangen sind aus historischer Sicht absolute Aussagen schwierig. Auch bei der Analyse der sozialen Settings, in welchen die Hebammen agierten, wird das Spannungsverhältnis, das die Arbeit am Geburtsbett umgab, deutlich.

Nachdem vom Zentrum Wien ausgehend die traditionelle Ausbildung von Hebammen in Form einer Art Lehre bei einer erfahrenen Wehemutter 1748 durch Vorlesungen über die „Anatomie der Geburtsteile“ ergänzt und schließlich im Jahr 1754 verboten wurde, waren Hebammen in der Habsburgermonarchie in einem verschulten, dualen Ausbildungssystem für die Berufsausübung vorbereitet worden. In theoretischen und praktischen Übungseinheiten sollten sie in kurzer Zeit all das erlernen, was für die Betreuung regelmäßiger Geburten notwendig war. Der Erfolg der Maßnahme stellte sich jedoch nur sehr schleppend ein. Bis weit ins 19. Jahrhundert hinein wiederholten sich in den unterschiedlichsten personellen und räumlichen Settings ähnliche Geschichten, die von der Widerwilligkeit in der Befolgung obrigkeitlicher Vorschriften zeugen. Die zunehmend steigenden Anforderungen an die Hebammen, die nicht nur einen untadeligen Lebenswandel vorzuweisen hatten, körperlich und geistig für den Beistand bei Geburten geeignet sein sollten, sondern auch des Lesens und Schreibens mächtig sein mussten, machte die Suche nach einer geeigneten Kandidatin oft besonders herausfordernd. Hinzu kam, dass sich in manchen ländlichen Gegenden kaum Frauen fanden, die sich der Mühsal der Berufsausbildung in der fernen Stadt unterwerfen wollten. Neben der mehrmonatigen Abwesenheit von zu Hause und der dadurch bedingten Vernachlässigung von Familie und Hauswirtschaft, waren es teilweise auch die moralischen Bedenken ihrer Ehemänner und der Dorfpriester, die Frauen von einer Reise in die städtischen Ausbildungszentren abhielten (Hilber 2015, 84–88; Loytved 2006, 99 f; Filippini 1994, 164). Außerdem musste die zukünftige Hebamme von der dörflichen Frauengemeinschaft akzeptiert sein und besonderes Vertrauen genießen. Gerade in diesem Beziehungsgeflecht sind häufige Konflikte dokumentiert, denn vielen Gebärenden waren die obrigkeitlich verordneten, von aufgeklärten Idealen geprägten, geburtshilflichen Praktiken, mit denen die „neuen Hebammen“ aus der Stadt zurückkehrten, suspekt. Der gute Ruf einer Hebamme basierte in erster Linie auf ihrer Routine und Geschicklichkeit, die zweifelsohne entsprechend der Zahl der betreuten Geburten stieg. Praktische Erfahrung war somit der Schlüssel zum Erfolg und daran litten die schulisch ausgebildeten Hebammen am Beginn ihrer selbständigen Berufsausübung einen Mangel. Gebärende vertrauten deshalb in vielen Regionen weiterhin auf traditionelle, ungeprüfte ‚Afterhebammen‘, die nebenbei noch weniger Honorar oder materielle Abgeltung verlangten, als die examinierten Hebammen (Hilber 2018, 24–26; Labouvie 1999).

Finanzielle Aspekte dürfen in der Geschichte von Annahme und Ablehnung geburtshilflicher Akteurinnen und Akteure keineswegs unterbewertet werden. Insbesondere den lokalen Gemeindevorstehungen ist eine gewisse, ökonomisch motivierte Weigerungshaltung zuzuschreiben, die den Fortbestand traditioneller Formen der Geburtshilfe in manchen Regionen bis an die Wende zum 20. Jahrhundert begünstigte. Denn die Gemeinden sollten nicht nur für die Ausbildungs- und Lebenshaltungskosten der Hebammenschülerinnen während des Kurses aufkommen, sondern auch das so genannte ‚Wartgeld', eine Art Basisgehalt, für die praktizierende Hebamme bezahlen (Piskaček 1900, 498 f).

Doch nicht immer waren solche geburtshilflich versierten Frauen – geprüft oder ungeprüft – verfügbar. Insbesondere in den inneralpinen Regionen der Habsburgermonarchie mussten Frauen teilweise noch alleine oder lediglich durch Familienangehörige unterstützt, gebären. Obwohl sich bereits das Sanitätsnormativ von 1770 zum Ziel gesetzt hatte, die Hebammendichte im Land zu heben und zumindest für benachbarte Dörfer eine ausgebildete Hebamme anzustellen, blieb die Zahl der Hebammen bis etwa 1850 relativ niedrig. Die Lücken in der geburtshilflichen Landschaft wurden dabei nicht nur von traditionellen Hebammen gefüllt. Auch Wundärzte, die seit den 1780er Jahren über eine obligatorische geburtshilfliche Ausbildung verfügten und die medizinisch-chirurgische Grundversorgung der Bevölkerung übernahmen, traten als nachgefragte Geburtshelfer auf. Die Ambivalenzen in der Wahl des legitimen Geburtsbeistandes und die Motive der einzelnen Akteurinnen und Akteure, werden an den historischen Beispielen deutlich, die sich in den regionalen Archiven erhalten haben. So glaubten etwa die Vorsteher mehrerer Gemeinden in Tirol, dass der Wundarzt besser zur Übernahme geburtshilflicher Leistungen geeignet sei, als ‚das schwache Geschlecht', da er auch in den Wintermonaten die beschwerlichen, durch Schnee und Eis erschwerten Gänge zu den Gebärenden absolvieren könne. Zudem vereine er die Kompetenz der Beistandsleistung bei normalen und schweren Geburtsverläufen in einer Person. Vielfach bestehe bereits ein Vertrauensverhältnis, das durch die langjährige medizinische Betreuung der lokalen Bevölkerung begründet sei, so die gängige Argumentation. Diese Argumente mochten zwar insgesamt zutreffend sein, konnten einen weiteren offensichtlichen Grund für die Präferenz des Geburtshelfers von Seiten der Gemeindeobrigkeiten jedoch nicht verhehlen. Durch den Einsatz des Wundarztes sparte man sich die Kosten für den Kursbesuch sowie das laufend anfallende Gehalt der Hebamme (Hilber 2018, 18 f).

Gerade in der Sattelzeit um 1800 konnten sich Wundärzte als Geburtshelfer etablieren und monopolisierten die Geburtshilfe in ihren Wirkungsorten. Diese Entwicklung lief jedoch konträr zu der im Sanitätsnormativ 1770 festgelegten Sanitätshierarchie, die auf eine klare Kompetenzverteilung abgezielt hatte. Männliche Geburtshelfer sollten dabei lediglich in komplizierten Fällen hinzugezogen werden. Von staatlicher Seite war eine Verdrängung der Hebammen aus dem Entbindungsgeschäft niemals vorgesehen gewesen. Deshalb setzte in der ersten Hälfte des 19. Jahrhunderts ein konfliktbeladener Prozess der Aushandlung ein. Auf Druck der staatlichen Regionalbehörden wurden die Gemeinden teils unter Androhung empfindlicher Geldstrafen gezwungen, geeignete Frauen zum

Hebammenkurs zu entsenden und ihre Berufseinführung mit allen Mitteln zu unterstützen. Eine gewichtige Rolle in diesem Prozess kam auch der Geistlichkeit zu, die dem Kirchenvolk die Rechtmäßigkeit der staatlich forcierten Entwicklungen vermitteln sollte. Schritt für Schritt stellte sich der Erfolg der Maßnahmen ein. So gab etwa eine Vorarlberger Mutter und Ehefrau eines Mesners zu Protokoll, sie habe die Hebamme bei ihrer dritten Geburt hinzugezogen, weil es die geistlichen und weltlichen Obrigkeiten so wünschten. Sie sei jedoch stets sehr zufrieden mit dem männlichen Geburtshelfer gewesen, der sie bei ihren ersten beiden Entbindungen unterstützt hatte (Hilber 2018, 34).

Gestärkt durch staatliche Behörden und kirchliche Würdenträger entwickelten die neu ausgebildeten Hebammen ein gewisses Selbstbewusstsein in der Verteidigung ihrer gesetzlich zugeschriebenen Kompetenzen. Anzeigen gegen Wundärzte und traditionelle Laienhebammen häuften sich in der ersten Hälfte des 19. Jahrhunderts und wurden von den damit befassten Behörden auch strafrechtlich verfolgt. Eine weitere Entwicklung auf bildungspolitischer Ebene schien das Selbstverständnis des Berufsstandes sowie den Zuspruch zur Ausbildung noch zusätzlich zu stärken. Im Jahr 1848 wurde die Hebammenausbildung nämlich reichsweit für ledige Frauen geöffnet. Zuvor hatte es nur in einzelnen Ländern, so etwa in Tirol und Vorarlberg, die Möglichkeit für ledige Frauen gegeben, den Beruf legal zu erlernen. Der Erlass war durchaus nicht unumstritten, doch die Befürworter führten schlagende Argumente wie die bessere Lernfähigkeit jüngerer Frauen, die längere Spanne der aktiven Berufsausübung und die dadurch gesenkten Kosten für die Berufsausbildung ins Treffen. Insbesondere die Hebammenlehrer plädierten in diesem Zusammenhang für einen Wandel im Berufsbild der Hebamme. Während traditionell erst das Klimakterium, somit das Ende der eigenen Reproduktionsphase, den selbständigen Berufsbeginn der Hebammen gekennzeichnet hatte, sollten nun vor allem junge Frauen im Alter von 20, später 24, bis 40 Jahren ausgebildet werden. Als Grund wurde nicht nur die schwierige Mobilisierung und Rekrutierung älterer Frauen genannt, sondern auch der höhere Alphabetisierungsgrad jüngerer Frauen hervorgehoben. Ganz nebenbei würde die Hebammentätigkeit einen soliden Beruf für ledige Frauen bieten, der nicht nur etwaige Heiratschancen erhöhte, sondern auch im Falle der Nicht-Verheiratung langfristig den Lebensunterhalt der Frau sichern konnte (Hilber 2017, 43–46).

Ab der zweiten Hälfte des 19. Jahrhunderts lässt sich in der Habsburgermonarchie eine Art Konsolidierungsphase des Hebammenwesens feststellen. Die Ausbildung an den Hebammenschulen war zunehmend akzeptiert und genoss kontinuierlichen Zulauf. Im cisleithanischen Reichsgebiet, ohne Einschluss des Königreichs Ungarn, existierten insgesamt 15 Hebammenschulen, die sich meist in den Hauptstädten oder größeren städtischen Zentren der einzelnen Kronländer befanden. Anstalten, die sich exklusiv auf die Ausbildung von Hebammen fokussierten, waren im heutigen Brno (Brünn), Linz, Lwiw (Lemberg), Klagenfurt, Ljubljana (Laibach), Salzburg, Olomouc (Olmütz), Triest, Czernowitz und Zara angesiedelt. In den großen Universitätsstädten Wien, Prag, Graz, Innsbruck und Krakau bestanden ebenfalls geburtshilfliche Lehrkanzeln, die neben Ärzten und Wundärzten auch Hebammen ausbildeten (Schauta 1898, 267). Die Schülerinnen und Studenten hörten im Verlauf ihrer Ausbildung nicht nur theoretische Vorlesungen, sondern erlernten die Geburtshilfe auch praktisch, direkt am Geburtsbett. Zu diesem Zweck waren reichsweit sogenannte Gebäranstalten eingerichtet worden, welche die praktischen Lehrfälle für die Auszubildenden bereitstellten. Die Gebäranstalten wurden vorwiegend von ledigen Frauen frequentiert, denen im Austausch mit ihrer Bereitwilligkeit für Untersuchungsübungen zu volontieren, die Unterhaltsverpflichtung für ihre illegitimen Kinder abgenommen wurde. Zumindest die größeren Gebäranstalten, so etwa in Wien, Prag, Graz und Innsbruck, waren an Findelhäuser gekoppelt, die die Versorgung der Säuglinge übernahmen und die Kinder schließlich auf Kosten des Staates in Pflegefamilien unterbrachten (Pawlowsky 2001). Doch gegen Ende des 19. Jahrhunderts kam die Findelversorgung aufgrund der extrem hohen Sterblichkeitsraten dieser Kinder und der teils verheerenden Zustände in den Pflegefamilien in die Kritik. In Innsbruck wurde das Findelhaus bereits 1881 aufgelöst und durch eine finanzielle Unterstützung für die Mütter ersetzt. In den wenigsten Fällen konnten die Kinder, als sichtbares Zeichen moralischer Verfehlung, jedoch bei den Müttern verbleiben, sondern wurden weiterhin in Pflegefamilien erzogen. Die Ausmittlung eines Pflegeplatzes und die finanzielle Abwicklung musste jedoch nun eine jede ledige Mutter selbst organisieren (Hilber 2013).

Während die Zustände in den Findelhäusern bereits die Zeitgenossen erschreckten, wurden die Gebärhäuser erst von der feministischen Geschichtswissenschaft als ambivalente medikale Räume enttarnt. In der Diktion der traditionellen Medizingeschichte waren sie die Orte gewesen, an denen die Wissenschaft große Fortschritte gefeiert hatte, an denen Innovation und Humanität gepaart auftraten. Man rühmte sich, neben vielfältigen Neuerungen in der Geburtshilfe, auch verzweifelten ledigen Frauen einen sicheren Zufluchtsort für die Zeit der Geburt und des Wochenbettes geboten zu haben. Mit dem Blick auf die Patientinnen, die oft unfreiwillig durch soziale Zwänge bedingt ins Gebärhaus eintraten, begann die feministische Wissenschaft jedoch einen Umdeutungsprozess in Gang zu setzen, der die Gebärhäuser als Orte der Erniedrigung und Entrechtung stigmatisierte. Die historische Realität lag wohl irgendwo zwischen diesen beiden Polen, im Graubereich des medikalen Raumes angesiedelt. Die mittlerweile zahlreichen Studien zu unterschiedlichen Entbindungshäusern in ganz Europa zeigen, dass auch hier eine quellenbasierte Zugangsweise differenziertere Erkenntnisse verspricht. So konnte etwa am Beispiel des Innsbrucker Gebärhauses der Handlungsspielraum lediger Frauen in der zweiten Hälfte des 19. Jahrhunderts rekonstruiert und gezeigt werden, wie stark das Funktionieren der Systeme von den agierenden Individuen abhing. Während nämlich für die Zeit zwischen ca. 1850 und 1877, der Dienstzeit Virgil von Mayrhofens als Hebammenlehrer und Leiter des Gebärhauses, keinerlei Klagen von Seiten der Frauen vorlagen und er allgemein als beliebter und engagierter Geburtshelfer galt, änderte sich die Situation im Gebärhaus mit seinem Tod schlagartig. Der neu berufene Ludwig Kleinwächter (1839–1906) erregte mit seiner progressiven und wenig pietätvollen Art Unmut bei den Schwangeren und Gebärenden. Der von ihm eingeführte neue Untersuchungsmodus, der entgegen alter Gepflogenheiten die Nacktheit der Frauen in der Untersuchungssituation verlangte, stieß auf massiven Widerstand bei den Betroffenen. Auch die Steigerung der Untersuchungsfrequenz im Sinne einer Verbesserung der praktischen Ausbildung für Studierende und Hebammenschülerinnen sowie sein rüdes und grobes Verhalten den ledigen Frauen gegenüber, wurde nicht schweigend hingenommen. Der Widerstand formierte sich nicht nur innerhalb der Gruppe der betroffenen Frauen, sondern fand Unterstützung von Seiten des untergeordneten medizinischen Personals – Sekundarärzten und Hebammen –, allen voran aber der Landespolitik. Denn diese war darauf bedacht nach Möglichkeit keinen Skandal zu produzieren, der die geburtshilfliche Ausbildung nachhaltig gefährden konnte. Nach einer eingehenden Untersuchung in den Jahren 1878/79 blieb Kleinwächter zwar im Amt, wurde jedoch 1881, auch aufgrund der skizzierten Vorkommnisse, vom Dienst suspendiert und verlor schließlich im Jahr 1884 seine staatliche Anstellung als Professor für Geburtshilfe und Gynäkologie (Hilber 2016b).

Im klinischen Setting zeigte sich gegen Ende des 19. Jahrhunderts eine Verlagerung der wissenschaftlichen Interessen in Richtung der Gynäkologie, die erst seit den 1870er Jahren verstärkte Aufmerksamkeit und durch die Einrichtung eigener Lehrkanzeln auch eine zunehmende Institutionalisierung erfahren hatte. Während somit auf einer wissenschaftlichen Ebene Pathologie und Chirurgie die Gynäkologie und Geburtshilfe prägten, zeigten praktische Ärzte wenig Ambitionen in die aktive Hausgeburtshilfe zu drängen. Das 1770 etablierte Sanitätssystem hatte seine Hierarchien nachhaltig gefestigt. Anders als im anglo-amerikanischen Raum, wo der Beruf der Hebamme wenig reglementiert und deshalb vor der Übernahme durch Ärzte gesetzlich ungeschützt war (Leavitt 1986), zeigt sich vor allem im deutschsprachigen Raum eine Tendenz zur Wahrung der sanitätspolitisch vorgegebenen Kompetenzverteilung (Tuchman 2005; Seidel 1998). Dies lässt sich etwa auch am konkreten Beispiel eines Landarztes in Südtirol, im heutigen Italien, feststellen. Franz von Ottenthal (1818–1899), über dessen gutgehende allgemeinmedizinische Privatpraxis wir aus seinen knapp 50 Jahre umspannenden, in lateinischer Sprache verfassten, handschriftlichen Praxisaufzeichnungen (*historiae morborum*) wissen, war aufgrund seiner geburtshilflichen Ausbildung auch berechtigt Geburtshilfe zu leisten. Doch seine Interventionen beschränkten sich auf Notfälle, zu denen er von den lokalen Hebammen gerufen wurde. Ottenthal dokumentierte in diesen Fällen von *partus difficilis* die Applikation der Geburtszange sowie die Verordnung von wehenfördernden oder blutstillenden Medikamenten. An seinem quellenmäßig gut rekonstruierbaren Beispiel lässt sich die friedliche Koexistenz und professionelle Kooperation zwischen Hebammen und Geburtshelfern festmachen, die der Staat als Idealbild konstruiert hatte (Hilber 2012, 150 – 156).

3 Fazit

Blickt man nun auf die wechselvolle Geschichte der Geburtshilfe vom 18. bis zum Beginn des 20. Jahrhunderts zurück, lassen sich die Ambivalenzen in den von früheren Generationen von Historikerinnen und Historikern postulierten, jedoch stark divergierenden Leitlinien erkennen. Während sich einerseits eine fortschrittsorientierte Wissenschaftsgeschichte, andererseits eine sozialgeschichtlich motivierte, auf die Opfer dieses Prozesses gerichtete, zweidimensionale Konflikt- und Gewaltgeschichte skizzieren lässt, zeigen nicht nur rezente Studien ein wachsendes Unbehagen der historischen Wissenschaft an allzu verallgemeinernden Aussagen. Allein die sorgfältige Prüfung der Thesen am regionalen Fallbeispiel, am individuellen Einzelfall, am konkreten historischen Quellenmaterial muss als Postulat für die Erforschung der Geschichte oder vielmehr Geschichten der Geburtshilfe gesehen werden (Schäfer 2010, 26). Dennoch lassen sich wiederkehrende Leitmotive in der Geschichte der Geburtshilfe ausmachen, die nicht nur das Einflussgebiet der Habsburgermonarchie prägten, sondern auch für andere Regionen Gültigkeit besitzen.

Zunächst muss hier die nicht systemimmanente Verwissenschaftlichung des Hebammenwesens genannt werden. Der aufgeklärte absolutistische Staat des ausgehenden 18. Jahrhunderts bildete eine Allianz mit dem erstarkenden Fach der Medizin und versuchte gesellschaftliche und sanitätspolitische Problemlagen wie die Mütter- und Kindersterblichkeit durch die Reformierung des geburtshilflichen Beistandes durch Hebammen zu beheben. Dies schloss eine Verschulung und Vereinheitlichung der Wissensbestände ein und begründete gleichzeitig eine Hierarchie, die männliche Geburtshelfer – als Ausbilder und Supervisoren – formal über den Hebammen ansiedelte.

Die staatlich initiierten Reformen wurden zunächst auf gesetzlicher Ebene manifest. Die Umsetzung verlief jedoch in vielen Regionen mit starken zeitlichen

Verzögerungen und begleitet von sozialen Aushandlungsprozessen, die nicht nur in klassischen Professionalisierungskonflikten zwischen Ärzten und Hebammen mündeten. Anstelle eines Konfliktes zwischen zwei – konkurrierenden – Professionen, muss der Prozess als eine gesamtgesellschaftlich relevante Verunsicherung verstanden werden. Dies schloss Schwangere, Gebärende, Wöchnerinnen und ihre unmittelbare Hilfsgemeinschaft, aber auch dörfliche Eliten wie die politischen Gemeindevertretungen und die Geistlichkeit mit ein. Während offener Widerstand selten beobachtet werden kann, zeigen sich an den konkreten Beispielen vielfach subtilere Protestaktionen, die eine grundlegende Weigerungshaltung und Skepsis der Bevölkerung vor Veränderungen im Bereich der Geburtshilfe zeigen. Während sich einerseits die Sorge um die bestmögliche geburtshilfliche Betreuung ablesen lässt, dürfen andererseits finanzielle Motive nicht unterschätzt werden. Die Weigerung der Gemeinden geprüfte Hebammen anzustellen, oder die Skepsis der Familien vor antiseptischen Verfahren, entsprangen den vielfach prekären ökonomischen Verhältnissen.

Die strikte Kompetenzverteilung und Hierarchisierung, die durch staatliche Reformen bereits 1770 zementiert wurde, führte einerseits zwar zu einer Veränderung in der Ausbildungssituation von Hebammen, andererseits wurde dem Berufsstand dadurch ein gewisser gesetzlicher Schutz zu Teil. Regelmäßig verlaufende Geburten fielen somit klar in das Tätigkeitsfeld von Hebammen, Geburtshelfer hingegen sollten nur bei Komplikationen gerufen werden. Die Tatsache, dass auch heute noch – zumindest in Österreich – ein Gesetz besteht, das den Hebammenbeistand bei jeder Geburt vorschreibt, egal ob Sectio oder Vaginalgeburt (Bundesgesetzblatt 1994, 310), muss somit in ihrer historischen Dimension verstanden werden.

Literatur

Primärquellen

Astl, Heinrich (1865): Alphabethische Sammlung aller politischen und der einschlägigen Polizei- [...], Sanitäts-, Gemeinde- und Beamten-Gesetze des Kaiserthums Österreich für alle Kronländer mit Ausnahme der ungarischen und italienischen Provinzen, Band 2: Ehetrennung-Hengste, Prag.

Bundesgesetzblatt (1994): Bundesgesetz über den Hebammenberuf, Nr. 310, https://www.ris.bka.gv.at/GeltendeFassung.wxe?Abfrage=Bundesnormen&Gesetzesnummer=10010804, zuletzt aufgerufen am 28.04.2019.

Gradmann, Johann Jakob (Hg.) (1802): Das gelehrte Schwaben. Oder Lexicon der jetzt lebenden schwäbischen Schriftsteller, Ravensburg.

Hebammen-Zeitung. Organ des Unterstützungs-Vereines für Hebammen (1887): 1, 3/4/5.

Macher, Mathias (1846): Handbuch der kaiserl. königl. Sanitäts-Geseze [sic] und Verordnungen, Graz.
Mayrhofen, Virgil von (1854): Lehrbuch der Geburtshilfe für Hebammen, Innsbruck.
N.N. (1788): Höfliches Sendschreiben an Herrn Steidele von einer geprüften Hebamme, Wien.
N.N. (o.J.): Anhang zu dem 53.–86. Bande der allgemeinen deutschen Bibliothek, o.O.
Piskaček, Ludwig (1896): Lehrbuch für Schülerinnen des Hebammencurses und Nachschlagebuch für Hebammen, Wien/Leipzig.
Piskaček, Ludwig (1900): Zur Reform des Hebammenwesens in Oberösterreich, in: Das österreichische Sanitätswesen 41–44, 461–465; 473–476; 485–489; 498–502.
Reichsgesetzblatt für die im Reichsrathe vertretenen Königreiche und Länder (1874): 9, 31–33.
Späth, Josef (1886): Lehrbuch der Geburtshilfe für Hebammen, Wien.
Steidele, Raphael (1813): Abhandlung von der Geburtshülfe. Erster Theil: Verhaltensregeln für Schwangere, Gebärende und Kindbetterinnen, Wien.

Sekundärliteratur

Curtis, Stephan (2005): Midwives and their Role in the Reduction of Direct Obstetric Deaths during the late Nineteenth Century: The Sundsvall Region of Sweden (1860–1890), in: Medical History 49, 321–350.
De Brouwere, Vincent (2007): The Comparative Study of Maternal Mortality over Time: The Role of the Professionalisation of Childbirth, in: Social History of Medicine 20/3, 541–562.
Fasbender, Heinrich (1909/1964): Geschichte der Geburtshilfe [Reprographischer Nachdruck], Hildesheim.
Filippini, Nadia Maria (1994): The Church, the State and Childbirth. The Midwife in Italy during the Eighteenth Century, in: Marland, Hilary (Hg.): The Art of Midwifery. Early Modern Midwives in Europe, London, 152–175.
Fischer, Isidor (1909): Geschichte der Geburtshilfe in Wien, Leipzig/Wien.
Frevert, Ute (1982): Frauen und Ärzte im späten 18. und 19. Jahrhundert – Zur Sozialgeschichte eines Gewaltverhältnisses, in: Kuhn, Anette/Rüsen, Jörn (Hg.): Frauen in der Geschichte II, Düsseldorf, 177–210.
Fuhrmann, Martin (2002): Volksvermehrung als Staatsaufgabe? Bevölkerungs- und Ehepolitik in der deutschen politischen und ökonomischen Theorie des 18. und 19. Jahrhunderts, Paderborn.
Green, Monika H. (2008): Gendering the History of Women's Healthcare, in: Gender & History 20, 487–518.
Gross, Dominik (1998): ‚Deprofessionalisierung' oder ‚Paraprofessionalisierung'? Die berufliche Entwicklung der Hebammen und ihr Stellenwert in der Geburtshilfe des 19. Jahrhunderts, in: Sudhoffs Archiv 82/2, 219–238.
Hilber, Marina (2012): Der Landarzt als Geburtshelfer – Dr. Franz von Ottenthal und der medizinische Markt in Südtirol (1860–1869), in: Gesnerus. Swiss Journal of the History of Medicine and Sciences 69/1, 1, 141–157.
Hilber, Marina (2013): Findelkinder. Dimensionen obrigkeitlicher Fürsorgepolitik am Beispiel der Fremdbetreuung unehelicher Kinder in Tirol während des 19. Jahrhunderts, in: Wolf, Maria A./Heidegger, Maria/Fleischer, Eva/Dietrich-Daum, Elisabeth (Hg.): Child Care.

Kulturen, Konzepte und Politiken der Fremdbetreuung von Kindern aus geschlechterkritischer Perspektive, Weinheim/Basel, 260–276.
Hilber, Marina (2015): Professionalisierung wider Willen? Die Ausbildung von Hebammen in Tirol und Vorarlberg im Spannungsfeld von Norm und Aushandlung, in: Geschichte und Region/Storia e regione 24/1, 73–96.
Hilber, Marina (2016a): Geistliche Fürsorge für Mutter und Kind. Anton von Sterzingers Unterricht für Hebammen (1777), in: Virus. Beiträge zur Sozialgeschichte der Medizin 15, 107–126.
Hilber, Marina (2016b): Weibliche Beschwerdeführung in der Causa Kleinwächter. Ein Beitrag zur Patientinnengeschichte des Innsbrucker Gebärhauses, in: Historia Hospitalium 29, 68–96.
Hilber, Marina (2017): Hebammenalter – alte Hebamme? Zur Bedeutung des Lebensalters im Kontext der Ausbildung von Hebammen in der Habsburgermonarchie, in: traverse. Zeitschrift für Geschichte 2, 36–52.
Hilber, Marina (2018): „... aus freyer Wahl und Zutrauen ...“. Eine patientinnen-orientierte Fallstudie zum Wahlverhalten von Gebärenden im inneralpinen Raum Tirols und Vorarlbergs um 1830, in: Medizin, Gesellschaft und Geschichte. Jahrbuch des Instituts für Geschichte der Medizin der Robert Bosch Stiftung 36, 11–41.
Hilber, Marina [upcoming 2021]: Antiseptics Leave the Clinic – The Introduction of (Puerperal) Prophylaxis in Austrian Midwifery Education (1870s–1880s), in: Social History of Medicine.
Högberg, Ulf (1985): Maternal Mortality in Sweden, Umeå.
Högberg, Ulf (2004): The Decline of Maternal Mortality in Sweden, in: American Journal of Public Health 94/8, 1312–1320.
Horn, Sonia (2008): A Model for All? Healthcare and the State in 18th Century Habsburg Inherited Countries, in: Abreu, Laurinda/Bordelais, Patrice (Hg.): The Price of Life. Welfare Systems, Social Nets and Economic Growth, Lissabon, 303–315.
Labouvie, Eva (1999): Beistand in Kindsnöten. Hebammen und weibliche Kultur auf dem Land (1550–1910), Frankfurt a. M.
Labouvie, Eva (2001): Weibliche Hilfsgemeinschaften. Zur Selbstwahrnehmung der Geburt durch Gebärende und ihre Hebammen in der ländlichen Gesellschaft der Vormoderne (16.–19. Jahrhundert), in: Jekutsch, Ulrike (Hg.): Selbstentwurf und Geschlecht. Kolloquium des Interdisziplinären Zentrums für Frauen- und Geschlechterstudien an der Ernst-Moritz-Arndt-Universität Greifswald, Würzburg, 13–31.
Leavitt, Judith Walzer (1986): Brought to Bed. Childbearing in America, 1750–1950, New York.
Lesky, Erna (1973): Gerard van Swieten. Auftrag und Erfüllung, in: Dies. (Hg.): Gerard van Swieten und seine Zeit, Wien/Köln/Weimar, 11–62.
Lindemann, Mary (1994): Professionals? Sisters? Rivals? Midwives in Braunschweig 1750–1800, in: Marland, Hilary (Hg.): The Art of Midwifery. Early Modern Midwives in Europe, London, 176–191.
Løkke, Anne ([2]1999): The „Antiseptic Transformation“ of Danish Midwives, 1860–1920, in: Marland, Hilary/Rafferty, Anne Marie (Hg.): Midwives, Society and Childbirth. Debates and Controversies in the Modern Period, London/New York, 102–133.
Loudon, Irvine (1992): Death in Childbirth: An International Study of Maternal Care and Maternal Mortality 1800–1950, Oxford.

Loytved, Christine (2001): Von der Wehemutter zur Hebamme. Die Gründung von Hebammenschulen mit Blick auf ihren politischen Stellenwert und ihren praktischen Nutzen, Osnabrück.

Loytved, Christine (2003): Einmischung wider Willen und gezielte Übernahme: Geschichte der Lübecker Hebammenausbildung im 18. und Anfang des 19. Jahrhunderts, in: Wahrig, Bettina/Sohn, Werner (Hg.): Zwischen Aufklärung, Policey und Verwaltung. Zur Genese des Medizinalwesens 1750 – 1850, Wiesbaden, 131 – 145.

Loytved, Christine (2006): Lehrtochter oder Hebammenschülerin? Zur Verschulung der Hebammenausbildung an Beispielen aus Lübeck, Altona, Flensburg und Kiel im ausgehenden 18. und 19. Jahrhunderts, in: NTM. Zeitschrift für Geschichte der Wissenschaften, Technik und Medizin 14, 93 – 106.

Metz-Becker, Marita (1997): Der verwaltete Körper. Die Medikalisierung schwangerer Frauen in den Gebärhäusern des frühen 19. Jahrhunderts, Frankfurt a. M./New York.

Pawlowsky, Verena (2001): Mutter ledig – Vater Staat. Das Gebär- und Findelhaus in Wien 1784 – 1910, Innsbruck/Wien.

Schäfer, Daniel (2010): Zwischen Disziplinierung und Belehrung: Reformversuche der akademischen Hebammenausbildung in der „aufgeklärten" Reichsstadt Köln, in: ders. (Hg.), Rheinische Hebammengeschichte im Kontext, Kassel, 13 – 28.

Schlumbohm, Jürgen (2002): Did the Medicalisation of Childbirth reduce Maternal Mortality in the Eighteenth and Nineteenth Centuries? Debates and Data from Several European Countries, in: Hubbard, William H. et al. (Hg.): Historical Studies in Mortality Decline, Oslo, 96 – 112.

Schlumbohm, Jürgen (2012): Lebendige Phantome. Ein Entbindungshospital und seine Patientinnen 1751 – 1830, Göttingen.

Schlumbohm, Jürgen (2018): Verbotene Liebe, verborgene Kinder. Das Geheime Buch des Göttinger Geburtshospitals 1794 – 1857, Göttingen.

Schlumbohm, Jürgen/Wiesemann, Claudia (Hg.) (2004): Die Entstehung der Geburtsklinik in Deutschland 1751 – 1850. Göttingen-Kassel-Braunschweig, Göttingen.

Schulz, Stefan (2010): „Man soll nichts Böses tun, auf dass etwas Gutes daraus entstehen möge." Die schwere Geburt und das Tötungsverbot im Denkkollektiv der Wiener geburtshilflichen Lehrer um 1800, in: Bruchhausen, Walter/Hofer, Hans-Georg (Hg.): Ärztliches Ethos im Kontext. Historische, phänomenologische und didaktische Analysen, Göttingen, 19 – 38.

Seidel, Hans-Christoph (1998): Eine neue „Kultur des Gebärens". Die Medikalisierung von Geburt im 18. und 19. Jahrhundert in Deutschland, Stuttgart.

Tuchman, Arleen Marcia (2005): The True Assistant to the Obstetrician: State Regulation and the Legal Protection of Midwives in Nineteenth-Century Prussia, in: Social History of Medicine 18, 23 – 38.

Wilson, Adrian (1985): Participant or patient? Seventeenth century childbirth from the mother's point of view, in: Porter, Roy (Hg.): Patients and Practitioners. Lay perception of medicine in pre-industrial society, Cambridge, 129 – 144.

Wilson, Adrian (1993): The Perils of Early-Modern Procreation: Childbirth With or Without Fear?, in: British Journal for Eighteenth-Century Studies 16, 1 – 19.

Sabine Hartmann-Dörpinghaus

Bedrohte Selbstbestimmung in betroffener Selbstgegebenheit

Zusammenfassung: Verschiedene Wissenschaftsrichtungen haben für die zeitgenössische Geburtsmedizin bereits lange identifiziert, dass die Gebärende qua ihrer Körperlichkeit ins Zentrum des Interesses gerückt ist. Über die Dimensionen einer Geburtsbegleitung oder die theoretische Verortbarkeit des hebammenfachlichen Selbstverständnisses wissen wir hingegen wenig. Im nachfolgenden Beitrag wird vor dem theoretischen Fundament der Neophänomenologie und einer professionstheoretischen Skizzierung ein erster Entwurf gewagt, das Verstehen im geburtshilflichen Kontext stark zu machen, auch wenn es Vielen unvorstellbar erscheint, dass es in der Geburtsbegleitung noch einen weiteren Bezugspunkt als die Medizin geben könnte. Die Frage nach dem Gelingen einer Geburt ist nicht über medizinisch-technische Parameter zu beantworten. Letztlich gilt es, den kausal-analytischen Handlungsentscheid in der Geburtsbetreuung um eine hermeneutisch-phänomenologische Deutungsperspektive zu erweitern oder deutlicher: es geht um die Wiedergewinnung eines umfassenden Wahrheitsverständnisses und darum, das leibliche Erleben als genuine, irreduzible Form des Erkennens zu verteidigen. Mit dem vorliegenden theoretischen Begründungsrahmen verkommt die Begleitung einer Geburt nicht mehr als bloße Restkategorie oder Sentimentalität und vieles von dem, was die hebammenfachliche Kunde ausmacht, darf wieder als Thema des Faches erscheinen: beispielsweise dass die Urteilskraft der begleitenden Hebamme* sich am Leitbild des Menschen als grundsätzlich angewiesenes, vulnerables Wesen versteht und dass eine gelingende Geburt nichts mit Selbstbemächtigung zu tun hat.

1 Hinführung

Gelingende Geburt – das Adjektiv ‚gelingend' findet sich häufig in dem Zusammenhang, dass etwas nach Planung, Bemühung mit Erfolg zustande kommt und glückt – dem gegenüber steht das Misslingen. Mit dieser einfachen Polarität wäre das Gelingen einer Geburt, wenn sie erfolgreich nach Plan verläuft, schnell gefasst. Demnach könnte beispielsweise gelungen sein, wenn die Messwerte bei einer Geburt gut sind oder auch der Geburtsplan beispielsweise in Form einer Geburt in der Gebärbadewanne (im Fachjargon Wassergeburt) realisiert werden konnte. Auch wenn unser Verständnis von Freiheit auf Machbarkeit und Mul-

https://doi.org/10.1515/9783110719864-011

tioptionalität abzielt, hat doch jedes Leben und nicht zuletzt die Geburt eine sensible inhärente Grenze des Machbaren. Gebären hat nichts mit Selbstbemächtigung zu tun, auch wenn heutzutage die Geburt eines Kindes schon mal gerne mit einem Produkt verwechselt wird.

Darüber hinaus könnte im geburtshilflichen Kontext auf den ersten Blick eine *gute* Geburt auch als das Ergebnis richtiger Entscheidungen gewertet werden. Bei näherer Betrachtung wird deutlich, dass die gegenwärtig dominante Vorstellung von Selbstbestimmung der Gebärenden jedoch zunächst einmal die richtigen Entscheidungen im Prozess aufbürdet und in der Folge die Verantwortung für *ihre* gute Geburt auferlegt (Samerski 2014; Jung 2017). Gleich nach dem Motto: Wer sich nicht gut informiert und Expertisen einholt, ist eben nicht seines Glückes Schmied. Doch genauso wenig, wie die Kausalkette von Leistung – Erfolg – Glück funktioniert, ist der Verlauf einer Geburt machbar, indem bloß eine Reihe von Abwägungen vorgenommen werden, um dann einfach zielgerichtet, bewusst, pragmatisch und zweckhaft die unverzichtbar richtige Entscheidung zu fällen.

Hebammen*[1] übernehmen im Geburtsverlauf neben der Begleitung des Paares eine betreuende und sorgende Doppelfunktion für Mutter und Kind. Dies liegt in der existentiellen Bedrohung zweier fürsorgebedürftiger Personen begründet. In diesem Zusammenhang wird Hebammen* immer wieder ein anderer, eigenwilliger Zugang zu Geburt zugeschrieben. In der Öffentlichkeit wird die hebammenkundliche Praxis häufig mit fachlicher Intuition, ausstrahlender Ruhe oder Naturheilkunde in Verbindung gebracht. In diesem Kontext wird postuliert, dass „Hebammen an die natürliche Kraft der Frauen glauben."[2] „Hebammen ... versuchen, eine schwangere Frau zu stärken, indem sie ihr Ruhe und Sicherheit vermitteln – auch wenn es ernst wird" (ebd.). Was scheinbar in der Öffentlichkeit und bei den betroffenen Paaren ankommt, ist, dass Hebammen* den Begegnungen mit Menschen eine besondere Aufmerksamkeit schenken und sie somit die Kraft nutzen, die durch menschliche Begegnungen entfaltet, erhalten oder immer wieder neu ermöglicht werden kann.

Losgelöst von solch populären Betrachtungen kann die berufliche Identität nicht in externen Zuschreibungen aufgehen. Vielmehr bedarf es grundsätzlich einer theoretischen Verortbarkeit des eigenen Selbstverständnisses (Emcke 2018,

---

1 Im folgenden Beitrag wird in Ermangelung eines geeigneten Begriffs und um einer gendersensiblen Sprache Aufmerksamkeit zukommen zu lassen von Hebamme* gesprochen (ausgenommen wortwörtliche Zitate).

2 Servicezeit Gesundheit auf WDR Fernsehen vom 08.03.2010: Schwieriger Alltag für Hebammen, www.wdr.de/tv/servicezeit/gesundheit/sendungsbeitraege/2010/kw10/0308/03_schwieriger_alltag_fuer_hebammen.jsp. Manuskript zur Sendung Seite 2, zuletzt aufgerufen am 15.03.2020.

78). Im Folgenden wird losgelöst von derartigen Zuschreibungen ein professionstheoretischer und neophänomenologischer Blick angestrebt. Den pseudowissenschaftlichen Schöpfungen rund um das Thema Geburt wird eine wissenschaftliche Fundierung, Legitimation, Professionalisierung und Entwicklung eines identitätsstiftenden Verständnisses von geburtshilflicher Begleitung entgegengesetzt, um damit das Originäre der Hebammenkunde im Zusammenhang mit einer gelingenden Geburtsbegleitung zu fassen. Dabei geht es mir nicht um die Festigung einer bestimmten Perspektive auf Geburtshilfe, vielmehr geht es darum den epistemischen Gehalt verschiedener Herangehensweisen zu würdigen.

Grundsätzlich ist jeder professionelle Blick an eine Theorie gebunden, welche die Grenzen des Denkens und Handelns bestimmt. In der Medizin rückt die Gebärende qua ihrer Körperlichkeit in den Mittelpunkt. Dieser beschreibt jedoch noch nicht ihr leibliches Befinden und wie sie ihr Dasein erlebt. Das hat zur Folge, dass sich über das Sicht- und Tastbare auf das materielle *Ding* konzentriert wird. Worum es mir geht, möchte ich gleich zu Beginn an einer authentischen geburtshilflichen Situation verdeutlichen. Letztens äußerte sich eine Gebärende während der Kaiserschnittoperation in Periduralanästhesie: „Mir ist schlecht." Der diensthabende Anästhesist schaute auf den Monitor und entgegnete der Frau: „Ihnen kann nicht schlecht sein, Ihre Werte sind gut." Anhand der flüchtigen Rezeption dieser exemplarischen Fallsituation treten gleich zu Beginn verschiedene Aspekte einer Peripartologie[3], wie naturwüchsige Habitualisierung, Sinnverstehen und differente Deutungsmuster in Erscheinung. Objektive Daten und Fakten verhelfen unter der Geburt zunächst, dass ein erstes Erklären angebahnt werden kann. Mein Beitrag richtet sich im Zusammenhang mit dem Thema Geburtsbegleitung indessen auf das lebendige Geschehen, welches dem Menschen widerfährt und ihn affiziert (vgl. Fuchs 2008, 287). In diesem Kontext sind die

3 Das wissenschaftliche Arbeiten im Hebammenwesen ist in Deutschland ein junger Zweig an einem alten Baum. Die Bezeichnung für das wissenschaftliche Fundament im Bereich der Hebammenkunde ist nicht geklärt. Bezogen auf den Forschungsgegenstand von Hebammen* und die wissenschaftliche Betrachtung ihres Kernbereiches wird im Beitrag nicht der häufig zu lesende Begriff der ‚Hebammenwissenschaft' verwendet, da dieser einen unklaren Begriff darstellt. Weder von Ministerien, Institutionen oder Verbänden wurde erfolgreich geklärt, was nach Begriff, Inhalt oder Abgrenzung hierunter zu verstehen ist. Auch die Bezeichnung ‚perinatal' trifft aufgrund der Verengung auf die Geburt nicht den Kern. In Ermangelung eines wissenschaftlich korrekten und zugleich etablierten Begriffs wird daher die Bezeichnung ‚Peripartologie' verwendet, sie umfasst das Tätigkeitsfeld der Hebamme* in seiner gesamten Komplexität und hebt Einzelphasen, wie die Schwangerschaft, Geburt, Stillzeit oder das Wochenbett nicht isoliert hervor (siehe zur Peripartologie weitergehend Ministerium für Arbeit, Gesundheit und Soziales NRW (2005) oder Dörpinghaus/Schröter 2005 bzw. Dörpinghaus 2013).

„subjektiven Tatsachen des affektiven Betroffenseins“ (Schmitz 2005, 11f) durch „Vorsprachlichkeit“ (Hasse 2005, 103) gekennzeichnet und nicht an die Sprache gebunden (vgl. Dörpinghaus 2013, 126). Bezugnehmend ist die Übelkeit existent, auch wenn sie von außen nicht an optischen Parametern ablesbar ist oder sprachlich gefasst wird. Der vorreflexive und vorsprachliche Leibzustand der Gebärenden macht vor allem unter der Geburt ein leibliches Einlassen aller beteiligter Personen erforderlich, um auf dem Resonanzboden Leib, wo jegliches Betroffensein des Menschen seinen Sitz hat, zu einem Verstehen zu gelangen. Dabei ist das leibliche Spüren kein defizienter Modus, es ist etwas Gegebenes, etwas unmittelbar Erfahrenes, scheinbar Unergründliches und gehört dennoch zu dem valide Erlebten. Die affektive Resonanz zwischen Gebärender und Hebamme* ist gerade in den geburtshilflich fragilen Momenten zentral und ermöglicht das „leibliche Verstehen“ (Dörpinghaus 2018, 199; 218). Im leiblichen Verstehen zeigt sich die „soziale Relevanz des leiblichen Spürens“ (Gugutzer 2006).

Dieses Verstehen ist abzugrenzen von dem Verständnis von Geburtshilfe, das wir inzwischen haben, denn wir wissen heute ungemein viel über das darstellbare Geburtsobjekt oder den vermessbaren Geburtskanal. Technikgläubigkeit und das Bemühen um vollständige Diagnostik und damit das Anhäufen von Zahlenmaterial stehen derzeit über dem Erleben des Individuums. Zeitgenössische Vorgaben, wie kontinuierliche Verbesserungsprozesse des unternehmensinternen Qualitätsmanagements, getaktete Zeitkorridore oder die fortlaufende Erhebung von regelrechten Messwerten stehen allzu häufig in Kontrast zu „individuell-situationsabhängige[n] Entscheidungsmöglichkeiten“ (Anselm 1999, 104) und fordern eine gelingende Geburt heraus.

Gerade ambivalente Gefühlsäußerungen unter der Geburt, wie „Ich mache nicht mehr mit“ oder „Ich will das nicht mehr“ können nur durch das Beurteilen der konkreten Einzelsituation verstanden werden, welches zweifellos auch auf Diagnostik zurückgreift, darin aber gerade nie ganz aufgeht. Der Artikel stellt ins Zentrum, dass diese Urteilskraft der begleitenden Hebamme* sich am Leitbild des Menschen als grundsätzlich angewiesenes, vulnerables Wesen versteht. Darüber hinaus arbeitet der Artikel für diesen Kontext heraus, dass die Bereitschaft sich aus der Fassung bringen zu lassen für die diskursive Fähigkeit zur Perspektivübernahme zwingend erforderlich ist.

Genauso wenig wie eine Paarbeziehung sich unter Qualitätsgesichtspunkten verwalten lässt, indem man morgens mit einer Zielvereinbarung aus dem Hause geht und abends mit einer Evaluation den Tag beendet, lässt sich auch eine Geburt in dieser Form nicht erfolgreich fassen. Viel eher muss die bedeutsame, aber verdeckte Erlebnisqualität in existentiell bedeutsamen Situationen wie einer Geburt wieder aufscheinen dürfen und der Leib als Medium des Weltbezugs Aufmerksamkeit bekommen.

Das leibliche Erleben der Gebärenden von Schmerz, Unwohlsein, Unruhe oder Angst liegt dabei vor jedem Verstandesurteil, ohne deswegen jedoch in sinnlicher Wahrnehmung aufzugehen. Für die Hebamme* hat das Selbstsein und Erleben der zu betreuenden Frau im Begleitungskontext Konsequenzen, wenn das sprachlich verfasste Bewusstsein und selbst Mimik und Gestik unzureichend sind, um die Gebärende zu verstehen. Der Zustand der fehlenden Sprachform wird als „Vorsprachlichkeit" (und nicht Sprachlosigkeit) bezeichnet. Gemeint ist an dieser Stelle ausdrücklich nicht die häufig mit dem Terminus in Verbindung gebrachte Beschreibung für die Zeit bis ein Kind zu Sprache kommt, sondern vielmehr der Einsatz des Leibes, der vor jedem rationalen Diskurs das Verstehen im leiblichen Sinne zeitverzögert bestimmt: die Sprache der Augen, die flüchtige Berührung, der sich versichernde Blick oder die Suggestion des Leibes. So wie auch Vertrauen nicht auf eine vertragliche Vereinbarung oder moralische Regel zurückzuführen, sondern leiblich grundiert ist. Die Beziehungsarbeit von Hebammen* lässt sich somit auf eine besondere Erlebensform ein, die sich vom rationalen beziehungsweise sprachlich verfassten Bewusstsein abhebt ohne diese zu exkludieren.

In diesem Kontext gehört zum Gelingen einer Geburt, das Jenseits der Sprache zu fassen, die Räume der Kommunikation ins Vorsprachliche zu erweitern und somit die Begrenztheit der Sprache zu verrücken. Hier gehört es zu den Aufgaben einer Hebamme*, die „binnendiffuse Bedeutsamkeit" (Schmitz 2005, 53) einer „aktuellen impressiven Situation" (ebd.) im Kreißsaal zu bemerken. Sparsame Mitteilungen bedeuten somit nicht, dass man nicht zu einem Verstehen kommt.

2 Erweiterte Deutungsperspektive

Der vorliegende Beitrag stellt demgegenüber aus einer professionstheoretischen und neophänomenologischen Perspektive Überlegungen an, um sich dem Gelungensein eines Geburtsgeschehens zu nähern. Hierzu wird die Diskussion vor dem Hintergrund aktueller professionstheoretischer Debatten geführt, die sich darin einig sind, dass sich die professionellen Interventionen im doppelten Horizont von wissenschaftlichem Begründungszusammenhang und hermeneutisch-individualisierter Deutungsperspektive bewegen (vgl. Oevermann 1996; Weidner 1995; Zoege 2004; Friesacher 2008; Siebolds 2014). Die erweiterte Deutungsperspektive wird deutlich, wenn eine Gebärende zur Geburt ihres zweiten Kindes kommt und ihr Körper/Leibgedächtnis mit der Heftigkeit von Geburtswehen erneut konfrontiert wird. Dieser Sachverhalt stellt in erster Linie keine medizinische, hebammenfachliche, pflegerische oder technische Herausforderung dar, sondern es muss gelingen, die Gebärende dahingehend zu erreichen, dass sie nach den ersten schmerzhaften Wehen nicht schreiend davonläuft. Eine andere

Situation könnte eine Gebärende mit Infans mortuus sein: bezogen auf ihre Trauer und ihr leibliches Betroffensein helfen Aspekte in der Begleitung, wie eine Flut an Informationen, Diagnosestellung oder die Einteilung in ICD-Codes nicht weiter.

Die Frage nach dem richtigen und angemessenen Vorgehen kann letztlich nur kontextgebunden für die individuelle Person in der Situation und mit einem hermeneutischen Zugang geklärt werden. Dabei ist die erforderliche Flexibilität der geburtshilflichen Expertise nicht angemessen in Regeln zu fassen und auch nicht vollständig explizierbar.

In der existentiell bedeutsamen Situation unter der Geburt wird das komplizierte Zusammenspiel von Leib[4] und Körper offensichtlich. Die oben skizzierten geburtshilflichen Statements verdeutlichen, dass gerade hier der „aus der in primitiver Gegenwart eingeschmolzenen Subjektivität" (Schmitz 2002, 191) Bedeutung zukommt. Vor dem Hintergrund des zugrundeliegenden Subjektverständnisses (Leib, Körper, Ratio) wird hier die These vertreten, dass der hermeneutische Zugang in der Begleitung und Betreuung um den neophänomenologischen Zugang erweitert werden muss. Das für die Gesundheitsfachberufe immer wieder rezipierte hermeneutische Sinn- und Fallverstehen vernachlässigt den Bedeutungsgehalt der „subjektiven Tatsachen des affektiven Betroffenseins" der Person in der Situation und damit die Gegebenheiten, die das spürende Subjekt betreffen (vgl. Hasse 2005, 100 f). Da die Gebärende unter der Geburt nicht nur auch, sondern vor allem leiblich verfasst ist und es störend wäre, ihre Subjektivität zu neutralisieren, ist ein phänomenologischer Zugang in dieser körperleiblichen Grenzerfahrung konstitutiv. Erkenntnistheoretisch interessant ist hierbei, dass ‚absteigend' von einem Phänomen auf der Basis von Teilaspekten Analysen vorgenommen werden können (hier Symptom: „Werte sind gut") und der Rückbezug zum Phänomen („Mir ist schlecht") immer offen bleibt (vgl. Burger 2012, 17). Damit kann der vorreflexive und vorsprachliche Leibzustand der Gebärenden nicht nur zu Tage treten, sondern deutlich werden, dass gerade er es ist, der von Seiten der professionell Tätigen ein einlassendes, leibliches Verstehen fordert. Dagegen kommt die reine symptomhafte Betrachtung der Gebärenden ohne den Einbezug des Phänomenalen einer „toten Faktizität" (Dilthey 1994, 187) gleich.

Derartige Auseinandersetzungen würden darüber hinaus nicht nur populären, sondern auch interdisziplinären Zuschreibungen das Wasser abgraben, wie beispielsweise der Rede eines geburtshilflichen Chefarztes im Jahr 2008 zur Verabschiedung der frisch-examinierten Hebammen*: „Mediziner müssen die

---

4 Der Leib ist in der Neophänomenologie im Gegensatz zum Körper etwas, was man ohne Zuhilfenahme der Sinne in der Gegend des eigenen Körpers von sich spürt.

Gebärende geburtsmedizinisch überwachen und Hebammen müssen sich für die seelische Zuwendung bereithalten." In dieser Zuschreibung des Redners wird offensichtlich, dass der medizinischen Versorgung unter der Geburt nicht nur übergebührliche Beachtung geschenkt wird, sondern dass zugleich ein herrschaftliches Missverhältnis zwischen einem rein medizinischen Vorgehen und dem unbekannten Zugang der Hebamme* offensichtlich wird und eine entsprechende theoretische Verortung nebulös beziehungsweise nebensächlich erscheint. Die Ausführungen sollen verdeutlichen, dass nicht nur bei Laien, sondern auch im interdisziplinären Kontext die Interpretation der hebammenkundlichen Tätigkeit unzureichend vom Standpunkt und in Analogie zu einem rein medizinischen Vorgehen erfolgt. Will man die Diskussionen rund um die Peripartologie als außenstehende Person verstehen, hilft eine erste grobe theoretische Richtungsunterscheidung in den unterschiedlichen Verständniszugängen von Geburtsmedizin und Geburtshilfe.[5] Hintergrund ist der, dass es in der Betreuung in Abgrenzung zur Begleitung (Dörpinghaus 2013, 161) einer Geburt zunächst einmal unterschiedliche Facetten und Möglichkeiten gibt, sich der Gebärenden zu *nähern*. Denkbar wäre beispielhaft sich intermittierend den Vitalparametern der Frau zuzuwenden, den Herztonwehenschreiber anzulegen und zu überwachen, der Gebärenden den Schweiß aus dem Gesicht zu wischen und all dies ordnungsgemäß zu dokumentieren. Eine Geburt könnte problemlos und kurzweilig mit ebensolchen Verrichtungen zugebracht werden.

In der vorliegenden Betrachtung soll die Geburt nicht gleich zu Beginn irreführend verengt werden. Damit können an die Stelle des Wortes ‚gelingen' nicht wahlweise Pauschalaussagen, wie ‚gut', ‚normgerecht' oder ‚ohne Befund', ein Sicherheitskonzept oder institutionelle Interessen gesetzt werden. Vielmehr soll mit Gelingen hervorgehoben werden, dass es unhintergehbar an das Subjekt gebunden ist und sein Betroffensein in dieser existentiell bedeutsamen Situation ins Zentrum gerückt gehört. Das Erleben der Gebärenden, die Interaktion in Binnenperspektive auf der Mikroebene findet Beachtung. Bezugnehmend muss der Fokus rein kausal-analytischer Handlungsentscheide in der Begegnung um die phänomenale Seite erweitert werden und somit kann Begleitung nicht losgelöst von der leiblichen Verfasstheit der Personen betrachtet werden.

Damit wird wider eine instrumentelle Betrachtung kritisch festgehalten, dass die Frage nach dem Gelingen einer Geburt nicht über medizinisch-technische Parameter zu beantworten ist. Kann nach entsprechender Planung und erfolg-

---

5 Im vorliegenden Aufsatz wird die (wissenschafts-)theoretische Unterscheidung von Geburtshilfe in Abgrenzung zur Geburtsmedizin vor allem in subjekt-, rationalitäts-, medizin-, vernunft- und herrschaftskritischer Absicht verwendet, wie sie von mir bereits 2010 und 2013 vorgelegt wurde.

reichem Bemühen ein Werkstück noch gelingen, so stellt sich dies für eine Geburt nicht so einfach dar, denn jede Geburt ist einzigartig und letztlich nicht durch ein vorgezeichnetes Rationalitätskalkül zum Gelingen zu führen. Eine Geburt ist nach vorne hin offen, was sie deutlich von Herstellungsprozessen unterscheidet, da hier immer ein Konstrukt zugrunde gelegt werden kann, das realisiert werden soll. In meiner Auffassung muss der Ausgangspunkt für die Frage nach dem Gelingen einer Geburt eher in der Wiedergewinnung eines umfassenden Wahrheitsverständnisses liegen, welches zwingend notwendig jenseits der derzeit favorisierten Abstraktionen liegt.

Das Gelingen einer Geburt ist ausgesprochen schwer zu definieren. Jeder Versuch, dem Gelingen eine Definition zu geben, ist entweder so schwammig, dass er eigentlich nichts aussagt oder so spezifisch, dass er die Hälfte der Phänomene vergisst. In meinem Verständnis ist Gelingen nur konkret in der Situation zu fassen und wir müssen lernen, verschiedene Formen des Gelingens anzuerkennen.

Als Versuche, das Gelingen festzuschreiben, fokussieren derzeit häufig bestimmte Formen von Abstraktionen, wie ein guter pH-Wert des Kindes, die Anwesenheit einer Kinderärzt_in, die Möglichkeit einer Wassergeburt oder ein intakter Damm, der Wille der Frau oder das (vermeintliche) Gebären in Sicherheit. Losgelöst davon, dass der- und diejenige, die das Sicherheitspostulat hinterfragen, sofort unter Generalverdacht geraten, die Sicherheit von Mutter und Kind aufgeben zu wollen, impliziert die gelingende Geburt ein Paradox der Referenzialität, dass wir uns nämlich auf etwas beziehen müssen, was ontologisch ungewiss ist. Letztlich geht es mir um etwas sehr Einfaches, nämlich darüber nachzudenken, dass wir auch leibliche Wesen sind und diesem Tatbestand in existentiell bedeutsamen Situationen eine unübertroffene Relevanz zukommt. Ich vertrete die These, dass die subjektiven Tatsachen des affektiven Betroffenseins unter der Geburt nur mündend in einem Verstandenwerden dieser existentiell bedeutsamen Situation, welches nicht evoziert werden kann, einen Beitrag zu einem gelungenen Erleben leisten können. In Kurzform könnte man formulieren: Wenn das anwesende Personal unter der Geburt mich nicht nur kognitiv-analytisch oder unter sicherheitsrelevanten Vorschriften betrachtet, sondern sich auch auf meine leibliche Verfasstheit einlässt, sind wir bezogen auf das Gelingen bereits einen großen Schritt weiter.

Gleichwohl verspricht die vorliegende Arbeit für das Gelingen einer Geburt keine Lösungen, wie beispielsweise verführerische Mütterratgeber oder Elternhandbücher es gerne tun, vielmehr sucht sie nach Elementen, die zu einer gelingenden Geburt beitragen könnten und ein *Verstandenwerden* der betroffenen Person als bedeutsames Kernelement ins Zentrum rücken. Die vorliegenden begrifflichen Anstrengungen versuchen der These Platz zu verschaffen, dass Geburt und auch die Begleitung derselben nicht die Wiederkehr des Immergleichen ist. „Der Neubeginn, der mit jeder Geburt in die Welt kommt, kann sich in der Welt nur darum zur Geltung bringen, weil dem Neuankömmling die Fähigkeit zukommt, selbst einen Neuanfang zu machen, ...“ (Arendt 2018, 18). Das Faktum der Vielfalt, nicht aufgrund von Vervielfältigung, sondern Einzelheit bringt zum Ausdruck, dass wir zwar alle Menschen sind, aber auf die merkwürdige Art und Weise, dass kein Mensch einem anderen gleicht, der lebt oder jemals gelebt hat (vgl. Arendt 2018, 17; 21). Abseits Arendts‘ Betrachtung der Natalität ist für den geburtshilflichen Kontext von Interesse, dass wir am Anfang des Daseins nicht entscheidungsmächtig sind. Genau genommen: bezogen auf die „Gewaltsamkeit des abgründigen Anfangs“ (Schües 2008, 215) sind weder Mutter noch Kind entscheidungsmächtig. In einer Zeit, in der informed choice und informed consent zu Schlüsselbegriffen avanciert sind (Jung 2017, 30) erscheint diese These unerhört.

Zur Nachzeichnung meines Denkweges beziehe ich mich besonders auf die Beiträge der Neuen Phänomenologie, da sie entgegen einem rein rationalen und autonomen Subjekt ein anderes Subjektverständnis zugrunde legen. Damit wird entgegen einer rein instrumentellen Rationalität ein Verständnis von Geburt in den Blick genommen, das explizit nicht den Ablauf der Geburt oder eventuell auftretende Krankheiten in den Mittelpunkt rückt, sondern den Menschen/das Subjekt. Mit dem Menschsein soll hier neben der Körperlichkeit und Ratio die leibliche Verfasstheit Beachtung finden, um damit dem Einsatz professionellen Handlungsvermögens in der geburtshilflichen Situation einmal anders zu begegnen. Damit werden die herkömmlichen und derzeit vorherrschenden Herangehensweisen, wie Zweckrationalität, medizin-technische Zugangsweise oder die ausschließliche Ausrichtung an der Organisation/Ökonomie kritisch hinterfragt und um eine neophänomenologische Perspektive für den Begleitungskontext des geburtshilflichen Personals erweitert. Damit verkommt die Begleitung einer Geburt nicht mehr als bloße Restkategorie oder Gefühlsduselei und Vieles von dem, was die Gebärende und die Beziehung zur Gebärenden ausmacht, darf wieder als Thema des Faches erscheinen. Andernfalls würde eine ‚technokratische‘ Expertisierung auch zu einer Deprofessionalisierung beitragen (Oevermann 1996, 70). Wie zudem vorliegender Beitrag zu den Schattendiskussionen verdeutlicht, sind in der Peripartologie professionstheoretische und interdisziplinäre Diskussionen über das Verständnis von wissenschaftlichem Regelwissen, hermeneutischem Fallverstehen und der Achtung der „handlungslogischen Notwendigkeiten“ (ebd.) als Kernkategorien von Professionen im Gesundheitswesen überfällig.

3 Vom Kern ablenkende Schattendiskussionen

Im Zusammenhang mit einer Geburt wird heute für gewöhnlich als oberste Maxime die Sicherheit genannt. Entsprechende Machtkämpfe um notwendige Eingriffe oder die außerklinische Geburtshilfe sind schon lange entbrannt und eine ernsthafte wie kritische Diskussion scheint in weite Ferne gerutscht. Die Diskussionen über die Sicherheit von Mutter und Kind treten zumeist als Todschlagargument auf und stärken auf natürliche Weise die Attraktivität von Experten und Expertinnen (siehe hierzu u. a. Illich 2007, 34 f), die wiederum nicht selten wirtschaftlichen Prinzipien folgen. So ist es mittlerweile keine Heimlichkeit mehr, dass in Kliniken das Handlungsnotwendige von Chef-, Ober- und Fachärzt_innen, wie auch Ärzt_innen in Weiterbildung durch überflüssige und fragwürdige Behandlungen ersetzt wird, weil mit vertraglich vereinbarten, leistungsabhängigen Bezahlungen ein fragwürdiges Anreizsystem geschaffen wurde. Nach den Vorgaben des Gemeinsamen Bundesausschusses ist auch die Versorgung untergewichtiger Neugeborener zum Gegenstand gesetzlicher Mindestmengenregelung avanciert (https://www.aerzteblatt.de/archiv/133305/Bonusregelungen-in-Chefarztvertraegen-Aerztliche-Unabhaengigkeit-in-Gefahr, zuletzt aufgerufen am 09.03.2019). Über die ökonomische Dominanz dieser zielbezogenen Boni-Vereinbarungen gibt es freilich keine offiziellen Zahlen, genauso wenig wie über die Menge an Behandlungen, in denen auch aus ökonomischen Gründen das medizinisch Notwendige unterbleibt.[6]

Geburt erhält auch in diesem Kontext eine fragwürdige Verzweckung. Losgelöst davon klingt die Rede von der sicheren Geburt auch auf den ersten Blick plausibel, führt meiner Einschätzung nach jedoch an einem grundsätzlichen Verständnis von Geburt vorbei, da ihr Wesen damit nicht gefasst wird. Dass es sich

6 Beispielsweise wurde 2018 erstmals bekannt, dass von dem in China produzierten Generika der Wirkstoffgruppe Sartane (Blutdrucksenker) Nitrosamin-Verunreinigungen (NDMA) aufgetreten sind. Zirka 900.000 Menschen sind allein in Deutschland von dem Arzneimittelskandal mit dem besonders gefährlichen Vertreter der Nitrosamine betroffen, welches bekanntermaßen krebserregend und erbgutschädigend ist. Die Kontamination mit der krebserregenden Substanz wurde über einen langen Zeitraum nicht bei vorgeschriebenen Kontrollen entdeckt. Darüber hinaus besteht der Verdacht, dass sowohl die Wirkstoffhersteller als auch den Prüfern der europäischen Behörde für Arzneimittelqualität (EDQM) das Risiko der NDMA-Bildung bereits 2012 hätte auffallen müssen. Aufgrund der unbekannten Wirkungsschwelle von NDMA gibt es keinen ADI-Grenzwert (Acceptable Daily Intake) für eine täglich erlaubte NDMA-Menge. Trotzdem wurde den Unternehmen eine Übergangsphase von zwei Jahren (!) gewährt, um ihren Herstellungsprozess von den Nitrosamin-Verunreinigungen zu befreien (DAZ-online vom 14.08.2019, https://www.deutsche-apotheker-zeitung.de/news/artikel/2019/08/14/ab-januar-2021-sartane-frei-von-nitrosaminen).

bei der Sicherheit um eine Schattendiskussion handelt, wird schnell ersichtlich, betrachtet man die niedrige Kinder- und Müttersterblichkeit (https://de.statista.com/statistik/daten/studie/285595/umfrage/muettersterblichkeit-in-deutschland/, zuletzt aufgerufen am 20.11.2018). Darüber hinaus steht auch die enorm gestiegene Kaiserschnittquote nicht für mehr Sicherheit, wenn nur einer von zehn Kaiserschnitten zwingend notwendig ist (https://faktencheck-gesundheit.de/de/faktenchecks/kaiserschnitt/ergebnis-ueberblick/, zuletzt aufgerufen am 09.03.2019). Natürlich hat die Sectioindikation mehrdimensionale Gründe, aber anders als vermutet und wichtig für die Bewertung der Quote ist, dass nicht etwa sich verändernde Kriterien wie das gestiegene Alter der Gebärenden oder der explizite Wunsch der Eltern für die enorme Sectioquote verantwortlich sind (Wunschkaiserschnitt 2 %). Dass die Sicherheit als Letztbegründung für eine Sectioindikation nicht trägt, offenbaren darüber hinaus die Spätfolgen einer Sectio in Form erhöhter mütterlicher Morbidität und Mortalität und dass für die Kinder sowohl die Kurzzeit- als auch Langzeitmorbidität erhöht ist (https://www.dggg.de/presse-news/pressemitteilungen/mitteilung/dggg-kongress-2012-kaiserschnitt-oder-natuerliche-geburt-keine-schwierige-entscheidung-85/, zuletzt aufgerufen am 09.03.2019).

Die Geburtsmedizin scheint sich in die medizinischen Möglichkeiten der operativen Eingriffe verstrickt zu haben. Die Indikationsstellungen scheinen eher Automatismen zu gehorchen und der Verführung wirtschaftlicher Interessen als der handlungslogischen Notwendigkeit in der Situation. Der bessere Verdienst einer Klinik für eine Sectio gegenüber einem zeitintensiven Spontanpartus und das fragwürdige Anreizsystem von komplizierenden Diagnosehäufungen, Regelwidrigkeiten und Komorbiditäten (Fallpauschalen_Katalog_2018_171124.pdf, zuletzt aufgerufen am 13.12.2018) gehört schon lange revidiert. Stattdessen gehen die verqueren Entwicklungen weiter und anstatt Begleitung in der Geburtssituation sicher zu stellen, finden sich immer neue Trends beim Kaiserschnitt und werbeträchtige Zuschreibungen, wie ‚immer schonender' (https://www.eltern.de/schwangerschaft/geburt/kaisergeburt.html, zuletzt aufgerufen am 12.11.2018). Den Höhepunkt der Verharmlosung stellt gegenwärtig die ‚Kaisergeburt' dar. Sie wird derzeit als gut bezahlter operativer Eingriff mit emotionaler Zuwendung und Wohlfühlpaket an die Frau gebracht und als individualisierte Geburt verklärt (siehe hierzu die Ausführungen von Henrich von der Berliner Charité, http://www.t-online.de/eltern/schwangerschaft/id_62676820/kaisergeburt-statt-kaiserschnitt-an-der-charite-in-berlin-.html, zuletzt aufgerufen am 07.05.2016). Dabei ist eine Fokussierung auf die reine Technik, wie sie bei der Kaisergeburt geschieht, eine Simplifizierung des Problems. Technik kann eine Lösung sein – aber noch öfter ist sie im geburtshilflichen Bereich keine Hilfe. Da es nicht egal ist, wie wir auf diese Welt kommen, wäre eine Einbettung solcher Eingriffe in den Begleitungsvorgang und nicht die der Begleitung in die operativen Eingriffe sinnvoll.

Betrachtet man die derzeitigen Verhältnisse im Gesundheitswesen, würde demnach die Frage, ob eine Geburt als gelungen angesehen werden kann, je nach wirtschaftlicher, ökonomischer, geburtsmedizinischer, geburtshilflicher, pädiatrischer oder multidimensionaler Sichtweise verschiedene Antworten produzieren.

Eine grundsätzlich zu klärende Frage ist aus meiner Sicht, wie operative Eingriffe in Abgrenzung zu *Einsätzen*, wie die der Begleitung, bewertet werden. Entscheidend ist nämlich, ob die Begleitung einer Geburt auf Makro-, Meso- und Mikroebene und damit von der Gesellschaft bis hin zur Krankenkasse über die Verwaltungsleitung einer Klinik, der Chefärztin einer geburtshilflichen Abteilung usf. als reine Verrichtung angesehen werden, oder ob die Begleitung eines heuristischen, hermeneutischen Zugangs und einer Handlungsorientierung bedarf. Mit dem Modell von Wittneben lassen sich die Stufen einer medizinassistierenden Verrichtung, einer Symptom- und Krankheitsorientierung sowie einer Verhaltens- und Handlungsorientierung unterscheiden. Das Modell ermöglicht das jeweils vorliegende Verständnis zu identifizieren. Viel grundlegender ist jedoch, dass es darüber hinaus auch das Ausmaß an ‚Ignorieren' beziehungsweise ‚Orientierung an' der betroffenen Person ermöglicht (vgl. Wittneben 1998, 24 ff). Dominiert das Ignorieren, so steht beispielsweise der Ablauf von Untersuchungen über den Bedürfnissen der entsprechenden Person und führt unweigerlich zu einer Depersonalisierung.

Die Priorisierung einer Verrichtungs- oder auch Symptomorientierung ist in Kliniken wieder auf dem Vormarsch, wird strukturell begründet und vor dem Hintergrund zwingend erforderlicher medizin-technischer Überwachungen auch immer wieder als Letztbegründung ins Feld geführt. Das Vermessen und Erheben von *relevanten* Daten und Fakten scheint vom Personal als *sinnstiftend* erlebt zu werden und zu einer Aufwertung beizutragen. Wie problematisch indessen eine Verdinglichung, Verrichtungs- oder auch bloße Symptom- und Krankheitsorientierung ist, hierüber legen Dokumentarfilme, wie beispielsweise „Meine Narbe" von Unger und Raunig (2014) oder „Kaiserschnitt – Die Kontroverse" von Christ (2016) eindrucksvoll Zeugnis ab.

Für den vorliegenden Beitrag ist wesentlich, dass eine erstrebenswerte ‚Orientierung' unter der Geburt nicht ohne den Einbezug der leiblichen Seinsweise möglich ist (Dörpinghaus 2013). Dabei gilt es, den Leib nicht so zu verstehen, als sei er die transzendentale Sphäre des geburtshilflichen Denkens, vielmehr ist er Ermöglichung, Bedingung und Begrenzung. Weder Gebärende noch Hebamme* können ihn faktisch verlassen, denn er ist es, der unseren Bezug zur Welt konstituiert. Das heißt, dass aus einer neophänomenologischen Perspektive die

Diskussion darüber bedeutsam ist, dass ‚verzweifelt unter der Geburt' nie ein allgemeiner, sondern immer ein individueller, situationsbezogener Zustand ist und dieser begleitet gehört.

4 Merkmale von Geburt und der Schaden der Dingontologie

Geburtshilfliche Situationen sind in ihrem Verlauf nicht planbar und durch eine radikale Ungewissheit gekennzeichnet. Für die Gebärende zeigt sich dies in dem Erwartungswidrigen, denn weder die Eröffnung des Muttermundes lässt sich von ihr in einem bestimmten Zeitfenster machen, noch der Geburtsbeginn takten. Das Erwartungswidrige wird im Geburtsverlauf durch das Auftreten von „Unbestimmtheiten" (Dörpinghaus 2013, 34 f) noch verstärkt. Diese können spontan auftreten und das geburtshilfliche Personal ist weder durch routiniertes Handeln noch durch formalisierte Verfahren, Standards oder Fachwissen vor ihrem Auftreten gefeit (ebd.) Weder durch den Einsatz des Herztonwehenschreibers noch durch den Ultraschall konnten die geburtshilflichen Unbestimmtheiten beseitigt werden. Für beide fehlt häufig eine Evidenzbasierung und für das Geburtsergebnis besitzt das medizinische Risiko-Konzept nur eine mäßige Sensitivität und geringe Spezifität (Dörpinghaus 2013, 35). Auch wenn die Geburtspraxis sich der herrschenden Ordnung des Messens entzieht, werden die Untersuchungsverfahren keiner Revision unterzogen, sondern das Auftreten von Unbestimmtheiten vor der Schablone unseres Sicherheitsbedürfnisses pathologisiert. In einer rationalistischen Sicht auf Welt hat auch bei der Geburt der Entwurf (Essenz) der Existenz vorauszugehen und die Diagnosen vom Erwartungswidrigen und Unbestimmten verstören, da doch alles Sein Ordnung und Gesetz *werden muss.* Unmittelbarkeit und Gegenwärtigkeit von Unbestimmtheiten scheinen keinen Platz zu haben. Dies verwundert, da die geburtshilfliche Praxis einen sehr schnell lehrt, dass sich die für die Schwangere noch im Geburtsvorbereitungskurs als undenkbar erscheinende Geburtsposition des Vierfüßlerstandes unter der Geburt als stimmig erweist und sich mit Geburtswehen häufig das Unvorstellbare stellt.

Nachfolgende Merkmale sind für eine Geburt wesentlich: das Erfordernis der leiblichen Seinsweise, dadurch bedingt ist die Gebärende nicht ausschließlich selbstbestimmtes, sondern auch angewiesenes Wesen. Darüber hinaus stellt sich mit ihrer Individualität die Unmöglichkeit einer Standardisierung im Geburtsgeschehen und das Auftreten von Unbestimmtheiten. Nicht nur die mechanistischen Zugangsweisen in Form von ‚programmierter Geburt' in den 1960er und 1970er

Jahren (vgl. Jung 2018, 31) verloren das Wesen von Geburt und ihre sensible Machbarkeitsgrenze aus dem Blick.

Auch die Situation von Schwangeren und Gebärenden zeigt sich darin, dass viele versuchen, die fragile Situation von Schwangerschaft und Geburt sowie mögliche Widerfahrnisse zu antizipieren. Die neue körper-leibliche Situation ist begleitet von Angst vor Autonomieverlust und Entwertung (Dörpinghaus 2016, 75). Immer wieder zeigt sich mit der Geburt beispielsweise eine diffuse Angst, diesem Geschehen leiblich ausgesetzt zu sein, das sich weder übersehen noch strukturieren lässt. Die Momente von sorgenvollen Gedanken lassen sich mit Technik nicht bekämpfen. Sie erfordern vielmehr vom geburtshilflichen Personal ein leibliches Einlassen und aushaltendes Verstehen. In diesem Kontext erlebt das geburtshilfliche Personal mit, wie das Wesen der Geburt sich selbst verhüllt und diese Verborgenheit sich auch mit differenzierten Messverfahren nicht auslöschen oder in Eindeutigkeit überführen lässt.

Unter der Geburt zeigt sich die Faktizität des Seins in Bedürftigkeit, im Angewiesensein und in Widerfahrnissen. Damit erwartet die Gebärende in der existentiell bedeutsamen Situation das Unberechenbare, aber zugleich auch Lebendige. In diesem Zusammenhang ist die leibliche Dimension der Gebärenden ein eigener, bedeutsamer Modus des sich Selbstüberlassens an das Ungewisse, Unsichere und Erwartungswidrige. Für die Hebamme* bedeutet dies, dass die Informationen, die durch die unterschiedlichen Messverfahren während der Geburt gewonnen werden, nicht für sich sprechen, sondern eingeordnet werden müssen. Solch eine Einordnung ist nur im Horizont der unmittelbar-leiblichen Begegnung zwischen dem begleitenden Personal und Gebärender möglich.

Entscheidend hierfür ist, dass auch das leibliche Erleben des geburtshilflichen Personals zunächst vorsprachlich und vorreflexiv ist und sich intellektuelle Erkenntnis gerade in praktischen Situationen und auch vor dem Hintergrund von Handlungsdruck allein im Modus der Nachträglichkeit verhält (Dörpinghaus 2013, 64). Dies bedeutet, dass das Erlebte in all seinen Facetten erst nachrangig ins Bewusstsein kommt. Nachträglich ist das rationale Urteilen insofern, als es immer zeitlich zu spät und systematisch nur rekonstruktiv Bedeutungen erlangen kann (Uzarewicz 2011, 153; Fuchs 2008, 287; Großheim 2008, 15). In diesem Zusammenhang fungiert der leibliche Zugang nicht bloß als Zuleitung sinnlicher Daten zur intellektuellen Verarbeitung, sondern er wird des leiblich konstituierten Bedeutungsraumes gewahr. Das leibliche Spüren, wie es hier als Gegenstand und methodologisches Prinzip eingeführt wird, kann als epistemisches Prinzip eigener Dignität ausgewiesen werden (Dörpinghaus 2013, 21; 37; 46; 306 ff).

Eine professionelle Deutungsperspektive kann in diesem Zusammenhang nicht losgelöst von der ‚Vorsprachlichkeit des Leibes' und dem darüber hinaus sich stellenden „Unsagbaren" (Frisch 2008) unter der Geburt betrachtet werden.

Damit speist sich der Bedeutungsraum einer geburtshilflichen Situation auch aus dem Wissen, welches nicht durch sinnvolle Propositionen ausgesagt werden kann. Das Unsagbare entzieht sich auch hier, denn würde die Hebamme* versuchen es in Sprache zu fassen, würde sie ein präformiertes Ergebnis produzieren.

Damit hat es die Geburtshilfe gegenüber der Geburtsmedizin mit ihrem blindlings pragmatisierten Denken und der „positivistischen Jagd nach Informationen“ (Horkheimer/Adorno 1988, X) nicht leicht. Dafür ist sie mit ihrem Blick auf Leben und Wirklichkeit nicht alleine und dass es gelingen kann, ein Jenseits der Sprache zu fassen, zeigen Arbeiten von Max Frisch (2008) um das „Weiße zwischen den Worten“, die Frage von Hans Georg Gadamer (1990), ob in einem Bild Wahrheit erfahrbar ist, oder John Cage (1952), der in seiner Partitur 4‘33“Stille komponierte.

Geburt ist kein logisches, rationales und widerspruchsfreies Vorgehen. Für die Geburtshilfe als Geburtshilfe würde eine ontologische Auseinandersetzung ohne dingliche Anbindung eine kritische Betrachtung des derzeit immer noch favorisierten positivistischen Wissenschaftsverständnisses erlauben und damit für die Geburtsmedizin neben einer reinen Symptomorientierung eine Anerkenntnis des Unergründlichen und Unbestimmten. Damit einhergehend müsste die ‚Geburtsmechanikerin‘ sich von einer reinen Objektbezogenheit abwenden hin zu einer Subjektbezogenheit. Sie würde sich der individuellen Lebenswelt nähern und den Raum der reinen Gesetzmäßigkeiten verlassen. Gleichzeitig dürfte in geburtshilflichen Fallbesprechungen neben dem Spannungsverhältnis von Freiheit – Verantwortung – Selbstbestimmung auch die Selbstbetroffenheit aufscheinen. Damit wird keiner Gefühlsduselei Vorschub geleistet oder einem vielfach rezitierten „Hang zu Aberglauben, Ignoranz und Dummheit“ (Hilber in diesem Band) sondern aus humanitärer Sicht und klinischer Expertise zu der geburtshilflichen Erkenntnis vorgedrungen, dass geburtshilfliche Praxis ohne Anerkenntnis des leiblichen Subjektes in die Irre führt. An dieser Stelle geht es nicht darum „wertvolle Impulse in der Sichtbarmachung weiblicher Lebenswelten“ (Hilber in diesem Band) zu liefern, sondern zu verstehen, dass in Situationen des Gebärens (aber auch der Sexualität oder des Sterbens) die Bedeutung des Leibes voll zum Tragen kommt. Diese Situationen sind nicht zu steuern, wie beispielsweise ein Autofahrer seinen Wagen. Diese Situationen sind davon geprägt, dass wir auf die Selbsttätigkeit unseres Leibes angewiesen sind und zugleich erfahren wir die Unverfügbarkeit unseres Lebens am eigenen Leib.

Das geburtsmedizinische wurde in Abgrenzung zum geburtshilflichen Vorgehen (siehe auch Hilbert in diesem Band) bereits vielfach beschrieben. Bei dem Versuch, Geburtsmedizin und Geburtshilfe gegeneinander abzugrenzen, führt die Reproduktion der politischen, rechtlichen und medizinischen Rahmenbedingungen nur bedingt weiter. Einzig das Wissenschaftsverständnis eignet sich als trennscharfes Unterscheidungsmerkmal, um leibliches Erleben als genuine, irreduzible Form des Erkennens zu verteidigen und die subjektiven Tatsachen der Gebärenden als auch die zahlreichen Handlungen der Hebammen* zu verstehen und zu rehabilitieren. Allerdings ist die wissenschaftstheoretische Fundierung der geburtshilflichen Praxis ein zarter Zweig. Zu betonen ist an dieser Stelle, dass der Einbezug eines erweiterten Subjektverständnisses nicht eine Frage der Berufsgruppe ist, sondern letztlich immer „von den agierenden Individuen" (Hilber in diesem Band) abhängt.

Aus einem positivistischen Wissenschaftsverständnis nachvollziehbar, jedoch vor dem Hintergrund der Wesenhaftigkeit von Geburt erstaunt es, dass mit der Schablone eines naturwissenschaftlich-technischen Denkstils (Fleck 1994) jegliche Auseinandersetzung mit dem Ungewissen, Unsicheren, Unergründlichen und Unbestimmten in der Geburtsmedizin nach wie vor ausgeklammert wird und stattdessen die Verknüpfung gebürtlicher Existenz mit gegenständlichen Untersuchungen und technischen Messverfahren übertrieben wird. „Die objektive, z. B. medizinische Auffassung erklärt die Geburt im Sinne der Naturwissenschaften, aber begreift sie nicht als Erfahrung des Menschen. Sie reduziert ihre erklärende Herangehensweise auf die kausal-medizinischen Fragen nach den Ursachen und Wirkungen ihres Prozesses und betrachtet sie lediglich von außen" (Schües 2008, 258). Die Naturwissenschaften und damit auch die Geburtsmedizin haben einen Großteil der menschlichen Erfahrungen einfach eliminiert, weil sie für ihre unmittelbaren Zwecke irrelevant beziehungsweise für ihre Absichten (ver-)störend sind. Die Geburtsmedizin behandelt ihren Gegenstand so, „[...] als ob [er, S.D.] gar nicht mehr auf der Erde, sondern im Universum lokalisiert wäre, als ob es ihr gelungen wäre, den archimedischen Punkt nicht nur zu finden, sondern sich auf ihn auch zu stellen und von ihm aus zu operieren" (Arendt 2018, 21). Solche Haltungen und der Glaube an das ontologische Leitbild vom Festkörper sind es, die die Subjektvergessenheit und damit auch das Negieren lebendiger Unwägbarkeiten zum Äußersten getrieben haben. Obwohl der Vorgang der Geburt im Vergleich zu früheren Zeiten doch nahezu perfekt durchleuchtet erscheint, wird zugleich aber auch eine bestimmte Unkenntnis geschürt, auch wenn dieser Befund die medizinischen Laien erstaunen mag.

5 Mit der ontologischen Differenz zum gelingenden Verstandensein

Nachfolgend wird verdeutlicht, dass in Abgrenzung zur Idee der Bemächtigung von Geburt und einem unerschütterlichen Willen, sich erklärend der Gebärenden zu nähern, eine eigenwillige Unerfahrenheit und Unkenntnis existiert, die das Verstehen der Gebärenden tangiert. Durch den Siegeszug der technischen Rationalität und dem unbeirrbaren Glauben an die Dingontologie geht nicht nur Erfahrungswissen wie das Abtasten oder das kompetente Einschätzen der Silhouette des Bauches verloren, vielmehr wird auch der Leib in dem Sinne nicht mehr evident, als wir ihn in Kommunikations- und Interaktionszusammenhängen betrachten, die den Körperraum überschreiten und ihn im Umgang mit der Gebärenden, in der Wahrnehmung von Atmosphären und Situationen, im Falle von Stimmungen, die in der geteilten geburtshilflichen Situation auftreten, nicht mehr in den Blick nehmen. Das Problem ist hier nicht die Messung an sich (beispielsweise durch Ultraschall oder den Herztonwehenschreiber) und auch nicht, dass sie additiv hinzukommt, sondern dass sie das Gespürte mittlerweile übernimmt und vereinnahmt.

Wenn die Gebärende auf die Selbsttätigkeit ihres Leibes angewiesen ist, so heißt das, dass sich beispielsweise Entspannung unter der Geburt nicht mit den Worten der Begleitperson herstellen lässt, wie: „Schatz, entspann Dich." Verstehen fängt mit dem Erfassen einer impressiven Situation an. Hier geht es in erster Linie um das Erleben, um das Erfahrbare, entsprechend kann nur mit einem phänomenologischen Zugang zur Geburt die Reduktion dessen, was in einer Ontologie überhaupt vorhanden sein kann, vielversprechend aufgebrochen werden. Auf dieser theoretischen Basis betritt die Hebamme* auch nicht als Geburtsmechanikerin oder als Geburtsmanagerin den Raum, sondern als leiblich spürendes Wesen. Dieser begleitende Vorgang ist in unserer Gesellschaft ins Zwielicht geraten. Dies liegt nicht zuletzt daran, dass nicht zu *sehen* ist, was die Kundige eigentlich *macht*.

Von jeher galten Hebammen* als weise Frauen. Dabei wies die Bezeichnung ‚weise' neben der Grundbedeutung wissend gerade auch die aus, welche vor allem im geheimen Wissen und Können erfahren waren (vgl. Dörpinghaus 2013, 177). Losgelöst von einer Diskussion, ob sich geheim hier auf das Implizite und nicht zu Versprachlichende einer Geburt bezog oder etwa auf den Vorgang, der durch lange Röcke geheimnisvoll vor Blicken verborgen wurde: da Geburt lebendig ist, hat und behält sie ein eigenes Geheimnis, welches nicht enthüllt werden kann. Geburtshilflich tätige Personen erleben dieses Phänomen Tag für Tag. Ihr Umgang mit der provokanten Faktizität des Seins und der Unprognostizierbarkeit des Kommenden stößt in der Praxis auf die Routine des kausalanalytischen Vorgehens.

Die ontologische Differenz zwischen abbildbaren Daten und Fakten einer Geburt einerseits und dem lebendigen Erleben andererseits sowie die Unprognostizierbarkeit der Geburt verlangen vom Personal *in* der Situation keine reine Symptomorientierung oder Verfahren von Messschleifen, sondern vielmehr ein (leider unsichtbares) Gewahrwerden und einlassendes Verstehen in der Situation. Über den leiblichen Ausdruck der Gebärenden erhält die Hebamme* einen leiblichen Eindruck. Dies bedeutet, dass ich die Daten und Fakten rund um die Geburt, die Symptome, die Laborwerte oder den Streifen des Herztonwehenschreibers (CTG) noch in kritischer Abstandnahme beurteilen kann, nicht aber die Person und ihre leibliche Seinsweise. Was für das Leblose und Dinghafte gilt, gilt nicht für die gebärende Person. Um sie im Geburtsprozess zu verstehen, ist ein „Mitsein" und vor allem das pathische Moment des „in Anspruch genommen werdens" erforderlich (Dörpinghaus 2013, 45, 55; Dörpinghaus 2017, 249 f). Es ermöglicht eine Qualität der Tiefe, ist valide, flüchtig und nicht reproduzierbar. Würde ich mich im Umkehrschluss leiblich nicht berühren lassen, käme es gar nicht zu einer Begegnung, wenn die Gebärende in der Schlussphase einer Geburt erschöpft und vielleicht verzweifelt fragt: „Wie lange noch?" Geburt verläuft widersetzlich, erwartungswidrig und unprognostizierbar. Damit trifft für die Praxis auch weder die Einheit ‚messbar' noch ‚unmessbar' zu, um als passendes Kriterium für eine gelingende Geburt zu stehen. Anders verhält es sich mit der Charakterisierung des Angemessenen. „[...] die Praxis verlangt [in Abgrenzung zur Wissenschaft, S.D.] Entscheidungen im Augenblick" (Gadamer 1993, 14) und das Angemessene ist nichts, was sich nachmessen lässt, sondern kann hier nur sein, was die selbstständige Richtigkeit von etwas meint und sich nicht einfach durch die Negation von etwas anderem definieren lässt (vgl. a.a.O. 167–169). „Das Angemessene hat seinen wahren Bedeutungssinn gerade darin, daß es etwas meint, das man nicht definieren kann" (Gadamer 1993, 167). Für die bewegende Frage der Gebärenden bedeutet dies, dass die Antwort immer nur radikal kontextintensiv, einzelfallbezogen und leibbasiert zwischen Gebärender und Geburtshelfer_innen verstanden werden kann (vgl. Dörpinghaus 2016, 76). Gerade die Unmöglichkeit einer Standardisierung im Geburtsgeschehen verweist auf die Relevanz von Beziehungsarbeit und hebammenkundlichem Können während der Geburt. Wider jeglicher Form von Starrheit ist die Einzig- und Mannigfaltigkeit *in* der Situation somit auch nicht in professioneller Distanz zu erfassen.

Der in der Soziologie zugeschriebene Handlungsradius von Professionellen in Form von widersprüchlicher Einheit aus wissenschaftlichem Regelwissen und hermeneutischer Fallarbeit, handlungslogischer Notwendigkeit und der Dialektik aus Begründungs- und Entscheidungszusammenhängen (Oevermann 1996) findet sich vor allem in einer handlungsorientierten Geburtshilfe. Für die Praxis verstörend ist, dass das Begründungsvermögen der Entscheidung hinterherhinken kann. Nicht zuletzt fordert dieses Phänomen dazu auf, die beschriebene rationale Begründungs- und Entscheidungskompetenz um die epistemische Dimension des Leibes zu erweitern. In der praktischen geburtshilflichen Wirklichkeit kommt es bei Deutungen unter Einbezug des leiblichen Verstehens für die Person, die sich in der Situation befindet, zu dem, was sich gerade in der Situation stellt und sich bezogen auf das Weiße zwischen den Worten ereignet, zu einer privilegierten epistemischen Sonderstellung (Dörpinghaus 2013, 21; 306ff). Im Scheitern der Sagekraft von Sprache öffnet sich für sie im leiblichen Verstehen der Raum zur Artikulation leiblicher Bedeutsamkeit als Mittatsache, womit zugleich ein wissenschaftliches Wissen von hoher Güte vorliegt.

Entgegen den Erfolgen eines analytisch-reduktionistischen Erklärmodells, in dem Frauen für die Geburt vollends unter sachliche Bedingungen gestellt werden, bezieht sich die Unkenntnis in der heutigen Zeit zum einen auf das *Verstandenwerden* in der Gebärsituation und zum anderen der Einschätzung von phänomenaler *Stimmigkeit* in der geburtshilflichen Situation. Unter der Geburt begegnet man nicht selten dem Phänomen, dass im Verlauf einer Geburt sich langsam schleichend eine eigenartige Stimmung breitmacht. Da Verstandenwerden unter der Geburt kein ausschließlich konstruktiver Akt ist, sondern sich insbesondere auch auf vorreflexives Erleben bezieht, bei denen Stimmungslagen oder Atmosphärisches zum Tragen kommen, ist das leibliche Spüren konstitutiv. Gerade Gebären kann als Akt höchster Existentialität und Lebendigkeit verstanden werden und die Kerntätigkeit des Begleitens bedeutet, dass die Hebamme* sich in das Geschehen hineinbegibt und mitgeht. Dabei geht es nicht um die Aufgabe ihrer Selbst im Sinne eines Helfersyndroms, sondern die Hebamme* erkennt ihre leibliche Existenzweise an und umgeht eine ausschließlich instrumentelle Betreuung.

Auf der anderen Seite sind die Sicherheitsdiskussionen um Mutter und Kind vielleicht das mächtigste Unterdrückungsmittel gegen die leibliche Existenzweise des Menschen, die sich dem kausalanalytischen Zugriff nicht beugt. Letztlich suggerieren sie jedoch Angst beziehungsweise können als Herrschaftsinstrument von Expert_innen eingesetzt werden. Als groteskes Beispiel kann die Wassergeburt angeführt werden. Als öffentlichkeitswirksames Aushängeschild ist die Wassergeburt in der Angebotspalette von Klinikleitungen sehr beliebt. Obwohl die Ergebnisse der Wassergeburt nicht schlechter als an Land sind, werden die angehenden Eltern aufgefordert einen Aufklärungsbogen zu unterzeichnen, der über die Gefährdung von Mutter und Kind aufklärt. Obgleich keinerlei Evidenzen dies belegen, muss die Schwangere vor dem Hintergrund von Risikodebatten unterzeichnen, dass sie über das *Risiko für zusätzliche Komplikationen* aufgeklärt wurde (vgl. Dörpinghaus 2013, 152f). Ein Verstehen in diesem Kontext würde bedeuten anzuerkennen, dass eine Gefährdung des eigenen Kindes von der Mutter nicht angestrebt oder beabsichtigt ist und dass die Sorge um das eigene Kind in den meisten Fällen sowieso schon ins Unermessliche zu steigen scheint.

6 Trotz expressiver Unzulänglichkeit im Mitsein zum Verstehen

Im Kontext von Verstehen kommt es zu der praxisrelevanten Frage: Welches Wissen braucht eine Gebärende eigentlich für die anstehende Geburt? Bedarf es einer Fülle an Aufklärungsbögen, Aufklärungsliteratur mit theoretischer Vergegenständlichung ihrer Selbst (über Aufbau und Funktion des Uterus, Phasen der Geburt oder Angst-Spannungs-Schmerz-Zyklus usw.), die ihr hilft, nach Bauplan (Essenz) sich unter der Geburt (Existenz) zu entwerfen? Offenbar nicht. Die eigentümliche Verdecktheit und ungekannte Gegebenheitsweise des Leibes, die unter der Geburt so frappierend in Erscheinung tritt, lässt sich nicht antizipieren.

Losgelöst von den subjektiven Tatsachen des affektiven Betroffenseins gehe ich mit Hannah Arendt, dass nur das einen Sinn ergibt, worüber wir miteinander sprechen und was im Sprechen einen Sinn ergibt (vgl. Arendt 2018, 12). Sprache hat somit nicht ihre Macht verloren. Vielmehr stellt Sprache (auch) in geburtshilflichen Kontexten einen bedeutsamen Kitt dar, daneben bleibt jedoch auch die expressive Unzulänglichkeit, denn es gilt unter der Geburt etwas Leibliches begrifflich zu fassen, was sich eigentlich nicht begrifflich fassen lässt, da es nicht begrifflich ist.

Die Geburt als existentiell bedeutsame Situation hält für die Gebärende vielgestaltige Aufforderungen bereit: so erlebt sie sich unter anderem selbst in der Situation als nicht mehr unbedingt gestaltungs- und entscheidungsmächtig. Die Geburt ist begleitet von entspannten Phasen, euphorischen bis hin zu kraftraubenden Momenten, aber sie ist eben auch von jähen, erschütternden, unvorhersehbaren und erwartungswidrigen Abstürzen geprägt. In bestimmten Geburtsphasen wird das Erleben als ungewöhnlich dicht erlebt und changiert grundlegend zwischen den Gegensätzen von personaler Emanzipation und personaler Regression. In diesen Phasen drängt sich der Gebärenden auf, dass sie vor sich selbst nicht in die ‚Uneigentlichkeit' davonlaufen kann. Unter der Geburt offenbart sich das Sein als das uns Betreffende und es bedarf in allen Phasen immer wieder der Gestimmtheit der Entschlossenheit sich diesem Geschehen zu stellen.

Da die Gebärende auch auf die Selbsttätigkeit ihres Leibes angewiesen ist, der körper-leibliche Vorgang nicht über Selbstbemächtigung *funktioniert*, muss etwas *hinzukommen* oder etwas *Bedeutung erlangen*, um eine Geburt als gelungen bezeichnen zu können. Lassen wir einmal solche allgemeingültigen Aspekte wie medizinische Parameter, Gesundheit von Mutter und Kind außer Acht, gehört doch zu einer gelingenden Geburt unabwendbar, dass ich in der leiblichen Kommunikation von Ein- und Ausdruck *gesehen* und verstanden werde, als die,

die ich in der Situation bin. Die bedrohte Selbstbestimmung in ‚betroffener Selbstgegebenheit' (Böhme 2012, 7) lässt sich unter der Geburt weder abstreifen, noch kognitiv-analytisch durchdringen, vielmehr gilt es sich auf sie einzulassen und sie anzunehmen. Für die Geburt kann ich mir vornehmen, in der Gebärbadewanne entbinden zu wollen, ob sich dies dann für die Selbstgegebenheit wirklich so einstellt, berührt meine existentielle Seinsweise und da ist es uninteressant, was das bewusste Ich gerne hätte oder geplant hat.

Der Einlassprozess bedeutet nicht, dass eine Gebärende nicht über eine Schmerzmittelgabe nachdenken oder sich entsprechend artikulieren könnte, es ist allein der Hinweis, dass der mechanistisch-funktionalistische Zugriff auf den weiblichen Körper noch funktionieren mag, die betroffene Selbstgegebenheit sich hingegen nicht steuern oder unterwerfen lässt. Mit Böhme ist sie in den bewussten Vollzug der Existenz, der conditio humana einzubeziehen (Böhme 2003, 114). Trotz expressiver Unzulänglichkeit unter der Geburt ist es die betroffene Selbstgegebenheit, die das Selbstverständnis der Gebärenden in der Phase der Geburt irritiert und dieses „Ich-Selbst" (ebd., 8 f) wird in seiner Brüchigkeit von der Begleitperson verstanden. Würde die Gebärende diesen Teil ihres Selbst ignorieren, wäre sie von gemeinsamen Situationen, dem Berührtwerden von Atmosphären und leiblicher Kommunikation abgeschnitten (vgl. Dörpinghaus 2013, 161).

Eine Hebamme* sucht nun, um zu einem Verstehen zu gelangen, in Abgrenzung zum anatomisch-physiologischen Körper, die Nähe zum Körperleib und in Abgrenzung zum instrumentellen Zugang zur Gebärenden eine lebendige Beziehungsgestaltung. Im Fokus ihrer Begleitung steht somit nicht gemeinsam mit der Gebärenden zu einem rationalen Abwägungsprozess zu gelangen, sondern vielmehr geht es ihr um ein einlassendes Verstehen. Gerade das immer wieder in Erscheinung tretende „Differenzerleben" (Dörpinghaus 2018, 213) in geburtshilflichen Situationen erschüttert den positivistischen Zugang zur Geburt. Indem die Hebamme* die Grenzen der Gültigkeit der naturwissenschaftlich-technischen Zugangsweise erlebt, gibt das Differenzerleben zugleich den Anstoß zu der entscheidenden Frage im beruflichen Kontext: Was muss ich gelten lassen?

Entgegen beruflichen Rollenerwartungen oder normativ-idealistischen Haltungen ist für die Praxis bedeutsam, dass ihr Leib als Medium der Beziehung zur Gebärenden bedeutsam ist und als Seismograph fungiert. So kann die Hebamme* beispielsweise von einem veränderten Einklang in der leiblichen Ökonomie ergriffen werden (Dörpinghaus 2013, 351; 376–378). Für die Frage in der Praxis bedeutet dies, dass das Spüren dem Leib und die Reflexion aus der Außenperspektive dem Bewusstsein vorbehalten ist (Dörpinghaus 2013, 91).

Gerade in unklaren geburtshilflichen oder krisenhaften Situationen bewährt sich die Zusammenschau von Symptom und Phänomen um zu einem erweiternden Verstehen zu gelangen, ohne von gesprochenen Aussagesätzen abhängig zu sein.

Auch wenn ihr diskursiver Verstand auf Uneindeutigkeiten trifft, weiß die erfahrene Hebamme* durch leibliches, sinnliches und atmosphärisches Erleben in der Situation, wie sie sich zu verhalten hat. In diesem professionellen Zugang zeigt sich ein implizites Wissen, das sich im praktischen Vollzug handlungslogisch realisiert und sich nicht algorithmisieren lässt (Oevermann 1996; Neuweg 2004; Mitchell 2006; Dörpinghaus 2013). Für den interdisziplinären Kontext ist praxisrelevant, dass diese Erfahrungen auf den Leib konzentriert sind und die Beweglichkeit des Leibes offenbaren. Erfahrungen resultieren aus erlebten Situationen mit ihren vielsagenden Eindrücken und ungefällig lassen sie sich nur unvollständig in Worte fassen.

Geburt bedeutet zwar (im Vergleich zum Sterben) Erneuerung (Schües 2008, 215), jedoch bei ungewissem Horizont. Gerade die abgründigen Situationen des leiblich affektiven Betroffenseins, wie vorzeitiger Pressdrang, sind es, welche die Bedeutung der geburtshilflichen Begleitung als Erfordernis des leiblichen Mitseins hervortreten lassen. Dabei ist leibliches Mitsein keine überflüssige Sentimentalität, sondern bestimmt die Geburtsbegleitung unentrinnbar als Ermöglichung, Begrenzung und Bedingung. Für die Hebammennovizin stellt das Mitsein eine Ermöglichung dar, die sie in die Wahl des eigenen Selbst übernehmen kann. Über den leiblichen Ausdruck erlebt sie in leiblicher Kommunikation Bedeutsamkeiten der Gebärenden, wie eine berührende, verletzende oder brüchige Situation, auch wenn ihre subjektiven Tatsachen des affektiven Betroffenseins verborgen bleiben. Die zu erkennende betroffene Selbstgegebenheit der Gebärenden ist immer an eine Form sprachlicher Verborgenheit gebunden.

Die beruflich Tätigen müssen die expressive Unzulänglichkeit annehmen und erkennen, dass das nichtbegriffliche Wissen nicht eine Form von noch nicht begrifflich, sondern sich selbst eben nicht begrifflich darstellt und zugleich immer eine Voraussetzung für das begriffliche Wissen ist. Dies bedeutet, dass es darum geht, das leiblich Erfahrene (in Form von leiblichen Einlassungen, Eindrücken oder Atmosphären) ins Bewusstsein zu heben und der Sprache zugänglich zu machen – eben nur zeitversetzt.

Natürlich muss das Vorsprachliche des Leibes, das Jenseits der Sprache im vorliegenden Kontext, was geburtshilfliche Urteilsfähigkeit betrifft, ein gewisses Misstrauen erregen. Zukünftig würde jedoch eine wissenschaftstheoretische Fundierung in Forschung und Lehre eröffnen, dass es eben im Unterschied zu einer esoterischen Betrachtung mit der neophänomenologischen Auseinandersetzung um die Rolle des leiblichen Spürens immer neben dem Weg der Bewusstmachung und sprachlichen Differenzierung des über das Spüren Aussagbaren geht und damit eine erweiternde Perspektive auf gelingende Geburt unter

Anerkennung der radikalen Ungewissheit im Rahmen eines ausdrücklich rationalen Projektes steht.

Zurück bleibt, dass dieser Tatbestand nichts daran ändert, dass wir gesamtgesellschaftlich dem Wunsch der Vorhersehbarkeit auch bezogen auf existentiell bedeutsame Situationen unterliegen. Unser Leben unterliegt der Ambivalenz, einerseits das Leben gestalten zu wollen und andererseits dem Lebendigen ausgeliefert zu sein. Für den geburtshilflichen Kontext wäre ein Mehr an Vertrauen in eben diese Lebendigkeit sinnstiftend, nicht zuletzt, da es sich um den Lebensanfang handelt und vielleicht liegt in der Unvorhersehbarkeit auch etwas Tröstliches.

7 Der unpopuläre Beruf der Hebamme* in der moralischen Sensibilisierungs-/Desensibilisierungszone

Im Kontext von gelingender Geburt und humanitären Werten darf nicht verschwiegen werden, dass auf der anderen Seite gesellschaftliche Strömungen auch an Geburt nicht vorbeigehen. Bezogen auf das Gesundheitswesen hat beispielsweise Kersting eine interessante Studie zum „Coolout“ (in Anlehnung an ‚Bürgerliche Kälte‘ von Horkheimer/Adorno) von Gesundheitsfachberufe vorgelegt (vgl. Kersting 2011, 5.). Damit beschreibt und erklärt sie den Prozess einer moralischen Desensibilisierung auch im Gesundheitssektor, der sich aus dem unauflösbaren Widerspruch zwischen dem normativen Anspruch (Patient_innenorientierung) und ökonomischen Zwängen oder institutioneller Funktionalität von Arbeitsabläufen entwickelt.

Auch hier zielen Entgleisungen medizin-technischer Zugriffe auf die Gebärende nicht nur, wie so gerne postuliert auf Sicherheit und Gesundheit, sondern auch auf Ökonomie und Rendite. In diesem Kontext wird die Medizin, folgt man Volkmar Sigusch, immer mehr zur Hure der Ökonomie (Sigusch 2015, 10 f; 23). Wir leben in einer Gesellschaft, in der Renditesteigerung mittlerweile auch im Gesundheitssektor über allem steht.

Für die Geburtshilfe zeigt Jung (2017) auf, dass auf die sozio-historischen Wandlungsprozesse von Medikalisierung, Hospitalisierung, Technisierung jetzt die Ökonomisierung folgt, welche gerade für (Care-)Beziehungsberufe eine Verschlechterung darstellt (Jung 2017, 31; 43). In diesem Zusammenhang lernen die Gesundheitsfachberufe sich selbst kalt zu machen und die strukturellen Bedingungen mit mehr oder weniger Widerstand zu akzeptieren. Über das Kaltmachen gelingt es ihnen, die Normverletzungen (Verletzung der Würde und Selbstbestimmung, fehlende Aufklärung, fehlende Kommunikation und oder Beratung, fehlende oder mangelnde Berücksichtigung individueller Bedürfnisse, das Halten in Abhängigkeit usf.) hinzunehmen und das wirtschaftliche Handeln handlungsleitend werden zu lassen. Letztlich stabilisieren sie damit, so Kersting, wogegen sie sich eigentlich wehren. Mit moralischer Desensibilisierung/Mitgefühlserschöpfung oder auch Cool-out wird das moralische Prinzip bezeichnet, in dem der Widerspruch zwischen gesellschaftlichen Normen und dem Zwang, ihnen zuwiderhandeln zu müssen, in das moralische Urteil integriert werden (a.a.O., 5f).

Auf die Unvereinbarkeit von persönlichem Anspruch und funktionalen Strukturen reagieren Gesundheitsfachberufe und Mediziner_innen nicht selten mit moralischer Desensibilisierung und die Alltäglichkeit und fehlende Besonderheit der Normverletzung mündet dann unweigerlich in einer eigenwilligen Normalitätstendenz, wie die ‚Roses Revolution' (#metoo im Kreißsaal) gegen Respektlosigkeit und Gewalt in der Geburtshilfe zeigt. Im institutionellen Kontext werden selten die strukturellen Missstände angegangen, stattdessen werden derartige Erfahrungen und Konfliktsituationen im Kreißsaal personalisiert. Allerdings sind es gerade die strukturellen Bedingungen, die erheblichen Einfluss auf das Arbeitsbündnis und die Beziehungsarbeit im Kreißsaal haben.

Im Kontext von gelingender Geburt darf auch die Betrachtung der berufspolitischen Situation von Hebammen* nicht ausgeklammert werden. Es ist die Begleitung einer Geburt, die dem Berufsstand der Hebammen* obliegt (nach §4 HebG, vorbehaltene Tätigkeiten). Sieht man einmal von der ungeheuren Bereicherung durch die vielfältigen geburtshilflichen Erlebnisse, die geheimen Ekstasen, die Mannigfaltigkeit der Paare und die anthropologische Bedeutung der Tätigkeit ab, gilt heutzutage als Hebamme* zu arbeiten als unattraktiv, genauso wie es wenig reizvoll erscheint, überhaupt in einem Beziehungsberuf zu arbeiten. Der Lohn für diese Tätigkeit bei immenser Verantwortung ist vergleichsweise gering und überhaupt scheint den Hebammen* aus der Außenperspektive eine Art Berufung, Leidenspotential, Naivität oder Gotteslohn vorausgesetzt oder unterstellt zu werden. Natürlich wünscht sich jeder Mensch in solch existentiell bedeutsamen Situationen Unterstützung, dazu muss man diesen Beruf jedoch nicht ergreifen.

Die Art des Tätigwerdens ist für heutige Verhältnisse eher ungewöhnlich, da es sich um einen Beziehungsberuf handelt, bei dem so etwas wie Für-den-Anderen-Dasein als humanitäre Leistung und die Freude am wirklichen Miteinandersein im Mittelpunkt stehen. Demgegenüber scheinen *gesellschaftlich relevante Berufe* immer mit einem geldwerten Vorteil, einer Gewinnmaximierung und sogar einem gezielten Übervorteilen des Gegenübers in Verbindung zu stehen. Die gesellschaftlich gelebte Ideologie des verabsolutierten Marktes in Wirtschaft und

Gesellschaft, Egoismus als Motor des Wettbewerbes und instrumentelles Denken treffen bei einer Geburt auf scheinbar fremdartig humane Werte. Die Frage ist, ob die verschiedenen inthronisierten Machtgruppen rund um das Thema Geburt die Wertigkeit dieser Werte teilen. Dass die Hebammen* sich derzeit diesbezüglich als *Auslaufmodell* und einsam fühlen, ist an der dramatischen Berufsflucht ablesbar (https://hebammenverband.de/aktuell/presse/pressespiegel/browse/11/, zuletzt aufgerufen am 08.03.2019).

8 Fazit

Zurzeit kommt es beim Thema Geburt aufgrund des vorherrschenden naturwissenschaftlichen Denkstils zu einer Monopolisierung des Wahrheitsanspruches. Gleichzeitig kann festgehalten werden, dass der Missstand einer ausschließlich technischen Zugangsweise zur Geburt bereits häufig kritisiert worden ist. Trotz aller Kritik an Geburtsmedizin und Technik zeigen sich jedoch noch Stilblüten, wie die ‚Geburt im MRT' (https://www.aerztezeitung.de/panorama/article/632931/erstmals-geburt-mrt-aufgenommen.html, zuletzt aufgerufen am 07.03.2019) oder die Bewerbung von ‚Kaisergeburten' (https://geburtsmedizin.charite.de/leistungen/kaisergeburt/, zuletzt aufgerufen am 07.03.2019) und demonstrieren damit sehr deutlich, dass gegenwärtig metaphysische Fragen liquidiert werden. Gerade in Zeiten, in denen mächtige Kräfte auch auf das Gesundheitswesen Zugriff nehmen, ist die Frage nach dem Gelingen einer Geburt ungewöhnlich, bleibt aber existentiell. Die existentiell bedeutsame Situation der Geburt konfrontiert uns Menschen mit unserer Leiblichkeit und unhintergehbaren Betroffenheiten. In einer neophänomenologischen Perspektive darf die eigentümliche Weise des Erlebens in den Blick genommen werden, bei der Seiendes und Sein zur Sprache kommt: Schwangerschaft und Schwangersein, Gesundheit und Gesundsein.

Für die Gebärende zeigt sich die Faktizität ihres Seins in Angewiesenheit, Unverfügbarkeit und Brüchigkeit. Für die Geburt bleibt konstitutiv, dass man sich ihrer Seinsbedingungen nur annehmen, sich ihrer aber nicht bemächtigen kann. Zum Gelingen einer Geburt gehört dementsprechend unhintergehbar eine Form von Verstehen als „die nie endende Tätigkeit, die uns dazu dient, die Wirklichkeit zu begreifen" (Arendt in Lutz 1995, 38). Diese Wirklichkeit lässt sich ohne leibliche Kommunikation nicht erfahren und auch hier wie in allen anderen Situationen bleibt sie eine menschliche Herausforderung. Diese Herausforderung besteht zum einen darin, dass unterschiedliche Perspektiven, Interessen, Annahmen, Bedürfnisse oder Erwartungen unter der Geburt aufscheinen und die Sprechsituationen vielleicht hierarchisch strukturiert sind. Zum anderen verträgt sich eine Theorie der Peripartologie nicht mit absoluten und letzten Gewissheiten. Selbst die immer wieder postulierte und scheinbar haltgebende professionelle Distanz muss kritisch hinterfragt werden, wenn Menschsein doch immer auch bedeutet berührt zu werden.

Zum Gelingen einer Geburt trägt eine gelingende Kommunikation bei und meint an dieser Stelle eine auch auf (leibliches) Verstehen ausgerichtete Kommunikation. In diesem Zusammenhang ist ein wesentliches Merkmal für gelingende Geburt, dass sie *stimmig* ist und eine Art *Gleichklang* bezogen auf die leibliche Kommunikation aufscheinen kann (vgl. Dörpinghaus 2013, 375). Dieser Gleichklang ist nicht gebunden an einen bestimmten Geburtsmodus oder ob die Gebärende die medizintechnische Objektivierung explizit bejaht. Wesentlich ist, dass sich eine gelingende Geburt nicht im Fremdblick oder an der Außenperspektive festmachen lässt.

Für das geburtshilflich tätige Personal zeigt sich das Gelingen einer Geburt in der begleitenden Tätigkeit, bei dem der Leib als Resonanzboden trägt. Mithilfe der ontologischen Basis des Leib- und Situationsverständnisses der Neophänomenologie wird durchsichtig, wie im geburtshilflichen Kontext die Vorsprachlichkeit aufgebrochen wird und vage Verhältnisse, wie Nuancen, Stimmungslagen, Befindlichkeiten oder Atmosphärisches, vor allem alle qualitativen Aspekte ungewöhnlich rasch registriert werden können. Leibliches Verstehen ist demzufolge kein Messakt, sondern ein leibhaftiges Sich-öffnen in gelockerter Fassung, um einen Eindruck vom Gegenüber zu erhalten. Dabei ist die Situation mit ihren vielsagenden Eindrücken von einem Zustand epistemischer Unsicherheiten und tastender Vergewisserung geprägt.

Der Wirklichkeit der Gebärenden kann sich unter der Geburt nur in leiblicher Einlassung genähert werden, um der Vorsprachlichkeit des Leibes, den subjektiven Tatsachen des affektiven Betroffenseins und dem Erwartungswidrigen wie den Unbestimmtheiten zu begegnen. Wer sich der naturwissenschaftlichen Zugangsweise als Einheitsdenkstil zur Geburt unterwirft, verrät die Gebürtlichkeit des Menschen.

Es muss festgehalten werden, dass eine kritische Auseinandersetzung mit dem Wesen von Beziehungsarbeit, und darum kreist mein Bemühen, letztlich noch am Anfang steht. Bezogen auf professionstheoretische, wissenschaftliche und interdisziplinäre Diskussionen ist die ontologische Unterscheidung zwischen Symptom und Phänomen wesentlich, um den ontologischen Gehalt des lebendigen Geschehens in der Geburtshilfe zu stärken und die Subjektgebundenheit menschlicher Erkenntnis nicht mehr als Mangel zu sehen. Ansonsten fällt doch wieder jeglicher Handlungsentscheid in der Praxis der Maskierung der ontologischen Reduktion auf das Sichtbare zum Opfer.

Losgelöst davon ist jedoch unklar, ob eine kritische Theorie von Hebammenkunde, jenseits von Geburtsmedizin und ökonomistischem Gedankengut heute noch eine Chance bekommt, den Ertrag der neophänomenologischen Perspektive zu bergen. Sich um das ‚leibliche Wohl' der Personen zu kümmern, erscheint sentimental, esoterisch, unergiebig und wirft keinen fallpauschalorientierten Gewinn ab. Damit würde das geburtshilfliche Elend in Form von Verobjektivierung, Entleiblichung, Entfremdung und Entexistentialisierung sowie der Einsamkeit medizintechnischer Verfahren andauern, drapiert von einem vermeintlich gelungenen ‚fetal outcome'.

Literatur

Anselm, Reiner (1999): Jenseits von Laienmedizin und hippokratischem Paternalismus, in: Zeitschrift für medizinische Ethik 45, 91–108.

Arendt, Hannah ([19]2018): Vita activa oder Vom tätigen Leben, München.

Böhme, Gernot (2003): Leibsein als Aufgabe. Leibphilosophie in pragmatischer Hinsicht, Zug/Schweiz.

Böhme, Gernot (2012): Ich-Selbst. Über die Formation des Subjekts, München.

Burger, Walter (2012): Der Beitrag der Neuen Phänomenologie zum Verständnis chronischer Erkrankungen, Überlegungen und Erfahrungen am Beispiel des Diabetes mellitus, Rostocker Phänomenologische Manuskripte 15, Rostock.

Cage, John (1952): 4'33", New York.

Christ, Antje (2016): Kaiserschnitt – Die Kontroverse. NDR.

Dilthey, Wilhelm (1994): Die geistige Welt. Einleitung in die Philosophie des Lebens. Zweite Hälfte: Abhandlungen zur Poetik, Ethik und Pädagogik, 7, Stuttgart.

Dörpinghaus, Sabine (2010): Was Hebammen erspüren. Ein leiborientierter Ansatz in Theorie und Praxis, Frankfurt a. M.

Dörpinghaus, Sabine (2013): Dem Gespür auf der Spur. Leibphänomenologische Studie zur Hebammenkunde am Beispiel der Unruhe, Freiburg/München.

Dörpinghaus, Sabine (2016): Leibliche Resonanz im Geburtsgeschehen, in: Landweer, Hilge/Marcinski, Isabella (Hg.): Dem Erleben auf der Spur. Feminismus und die Philosophie des Leibes, Bielefeld, 69–90.

Dörpinghaus, Sabine (2017): Ich spüre was, was du nicht hörst. Zur Bedeutung leiblichen Verstehens im geburtshilflichen Kontext, in: Maio, Giovanni (Hg.): Auf den Menschen hören. Für eine Kultur der Aufmerksamkeit in der Medizin, Freiburg, 237–266.

Dörpinghaus, Sabine (2018): Leibliche Gewissheit. Ermöglichung, Begrenzung und Bedingung bei Unbestimmtheiten im geburtshilflichen Kontext, in: Gugutzer, Robert et al. (Hg.): Irritation und Improvisation. Zum kreativen Umgang mit dem Unerwarteten, München, 191–221.

Dörpinghaus, Sabine/Schröter, Beate (2005): Welchen Namen soll die Hebammenwissenschaft tragen?, in: Die Hebamme 18, 206–210.

Emcke, Carolin (2018): Kollektive Identitäten. Sozialphilosophische Grundlagen, Frankfurt a. M.

Fleck, Ludwik ([3]1994): Entstehung und Entwicklung einer wissenschaftlichen Tatsache. Einführung in die Lehre vom Denkstil und Denkstilkollektiv, Frankfurt a. M.

Friesacher, Heiner (2008): Theorie und Praxis pflegerischen Handelns. Begründung und Entwurf einer kritischen Theorie der Pflegewissenschaft, Osnabrück.

Frisch, Max (2008): Schwarzes Quadrat, Frankfurt a. M.
Fuchs, Thomas (2008): Leib und Lebenswelt. Neue philosophisch-psychiatrische Essays, Zug/Schweiz.
Gadamer, Hans-Georg ([6]1990): Wahrheit und Methode. Grundzüge einer philosophischen Hermeneutik, Tübingen.
Gadamer, Hans-Georg (1993): Über die Verborgenheit der Gesundheit, Frankfurt a. M.
Großheim, Michael (2008): Phänomenologie der Sensibilität, Rostocker Phänomenologische Manuskripte 2, Rostock.
Gugutzer, Robert (2006): Leibliches Verstehen. Zur sozialen Relevanz des Spürens, in: Rehberg, Karl-Siegbert (Hg.): Soziale Ungleichheit, kulturelle Unterschiede. Verhandlungen des 32. Kongresses der Deutschen Gesellschaft für Soziologie in München. Teilband 1 und 2, Frankfurt a. M.
Hasse, Jürgen (2005): Fundsachen der Sinne. Eine phänomenologische Revision alltäglichen Erlebens, Freiburg/München.
Horkheimer, Max/Adorno, Theodor W. (1988): Dialektik der Aufklärung. Philosophische Fragmente, ungek. Ausgabe, Frankfurt a. M.
Illich, Ivan ([5]2007): Die Nemesis der Medizin. Die Kritik der Medikalisierung des Lebens, München.
Jung, Tina (2017): Die „gute Geburt" – Ergebnis richtiger Entscheidungen? Zur Kritik des gegenwärtigen Selbstbestimmungsdiskurses vor dem Hintergrund der Ökonomisierung des Geburtshilfesystems, in: GENDER. Zeitschrift für Geschlecht, Kultur, Gesellschaft 2/2017, Leverkusen, 30 – 45.
Kersting, Karin (2011): Vom emphatischen Bildungsanspruch und seiner Unterwanderung: Berufliche Hochschulbildung und Professionalisierung der Pflegeberufe vor dem Hintergrund der Kältestudie, in: Ethik und Gesellschaft. Ökumenische Zeitschrift für Sozialethik 1/2011, Tübingen, 1 – 29, http://www.ethik-und-gesellschaft.de/ojs/index.php/eug/article/view/1-2011-art-1, zuletzt aufgerufen am 18. 12. 2018.
Lutz, Bernd (Hg.) ([2]1995): Metzler-Philosophen-Lexikon. Von den Vorsokratikern bis zu den Neuen Philosophen, Stuttgart.
Ministerium für Arbeit, Gesundheit und Soziales des Landes Nordrhein-Westfalen (2005): Empfehlende Ausbildungsrichtlinie für die staatlich anerkannten Hebammenschulen in NRW, Düsseldorf.
Mitchell, Mark T. (2006): Michael Polanyi. The Art of Knowing, Wilmington.
Neuweg, Georg Hans ([3]2004): Könnerschaft und implizites Wissen. Zur lehr-lern-theoretischen Bedeutung der Erkenntnis- und Wissenstheorie Michael Polanyis, Münster/New York/München/Berlin.
Oevermann, Ulrich (1996): Theoretische Skizze einer revidierten Theorie professionalisierten Handelns, in: Combe, Arno/Helsper, Werner (Hg.): Pädagogische Professionalität. Untersuchungen zum Typus pädagogischen Handelns, Frankfurt a. M.: 70 – 182.
Raunig, Judith/Unger, Mirjam (2014): „Meine Narbe – Ein Schnitt ins Leben". Produktion: NGF.
Samerski, Silja (2014): Das Ende des kundigen Urteils?, http://samerski.de/wp-content/uploads/2015/01/SHV_3_2014_Samerski.pdf, zuletzt aufgerufen am 15. 02. 2019.
Sigusch, Volkmar ([2]2015): Sexualitäten. Eine kritische Theorie in 99 Fragmente, Frankfurt a. M.
Schmitz, Hermann (2002): Sechzig Thesen zur phänomenologischen Grundlegung der Psychotherapie. In: Begriffene Erfahrung. Beiträge zur antireduktionistischen Phänomenologie. Rostock, 178 – 193.

Schmitz, Hermann (2005): Situationen und Konstellationen. Wider die Ideologie totaler Vernetzung, Freiburg/ München.
Schües, Christina (2008): Philosophie des Geborenseins, Freiburg/ München.
Siebolds, Marcus (2014): Von Eros und Ethos des Vertragsarztseins, in: Deutsches Ärzteblatt, Jg. 111, Heft 29 – 30 vom 21. Juli, Berlin: 1292 – 1295.
Uzarewicz, Michael (2011): Der Leib und die Grenzen der Gesellschaft. Eine neophänomenologische Soziologie des Transhumanen, Stuttgart.
Weidner, Frank (1995): Professionelle Pflegepraxis und Gesundheitsförderung. Eine empirische Untersuchung über Voraussetzungen und Perspektiven des beruflichen Handelns in der Krankenpflege, Frankfurt a. M.
Wittneben, Karin ([4]1998): Pflegekonzepte in der Weiterbildung zur Lehrkraft. Über Voraussetzungen einer kritisch-konstruktiven Didaktik in der Krankenpflege, Frankfurt a. M./Berlin/Bern/New York/Paris/Wien.
Zoege, Monika (2004): Die Professionalisierung des Hebammenberufs. Anforderungen an die Ausbildung, Bern/Göttingen/Toronto/Seattle.

Bettina Kuschel

Die ‚Gelingende Geburt' – Herausforderung aus medizinischer Perspektive

Zusammenfassung: Aus geburtshilflicher Sicht werden gesellschaftliche Aspekte (Geburtenrate bzw. Schwangerschaftsabbrüche in Deutschland), der reproduktionsmedizinische Fortschritt sowie die zunehmende Verbesserung pränataldiagnostischer Möglichkeiten und deren Konsequenzen beleuchtet. Erwartungen von werdenden Eltern, aber auch vom medizinisch betreuenden Personal werden in den Kontext von medizinischen Fakten, Inklusion, ökonomischen Zwängen und dem Arbeitskräftemangel im Gesundheitssektor eingeordnet.

1 Einleitung

In Deutschland werden zwischen 650.000 und 800.000 Kinder im Jahr geboren. Seit den 1970er Jahren (Einführung der Antibabypille) kommen weniger Kinder auf die Welt, als Menschen sterben. Künftig ist zu erwarten, dass dieses Missverhältnis weiter zunimmt, weil die zahlenmäßig starken Jahrgänge der Babyboom-Generation wegen der steigenden Lebenserwartung immer älter werden. Zugleich wird die Anzahl potenzieller Mütter in den nächsten 20 Jahren voraussichtlich zurückgehen, da die schwach besetzten 1990er-Jahrgänge in die gebärfähige Altersphase kommen. Sogar bei einer leicht steigenden Geburtenrate würde demzufolge die Geburtenzahl mittelfristig zurückgehen. Die numerische Differenz zwischen den Geborenen und Gestorbenen wird folglich zunehmen. Damit die Bevölkerung wächst oder wenigstens gleich groß bleibt, wäre eine immer größere Nettozuwanderung erforderlich (Statistisches Bundesamt, Demographische Aspekte 2018).

Eine ‚gelingende Geburt' kann aus medizinischer, speziell geburtshilflicher Perspektive unter folgenden Gesichtspunkten betrachtet werden:

2 Erwartungen der Gesellschaft an eine ‚gelingende Geburt'

Seit Jahrzehnten ist die Bundesregierung darum bemüht, die Geburtenrate zu steigern. Hätte sie damit Erfolg, würde dies nicht nur die Bevölkerungsgröße stabilisieren, sondern auch die Wirtschaftskraft Deutschlands positiv beeinflus-

https://doi.org/10.1515/9783110719864-012

sen. Der Geburtenrate gegenüber steht die Anzahl der Schwangerschaftsabbrüche (etwa 100.000/Jahr). Überwiegend junge Frauen im Alter von 18 bis 34 Jahren brechen eine Schwangerschaft nach erfolgter Beratung bis zum Ende der 12. Schwangerschaftswoche nach Empfängnis (nach StGB § 218 sowie § 218a (1)) ab. Das Alter der Mütter, die ihr erstes Kind gebären, steigt kontinuierlich an; es liegt derzeit bei knapp 30 Jahren (Statistisches Bundesamt, Pressemitteilung Nr. 475 2020a). Beides mag möglicherweise daran liegen, dass in unserer Gesellschaft oftmals die gesellschaftliche Bedeutung des eigenen Erwerbsvorteils im Vordergrund steht und der Familienwunsch in den Hintergrund tritt (siehe im Übrigen den Beitrag von Rose und Planitz in diesem Tagungsband). Beides wird insoweit von unserem Rechtssystem gestützt, als in dem ersten Fall Abbrüche zwar rechtswidrig sind, aber straffrei bleiben, und im zweiten Fall die entsprechenden Rechtsnormen nicht kinderfreundlich genug sind (z. B. Rechtsanspruch auf Kindertagesbetreuung erst ab dem vollendeten ersten Lebensjahr).

Der *technologische Fortschritt* der Reproduktionsmedizin hat bewirkt, dass immer mehr Paare ein Kind zeugen können. Die sich ständig verbessernden Techniken der pränatalen Diagnostik ermöglichen es in den meisten Fällen, kranke Kinder schon früh zu identifizieren. Das wiederum führt dazu, dass aus medizinischer Indikation ungefähr weitere 4000 Schwangerschaften im Jahr abgebrochen werden. Die Zahl der spät (ab der 22. Schwangerschaftswoche) beendeten Schwangerschaften steigt seit den letzten Jahren leicht an (Statistisches Bundesamt, Schwangerschaftsabbrüche 2020b). Zudem wirken sich die Fortschritte in der pädiatrischen Intensivmedizin aus, wodurch mehr Frühgeborene als in den letzten Jahrzehnten überleben.

In der Geburtsmedizin erleben wir häufig bei werdenden Eltern einen (illusorischen) *Anspruch auf „Makellosigkeit“ der Schwangerschaft, der Geburt und des Kindes.* Doch mit Schwangerschaft und Geburt sind immer noch ernste Gesundheitsrisiken verbunden: Auch in unserem Land gibt es nach wie vor eine Mütter- und Kindersterblichkeit, die zwar durch (hochtechnisierte) medizinische Eingriffe – verglichen mit anderen Ländern oder Teilen der Welt – sehr gering ausfällt, aber nicht gleich Null ist: 2,3 Promille Totgeburten, 3,7 Promille Säuglingssterblichkeit wurden im europaweiten Gesundheitsreport für Deutschland im Jahr 2010 ermittelt. Darüber hinaus ist zu berücksichtigen, dass 0,8 Prozent der geborenen Kinder ein Geburtsgewicht unter 1500 Gramm haben (https://www.europeristat.com 2010) und nicht jedes dieser Kinder gesund nach Hause entlassen werden kann. Auch in Deutschland sterben noch etwa 6 bis 7 Mütter pro 100.000 Lebendgeburten infolge von Schwangerschaftskomplikationen, bei der Geburt oder im Wochenbett (https://www.who.int 2019).

Eine weitere Herausforderung neben den gesellschaftlichen und individuellen Erwartungen an eine ‚makellose Geburt‘ ist der ganz massive *Arbeitskräfte-*

mangel im Gesundheits- und Erziehungssektor. Täglich sind in deutschen Medien Berichte zu Hebammen-, Pfleger-, Erzieher- und Lehrermangel zu lesen oder zu hören. Der Gesundheitssektor verliert an Qualität und kann die medizinischen und pflegerischen Standards nicht (mehr) erfüllen: Kreißsäle und Krankenhäuser werden geschlossen, auf (Neugeborenen)-Intensivstationen müssen Bettenkapazitäten wegen des Fachkräftemangels reduziert und können anderswo nicht aufgestockt werden, Risikoschwangere mit drohenden Frühgeburten werden wegen Personalknappheit aus Häusern mit (vorhandenen technischen Ressourcen) in manchmal weit entfernte Krankenhäuser verlegt.

3 Geburtshilfe ist finanziell/ökonomisch nicht attraktiv

Einer ‚gelingenden Geburtshilfe‘ stehen auch spezielle ökonomische Hindernisse im Wege. So sind die Aufwendungen für die Haftpflichtversicherung für aktiv entbindende Hebammen und Geburtshelfer extrem hoch. Sie werden damit begründet, dass im Fall von Geburtsschäden Haftungsansprüche bis in Millionenhöhe geltend gemacht werden. Das ist auf der einen Seite gerechtfertigt, aber führt auf der anderen Seite dazu, diesen Beruf wegen der hohen Versicherungsbeiträge unattraktiver zu machen. Zudem muss bedacht werden, dass nach traumatischen Geburten auch die geburtshilflichen Akteure psychisch so stark belastet sein können, dass sie sogar ihren Beruf aufgeben. Der finanzielle Druck durch die hohen Haftpflichtversicherungsbeiträge könnte gemildert oder beseitigt werden, indem sie in der Gesellschaft auf mehrere Schultern verteilt werden, etwa komplementär auf Krankenkassen oder Krankenhausträger. Ein weiterer kritischer Punkt betrifft die Standortfrage der Geburtshilfe. Kleinere geburtshilfliche Abteilungen werden geschlossen, weil es vermeintlich kostengünstiger ist, die Geburtshilfe zu zentralisieren.

4 Inklusion

Für mich gehört zu einer gelingenden Geburtshilfe ebenfalls, dass ein behindertes Kind die gleiche Chance wie ein gesundes Kind hat, auf die Welt zu kommen. Will man das erreichen, muss die Gesellschaft bereit sein, dies zu akzeptieren und Voraussetzungen dafür zu schaffen, dass ein behindertes Kind und seine Angehörigen ein an ihre Bedürfnisse angepasstes Leben führen können: Die pränatale Diagnostik auf schwere Erkrankungen des ungeborenen Kindes wird von

Schwangeren zunehmend in Anspruch genommen. Eine diagnostizierte Behinderung sollte für die werdende Mutter keine solch schwere psychische Belastung sein, dass sie sich zum Abbruch ihrer Schwangerschaft veranlasst sieht. Dies lässt sich nur erreichen, wenn die Eltern (insbesondere die Mutter) nicht den Eindruck gewinnen, die diagnostizierte Behinderung ihres Kindes, mache es ihnen und ihrem Kind unmöglich, ein gutes Leben führen zu können. Dass es Eltern mit einem behinderten Kind in unserer Gesellschaft schwerer haben als diejenigen mit einem gesunden Kind, ist gegenwärtig nicht den Beeinträchtigungen durch die Behinderung selbst geschuldet, sondern gesellschaftlichen Faktoren wie Ressentiments und fehlender Inklusion. Um dem Anspruch zu genügen, einem behinderten Kind die gleichen Chancen wie einem gesunden Kind einzuräumen, müssen folglich gesamtgesellschaftlich weitreichende Anstrengungen um die Inklusion behinderter Menschen und ihrer Angehörigen unternommen werden (Roth 2018).

5 Erwartungen der werdenden Mutter an eine ‚gelingende Geburtshilfe'

Eine schwangere Frau macht sich regelmäßig Gedanken über die Geburt, hat Wunschvorstellungen von deren Ablauf und möchte vielleicht diesen (archaischen) Vorgang intensiv erleben. In der Sorge um sich und ihr ungeborenes Kind sucht sie vertrauensvollen Halt in ihrer Umgebung: Viele Frauen besuchen im Vorfeld der Geburt Vorbereitungskurse, wählen das Geburts- oder Krankenhaus gezielt aus, ‚buchen' Hebammen, Dula und (falls möglich) Ärzte, die sie begleiten sollen (siehe dazu auch den Beitrag von Rose und Planitz in diesem Tagungsband). Auch in dieser Hinsicht unterscheiden sich die Menschen. Die einen wünschen sich ein Geburtserlebnis daheim, die anderen bevorzugen eine planbare, kurze, effektive und weitgehend schmerzlose Geburt in einer Klinik. Den Wunsch nach einer perfekten Schwangerschaft und Geburt ganz nach eigenen Vorstellungen ohne Krankheit, Schicksalsschlag und Makel teilen gegenwärtig die meisten Menschen. Reproduktionsmedizinische Maßnahmen, das steigende Lebensalter mit zunehmenden Risiken für begleitende Krankheit und Behinderung oder gar der Verlust des Kindes oder eigenen Lebens können jedoch die positiven Erwartungen der werdenden Mutter an eine gelingende Geburt durchkreuzen. Auch dieser Tatsache muss man Rechnung tragen.

6 Erwartungen an eine ‚gelingende Geburt‘ im Hinblick auf das Kind

Mit den üblichen geburtsüberwachenden Techniken ist zu erkennen, dass fast alle Kinder in der Endphase der natürlichen, vaginalen Geburt unter Presswehen Stressreaktionen zeigen. Ein gewisses Maß dieses Geburtsstresses ist natürlich und für die weitere Entwicklung, die nachgeburtliche Anpassung und Umstellung des Kreislaufsystems von enormer Bedeutung. Wenn Ärzte und/oder Hebammen in natürliche Geburtsvorgänge eingreifen, dann tun sie es, um bleibende Schäden von Kind und Mutter abzuwenden. Könnte ein Fetus seine Erwartungen artikulieren, so würde er sicher kundtun, wie wohlig warm er sich im Mutterleib fühlt, wie angenehm es ist, gut genährt zu werden, und wie ihm die Stimmen der Eltern und der mütterliche Körperkontakt Geborgenheit vermitteln. Schmerzen, Hämatome, unter Umständen auch Verletzungen wie Knochenbrüche und Sauerstoffdefizite empfände das Kind sicher nicht als Vorboten einer ‚gelingenden Geburt‘. Doch nachträglich würde das Kind sicher ganz anders urteilen, wenn es zwar mit vorübergehenden Beschwerden etwa nach einer Saugglockenentbindung zur Welt kam, aber eine (schwere) geistige Schädigung zum Beispiel durch Sauerstoffmangel unter der Geburt vermieden werden konnte.

7 Erwartungen an eine ‚gelingende Geburtshilfe‘ aus Sicht der Geburtshelfer

Die Geburt eines Menschen kann in den meisten Fällen als natürlicher Vorgang gesehen werden, der jedoch unter entwicklungsgeschichtlich bedingt erschwerten Umständen stattfindet, denn vergleichsweise entbinden manche Säugetiere wesentlich einfacher, schneller und risikoärmer als Menschen. Die Geburt sollte trotzdem weder pathologisiert noch vorab durch Ängste belastet werden. Allerdings ist eine vernünftige Risikoabwägung bei der Planung und Begleitung einer Schwangerschaft und Geburt unverzichtbar, um angemessen handeln zu können. Dazu brauchen Hebammen und (ärztliche) Geburtshelfer ein profundes Wissen, das à jour gehalten werden muss, eine gute praktische Schulung, manuelle Fertigkeiten, ebenso Geduld und die Fähigkeit, Risiken rechtzeitig zu erkennen, um auch in schwierigen Situationen einen kühlen Kopf zu bewahren – hierfür ist eine interdisziplinäre, gut zwischen Hebammen und Ärzten abgestimmte Zusammenarbeit essentiell.

Aus geburtshilflicher Sicht kann auch eine ‚schwere Geburt‘ mit vielleicht unangenehmen, bedrohlichen oder auch traurigen Ereignissen und/oder Erlebnissen sogar aus Sicht der Eltern als gelungen angesehen werden. Das ist der Fall, wenn durch gute professionelle Interaktion und Kommunikation rechtzeitig Risiken erkannt und bestmöglich reduziert werden konnten; wenn sich die schwangere bzw. entbundene Frau und die sie umsorgenden Menschen sicher und professionell aufgehoben gefühlt haben; wenn Eltern (und die Gesellschaft überhaupt) die Geburtshilfe als besonderes ‚Handwerk‘ anerkennen und wertschätzen und wenn am Ende Mutter und Kind – im Idealfall gesund und zufrieden – wieder in ihr gewohntes privates Umfeld zurückkehren können. Insoweit darf die komplizierteste Geburt eines Kindes, sogar die Geburt eines schwer kranken oder toten Kindes unter den oben ausgeführten Umständen als gelungen betrachtet werden.

Dass die Geburtshilfe nicht immer als ‚gutes Handwerk‘ gewürdigt wird, hat auch damit zu tun, dass die Medien – insbesondere die Boulevardpresse – auch und gerade im medizinischen Bereich eher über negative Vorkommnisse wie ärztliche Kunstfehler, unnötige Kaiserschnitte oder juristische Auseinandersetzungen vor oder nach Geburten berichten. Es geht nicht darum, die Berichterstattung unterbinden zu wollen, sondern allein darum, medial Einseitigkeiten zu vermeiden, sensationsheischenden Meldungen keinen Raum zu geben und die Diskussion auf allen Problemfeldern zu versachlichen. Wohl unbestritten ist, dass Hebammen und Geburtshelfer als Menschen für Menschen arbeiten und insoweit einen humanitären Auftrag der Gesellschaft erfüllen. Dass ihnen manches nicht gelingt, ist teilweise Umständen zuzuschreiben, die sie gar nicht oder nur bedingt beeinflussen können. Sie müssen bei ihrer Arbeit (zu oft) mit ‚Launen der Natur‘ rechnen und spontan darauf reagieren. Hinzu kommt, dass der Zeitpunkt des Gebärens in schwankenden Grenzen unbestimmt ist, was Schichtdienste, Nachtarbeit und Überstunden erzwingt. Dies ist zugleich ein Grund für Nachwuchssorgen und eklatante Personalengpässe im geburtshilflichen Bereich. Sucht man nach weiteren Gründen, stößt man auf verschiedene Faktoren: Die Medizin ist zunehmend ein Frauenberuf, und Hebammen sind in Deutschland fast ausschließlich weiblich. Wenn dies so bleibt, wofür einiges spricht, aber der derzeitige Arbeitskräftemangel behoben werden soll, dann müssen diese Berufe für Frauen attraktiver gemacht werden. Das könnte u. a. geschehen durch eine familienfreundlichere Ausgestaltung, namentlich durch Teilzeitmodelle und Einrichtungen zur Kinderbetreuung, sowie durch transparent vorgezeichnete Aufstiegswege und eine arbeitnehmergerechte Regelung der Haftpflichtversicherung. Um mit solchen materiellen und ideellen Anreizen geburtshilfliche Berufe wieder attraktiver machen zu können, müssten jedoch die dafür nötigen Strukturen vielerorts überhaupt erst geschaffen werden. Dazu bedarf es wiederum einer ‚Solidargemeinschaft rund um die Geburt' von Politik, Wirtschaft und Gesellschaft.

Der zunehmende Einfluss der Ökonomisierung in der Medizin führte 2003/2004 zur Einführung des DRG-Abrechnungssystems in Deutschland. Danach werden Kaiserschnitte nun besser vergütet als die natürliche vaginale Entbindung. Daraufhin stiegen die Kaiserschnittraten kontinuierlich. Abgesehen davon, dass die Kliniken dadurch mehr Einnahmen generieren, wird der Kaiserschnitt oft präferiert, weil er weniger arbeitsintensiv als eine vaginale Entbindung ist, erst recht wenn sie nachts erfolgt. Hinzu kommt, dass einige Schwangere heutzutage den Kaiserschnitt bevorzugen, um Unberechenbarkeiten der natürlichen Geburt zu umgehen oder ihren Beckenboden zu schonen. Nach den vorliegenden Kosten-Nutzen-Analysen wird dadurch das Gesundheitssystem finanziell erheblich belastet.

Zudem sind auch aus medizinischer Sicht Vorbehalte gegenüber dem primären Kaiserschnitt angebracht: So birgt der ohne Wehen und Blasensprung operierte Kaiserschnitt gesundheitliche Risiken sowohl für das Kind als auch für die Mutter. In diesem Zusammenhang berichtet die Fachliteratur von erhöhten Atemanpassungsstörungen der Kinder, stärkerer Allergieneigung, häufigeren chronischen Gesundheitsproblemen bis hin zu erhöhten Risiken für kardiovaskuläre Erkrankungen im Erwachsenenalter. Schließlich haben mit einem Kaiserschnitt voroperierte Frauen mit Folgerisiken bei weiteren Schwangerschaften und oft operativen Geburten zu rechnen, die wiederum das Gesundheitssystem zu extrem aufwändigen und teuren Prozeduren zwingen, etwa längeren Operationszeiten, bedingt durch Vernarbungen, risikoreichen Folgeoperationen bei untypischem Plazentasitz und intensivmedizinischer Betreuung (Clark und Silver 2011).

Wir müssen zur Kenntnis nehmen, dass sich in den Wirtschaftswissenschaften die Gesundheitsökonomie als eigenständiges Fachgebiet weltweit etabliert hat, angesichts der wachsenden Probleme im Gesundheitswesen immer mehr Gehör findet und damit die öffentliche Meinung wie die politischen Entscheidungsprozesse zunehmend beeinflusst (Henke, 2019). Dem Hauptstrom wirtschaftswissenschaftlichen Denkens folgend, betrachten diese Experten ‚Gesundheit' und ‚Krankenversorgung' als Güter, die im Spannungsfeld knapper Ressourcen und weit reichender Wünsche so effizient und kostengünstig wie möglich ‚produziert' und optimal verteilt werden sollten. Die Dinge so zu sehen, birgt die Gefahr, Medizin und Gesundheitswesen allein nach quantitativen und finanziellen Kriterien regulieren zu wollen. Damit würde aber der Mensch letztlich darauf reduziert, ein ‚Produktionsmittel' und in der Geburtsmedizin gar ein ‚Reproduktionsmittel' zu sein. Erst recht, wenn es um werdendes, um neues Leben geht, kann und darf unser Handeln als Hebammen, Pflegekräfte und Ärzte nicht allein durch das ökonomische Kalkül bestimmt sein. Mindestens ebenso wichtig sind die qualitativen, intrinsisch und ethisch motivierten, zugegebenermaßen kaum in Zahlen zu fassenden Aspekte unseres Tuns. Meines Erachtens muss die Gesundheitsökonomie auch dies in ihren Kosten-Nutzen-Analysen und gesundheitspolitischen Empfehlungen angemessen berücksichtigen, will sie sich nicht einem Vorwurf aussetzen, der der Wirtschaftswissenschaft schon einmal im 19. Jahrhundert gemacht worden ist – eine „dismal science“ (Thomas Carlyle) zu sein!

Literatur

Statistisches Bundesamt (DeStatis) 2018, www.destatis.de/Themen/Gesellschaft und Umwelt/Bevölkerung/ Demographische Aspekte, demographischer Wandel und Bevölkerungszahl, zuletzt aufgerufen am 14.03.2020.

Statistisches Bundesamt (DeStatis) (2020a), www.destatis.de/Themen/Presse/KORREKTUR: Jede fünfte Frau zwischen 45 und 49 Jahren war 2018 kinderlos/Pressemitteilung Nr. 475 vom 11. Dezember 2019, zuletzt aufgerufen am 14.03.2020.

Statistisches Bundesamt (DeStatis) (2020b), www.destatis.de/Themen/Gesellschaft und Umwelt/Gesundheit/Schwangerschaftsabbrüche/Schwangerschaftsabbrüche nach rechtlicher Begründung, Dauer der Schwangerschaft und vorangegangene Lebendgeborene, zuletzt aufgerufen am 14.03.2020. https://www.europeristat.com/images/German_press_release.pdf, 2010, zuletzt aufgerufen am 30.07.2019. https://www.who.int/gho/maternal_health/countries/deu.pdf?ua=1, zuletzt aufgerufen am 30.07.2019.

Roth, Sandra (2018): Lotta Schultüte: Mit dem Rollstuhl ins Klassenzimmer, Köln.

Clark, EA, Silver RM (2011): Long-term maternal morbidity after cesarean delivery. Am J Obstet Gynecol , Dec;205(6 Suppl): 2–10. doi: 10.1016/j.ajog.

Klaus-Dirk Henke (2019): Von der Gesundheitsökonomie zur Gesundheitswissenschaft, in: Perspektiven der Wirtschaftspolitik 20/1, 23–41.

Lotte Rose und Birgit Planitz

Der ungleiche Start ins Leben. Soziale Differenzen ‚rund um die Geburt' als wissenschaftliche und sozialpolitische Herausforderung

Zusammenfassung: Obwohl es seit einigen Jahren ein wachsendes Interesse der Sozialwissenschaften und Gender Studies an den Vorgängen von Schwangerschaft und Geburt gibt und historische, theoretische und empirische Beiträge zunehmen, spielen soziale Ungleichheitsverhältnisse dabei kaum eine Rolle, ausgenommen die geschlechtsspezifischen. Vor dem Hintergrund dieser Leerstelle werden Wissensbestände zu den Ungleichheiten der Geburt, die bislang nur spärlich und verstreut vorliegen, systematisch aufbereitet. Anhand von Daten zu Familienplanung und Verhütung, Reproduktionsmedizin, Vorsorge, Geburt, Wochenbett, Säuglingsernährung, zur Situation von Müttern in Armut, mit Fluchterfahrungen, in staatlichen Kontroll- und Hilfeeinrichtungen und anhand der Debatte zu den ‚black women' in der US-amerikanischen Geburtshilfe wird verdeutlicht, dass bereits zu Beginn des Lebens vielschichtige soziale Ungleichheiten für Mütter, Väter und Kinder wirksam werden.

Während die Ungleichheitsforschung in vielen gesellschaftlichen Feldern wie z. B. Bildung, Arbeit, Familie, Gesundheit weit entwickelt ist, ist die Geburtsforschung davon noch relativ unberührt. So wird in der „Soziologie der Geburt" kritisiert, dass Geburt vornehmlich „‚asozial' und ahistorisch" betrachtet wird, obwohl sie eine „genuin gesellschaftliche Dimension" enthält und „von sozialer Ungleichheit" (Villa/Moebius/Thiessen 2011, 7) durchtränkt ist.

Gleichwohl zeigen sich auch Ansätze differenzbewusster Perspektivierungen. Hier ist erstens die gut entwickelte Forschungslandschaft der Gender Studies zur Geschlechterfrage der Natalität zu nennen. Zahlreiche Studien gehen der Frage nach, wie Mütter und Väter in der parentalen Übergangspassage von Schwangerschaft, Geburt und Wochenbett geschlechtsspezifisch positioniert werden (u. a. Seehaus/Rose/Günther 2015; Tolasch/Seehaus 2017; Kortendiek et al. 2017). Zweitens wird in der sozialwissenschaftlichen Geburtsforschung mittlerweile ihre starke Mittelschichtsfokussierung problematisiert (u. a. Lange/Ullrich 2018, 7). Die meisten Forschungsverfahren bevorzugen Methoden und Praxisfelder, die besonders gut privilegierte Sozialmilieus erreichen und schaffen so eine empiri-

https://doi.org/10.1515/9783110719864-013

sche Schieflage. Drittens wächst im Fahrwasser der expandierenden Queer Studies das Forschungsinteresse am Kinderkriegen gleichgeschlechtlicher Paare (Dionisius 2014).

Viertens liefern die Hebammen- und Gesundheitswissenschaften eigene Beiträge zu den sozialen Ungleichheiten des Gebärens. Motiviert sind sie durch konkrete Problemstellungen des Umgangs mit Menschen prekärer Lebenslagen in der geburtshilflichen Praxis. Im besonderen Fokus sind hier Frauen mit Migrationshintergrund oder Fluchterfahrungen und Frauen sozial benachteiligter Lebenslagen (Nakhla/Eickhorst/Cierpka 2018; Schneider 2004). Berücksichtigung finden aber auch vereinzelt chronisch kranke Frauen (Lange 2015; Lange/Schnepp/Sayn-Wittgenstein 2015) und als behindert geltende Frauen (Hermes 2003).

Zudem gibt es Beiträge zur Situation von Eltern, deren Schwangerschaft einen unerwünschten Ausgang nimmt – sei es, dass das Kind zu früh oder mit Behinderung auf die Welt kommt oder dass es nicht überlebt (u. a. Gollor 2015; Pfeifenberger-Lamprecht 2015). Auch der *Ausgang* des Geburtsereignisses schafft also folgenschwere soziale Ungleichheiten. Lange/Ullrich (2018) kritisieren deshalb an der gängigen Geburtsforschung die „Fokussierung auf ‚normale', mit der Geburt eines *gesunden* Kindes endende Schwangerschaftsverläufe gesunder Frauen" (ebd., 7).

Fünftens existieren vereinzelt Studien zur Situation von (werdenden) Müttern, die staatlichen Hilfs- und Kontrollorganen unterliegen (Klein et al. 2018), z. B. wenn Familienhebammen eingesetzt werden (Zeller/Schröder/Rettig 2014), die Mütter in stationären Jugendhilfeeinrichtungen leben (Ott 2017; Ott et al. 2015) oder im Gefängnis (Ott 2015). Diese Studien nehmen allerdings weniger die vor- und geburtlichen Vorgänge in den Blick, sondern mehr die anschließende Elternschaftsphase.

Sechstens finden sich schließlich Hinweise in der sozialwissenschaftlichen Armutsforschung, wobei diese sich auch stärker auf die nachgeburtliche Zeit konzentrieren und Schwangerschaft und Geburt nur streifen (u. a. Karlsson/Okoampah 2012).

Nichtsdestotrotz erweist sich die Natalitätsforschung insgesamt als ein wissenschaftliches Feld, das noch darauf wartet, systematisch als Alltagspraxis sozialer Ungleichheitsverhältnisse in den Blick genommen zu werden. Vor diesem Hintergrund verstehen wir die folgenden Ausführungen als Versuch, die Wissensbestände zu den Ungleichheitsverhältnissen der Geburt, die bislang verstreut vorliegen, aufzubereiten.[1]

1 Schwangerwerden oder nicht

Bereits die Frage, ob, wann und wie viele Kinder eine Frau zur Welt bringt, verweist auf verschiedene soziale Einflussfaktoren. So nimmt – weltweit – mit steigendem Bildungsniveau der Frauen die Zahl der Kinder ab (Pötsch 2012, 32). Mütter mit niedrigem Bildungsniveau hatten in Deutschland 2008 häufiger drei oder mehr Kinder als Mütter mit einem hohen Bildungsstand. Während 15 Prozent der Frauen mit niedrigem Bildungsstand kinderlos waren, galt dies für jede vierte Frau mit hohem Bildungsstand (ebd., 33). Da historisch betrachtet der Anteil der Akademikerinnen zunimmt, wächst insgesamt der Anteil der kinderlosen Frauen in der Bevölkerung (ebd., 34).

Auch bei Frauen mit Behinderungen ist die Geburtenrate niedrig, weil sie – so wird vermutet – seltener in Paarbeziehungen leben und in der Entscheidung für ein Kind von ihrer Umwelt nicht bestärkt und unterstützt werden (Schröttle et al. 2013, 271). Während die Rate bei den gehörlosen Frauen noch ungefähr dem weiblichen Durchschnitt entspricht, sinkt sie bei blinden und körperbehinderten Frauen auf etwa 40 Prozent (ebd., 270).

Nach einer vergleichenden Studie der BZgA (Helfferich/Klindworth/Kruse 2011) haben Frauen mit türkischem Migrationshintergrund im Durchschnitt 2,4 Kinder, lediglich 6 Prozent von ihnen sind kinderlos, 44 Prozent haben drei und mehr Kinder. Bei den Frauen mit osteuropäischem Migrationshintergrund sinkt die Geburtenzahl auf 1,8 Kinder, drei oder vier Kinder sind hier seltener, Kinderlosigkeit ist ähnlich selten anzutreffen wie bei den türkischen Frauen. Bei den westdeutschen Frauen beträgt die Kinderzahl nur noch 1,5. 17 Prozent sind kinderlos (ebd., 56). Dem entspricht auch das Wunschbild zur Familiengröße. Für die türkischen Frauen ist eine große Familie erstrebenswert, für die osteuropäischen und deutschen die kleine Familie. Bildungsdifferenzen schaffen hierbei Verwerfungen. Bei den Gruppen mit Migrationshintergrund ist die vorstellbare Kinderzahl umso niedriger je höher der Bildungsstand ist. Bei der Gruppe der deutschen Frauen ist es umgekehrt: Hier sind es die Frauen mit der höchsten Schulbildung, die sich eher drei und mehr Kinder und seltener nur ein Kind vorstellen können (ebd., 60). Dieser Befund mag verwundern angesichts dessen,

[1] Wir danken Rhea Seehaus ganz herzlich, die viele Quellen für diesen Text recherchiert und sondiert und unsere Schreibarbeiten kritisch-produktiv begleitet hat.

dass – wie oben dargestellt – die Zahl der Kinder weltweit mit steigendem Bildungsniveau der Frauen sinkt. Offenbar führen die realen Erfahrungen gebildeter Frauen mit dem Muttersein zu einer Veränderung der ursprünglichen gewünschten großen Kinderzahl.

Auch die Einkommensverhältnisse korrelieren mit dem Reproduktionsverhalten. Öffentlich kolportiert wird in der Debatte um die ‚neue Unterschicht' die Behauptung, dass vor allem arme und bildungsbenachteiligte Frauen aus prekären sozialen Verhältnissen viele Kinder in die Welt setzen, die sie dann aufgrund ihrer mangelhaften Erziehungskompetenzen nur unzureichend fördern. Dass dies empirisch nicht haltbar ist, zeigen Daten des Mikrozensus: Knapp die Hälfte der Frauen mit dem geringsten Einkommen bekommen gar keine Kinder. Auch in der zweitärmsten Gruppe bleiben mehr als ein Drittel kinderlos (Klein et al. 2018, 131).

Den Zusammenhang von Reproduktionsverhalten und ökonomischen Verhältnissen untersuchte eine weitere BZgA-Studie (Helfferich et al. 2013). Seit 2005 umfasst der – sowieso schon niedrige – Hartz-IV-Regelsatz für Frauen ab 20 Jahren keine Ausgaben für Verhütung mehr. Problematisiert wurde diese Situation schon früh. Nachweisbar ist, dass Frauen mit Sozialleistungsbezug im Vergleich zu sozial privilegierteren Bevölkerungsgruppen häufiger nicht oder unsicher verhüten (ebd., 144). In der Folge werden sie – verglichen mit Frauen höherer Einkommenslagen – häufiger unbeabsichtigt schwanger und sie brechen häufiger eine Schwangerschaft ab.

Dass in den unteren Einkommenslagen der Anteil ungewollter Schwangerschaften höher ist als in privilegierten, bestätigen auch Kottwitz/Spies/Wagner (2011). Auf der Grundlage der repräsentativen SOEP-Bevölkerungsbefragung stellen sie fest, dass 42 Prozent der Schwangerschaften bei Frauen ohne beruflichen Bildungsabschluss und im untersten Einkommenssegment ungeplant sind. Bei Akademikerinnen liegt die Rate der ungeplanten Schwangerschaften bei 22 Prozent. Dies gilt auch für den oberen Einkommensbereich. Hier sind nur noch 14 Prozent der Schwangerschaften ungeplant (ebd., 132 f). Im Übrigen spielt auch das Alter dabei eine Rolle, wie erwünscht eine Schwangerschaft ist. Der Anteil der ungeplanten Schwangerschaften ist bei jüngeren Frauen bis 25 Jahre höher als bei älteren. Dieser Altersbefund muss jedoch nach den Ergebnissen der Migrationsstudie zum Reproduktionsverhalten der BZgA (Helfferich/Klindworth/Kruse 2011) differenziert werden. Für die überwiegende Mehrheit der Frauen mit türkischem und osteuropäischem Migrationshintergrund war die Schwangerschaft in frühem Alter gewollt (73 f).

2 Reproduktionsmedizin

Zwei Prozent aller Schwangerschaften entstehen durch medizinische Interventionen wie z. B. Hormonbehandlungen oder In-Vitro-Fertilisation. Gemessen an der öffentlichen Aufmerksamkeit erscheint dies vergleichsweise niedrig, zu bedenken ist aber, „dass künstliche Befruchtung für Frauen, die jenseits des 25. Lebensjahres versuchen Kinder zu bekommen, von großer Bedeutung ist“ (Kottwitz/Spies/Wagner 2011, 134). Als Tendenz zeichnet sich ab, dass diese Schwangerschaften eher bei Müttern mit höherem Haushaltseinkommen oder höherer Bildung vorzufinden sind (ebd.).

Charlotte Ullrich (2016) macht darauf aufmerksam, dass mit der Reproduktionsmedizin ein grenzüberschreitender, transnationaler medizinischer Raum entsteht, in dem das Kinderkriegen organisiert wird. „Paare reisen von Deutschland nach Belgien, weil dort die Eizellspende erlaubt ist; von den Niederlanden, um striktere Altersgrenzen zu umgehen oder operativ gewonnenes Sperma nutzen zu können, und aus Frankreich, wo lesbischen Paaren und alleinstehenden Frauen der Zugang zur Reproduktionsmedizin verwehrt wird.“ (Ebd., 8).

Eine wichtige Rolle für diesen „Medizintourismus“ (ebd., 9) spielen nicht allein unterschiedliche gesetzliche Regelungen in den Ländern, sondern auch die Preisdifferenzen der Behandlungen. Sie resultieren aus den globalen wirtschaftlichen Ungleichheiten bei den allgemeinen Lebenshaltungs- und Lohnkosten. Dies betrifft nicht allein die Gehaltsdifferenzen beim medizinischen Personal, sondern auch die Unterschiede des Bevölkerungseinkommens und der sozialen Absicherung. Wo Armut herrscht, wächst die Bereitschaft zur Gametenspende oder Leihmutterschaft. Damit offenbart sich die Reproduktionsmedizin als doppelt ungleichheitsreproduzierende Praxis. Zum einen dürfte klar sein, dass die grenzüberschreitende Nutzung der entsprechenden Angebote soziale und ökonomische Ressourcen wie Bildung, Mobilität und ökonomisches Kapital voraussetzt und von daher tendenziell von Angehörigen privilegierter Milieus beansprucht werden wird. Zum anderen basiert sie letztlich auf der Vorteilsnahme in den weltweiten Ungleichheitsverhältnissen, die bislang wenig öffentlich diskutiert wird.

3 Schwangerschaftsvorsorge

Die Zeit der Schwangerschaft ist gegenwärtig zu einem anspruchsvollen Arbeitsprogramm geworden, in dem die werdenden Eltern – vor allem die werdende Mutter – zahlreiche gesundheitspräventive Aufgaben zu erfüllen haben, um dem

Neugeborenen die besten Entwicklungsbedingungen zu verschaffen. Dazu sind die medizinische Schwangerschaftsvorsorge und Geburtsvorbereitungskurse institutionalisiert worden.

Letztere genießen ein hohes Maß an Akzeptanz (Lange/Ullrich 2018). Sie sind auch vergleichsweise gut untersucht, aber ausschließlich unter der Geschlechterperspektive (u. a. Müller/Zillien 2016; Seehaus/Rose 2015). Astrid Krahl (2012) weist jedoch darauf hin, dass es vor allem die gut ausgebildeten, ökonomisch abgesicherten und verheirateten Frauen sind, die diese nutzen.

Ähnliches wird generell für die pränatalen Präventionsangebote angenommen. Schwarz und Schücking (2004) konstatierten für Deutschland, dass die am besten informierten und gesündesten Frauen eher überversorgt sind, während die tatsächlich risikoexponierten Frauen nur teilweise von den Vorsorgemaßnahmen erreicht werden, obwohl diese sie doch in besonderer Weise benötigten. Ähnliche Hinweise finden sich auch später (u. a. Lange/Ullrich 2018). Letztlich ist aber die Datenlage hierzu spärlich und widersprüchlich.

So können Schäfers/Kolip (2015) in ihre Studie zu sozialen Differenzen bei der Inanspruchnahme der Vorsorgeangebote der weiblichen Versicherten der Barmer Gesundheitsversicherung nur schwache Korrelationen zwischen sozioökonomischer Lage und Vorsorgepraktiken ausmachen. Sie können keinen Zusammenhang zwischen Bildungsgrad und Inanspruchnahme von Screeningverfahren oder geburtsvorbereitenden Maßnahmen nachweisen. Wenn überhaupt, zeigt sich die Tendenz einer reduzierten Nutzung einzelner Dienstleistungen bei vorhandener Hochschulreife. Erstgebärende beanspruchen häufiger Ultraschalluntersuchungen, spezielle Blutuntersuchungen und geburtsvorbereitende Akupunktur. Letzteres wird auch häufiger genutzt von jenen mit hohem Einkommen. Fast alle Befragten (rund 99 Prozent) haben Präventionsmaßnahmen in Anspruch genommen, die im Rahmen der Schwangerenvorsorge *nicht* als Standard vorgesehen sind. Vier von fünf Frauen haben dafür (Zu-)Zahlungen geleistet. Diese Bereitschaft wurde kaum beeinflusst vom mütterlichen Alter und Bildungsstand, von der Anzahl der bisher geborenen Kinder und vom Einkommen.

Im Kontext der Gesundheitsprävention werden folgende Gruppen vorzugsweise als unterversorgt problematisiert: Frauen mit Migrationshintergrund, Fluchthintergrund und Frauen mit Substanzmissbrauch. Während 75 Prozent der schwangeren Frauen ohne Migrationshintergrund Vorsorgeuntersuchungen durchlaufen, gilt dies nur für 43 Prozent der Frauen mit Migrationshintergrund (Brenne et al. 2013). Das Risiko einer Unterversorgung nimmt zu bei Migrantinnen der ersten Generation, Frauen mit geringen Deutschkenntnissen, Fluchterfahrungen und unsicherem Aufenthaltsstatus (Ernst/Wattenberg/Hornberg 2017, 49), wenn auch die Datenlage dazu schwierig ist. Auch drogenkonsumierende Schwangere nutzen vergleichsweise selten die vorgeburtlichen Vorsorgeangebote, was das Risiko von ernsthaften Komplikationen während und nach der Geburt erhöht (Tschudin 2012, 31). Susan Hatters Friedman et al. (2007, 117) benennen neben drogenkonsumierenden Frauen auch Frauen, die ihre Schwangerschaft verdrängen, als Gruppen mit unzureichender Schwangerschaftsvorsorge.

Auf etwa 500 Geburten kommt ein Fall einer verdrängten Schwangerschaft. Keineswegs handelt es sich hierbei vorzugsweise um Frauen aus prekären Verhältnissen. Aufgrund der Verdrängung der Schwangerschaft werden Vorsorgeuntersuchungen nicht wahrgenommen, eine Vorbereitung auf die Geburt und die Zeit danach bleibt aus. Frühgeburtlichkeit, ein niedriges Geburtsgewicht, Mangelgeburten und in der Folge Verlegung auf die Neonatologie waren im Vergleich zur Normalbevölkerung hier häufiger (Baumann 2012). Ebenso nimmt die Wahrscheinlichkeit zu, dass die Mütter nach der Geburt an wohlfahrtsstaatliche Institutionen verwiesen werden, wie dies für die USA nachgewiesen wurde (Hatters Friedman et al. 2007, 117 ff).

4 Die Geburt

Was die sozialen Differenzen des Geburtsereignisses betrifft, ist die Datenlage im deutschsprachigen Raum uneindeutig. Die explorative qualitative Interviewstudie von Fischer (2010) deutet an, auch wenn die Fallzahl begrenzt ist, dass die Geburtskultur sich in Abhängigkeit vom Bildungsmilieu unterscheidet. Danach bevorzugen Frauen aus niedrigen Bildungsniveaus schulmedizinische Verfahren, Autonomie im Kontext der Geburt ist für sie eher bedeutungslos wie sie auch die Verantwortung für das Geburtsgeschehen primär an das gynäkologische Personal und Hebammen geben. Demgegenüber zeigen Mütter aus höheren Bildungsniveaus eine größere „Offenheit gegenüber alternativmedizinischen Maßnahmen, wählen außerklinische Entbindungsorte und messen der eigenen Entscheidungs- und Handlungsmacht eine größere Gewichtung bei" (Fischer 2010, 92). Geburtspraktiken des ‚sanften und natürlichen Gebärens', die in bürgerlichen Schichten oder ökofeministischen Gruppen gemeinhin als erstrebenswert gelten, stellen sich in bestimmten religiös-ethnischen Gruppen völlig anders dar (Stülb 2010). Für außerklinische Geburten entscheiden sich insbesondere akademisch gebildete Frauen (Kottwitz et al. 2011, 133).

Was die medizinischen Interventionen betrifft, sind die sozialen Differenzierungstrends uneindeutig. Für Frauen mit chronischen Erkrankungen oder Behinderungen sind erhöhte Kaiserschnittraten nachweisbar (Seidel et al. 2013), Periduralanästhesie erhalten jedoch in Deutschland Frauen mit niedrigem Schulabschluss am seltensten (Schäfers 2011, 37), bei Mitgliedschaft in einer privaten Krankenversicherung nimmt sie wiederum zu. Eine Analyse der gesetzlichen „Kaufmännischen Krankenkasse“ zum Zusammenhang von geburtshilflichen Leistungsausgaben und sozioökonomischer Lebenssituation der Versicherten ergab schließlich gar keinen Unterschied bei den durchschnittlichen Entbindungskosten in allen Einkommens- und Bildungsklassen (ebd., 37).

Während in Deutschland Forschungen zu Zusammenhängen zwischen sozioökonomischen Merkmalen und geburtshilflichen Eingriffen spärlich sind, sind diese international weitaus entwickelter. Insbesondere der Zusammenhang zwischen sozioökonomischen Merkmalen und Sectio-Interventionen und PDA ist sehr viel intensiver erforscht. Schäfers (2011) referiert zahlreiche internationale Studien hierzu (38 ff). Insgesamt kristallisiert sich dabei heraus, dass primär Bildung und Einkommen in enger Korrelation zu medizinischen Interventionen stehen, wenngleich die Richtung der Zusammenhänge anhand der Studienergebnisse nicht eindeutig ist.

5 Das Wochenbett

Die Zeit des Wochenbetts umfasst die ersten sechs bis acht Wochen nach der Geburt, in der Familien durch eine Nachsorgehebamme betreut werden. Wie Familien und Mütter diese Übergangsphase bewältigen, ist insgesamt wenig erforscht – schon gar nicht unter der Perspektive sozialer Ungleichheit.

Im Zuge der aktuellen medienöffentlichen Problematisierung des Mangels an Nachsorgehebammen für das Wochenbett, rückt jedoch die *regionale* Differenz in den Blickpunkt: In einigen Gebieten Deutschlands ist der Personalengpass so groß, dass nur mit viel und frühzeitigem Einsatz der werdenden Eltern eine Nachsorgehebamme zu finden ist. In der bayerischen Studie zur Hebammenversorgung gab jede vierte Mutter Schwierigkeiten bei der Suche nach einer Hebamme an, bei Erstgebärenden und Frauen mit Migrationshintergrund waren es sogar 40 % (Albrecht et al. 2018, 176). Etwa 5 % der Mütter hatten keine aufsuchende Wochenbettbetreuung durch eine Hebamme (ebd., 177).

Noch widriger stellt sich die Situation in den drei deutschen Stadtstaaten dar, in denen generell 30 % der Frauen gar keine vor- und nachsorgende Hebammenhilfe in Anspruch nehmen. Dies wird jedoch weniger mit Personalmangel, sondern vor allem damit erklärt, dass in Großstädten ein größerer Anteil sozial benachteiligter Frauen lebt, bei denen Zugangshindernisse vermutet werden (Angelescu 2012, 66). Um die Unterstützung durch eine Nachsorgehebamme rechtzeitig zu organisieren, müssen Familien um die Leistung der Wochenbettbetreuung und ihren aktuellen Bedrängnissen *wissen*. Für Migrantinnen ist nachweisbar, dass diese Kenntnisse zu Planungsnotwendigkeiten unzureichender vorhanden sind. In der Folge nehmen sie auch verhältnismäßig später im Schwangerschaftsverlauf Kontakt zu Hebammen auf (ebd., 124 ff).

6 Stillen und Säuglingsernährung

Historische Studien zum Stillen (Seichter 2014) belegen, dass die Säuglingsernährung immer schon eine soziale Frage war. Während in privilegierten Kreisen die Ernährung durch Ammen normal war, die einen angesehenen Status in der Familie hatten, war es in den armen Klassen verbreitet, Babys beispielsweise mit tierischer Milch und Schleimen zu ernähren oder sie an ‚deklassierte' Ammen zu geben, deren Pflege i. d. R. höchst mangelhaft war. Da die Praktiken der armen Bevölkerung eine hohe Säuglingssterblichkeit zur Folge hatten, wurden sie von den hegemonialen gesellschaftlichen Gruppen kritisiert und zum Anlass von Kampagnen zum Stillen in diesen Gruppen. Auch heute wird gesellschaftlich wieder einiges dafür getan, dass Mütter stillen. Die Hauptargumentationslinie der Aktionen zur Stillförderung fokussiert die Kinder- und Müttergesundheit (u. a. Kramer/Kakuma 2012; American Academy of Pediatrics 2012; Chowdhury et al. 2015) und wird normativ verankert in der WHO-Empfehlung zu Stillintensität und Stilldauer (WHO 2018).

Die Bemühungen zeitigen gewisse Erfolge. Im Kinder- und Jugendgesundheitssurvey (KiGGS), der einzigen Longitudinalstudie Deutschlands, die auch das Stillen berücksichtigt, wurde ein Anstieg der jemals gestillten Kinder von durchschnittlich 77 Prozent der Geburtsjahrgänge 1996–2002 (Lange/Schenk/Bergmann 2007, 628) auf 87 Prozent in den Jahrgängen 2013/2014 (Brettschneider/von der Lippe/Lange 2018, 924) registriert. Die Stilldauer jedoch stagniert. Lediglich knapp jeder fünfte Säugling der Jahrgänge 2002 bis 2012 wurde sechs Monate voll gestillt wie es die WHO empfiehlt (Lippe et al. 2014, 855).

Ob und wie lange ein Säugling gestillt wird, erweist sich unverändert als elementare soziale Frage. Dies gilt global und national. Weltweit liegt die Prävalenz des ausschließlichen Stillens in den ersten sechs Lebensmonaten ohne Milchersatzprodukte und Beikost bei durchschnittlich etwa 35 Prozent (Gökmen Sepetcigil 2015, 1), in Südostasien bei 43 Prozent, in Europa jedoch nur bei durchschnittlich 25 Prozent (WHO 2015), wobei europaweit regionale Unterschiede von 13–39 % zu verzeichnen sind (Theurich et al. 2018, 928).

In Deutschland haben Kinder von Müttern mit hohem Bildungsstatus eine 5-fach höhere Chance, jemals gestillt zu werden als Kinder von Müttern mit niedrigem Bildungsstatus. Ähnlich stellt sich dieses Verhältnis bezogen auf die Stilldauer dar (Lippe et al. 2014, 853). Auch eine Prävalenzstudie des Nationalen Zentrums für Frühe Hilfen kommt zu vergleichbaren Ergebnissen. Mütter mit niedriger Bildung, aber auch Mütter, die alleinerziehend sind, SGB-II beziehen oder jung sind, stillen weniger häufig und kürzer als Frauen mit mittlerer oder höherer Bildung (Lorenz/Fullerton/Eickhorst 2018). Die Studie schlussfolgert zu den möglichen Ursachen der geringeren Stillquote in Familien mit niedriger Bildung, dass diese nicht nur auf eine geringere Informiertheit zurückzuführen ist, „sondern auch den belastungsreicheren Lebensumständen dieser Gruppe geschuldet" ist (ebd., o. S.).

Anders sieht es mit der Stillbereitschaft in eingewanderten Familien aus. „Mütter mit Migrationshintergrund stillten im direkten Vergleich häufiger als Mütter ohne Migrationshintergrund (87,2% gegenüber 76,9%)" (ebd.), auch häufiger über das erste Lebensjahr hinaus (ebd.). Nach Gökmen Sepetcigil (2015) gibt es jedoch in Familien mit türkischem Migrationshintergrund Differenzen in Abhängigkeit vom Assimilierungsgrad. In Familien mit starken traditionellen Orientierungen werden die üblichen Stillpraktiken des Herkunftslandes von jungen Müttern aufgrund des starken Einflusses älterer Familienmitglieder relativ unabhängig von Alter oder Bildungsstand übernommen. Andere Frauen mit Migrationshintergrund hingegen lehnen das Stillen ab und geben industriell gefertigter Babynahrung den Vorrang, weil für sie Stillen nicht mehr zeitgemäß ist oder die Umgebung in Deutschland als nicht stillfreundlich erlebt wird (ebd., 10).

Zum Stillen weiterer gesellschaftlich schutzbedürftiger Gruppe wie die der geflüchteten Menschen gibt es für Deutschland keine verallgemeinerbaren Daten. Es ist jedoch davon auszugehen, dass Familien in Sammelunterkünften bei der Säuglingsernährung vor nicht lösbaren Herausforderungen stehen. Die Wahrung der Intimsphäre beim Stillen als auch das Einhalten hygienischer Standards in Gemeinschaftsküchen für die Zubereitung künstlicher Nahrung, die Aufbereitung der Utensilien und Lagerung des Milchpulvers sind hier mögliche Hindernisse. Ein eigener Schutzraum für die Wöchnerin und ihr Kind wird in Sammelunterkünften nur für eine sehr kurze Zeit nach der Geburt zur Verfügung gestellt (BMFSFJ/UNICEF 2018, 27), die letztlich unzureichend ist. Für Frauen mit chronischen Erkrankungen kann nachgewiesen werden, dass sie seltener und weniger lange stillen als Frauen, die gesundheitlich nicht beeinträchtigt sind (Sumilo 2012, 4 f). Zwar werden in der einschlägigen Fachliteratur vulnerable Gruppen im Bereich der Stillförderung wahrgenommen, aber es finden sich kaum lebensweltorientierte Beratungsansätze für sie. Eine Ausnahme bietet der Deutsche Hebammenverband (2012).

7 Kinderkriegen unter prekären Bedingungen: ein Blick auf ausgewählte Gruppen

Wie oben bereits erwähnt widmen sich gesundheitswissenschaftliche, hebammenwissenschaftliche, aber auch vereinzelt sozialwissenschaftliche Studien speziellen Personengruppen, für die besondere Probleme ‚rund um die Geburt' angenommen werden. Sie sind überwiegend durch das Anliegen motiviert, Schwangerschafts-, Geburts- und Wochenbetthilfen für diese Gruppen zu verbessern. Diese Identifizierung und Thematisierung von natalen ‚Problemgruppen' differenziert sich kontinuierlich immer weiter aus. So brachte z. B. die „Deutsche Hebammenzeitschrift" (2018) jüngst ein Schwerpunktheft heraus, in dem erstmalig Diskriminierungserfahrungen von Schwangeren mit hohem Körpergewicht problematisiert wurden und gefordert wurde, die Vorurteile und Projektionen des geburtshilflichen Personals gegenüber Dickleibigkeit kritisch zu reflektieren (Ensel 2018). Die Entwicklung geht also dahin, fortwährend auf neue soziale Stressoren aufmerksam zu machen, die bis dahin wenig im Blick sind – eine Entwicklung, die prinzipiell keinen Endpunkt hat. Je nuancierter das Wissen zu psychosozialen Belastungen wird, desto mehr Problemgruppen werden zwangsläufig für die geburtshilfliche Praxis und Forschung sichtbar.

8 Kinderkriegen in Armut

Nationale und internationale Studien problematisieren immer wieder die erhöhten Morbiditäts- und Mortalitätsrisiken bei sozial und ökonomisch benachteiligten Bevölkerungsgruppen. In diesem Zusammenhang wird regelmäßig auf die schlechtere physische und psychosoziale Kindergesundheit in armen Familien verwiesen. Damit einher gehen auch Problematisierungen der mütterlichen Gesundheitsbeeinträchtigungen in der Schwangerschaft, die für ihre Kinder nachhaltige negative Folgen haben und sie mit schlechteren gesundheitlichen Voraussetzungen ins Leben starten lassen als Kinder aus gut situierten Verhältnissen.

Im besonderen Blickpunkt sind dabei Mangelernährung, Rauchen und körperliche Gewalterfahrungen der Mutter als zentrale Einflussfaktoren – allesamt Faktoren, die häufiger bei Frauen mit niedrigem Einkommensstatus vorzufinden sind (Karlsson/Okoampah 2012, 232). So ist nachweisbar, dass Hungerphasen während der Schwangerschaft langfristige negative Auswirkungen auf die gesundheitliche Entwicklung der Babys haben. Ähnliches gilt für häusliche Gewalt gegen die schwangere Mutter, deren schädigende Effekte für die Kindesgesundheit ähnlich verheerend sind wie die des Rauchens während der Schwangerschaft, wobei der Effekt in frühen Schwangerschaftsphasen am stärksten ist (Karlsson/Okoampah 2012).

Hier deutet sich bereits eine Diskursfigur an, die für die Problemdebatte zu sozialen Ungleichheiten der Natalität charakteristisch ist: die Fokussierung auf das Kind. Bestimmend ist die öffentliche Sorge um das Wohlergehen des Fötus und Neugeborenen, das – so wird es problematisiert – durch die widrigen Lebensverhältnisse der Schwangeren und Mutter gefährdet ist. Die Situation der Mutter selbst gerät dabei vergleichsweise in den Hintergrund, sie ist in erster Linie als ‚Container' des Kinderkörpers von Bedeutung und in dieser Funktion gesundheitspolitisch oder auch sozialarbeiterisch zu ‚bearbeiten', indem sie z. B. zu verantwortungsvollerer Vorsorge und Lebensführung motiviert wird.

9 Kinderkriegen geflüchteter Frauen

Derzeit befinden sich weltweit zunehmend mehr Menschen auf der Flucht. In der Folge entstehen in zahlreichen Ländern institutionelle Hilfen für die Aufnahme geflüchteter Menschen. Hilfen ‚rund um die Geburt' spielen dabei eine Nebenrolle. Erste Thematisierungen finden sich in Studien zu Frauengesundheit und Flucht (Böll 2018). Auch werden mittlerweile Projekte auf den Weg gebracht, deren Aufgabe die Entwicklung geeigneter Versorgungskonzepte für schwangere und gebärende Frauen mit Fluchterfahrungen ist.

Dass hier Bedarf ist, wird mit den sexuellen Gewalterfahrungen geflüchteter Frauen begründet. Binder/Tosic (2003, 460) stellen fest, dass Genitalverstümmelung oder die Androhung dieser, Zwangsprostitution und Vergewaltigungen zu den frauenspezifischen Fluchtgründen gehören. Eine Studie der Böll-Stiftung (Hauser et al. 2018) verweist darauf, dass viele Frauen nicht nur vor den Auswirkungen der Kriege in ihren Heimatländern fliehen, sondern auch, weil sie Opfer sexualisierter Gewalt wurden oder Angst haben, dass sie und ihre Kinder sexualisierte Gewalt erleben werden. Die „Study on Female Refugees" (2017) benennt „geschlechtsspezifische Traumatisierungen, die Verantwortung für mitreisende Kinder oder ein traditionelles Rollenverständnis" (ebd., 5), die die Situation der Frauen auf der Flucht signifikant von der der Männer unterscheidet. Frauen sind sowohl während der Flucht als auch im Aufnahmeland in der besonderen Gefahr, sexuelle Gewalt zu erleben – seitens des Partners, Verwandter und Bekannter, die sich ebenfalls auf der Flucht befinden, seitens der Schleuser und Fluchthelfer, aber auch im Aufnahmeland z. B. in der Erstaufnahmeeinrichtung durch Personal und andere Bewohner (Rabe 2015).

Geflüchteten schwangeren Frauen steht in Deutschland die gleiche gynäkologische Versorgung zu wie der einheimischen Bevölkerung. Die Inanspruchnahme ist jedoch geringer, wenn auch präzise Daten dazu fehlen. Sowohl zu den Bedürfnissen als auch zur gynäkologischen und geburtshilflichen Versorgungslage von (schwangeren) geflüchteten Frauen ist insgesamt wenig bekannt. Gleiches gilt für die Situation von Frauen, die während der Flucht vergewaltigt und dadurch schwanger wurden (Ernst/Wattenberg/Hornberg 2017, 51 f). Skolik (2002) weist darauf hin, dass Schwangerschaft und Geburt für die betroffenen Frauen vielfältige stressende ‚Trigger' enthalten können: z. B. durch eine vaginale Untersuchung im Rahmen der Vorsorge oder unter der Geburt.

Die „Study on Female Refugees" (2017) erwähnt schließlich noch einen weiteren Belastungsfaktor: Viele geflüchtete Frauen leiden schwer an den Folgen genitaler Beschneidungen, die zu starken Schmerzen nicht nur bei Geschlechtsverkehr und Menstruation führen, sondern auch zu erheblichen Komplikationen bei der Geburt. Diese werden in Deutschland jedoch nur unzureichend erfasst und behandelt (ebd., 46).

10 ‚Black women' – die US-amerikanische Diskussion zum Rassismus in der Geburtshilfe

Die Benachteiligungen von ethnischen Gruppen bei der Geburt werden in den USA relativ intensiv öffentlich diskutiert. Angeprangert wird, dass die schlechte geburtshilfliche Behandlung von schwarzen Frauen und ihren Neugeborenen zu erhöhten Komplikations- und Sterberisiken in dieser Bevölkerungsgruppe führt. Politische Organisationen wie z. B. „Black Women Birthing Justice" (www.blackwomenbirthingjustice.org) engagieren sich dafür, schwarzen Frauen bessere Bedingungen der Geburt zu sichern – aber auch anderen benachteiligten Frauen wie jenen mit niedrigem Einkommen, Sozialhilfeempfängerinnen und inhaftierten Frauen.

Ein aktueller Auslöser dieser Debatte war Anfang 2018 die Medienmeldung zur Entbindung der Tennisspielerin Serena Williams, bei der sie in Lebensgefahr geriet, weil – so der Vorwurf der Sportlerin – das Klinikpersonal sie missachtete. Dieser Vorfall wurde als Beleg für die systematische Benachteiligung von schwarzen Frauen öffentlich verhandelt. So platzierte die Plattform „Global Citizen", eine weltweit agierende Organisation mit Hauptsitz in den USA, die sich für mehr Gerechtigkeit einsetzt, den folgenden Titel zu dem Vorfall: „Serena Williams' Scary Childbirth Story Is Part of a Larger Pattern of Discrimination Against Black Moms" (https://www.globalcitizen.org/en/content/serena-williams-childbirth-discrimination). In der deutschen Presse wurde Williams Geschichte bezeichnender Weise durchweg politisch neutralisiert als Krisenerzählung zum allgemeinen Stress von jungen Müttern.

In den USA fand die Debatte um den geburtshilflichen Rassismus dann eine Fortsetzung durch die Veröffentlichung der Journalistin Linda Villarosa (2018) im „New York Times Magazine", in der sie skandalisierte, dass schwarze Mütter und ihre Babys bei der Geburt stark erhöhte Gesundheits- und Sterberisiken tragen. ‚Woman of colour' haben nach den von ihr gesichteten Studien häufiger Frühgeburten und einen Kaiserschnitt, das Geburtsgewicht ihrer Kinder ist niedriger. Bei ihnen ist die Rate der lebensbedrohlichen Komplikationen unter der Geburt höher als bei weißen Frauen. Dies gilt sogar dann, wenn es sich um gut gebildete ‚woman of colour' der Mittelschicht handelt. Auch ihre Kinder tragen ein erhöhtes Risiko vor ihrem ersten Geburtstag zu sterben, das höher ist als das der Kinder weißer Frauen aus sozioökonomisch sehr prekären Milieus. All diese Risikobelastungen betreffen insbesondere Frauen, die in strukturell schwachen Regionen leben.

11 Kinderkriegen unter staatlicher Überwachung

Sehr wenig Beachtung finden in den Debatten zur Geburt jene Kontexte, in denen Frauen als ‚Risikomütter' in den staatlichen Kontrollfokus geraten (Klein u. a. 2018). Mit der Präzisierung des staatlichen Kinderschutzauftrags im Jahr 2005 (§ 8a SGB VIII) ist nicht nur die Infrastruktur wohlfahrtstaatlicher Hilfen, sondern es sind auch die Kontrollen für werdende und junge Eltern ausgebaut worden. Wo es Zweifel an der adäquaten Erfüllung elterlicher Fürsorgeverantwortung gibt, interveniert die professionelle Jugendhilfe, um Überleben und Gedeihen des Kindes sicherzustellen.

Zu den ‚Risikomüttern' gehören jene Frauen, die auffällig geworden sind: z. B. Teenager-Mütter; Mütter, deren Kind ungewollt ist; Alleinerziehende; wohlfahrtsabhängige, arme Mütter; Mütter aus Familien, die bereits zur Klientel Sozialer Arbeit gehören; Mütter mit niedrigem Bildungsstand und geringer Intelligenz; Mütter, die als Kinder im Heim gelebt haben; Straffälligkeit der Eltern oder auch eigene Straffälligkeit (Kindler 2010, 1074). Sie alle stehen in der Gefahr, auf der Basis eines entwicklungspsychologischen hegemonialen Wissenskanons zu Bedingungen guten Aufwachsens Sorge- und Erziehungsunfähigkeit zugeschrieben zu bekommen. Gerade im Kontext der Frühen Hilfen werden derzeit diagnostische Screeningverfahren optimiert, um Gefährdungspotentiale rechtzeitig zu prognostizieren und präventive Hilfen einzurichten (ebd. 2010).

Eine exponierte Rolle bei den Maßnahmen spielen die Familienhebammen. Dabei handelt es sich um examinierte Hebammen mit einer Zusatzqualifikation, die zur Betreuung von Familien mit ‚Risikofaktoren' in Kooperation mit der Jugendhilfe eingesetzt werden. Die Betreuungszeit dauert bis zu maximal einem Jahr – also deutlich länger als die Phase der krankenkassenfinanzierten Hebammennachsorge. Dieses Konzept geht zurück auf einen Modellversuch 1980 in Bremen, dessen Ziel die Senkung der Säuglingssterblichkeit war. Es richtete sich primär an Frauen in prekären Lebenslagen, weil für diese Bevölkerungsgruppe nicht nur eine deutlich erhöhte perinatale Mortalität nachweisbar war, sondern auch eine geringere Nutzung der medizinischen Vorsorge. Dabei erschienen Hebammen als günstige Interventionskräfte, da sie anders als die Professionellen der Jugendhilfe über medizinische Qualifikationen und ein positives Image verfügten.

Verschiedene Evaluationsstudien berichten von positiven Effekten der Familienhebammen (Ayerle 2012; Renner 2012): Ihnen gelingt ein besonderes Vertrauensverhältnis zu den Müttern. Sie sorgen für die gesunde Entwicklung der Kinder und beeinflussen die Eltern-Kind-Beziehung positiv, und sie spielen als Lotsin im Netzwerk der Akteure Früher Hilfen eine wichtige vermittelnde Rolle. Stärker rekonstruktiv ausgerichtete Studien in diesem Feld (Bühler-Niederberger et al. 2013; Zeller et al. 2014) deuten aber auch Konfliktlinien des Einsatzes der Familienhebammen in den betroffenen Familien aufgrund des doppelten institutionellen Mandat von Hilfe und Kontrolle an: auf der einen Seite geht es um die Unterstützung der Mutter bei der Entwicklung erzieherischer Kompetenz und Verantwortung, um dem Kind gute Bedingungen des Aufwachsens bei der eigenen Mutter zu sichern und zu verhindern, dass es zum Kindesentzug kommt; auf der anderen Seite steht das mütterliche Handeln unter kritischer normativer Beobachtung, um bei drohender Kindeswohlgefährdung das Kind der Mutter zu entziehen.

Diese Konfliktpotentiale gelten auch für die stationären Mutter-Kind-Einrichtungen, wie sie sich in der Drogenhilfe, Psychiatrie, in Frauenhäusern, im Strafvollzug, aber insbesondere im Kontext der Jugendhilfe finden lassen. Auch für sie ist das doppelte institutionelle Mandat typisch. Wie es praktisch von den entsprechenden Institutionen bewältigt wird und wie die betroffenen Mütter sich damit arrangieren, dazu liefert die ethnografische Studie zu einer Mutter-Kind-Einrichtung der Jugendhilfe von Marion Ott (Ott et al. 2015; Ott 2017) aufschlussreiche Erkenntnisse. Deutlich wird, wie die Mutter-Kind-Einrichtungen einen feingliedrigen Dauer-Beobachtungsraum konstituieren, in dem nicht allein das Kind – aus Gründen des Kindesschutzes – professionell überwacht und begutachtet wird, sondern auch die Mutter. Das institutionelle Betreuungsverhältnis etabliert ‚aus der Sache heraus' einen Modus des Misstrauens zwischen Professionellen und Müttern. Schließlich ist es die kritische Risikodiagnose mangelnder mütterlicher Erziehungsfähigkeit, die die Bewohnerinnen der Mutter-Kind-Heime dorthin gebracht haben, was auch die Gefahr des Kindesentzugs präsent hält. Da die Konflikte zwischen Professionellen und Frauen jedoch häufig auf das Kind(eswohl) verlagert werden, sind sie als interpersonale nicht mehr thematisierbar.

Mutter-Kind-Einrichtungen gibt es schließlich auch im Strafvollzug. Nach Meldungen der Praxis – statistische Daten fehlen – ist davon auszugehen, dass mehr als zwei Drittel der Frauen in Gefängnissen Kinder haben (Halbhuber-Gassner 2014). Dies wirft ethische Fragen auf. Im Kern geht es dabei um den Anspruch der WHO, dass das Recht auf Gesundheit auch für Menschen gilt, die sich in staatlichem Gewahrsam befinden. Dies betrifft erst recht die in Haft geborenen Kinder. Deutschlandweit werden nur in wenigen Justizvollzugsanstalten Plätze für Mütter mit Kindern vorgehalten. Es sind Einrichtungen des Strafvollzugs sowie zugleich der Kinder- und Jugendhilfe. Neben dem Vollzugspersonal arbeiten dort auch pädagogische Fachkräfte, die für die Betreuung der Mütter und Kinder zuständig sind.

Marion Ott (2015) hat eine exemplarische Mutter-Kind-Einrichtung im offenen Vollzug eines Gefängnisses untersucht. Dabei wurde ein spezifisches Spannungsfeld der Mutterschaft in Haft sichtbar. Das Gefängnis versucht zwar, die Haftsituation zu erleichtern, um gerade den Kindern einen möglichst ‚normalen' und kindgerechten Alltag zu bieten. So lag die untersuchte Einrichtung außerhalb der Haftanstalt, die Inhaftierten wohnten nicht in Zellen, sondern in Zimmern und wurden zudem nachts nicht dort, sondern nur auf dem Stockwerk eingeschlossen. Nichtsdestotrotz stehen die inhaftierten Mütter unter besonderem Stress. Sie sind unentwegt damit befasst, die Einschränkungen, die sich aus ihrer Inhaftierung für die Kinder ergeben, abzufedern, weil sie sich schuldig fühlen.

Dazu gesellt sich ein weiterer Konflikt. Die Präsenz der pädagogischen Fachkräfte impliziert die Zuschreibung unzureichender Erziehungsfähigkeit der inhaftierten Mütter. Vor diesem Hintergrund erweist sich das Verhältnis von Inhaftierten und Erzieherinnen als belastet, ähnlich wie dies in den Mutter-Kind-Einrichtungen der Jugendhilfe der Fall ist. Gerade weil die Erzieherinnen sich bemühen, den inhaftierten Müttern bei ihren Fürsorgeaufgaben in guter Absicht beizustehen, vermittelt sich den Müttern der Eindruck, defizitär zu sein. Zudem haben sie als Vertreterinnen des Jugendamtes das Kindeswohl zu schützen und damit eine objektive Kontrollfunktion, die für die Mütter bedrohlich ist.

Bezeichnend für alle hier skizzierten Hilfen für ‚Risikomütter' ist ihr ‚Kindzentrismus'. Zentrale Referenzfigur ist das vulnerable Kind, das der Fürsorge bedarf (Klein et al. 2018, 136). Das kindliche Wohlergehen des Kindes ist normativer Maßstab, um zum einen eine spezifische elterliche, vor allem mütterliche Fürsorge als Verhaltensstandard zu fordern und zum anderen bei Nicht-Erfüllung legitimer Weise einzugreifen. Wo Eltern versagen, ist es rechtens, das verbriefte

Elternrecht einzuschränken. Dabei werden – so die Kritik von Klein u. a. (2018) – persönliches Unvermögen oder schlimmstenfalls Unwillen der betroffenen Mütter individualisiert und moralisiert und nicht als Ergebnis widriger sozialer Lebensverhältnisse politisiert. Zum Fall wohlfahrtsstaatlicher Fürsorge zu werden, hat – wenn auch unbeabsichtigt – einen Stigmatisierungseffekt wie Studien zur Sozialpädagogischen Familienhilfe, Familienhebammen (Richter 2013; Eisentraut/ Turba 2013) und zum Einsatz von Screeningverfahren zur Früherkennung von ‚gefährdenden' Familien (Kindler 2010) problematisieren.

12 Abschluss: ‚Klassismen' des Gebärens

Die hier präsentierten Befunde zu den sozialen Ungleichheiten des Gebärens belegen: Wie Kinder gezeugt, ausgetragen, auf die Welt kommen und wie sie postpartum versorgt werden, spiegelt gesellschaftliche Differenz-, Normalisierungs- und Machtverhältnisse wider. Nicht für alle Gruppen sind die Bedingungen von Schwangerschaft und Geburt gleich, nicht für alle bedeuten diese Vorgänge das gleiche, nicht alle handhaben sie gleich und nicht alle haben die gleichen Möglichkeiten, ihre Interessen dabei durchzusetzen. Die Natalität des Menschen, so körperlich und naturhaft sie zu sein scheint, erweist sich damit als Reproduktions- und Produktionsort einer vielschichtigen ‚Klassengesellschaft'.

Zu den ‚Klassismen' des Gebärens gibt es insofern bereits eine lange und spezielle Geschichte, als die feministische Frauengesundheitsbewegung in den 1970er-Jahren den *Sexismus* der Geburtshilfe öffentlich anprangerte. In zahlreichen, vor allem historischen Studien zur Frauenheilkunde, zu Schwangerschaft und Abtreibung und zur Geburtshilfe wurden männliche Herrschaftsstrukturen herausarbeitet. Kritisiert wurde, dass „mit der systematischen Unterordnung der Frauen unter patriarchale Vorherrschaft ein sexual- und frauenfeindlich motiviertes Kontrollbedürfnis seitens unterschiedlicher Obrigkeiten" um sich greift, „dem sich akademisch ausgebildete Ärzte als Experten andienen und dem u. a. die traditionalen ‚weisen Frauen' und Hebammen zum Opfer fallen" (Sperling 1994, 19). Dass dieser geschlechterpolitische Befund zu simpel ist, zeigt Marina Hilber (i. d. B.) in ihrer historischen Analyse der konfliktreichen Geschichte der Geburtshilfe zwischen Bevölkerungspolitik und Verwissenschaftlichung der Hebammentätigkeit.

Dieses geschlechterpolarisierende Diskursmuster ist jedoch auch heute weiterhin aktuell, wenn beispielsweise problematisiert wird, dass sich im Zuge der Ökonomisierung der Geburtshilfe für Frauen die Bedingungen des Gebärens dramatisch verschlechtern (Jung 2017). Auch die aktuelle Debatte zur Gewalt unter der Geburt (Mundlos 2015) ist zentriert auf den universalisierenden Vorwurf der *geschlechtsspezifischen* Gewalt gegen gebärende *Frauen.* Die Frage anderer sozialer Ungleichheiten taucht hierbei nicht auf. Dass Geburtsverhältnisse jedoch nicht allein geschlechterpolitisch, sondern ebenso auf vielen anderen Ebenen differenzkritisch zu diskutieren und kritisieren sind, das haben unsere Ausführungen deutlich gemacht. Vielleicht ist es sogar der so gut entwickelte Genderdiskurs zur Natalität, der ungewollt verhindert, dass weitere soziale Klassifizierungen in den Blick geraten.

Soziale Ungleichheiten der Geburt zu thematisieren, führt zu einer Reihe offener Fragen. Erstens werden erhebliche Wissens- und Datenlücken sichtbar. Noch viel zu sehr bestimmen die Befunde zu Schwangerschaft, Geburt und Wochenbett privilegierter Gruppen die Diskurse der Geburtsforschung, die undifferenziert generalisiert werden. Zweitens ist offen, wie eine geburtshilfliche Praxis aussehen kann, die lebensweltliche Diversitäten anerkennt und ihnen angemessen begegnet. Drittens sind die eingelagerten Machtverhältnisse in den Blick zu nehmen. Hegemoniale Normalitätsstandards zum ‚guten Kinderkriegen' definieren Verhaltensauflagen an die prä- und postnatale Lebensführung und legitimieren sozialstaatliche Zugriffe auf abweichende Gruppen. Das ‚double-bind' dieser Vorgänge besteht darin, einerseits unterstützt zu werden, andererseits aber auch als normabweichend etikettiert zu werden. Viertens ist schließlich die Frage akut, wie in der Gemengelage diverser Interessen und Akteure der Geburt der Kindesschutz als staatlicher Auftrag zu sichern ist. Wenn es immer auch darum geht, jedem Kind, das auf die Welt kommt, die gleichen Lebens- und Entwicklungschancen zu verschaffen, ist die offene Herausforderung, was es dazu an gerechtigkeitsfördernden gesundheits- und sozialpolitischen Maßnahmen, aber auch an kritischen professionellen und (inter)diziplinären Fachdiskursen und Praxisentwicklungen bedarf.

Literatur

Albrecht, Martin/Loos, Stefan/Sander, Monika/Stengel, Verena (2018): Studie zur Hebammenversorgung im Freistaat Bayern, https://www.stmgp.bayern.de/wp-content/uploads/.../hebammenstudie_vollfassung.pdf, zuletzt aufgerufen am 15. 03. 2019.

American Academy of Pediatrics (2012): Breastfeeding and the use of Human Milk, in: Pediatrics 129/3, e827–e841.

Angelescu, Konstanze (2012): Inanspruchnahme von Leistungen der Hebammenhilfe durch GEK-versicherte Schwangere 2008 bis 2009, Masterarbeit im Studiengang Public Health/Pflegewissenschaft. Universität Bremen, https://elib.suub.uni-bremen.de/edocs/00102787-1.pdf, zuletzt aufgerufen am 15. 03. 2019.

Ayerle, Gertrud M. (2012): Frühstart: Familienhebammen im Netzwerk Früher Hilfen, Köln.

Baumann, Marie (2012): Die negierte Schwangerschaft – Erklärungsansätze, Auswirkungen und die Relevanz der Sozialen Arbeit. BA-Thesis an der HAW Hamburg, http://edoc.sub.uni-hamburg.de/haw/volltexte/2012/1891/pdf/WS.SA.BA.ab12.72.pdf, zuletzt aufgerufen am 2.4.2019.

Binder, Susanne/Tosic, Jelena (2003): Flüchtlingsforschung: sozialanthropologische Ansätze und genderspezifische Aspekte, in: SWS-Rundschau 43/4, 450–472, https://nbn-resolving.org/urn:nbn:de:0168-ssoar-165226, zuletzt aufgerufen am 15.03.2019.

BMFSFJ/UNICEF (2018): Mindeststandards zum Schutz von geflüchteten Menschen in Flüchtlingsunterkünften. Berlin, https://www.bmfsfj.de/bmfsfj/service/publikationen/mindeststandards-zum-schutz-von-gefluechteten-menschen-in-fluechtlingsunterkuenften/117474, zuletzt aufgerufen am 17.03.2019.

Böll (2018): Frauen und Flucht: Vulnerabilität – Empowerment – Teilhabe, Hg. v. Heinrich-Böll-Stiftung e.VBerlin, https://www.boell.de/sites/default/files/frauen_und_flucht.pdf, zuletzt aufgerufen am 15.03.2019.

Brenne, Silke/Breckenkamp, Jürgen/Razum, Oliver/David, Matthias/Borde, Thea (2013): Wie können Migrantinnen erreicht werden? Forschungsprozesse und erste Ergebnisse der Berliner Perinatalstudie, in: Esen, Erol/Borde, Theda (Hg.): Deutschland und die Türkei – Band II. Berlin, 183–198, https://opus4.kobv.de/opus4-ash/files/226/2013+Publikation_DTWK_deutsch.pdf, zuletzt aufgerufen am 29.03.2019.

Brettschneider, Anna-Kristin/Lippe, Elena von der/Lange, Cornelia (2018): Stillverhalten in Deutschland – Neues aus KiGGS Welle 2, in: Bundesgesundheitsblatt – Gesundheitsforschung – Gesundheitsschutz 61/8, 920–925.

Bühler-Niederberger, Doris/Alberth, Lars/Eisentraut, Steffen (2013): Sozialsystem, Kindeswohlgefährdung und Prozesse professioneller Interventionen. Abschlussbericht, www.skippi.uni-wuppertal.de/fileadmin/soziologie/skippi/Abschlussbericht_SKIPPI.pdf, zuletzt aufgerufen am 30.03.2019.

Chowdhury, Ranadip/Sinha, Bireshwar/Sankar, Mari Jeeva/Taneja, Sunita/Bhandari, Nita/Rollins, Nigel/Bahl, Rajiv/Martines (2015): Breastfeeding and maternal health outcomes: a systematic review and meta-analysis, in: Acta Paediatrica 104/467, 96–113.

Deutsche Hebammenzeitschrift (2018): 70 Jg., Heft 7, Schwerpunktheft zu Adipositas.

Deutscher Hebammenverband (2012): Praxisbuch: Besondere Stillsituationen, Stuttgart.

Dionisius, Sarah (2014): Reproduktionstechnologien und Geschlechterverhältnisse. Ein Literaturbericht über empirische Studien zur Familienbildung lesbischer Paare, in: Feministische Studien 32/1, 128–139.

Eisentraut, Steffen/Turba, Hannu (2013): Norm(alis)ierung im Kinderschutz. Am Beispiel von Familienhebammen und Sozialpädagogischen FamilienhelferInnen, in: Kelle, Helga/Mierendorff, Johanna (Hg.): Normierung und Normalisierung der Kindheit, Weinheim/Basel, 82–98.

Ensel, Angelika (2018): Der Stigmatisierung entgegenwirken, in: Deutsche Hebammenzeitschrift 70/7, 1.

Ernst, Christiane/Wattenberg, Ivonne/Hornberg, Claudia (2017): Gynäkologische und geburtshilfliche Versorgungssituation und -bedarfe von gewaltbetroffenen Schwangeren und Müttern mit Flüchtlingsgeschichte, in: IZGOnZeit 48/6, 48–60.

Fischer, Jeannine-Madeleine (2010): Milieuspezifischer Vergleich von Geburtspraktiken. Eine empirische Analyse, Universität Freiburg, unveröffentlichte Magisterarbeit.

Gollor, Birgit (2015): Das kranke und gefährdete Neugeborene, in: Mändle, Christine/Opitz-Kreuter, Sonja (Hg.): Das Hebammenbuch: Lehrbuch der praktischen Geburtshilfe, Stuttgart, 903–958.

Gökmen Sepetcigil, Suzan (2015): Unterschiede beim Stillverhalten türkischer Migrantinnen in Deutschland und türkischer Frauen in der Türkei, Dissertation am Fachbereich Medizin der Justus-Liebig-Universität Gießen, http://geb.uni-giessen.de/geb/volltexte/2016/12265/pdf/GoekmenSepetcigilSuzan_2016_06_28, zuletzt aufgerufen am 26.03.2019.

Halbhuber-Gassner, Lydia (2014): Entbinden mit Fußfesseln – im Gefängnis gibt es das, in: Neue Caritas 08/2014, https://www.caritas.de/neue-caritas/heftarchiv/jahrgang2014/artikel/entbinden-mit-fussfesseln-im-gefaengnis-gibt-es-das, zuletzt aufgerufen am 30.03.2019.

Hauser, Monika/Mosbahi, Jessica (2018): Frauen, Flucht und sexualisierte Kriegsgewalt – Ein politisches Forderungspapier, https://www.gwi-boell.de/de/2018/03/13/frauen-flucht-und-sexualisierte-kriegsgewalt-ein-politisches-forderungspapier, zuletzt aufgerufen am 15.03.2019.

Hatters Friedman, Susan/Heneghan, Amy/Rosenthal, Miriam (2007): Characteristics of Women Who Deny or Conceal Pregnancy, in: Psychosomatics 48/2, 117–122.

Helfferich, Cornelia/Klindworth, Heike/Kruse, Jan (2011): frauen leben – Familienplanung und Migration im Lebenslauf, Hg. v. BZgA, Köln.

Helfferich, Cornelia/Klindworth, Heike/Heine, Yvonne/Wlosnewski, Ines (2013): frauen leben 3. Familienplanung im Lebenslauf von Frauen – Schwerpunkt: Ungewollte Schwangerschaften, Hg. v. BZgA, Köln, https://www.forschung.sexualaufklaerung.de/fileadmin/fileadmin-forschung/pdf/Frauenleben3_Langfassung_Onlineversion.compressed.pdf, zuletzt aufgerufen am 30.03.2019.

Hermes, Gisela (2003): Zur Situation behinderter Eltern. Unter besonderer Berücksichtigung des Unterstützungsbedarfs bei Eltern mit Körper- und Sinnesbehinderung, Dissertation, Philipps-Universität, Marburg/Lahn.

Hilber, Marina (2020): „Nach den Regeln der Kunst". Leitmotive in der Geschichte der europäischen Geburtshilfe (18.–20. Jahrhundert), im vorliegenden Band.

Jung, Tina (2017). Die „gute Geburt" – Ergebnis richtiger Entscheidungen? Zur Kritik des gegenwärtigen Selbstbestimmungsdiskurses vor dem Hintergrund der Ökonomisierung des Geburtshilfesystems in: GENDER – Zeitschrift für Geschlecht, Kultur und Gesellschaft 9/2, 30–45.

Karlsson, Martin/Okoampah, Sarah (2012): Zusammenhang von Armut und Gesundheit, in: Der Bürger im Staat, Schwerpunkt Armut, Hg. v. Landeszentrale für politische Bildung Baden-Württemberg 62/4, 231–240.

Kindler, Heinz (2010): Risikoscreening als systematischer Zugang zu Frühen Hilfen. Ein gangbarer Weg? in: Bundesgesundheitsblatt 53/10, 1073–1079.

Klein, Alexandra/Ott, Marion/Seehaus, Rhea/Tolasch, Eva (2018): Die Kategorie der ‚Risikomutter'. Klassifizierung und Responsibilisierung im Namen des Kindes, in: Stehr, Johannes/Anhorn, Roland/Rathgeb, Kerstin (Hg.): Konflikt als Verhältnis – Konflikt als Verhalten – Konflikt Widersprüche der Gestaltung Sozialer Arbeit zwischen Alltag und Institution, Wiesbaden, 127–142.

Kortendiek, Beate/Lange, Ute/Ullrich, Charlotte (Hg.) (2017): Schwangerschaft, Geburt und Säuglingszeit: zwischen individueller Gestaltung, gesellschaftlichen Normierungen und professionellen Ansprüchen, in: Gender 9/2, 7–11.

Kottwitz, Anita/Spieß, C. Katharina/Wagner, Gert G. (2011): Die Geburt im Kontext der Zeit kurz davor und danach. Eine repräsentative empirische Beschreibung der Situation in Deutschland auf der Basis des Sozio-oekonomischen Panels (SOEP), in: Villa, Paula-Irene/Moebius, Stephan/Thiessen, Barbara (Hg.): Soziologie der Geburt, Frankfurt a. M./New York, 129 – 153.

Krahl, Astrid (2012): Aktueller Forschungsstand zur Bedeutung der Geburtsvorbereitung, in: Geburtsvorbereitung. Kurskonzepte zum Kombinieren, Deutscher Hebammenverband (Hg.), Stuttgart, 2 – 9.

Kramer, Michael S./Kakuma, Ritsuko (2012): Optimal duration of exclusive breastfeeding, Review, in: The Cochrane database of systematic reviews 8, https://www.cochranelibrary.com/cdsr/doi/10.1002/14651858.CD003517.pub2/full, zuletzt aufgerufen am 27. 03. 2019.

Lange, Cornelia/Schenk, Liane/Bergmann, R. (2007): Verbreitung, Dauer und zeitlicher Trend des Stillens in Deutschland. Ergebnisse des Kinder- und Jugendgesundheitssurveys (KiGGS), in: Bundesgesundheitsbl-Gesundheitsforsch-Gesundheitsschutz 50/5 – 6, 624 – 633.

Lange, Ute (2015): Chronische Erkrankung und Geburt: Erleben und Bewältigungshandeln betroffener Mütter, Dissertation, Universität Witten/Herdecke.

Lange, Ute/Schnepp, Wilfried/Sayn-Wittgenstein, Friederike zu (2015): Das subjektive Erleben chronisch kranker Frauen in der Zeit von Schwangerschaft, Geburt und Wochenbett – eine Analyse qualitativer Studien, in: Zeitschrift für Geburtshilfe und Neonatologie 219/3, 161 – 169.

Lange, Ute/Ullrich, Charlotte (2018): Schwangerschaft und Geburt: Perspektiven und Studien aus der Geschlechterforschung, in: B. Kortendiek/Riegraf B./Sabisch K. et al. (Hg.), Handbuch Interdisziplinäre Geschlechterforschung. Geschlecht und Gesellschaft, Wiesbaden, https://doi.org/10.1007/978-3-658-12500-4_74-2, zuletzt aufgerufen am 30. 3. 2019.

Lippe, E. von der/Brettschneider, A-K./Gutsche, J./Poethko-Muller, C. (2014): Einflussfaktoren auf Verbreitung und Dauer des Stillens in Deutschland. Ergebnisse der KiGGS-Studie – Erste Folgebefragung (KiGGS Welle 1), in: Bundesgesundheitsblatt, Gesundheitsforschung, Gesundheitsschutz 57/7, 849 – 859.

Lorenz, Simon/Fullerton, Birgit/Eickhorst, Andreas (2018): Zusammenhänge des Stillverhaltens mit der familiären Belastungssituation. Faktenblatt 7 zur Prävalenz- und Versorgungsforschung der Bundesinitiative Frühe Hilfen. Nationales Zentrum Frühe Hilfen (NZFH), Köln, https://www.fruehehilfen.de/fileadmin/user_upload/fruehehilfen.de/pdf/faktenblaetter/Faktenblatt-7-NZFH-Praevalenz-Zusammenhaenge-des-Stillverhaltens-mit-der-familiaeren-Belastungssituation.pdf, zuletzt aufgerufen am 15. 03. 2019.

Müller, Marion/Zillien, Nicole (2016): Das Rätsel der Retraditionalisierung. Zur Verweiblichung von Elternschaft in Geburtsvorbereitungskursen, in: Kölner Zeitschrift für Soziologie und Sozialpsychologie 68/3, 409 – 434.

Mundlos, Christina (2015): Gewalt unter der Geburt: Der alltägliche Skandal, Marburg.

Nakhla, Daniel/Eickhorst, Andreas/Cierpka, Manfred (Hg.) (2018): Praxishandbuch für Familienhebammen. Arbeit mit belasteten Familien, Frankfurt a. M.

Ott, Marion (2015): Begleitung, Betreuung und/oder Überwachung. Praktiken der Beobachtung und Bearbeitung von Mutterschaft in stationären Mutter-Kind-Einrichtungen des Strafvollzugs, in: Seehaus, Rhea/Rose, Lotte/Günther, Marga (Hg.): Vater, Mutter, Kind? – Geschlechterpraxen in der Elternschaft, Opladen, 259 – 279.

Ott, Marion/Hontschik, Anna/Albracht, Jan (2015): (Gute) Mutterschaft und Kinderschutz in stationären Mutter-Kind-Einrichtungen, in: Fegter, Susann/Heite, Catrin/Mierendorff, Johanna/Richter, Martina (Hg.): Neue Aufmerksamkeiten für Familie. Diskurse, Bilder und Adressierungen in der Sozialen Arbeit, Lahnstein, 137–148.
Ott, Marion (2017): ‚Mütterliche Kompetenz' im Spannungsfeld von Darstellung und Adressierung. Erziehungsverhältnisse in Stationären Mutter-Kind-Einrichtungen machtanalytisch betrachtet, in: Tolasch, Eva/Seehaus, Rhea (Hg.), Mutterschaften sichtbar machen. Sozial- und kulturwissenschaftliche Beiträge, Opladen/Berlin, 271–288.
Pfeifenberger-Lamprecht, Beate (2015): Trauer- und Sterbebegleitung., in: Mändle, Christine/Opitz-Kreuter, Sonja (Hg.): Das Hebammenbuch: Lehrbuch der praktischen Geburtshilfe, Stuttgart, 1079–1093.
Pötzsch, Olga: Geburten in Deutschland. Ausgabe 2012, Hg. v. Statistisches Bundesamt, Wiesbaden, https://www.destatis.de/DE/Publikationen/Thematisch/Bevoelkerung/Bevoelkerungsbewegung/BroschBroschuereGeburtenDeuts0120007129004.pdf?__blob=publicationFile, zuletzt aufgerufen am 15.03.2019.
Rabe Heike (2015): Effektiver Schutz vor geschlechtsspezifischer Gewalt – auch in Flüchtlingsunterkünften, Policy Paper 32, Deutsches Institut für Menschenrechte.
Richter, Martina (2013): Die Sichtbarmachung des Familialen. Gesprächspraktiken in der Sozialpädagogischen Familienhilfe, Weinheim/Basel.
Renner, Ilona (2012): Wirkungsevaluation „Keiner fällt durchs Netz". Ein Modellprojekt des Nationalen Zentrums Frühe Hilfen. Hg. v. Nationales Zentrum frühe Hilfen, Köln.
Schäfers, Rainhild (2011): Subjektive Gesundheitseinschätzung gesunder Frauen nach der Geburt eines Kindes, Dissertationsschrift zur Erlangung des Doktorgrades rer. medic im Fachbereich Humanwissenschaften der Universität Osnabrück, Osnabrück.
Schäfers, Rainhild/Kolip, Petra (2015): Zusatzangebote in der Schwangerschaft: Sichere Rundumversorgung oder Geschäft mit der Unsicherheit? in: Gesundheitsmonitor Newsletter, Hg. v. Bertelsmannstiftung 03/2015, 1–14.
Schneider, Eva (2004): Familienhebammen. Die Betreuung von Familien mit Risikofaktoren, Frankfurt a. M.
Schröttle, Monika/Glammeier, Sandra/Sellach, Brigitte/Hornberg, Claudia/Kavemann, Barbara/Puhe, Henry/Zinsmeister, Julia (2013): Lebenssituationen und Belastungen von Frauen mit Behinderungen und Beeinträchtigungen in Deutschland, Endbericht, hg. v. Bundesministerium für Familie, Senioren, Frauen und Jugend, Bielefeld/Frankfurt a. M./Köln/München.
Schwarz, Clarissa/Schücking, Beate (2004): Adieu, normale Geburt?, in: Dr. med Mabuse 148, 22–25.
Seehaus Rhea/Rose, Lotte: Formierung von Vaterschaft – ethnografische Befunde aus Institutionen der Natalität, in: Gender 7/3, 93–108.
Seehaus, Rhea/Rose, Lotte/Günther Marga (Hg.) (2015): Mutter, Vater, Kind – Geschlechterpraxen in der Elternschaft, Leverkusen-Opladen.
Seichter, Sabine (2014): Erziehung an der Mutterbrust Eine kritische Kulturgeschichte des Stillens, Weinheim/Basel.
Seidel, Anja/Michel, Marion/Wienholz, Sabine/Riedel-Heller, Steffi Gerlinde (2013): Zufriedenheit chronisch kranker und behinderter Frauen mit der medizinischen Betreuung während Schwangerschaft und Geburt, in: Zeitschrift für Geburtshilfe und Neonatologie 217, 1.

Skolik, Silvia (2002). Hebammenhilfe nach sexueller Gewalterfahrung. Besondere Bedürfnisse in Schwangerschaft, Geburt und Wochenbett, https://www.schwanger-und-gewalt.de/hg.html, zuletzt aufgerufen am 30. 03. 2019.

Sperling, Urte (1994): Schwangerschaft und Medizin. Zur Genese und Geschichte der Medikalisierung des weiblichen Gebärvermögens, in: Busse, Reinhard (Hg.): Gesundheitskult und Krankheitswirklichkeit (Jahrbuch für kritische Medizin 23), Hamburg, 7 – 21.

Study on Female Refugees. Repräsentative Untersuchung von geflüchteten Frauen in unterschiedlichen Bundesländern in Deutschland, Verf.: Schouler-Ocak, Meryam/Kurmeye, Christine, Berlin 2017, https://female-refugee-study.charite.de/fileadmin/user_upload/microsites/sonstige/mentoring/Abschlussbericht_Final_-1.pdf, zuletzt aufgerufen am 30. 03. 2019.

Stülb, Magdalena (2010): Transkulturelle Akteurinnen: Eine medizinethnologische Studie zu Schwangerschaft, Geburt und Mutterschaft von Migrantinnen in Deutschland, Berlin.

Sumilo, Dana/Kurinczuk, Jennifer J./Redshaw, Maggie E./Gray, Ron (2012): Prevalence and impact of disability in women who had recently given birth in the UK, in: BMC pregnancy and childbirth 12/31, https://bmcpregnancychildbirth.biomedcentral.com/articles/10.1186/1471-2393-12-31, zuletzt aufgerufen am 17. 03. 2019.

Theurich, Melissa/Weikert, Cornelia/Abraham, Klaus/Koletzko, Berthold (2018): Stillquoten und Stillförderung in ausgewählten Ländern Europas, in: Bundesgesundheitsblatt, Gesundheitsforschung, Gesundheitsschutz 61/8, 926 – 936.

Thomas, Mary-Powel/Ammann, Gabriela/Brazier, Ellen/Noyes, Philip/Maybank Aletha (2017): Doula Services Within a Healthy Start Program: Increasing Access for an Underserved Population, in: Maternal and Child Health Journal 21/1, 59 – 64.

Tolasch, Eva/Seehaus, Rhea (Hg.) (2017): Mutterschaften sichtbar machen. sozial- und kulturwissenschaftliche Beiträge, Opladen/Berlin.

Tschudin, Sibil (2012): Betreuung drogenabhängiger Schwangerer und Mütter, in: Riecher-Rössler, Anita (Hg): Psychische Erkrankungen in Schwangerschaft und Stillzeit, Freiburg/Basel, 28 – 33.

Ullrich, Charlotte (2016): Kinderwunschbehandlung als entgrenzte Medizin?, in: Jungbauer-Gans, M. et al. (Hg.), Handbuch Gesundheitssoziologie, Wiesbaden. DOI: 10.1007/978-3-658-06477-8_42-1, 1 – 19.

Villa, Paula-Irene/Moebius, Stephan/Thiessen, Barbara (2011): Soziologie der Geburt: Diskurse, Praktiken und Perspektiven – Einführung, in: Villa, Paula-Irene/Moebius, Stephan/Thiessen, Barbara (Hg.): Soziologie der Geburt, Frankfurt a. M./New York, 7 – 21.

Villarosa Linda (2018): Why America's Black Mothers and Babies Are in a Life-or-Death Crisis, in: The New York Times Magazine April 11, 2018, https://www.nytimes.com/2018/04/11/magazine/black-mothers-babies-death-maternal-mortality.html, zuletzt aufgerufen am 30. 03. 2019.

WHO (2018): Infant and young child feeding, https://www.who.int/en/news-room/fact-sheets/detail/infant-and-young-child-feeding, zuletzt aufgerufen am 28. 03. 2019.

Zeller, Maren/Schröder, Julia/Rettig, Hanna (2014): Familienhebammen als professionelle Grenzarbeiterinnen? in: Sozialmagazin 39/8, 62 – 69.

IV Die Pränataldiagnostik in bioethischer und biopolitischer Diskussion

Christoph Rehmann-Sutter

Zur ethischen Bedeutung der vorgeburtlichen Diagnostik

Zusammenfassung: Die Pränataldiagnostik kann Frauen und Paare in konfliktreiche Situationen bringen, in denen sie über die Fortsetzung einer Schwangerschaft entscheiden müssen. Zur Abgrenzung gegenüber der Eugenik wird oft das Ziel der Pränataldiagnostik nicht in der Verhinderung der Geburt eines Kindes mit einer genetisch feststellbaren Behinderung oder Krankheit gesehen, sondern in der Ermöglichung einer informierten Entscheidung der Frau oder des Paares. Dieses Autonomie-Rationale kann aber nicht erklären, warum Frauen die Pränataldiagnostik überhaupt durchführen. Es geht ihnen kaum darum, die Möglichkeit zu schaffen, informiert entscheiden zu können. Plausibler ist es anzunehmen, dass sie sich um ihr gutes Leben als Eltern ihrer Kinder und um das gute Leben ihrer Kinder sorgen. Der Beitrag rekonstruiert die Entscheidungssituation der Pränataldiagnostik aus einer Care-ethischen Perspektive.

Darin bleibt die Selbstbestimmung der Frau und des Paares wichtig, bedarf aber eines zweiten Pols. Wenn es um das Wohl der Kinder und um die elterliche Verantwortung geht, spielt es eine wichtige Rolle, wie es den Kindern in der Gesellschaft gehen wird. Für die Gesellschaft entsteht mit der Pränataldiagnostik deshalb die Pflicht, für die Unterstützung und die Inklusion von Kindern mit Behinderungen zu sorgen. Das Anliegen der Inklusion bleibt mit dem Anliegen der Selbstbestimmung insofern verbunden, dass Frauen und Paare bei fehlender Inklusion unter Druck geraten können, Tests auch gegen ihre eigenen Wünsche durchzuführen und sogar eine betroffene Schwangerschaft abzubrechen, weil sie sehen, dass es in der erweiterten Familie und in der Gesellschaft keinen Platz für so und so betroffene Kinder gibt.

1 Einleitung

In biomedizinischer Sprache dargestellt, ist die pränatale Diagnostik eine Familie von Test- und Messverfahren, die es erlauben, den Fötus auf genetische Krankheiten und Dispositionen, organische Fehlbildungen oder chromosomale Abweichungen zu untersuchen, bevor das Kind geboren wird. Ilana Löwy (2018, 22) nennt sie eine „extensiv genutzte biomedizinische Innovation“. Dieser Begriff verweist auf den Prozesscharakter und auf die verteilte Akteurschaft dieser Veränderung in der Gynäkologie, die seit den 1970er Jahren weite Verbreitung fand.

https://doi.org/10.1515/9783110719864-014

Sie erlaubt es, schon vor der Geburt zu sehen, was geboren wird – „to see what is about to be born" (ebd.). Damit wird es möglich – oft sogar unausweichlich, im Verlauf der Schwangerschaft eine neuartige Entscheidung zu treffen: die Entscheidung nämlich, ob ein Kind mit bestimmten vorgeburtlich festgestellten Eigenschaften geboren werden soll.

Die Möglichkeit dieser Entscheidung hat das Kinderkriegen vor neue Voraussetzungen gestellt. Sie hat nicht nur neue Technologien in die gynäkologische Praxis eingeführt, sondern den gesellschaftlichen Kontext der menschlichen Fortpflanzung neu organisiert. Neue Formen von Verantwortung zwischen den Generationen sind entstanden. Die Herausforderungen, die sich seither für die Frauen und Paare in ihrem realen Leben stellen, in der Situation und in den Kontexten, in denen von ihnen Entscheidungen abverlangt werden, sind vielschichtig, teilweise mehrdeutig, moralisch komplex und oft konfliktreich. Sowohl für die Schwangeren als auch für die medizinische Genetik und allgemein für die Gesellschaften stellen sich hinter den speziellen praktischen Fragen, worauf man alles testen soll, was man lieber *nicht* wissen möchte und wie man mit Befunden umgeht, jeweils auch Grundfragen: Was ist ein gelingendes menschliches Leben?

Ich gebe zu, das ist noch ein einseitiges Bild. Die Pränataldiagnostik ist nicht nur auf den Schwangerschaftsabbruch ausgerichtet. Sie erlaubt es auch, Gefahren frühzeitig zu erkennen, um eine gelingende Geburt dieses Kindes zu fördern. Die pränatale Diagnostik hat auch eine klassisch präventive Bedeutung, indem sie Informationen zur Vermeidung von Komplikationen bei der Geburt liefern kann. In einigen Fällen ist eine Frühtherapie möglich. Und viele Frauen, die einen auffälligen Befund erhalten, lassen die Schwangerschaft deswegen nicht abbrechen, sondern bereiten sich auf die Geburt ihres Kindes mit besonderen Bedürfnissen vor.

Um die Pränataldiagnostik von *Eugenik* abzugrenzen, die allgemein als verwerflich gilt, hat man darauf gesetzt, dass die Entscheidungen von den Frauen bzw. von den Paaren selbst getroffen werden sollen. Damit sie das dazu nötige Wissen erhalten, ist eine ausführliche genetische Beratung vorgesehen, die in Bezug auf die Entscheidung neutral (‚nicht-direktiv') sein soll. Mit Nachdruck wird im Großteil der bioethischen Literatur in Bezug auf diese Beratung und auf die Entscheidungen ein Ideal der Autonomie beschworen: Das eigentliche Ziel der Pränataldiagnostik sei *nicht die Verhinderung der Geburt von Kindern mit bestimmten Eigenschaften, sondern die Ermöglichung einer informierten und selbstbestimmten Entscheidung der Frauen.* Diese These verlangt aber eine kritische Untersuchung.

Die Voraussetzung für eine legale Praxis der Pränataldiagnostik ist offensichtlich eine gesetzliche Regelung, die es möglich macht, auf Grund einer medizinisch-sozialen Indikation eine Schwangerschaft abzubrechen. Zur moralischen Problematik des Schwangerschaftsabbruchs gab und gibt es heftigen Streit. Nach wie vor bestehen weltweit immense Regulierungsunterschiede.[1] Ich möchte diese Problemlage hier nicht aufrollen, sondern – um Missverständnisse zu vermeiden – meine eigene Position dazu gleich zu Beginn zum Ausdruck bringen. Ich glaube, dass für eine ethische Analyse das Selbstbestimmungsrecht der Frauen über ihre Schwangerschaft im Zentrum stehen muss. Aus folgenden zwei Gründen: Erstens kann niemand besser wissen außer der Schwangeren selbst, welche Lebenssituation ihr Kind haben wird oder würde. Das ist ein epistemischer Grund. Der zweite Grund ist ein moralischer: Es gibt keine mich überzeugenden Gründe dafür, die es rechtfertigen könnten, eine Schwangere zur Austragung des Kindes zu zwingen.[2] Es ist ihr Körper. Der rechtliche Status eines ungeborenen Fötus kann nicht derselbe sein wie der rechtliche Status der schwangeren Frau. Sie soll deshalb in meinen Augen das Recht haben, über den Fortgang oder den Abbruch ihrer Schwangerschaft zu entscheiden. Eine liberale Regelung des Schwangerschaftsabbruchs, wie sie in den meisten europäischen Ländern besteht, etwa die Fristenregelung mit Beratungspflicht in Deutschland oder die Fristenregelung in der Schweiz, halte ich aus diesen Gründen für die vertretbarste Lösung.

Die Argumentationslinie über das Selbstbestimmungsrecht der Frau würde auch zu einer Position in der Ethik der Pränataldiagnostik führen, die heute häufig als „reproduktive Autonomie“ bezeichnet wird (Purdy 2006; Ravitsky 2017). Wenn ich im Folgenden argumentiere, dass das Selbstbestimmungsrecht *alleine* nicht ausreicht, um die moralisch komplexen Situationen zu verstehen, in denen sich Paare und Frauen finden, kritisiere ich nicht die Gültigkeit dieses Selbstbestimmungsrechts. Ich stelle aber fest, dass aus der Position der Schwangeren bzw. der Paare die Ausübung des Selbstbestimmungsrechts Fragen aufwirft, die darüber hinausreichen, dieses Selbstbestimmungsrecht einfach zu haben. Der Ansatz der reproduktiven Autonomie bleibt sozusagen in respektvoller Distanz dazu, was es heißt, die Autonomie *auszuüben*. Diese Nichteinmischung der Bioethik hilft dann aber der Frau bzw. dem Paar, die die Entscheidung treffen müssen, wenig, außer dass sie sie vor Einmischung anderer abschirmt. Die Entscheidungssituation der Frauen und Paare stellen aber eigene moralische Probleme, die mit der Situation zu tun haben, die ihr Kind erwartet.

---

1 Das Center for Reproductive Rights publiziert eine aktuelle Weltkarte: https://reproductiverights.org/worldabortionlaws.

2 Damit sind ethisch schwerwiegende Fragen verbunden, auf die ich hier nicht eingehen kann. Zur Diskussion um den moralischen Status des Fötus im zweiten oder dritten Schwangerschaftsdrittel siehe die Kapitel von Matthias Wunsch und Markus Rothhaar in diesem Band. Zur Frage des Embryos vgl. Rehmann-Sutter (2008).

Ich möchte auf einen Aspekt des Fragekomplexes bei der Ausübung der reproduktiven Autonomie besonders eingehen. Wenn man sich in die Position der Frauen oder der Paare versetzt, die diese Entscheidungen zu treffen haben,[3] zeigt sich ein Zusammenhang, der bei der ausschließlichen Fokussierung auf den Respekt vor der Selbstbestimmung unbeachtet bleibt: nämlich der Zusammenhang zwischen der Entscheidung über das Durchführen eines diagnostischen Tests bzw. im Fall einer Diagnose über das Fortführen oder Abbrechen der Schwangerschaft, und den *erwarteten Lebensbedingungen* der Kinder, die mit den getesteten Anlagen geboren werden. Man kann die Krankheit, die Beeinträchtigung oder die phänotypische Variation, über deren Auftreten man nun schon vorgeburtlich Bescheid wissen kann, nicht trennen vom erwarteten Lebenskontext der betroffenen Kinder.

Dieser Lebenskontext ist aber nicht naturgegeben. Er ist vielmehr ein Ergebnis von Gesundheits- und Sozialpolitik. Wie es dem Kind gehen würde, nachdem es geboren wird, ist abhängig von der gesellschaftlichen Sorge zur Inklusion von Menschen mit Behinderungen. Damit entsteht, wie ich argumentieren werde, *durch* die Pränataldiagnostik, wenn sie auf dem Recht auf Selbstbestimmung gegründet sein soll und wenn dieses Recht nicht inhaltsleer sein soll, eine soziale Pflicht: nämlich die gesellschaftliche *Pflicht zur Inklusion der Kinder, die mit den Behinderungen geboren werden, auf die vorgeburtlich getestet werden kann.* Diese These mag paradox klingen. Ich hoffe, dass es mir im Folgenden gelingt, die Gründe, die für sie sprechen, zu erklären. Wenn man der These folgt, so steht dem wichtigen Anliegen der Selbstbestimmung ein zweites, ebenso wichtiges sozialethisches Anliegen zur Seite, nämlich die Inklusion.

2 Pränataldiagnostik: state of the art

Der früheste bekannte Nachweis einer erfolgreichen pränatalen Diagnose mit einer Probe des Fruchtwassers findet sich in einer Veröffentlichung aus dem Jahr 1955 (Serr et al. 1955) der Gruppe um den Genetiker Leo Sachs in Israel, als bei

---

3 Im Hintergrund meiner Ausführungen steht eine vergleichende Interviewstudie zu nicht-invasiver Pränataldiagnostik (NIPT) in Israel und Deutschland, in der wir in beiden Ländern 50 qualitative Interviews vor allem mit Nutzerinnen und Nicht-Nutzerinnen von NIPT führen. Die Studie enthält ein eigenständiges philosophisches Teilprojekt. Ich danke Hannes Foth, Yael Hashiloni-Dolev, Tamar Nov Klaiman, Anika König, Aviad Raz, Stefan Reinsch und Christina Schües für viele Anregungen, die in diesen Text eingeflossen sind. Die Studie heißt „Meanings and Practices of Prenatal Genetics in Germany and Israel (PreGGI)" und wird von der DFG gefördert (RE 2951/3–1 und SCHU 2846/2–1).

20 Schwangerschaften das Geschlecht des Kindes zutreffend festgestellt werden konnte. Zu der Zeit arbeiteten mehrere Gruppen unabhängig voneinander an der Entwicklung diagnostischer Verfahren mit Amnionflüssigkeit, vor allem Leo Sachs mit Mathilde Danon und David Serr an der Rothschild-Hadassah Universitätsklinik in Jerusalem bzw. am Weizmann-Institut in Rehovoth sowie Fritz Fuchs und Povl Riis in Kopenhagen. Mit speziellen Färbemethoden konnte man im mikroskopischen Präparat die sogenannten Barr-Bodies als dunkle Punkte sichtbar machen und daran das Geschlecht des Fötus erkennen.[4] Anwendungen zur Vermeidung von geschlechtsgebundenen Erkrankungen lagen auf der Hand.

Vorher war eine medizinische Untersuchung des Fötus praktisch nicht möglich. Mit Hörrohr und später mit dem Stethoskop konnten Ärzte zwar schon im 18. Jahrhundert Herztöne kontrollieren (Seehausen 2012, 20 ff). Die Schwangeren selbst konnten Kindsbewegungen spüren; auch Hebammen konnten sie ertasten. Systematische medizinische Untersuchungen am Fötus waren aber vor der Entwicklung der Amniozentese und den Fortschritten der Genetik nicht möglich. 1959 haben verschiedene Gruppen die Verbindung zwischen einer abweichenden Anzahl von Chromosomen und angeborenen Anomalien entdeckt: Down-Syndrom wurde als Trisomie 21 erklärt, das Turner-Syndrom als Fehlen eines X-Chromosoms (45, X0), das Klinefelter-Syndrom durch das Vorhandensein eines zusätzlichen X-Chromosoms (47, XXY). Weitere sogenannte Aneuploidien wurden in den frühen 1960ern gefunden: u. a. das Edwards-Syndrom (Trisomie 18) und das Patau-Syndrom (Trisomie 13).[5] Nachdem man die Chromosomen mikroskopisch darstellen und zählen konnte, eröffneten sich Möglichkeiten zur Erstellung von Karyogrammen und zur Entwicklung einer zytologischen Diagnostik nach Fruchtwasserpunktion. Seit den 1970er Jahren fand eine Untersuchung des Fruchtwassers bei Schwangeren mit diesen Methoden weite Verbreitung. Seit den 1980er Jahren wurden weitere Tests eingeführt, die dazu dienten, das Risiko einer Chromosomenanomalie näher zu bestimmen, das auch durch das Alter der Frau mitbestimmt wird. Das waren vor allem Tests, die am Blut der Frau vorgenommen wurden und teilweise bis heute einen normalen Bestandteil der Schwangerenvorsorge bilden. Wenn aus den Befunden ein erhöhtes Risiko errechnet wird, kann eine Amniozentese als indiziert gelten. Parallel dazu wurden seit den 1980er Jahren Ultraschalluntersuchungen eingeführt: ein bildgebendes Verfahren, mit denen der Fötus immer genauer dargestellt werden kann. Die Messung der fötalen Nackenfaltendicke bildet einen wichtigen Bestandteil der Risikoermittlung für

---

4 Riis, Fuchs (1956); Sachs, Serr, Danon (1956); vgl. weitere Nachweise bei Löwy (2017, 44).
5 Nachweise bei Löwy (2017, 47 f).

Fehlbildungen. Mit den seit den 1990er Jahren erheblich verbesserten Geräten konnte der Ultraschall als feindiagnostisches Instrument verwendet werden.

Gegenwärtig befindet sich das Feld der Pränataldiagnostik im Umbruch, der durch eine weitere technologische Innovation ausgelöst wurde: die Analyse von zellfreier fötaler DNA im Blut der Schwangeren. 2012 kamen sog. nicht-invasive genetische Tests (NIPT) auf den Markt. NIPTs können mit wenigen Milliliter mütterlichen Blutes durchgeführt werden, ohne Amniozentese und damit ohne die Schwangerschaft durch den diagnostischen Eingriff zu gefährden. Damit steht grundsätzlich das gesamte Erbgut des Fötus einer gefahrlosen Untersuchung offen. Die heute kommerziell angebotenen Tests testen allerdings erst die häufigen Aneuploidien.

Die pränatale Diagnostik ist standardmäßig in die gynäkologische Versorgung Schwangerer integriert worden. Obwohl es zwischen den Ländern große Unterschiede gibt, bieten heute die meisten Gesundheitssysteme eine Anzahl von Screening- und Testoptionen an. Es gibt zwei Gruppen von Untersuchungen. Die erste besteht aus Screening-Tests, die das Ziel haben, das klinische Outcome für Mutter und Kind durch ein frühzeitiges Erkennen einer Krankheit und durch rechtzeitige Prävention zu verbessern. Typischerweise schließen die Routinetests Krankheiten ein wie HIV, Syphilis und Hepatitis B, sowie Rhesus D Inkompatibilität, Diabetes und Präeklampsie (Stapleton 2017). Es ist heute in Deutschland zum Beispiel gemäß Mutterschaftsrichtlinien Standardpraxis, bei allen Schwangeren zwischen der 24. und der 27. Schwangerschaftswoche einen Test auf Anti-D-Antikörper durchzuführen. Wenn keine solchen nachgewiesen werden können, ist es bei rhesus-negativen Schwangeren angezeigt, eine Dosis Anti-D-Immunglobuline zu injizieren, um bis zur Geburt eine Rhesus-Sensibilisierung der Schwangeren und Komplikationen während der Geburt zu verhindern.[6] Weil diese Gruppe von Tests präventiv begründet ist und zu einer gelingenden Geburt verhilft, ist sie ethisch nicht umstritten.

Eine zweite Gruppe pränataler Screening-Optionen eröffnet keine risikoreichen oder unzureichenden therapeutischen oder präventiven Möglichkeiten. Zu ihnen gehören die erwähnten Trisomien, die Hämoglobinopathien (Sichelzellanämie und Thalassämie) und die strukturellen Anomalien (Neuralrohrdefekte wie Anenzephalie; Spina Bifida) und auch, vor allem bei Vorliegen eines familiären Befundes, monogene Erbkrankheiten wie Muskeldystrophie Duchenne oder Chorea Huntington. In den deutschen Mutterschaftsrichtlinien werden

6 Richtlinien des Gemeinsamen Bundesausschusses über die ärztliche Betreuung während der Schwangerschaft und nach der Entbindung („Mutterschafts-Richtlinien") von 2016 (Bundesanzeiger AT 19.07.2016 B5, 13).

Frauen, bei denen die Wahrscheinlichkeit erhöht ist, das sind z. B. Erstgebärende über 35 Jahren, als „Risikoschwangerschaften" bezeichnet, die zusätzliche Untersuchungen erforderlich machen, einschließlich der Fruchtwasserpunktion, um das Bestehen einer Chromosomenabweichung festzustellen (ebd., 10). Dieser Teil der pränataldiagnostischen Tests dient dazu, bestimmte Eigenschaften des Fötus zu erkennen, die, wenn sie vorhanden sind, keine Therapie zur Folge haben, sondern zu einer Entscheidung über den Abbruch der Schwangerschaft führen. Ein Abbruch ist nach einem solchen Befund in Deutschland gemäß § 218a Abs. 2 StGB erlaubt (medizinische Indikation) und zwar ohne zeitliche Einschränkung. Diese Tests und ihre weitere Entwicklung waren und sind Gegenstand von Kontroversen.

Während die Durchführung von Amniozentesen durch das Eingriffsrisiko stets auf Fälle von schon bekanntem Risiko eingeschränkt blieb, wird gegenwärtig international darüber diskutiert, ob die vorgeburtlichen Screenings, die in den Gesundheitssystemen allen Schwangeren angeboten werden, mit NIPT gemacht werden und in der Zukunft wesentlich umfassender und lückenloser werden.[7] Eine gesundheitspolitische Kenngröße ist die Detektionsrate von Schwangerschaften mit Trisomie 21, die aber stellvertretend für weitere Diagnosen steht. So randständig NIPT zunächst stehen mochte, weil sie nur wenige Eigenschaften testen kann, so weitreichend sind aber die Folgen für die etablierten ärztlichen Routinen. Die Einführung der NIPT hat deshalb ein Nachdenken über die *gesamte* Praxis der Pränataldiagnostik ausgelöst, die sich Schritt für Schritt entwickelt hat. Welche Regulierungskonzepte sind angemessen? Die „nonscrutinized diagnosis" (Löwy 2018, 211) wird zunehmend auch in einer sowohl rückblickenden wie auch vorausschauenden Gesamtperspektive reflektiert.[8] Dass in Deutschland die Frage, ob und unter welchen Bedingungen NIPT kassenpflichtig werden soll, in den Jahren 2017 bis 2019 in eine grundsätzliche Debatte um die Ziele und die Vertretbarkeit der Pränataldiagnostik überhaupt mündete, kann als Symptom dieser Diskussionslage gedeutet werden.[9]

---

7 Vgl. z. B. das kanadische ELSA-Projekt PEGASUS-2, das sich mit der Einführung von NIPT als Erstlinientests befasst, http://pegasus-pegase.ca.

8 Stellvertretend für viele Beträge: De Jong/de Wert 2015, Dondorp et al. 2015; Johnston/Zacharias 2017, Nuffield Council on Bioethics 2017.

9 Am 11.04.2019 fand dazu im Bundestag eine Orientierungsdebatte statt. Zu den ethischen Implikationen der Finanzierung vgl. Rehmann-Sutter/Schües, 2020.

3 Die freie Entscheidung über das Austragen eines Kindes als Ziel der Pränataldiagnostik?

In der Diskussion über die Regulierung der pränatalen Diagnostik seit ihrer Einführung in den 1970er Jahren hat sich vor allem ein Narrativ durchgesetzt: das Narrativ der Autonomie. Es lautet so: Die Pränataldiagnostik ist nicht deshalb eingeführt worden, um die Anzahl von Geburten von Kindern mit Fehlbildungen oder Behinderungen zu verringern, sondern um den Frauen die Informationsgrundlagen an die Hand zu geben, um eine freie und selbstbestimmte (‚autonome‘) Entscheidung über die Fortsetzung ihrer Schwangerschaft treffen zu können. Es ist ein Narrativ und nicht nur eine Argumentationsfigur, weil es eine rechtfertigende Geschichte erzählt. Bezüge darauf finden sich in vielen der einschlägigen Schlüsseldokumente und Empfehlungen.

Diese im Narrativ der Autonomie hervorgehobene Zielbestimmung war offensichtlich darauf ausgerichtet, die pränatale Diagnostik als Praxis von der staatlich organisierten Eugenik (wie sie z. B. im Nationalsozialismus praktiziert wurde) abzugrenzen. Diese ist ethisch abzulehnen, weil sie Menschen einteilt, die eigene Rasse ‚verbessert‘, behindertenfeindlich ist und andere Menschen diskriminiert. Sie missachtet die Verschiedenheit der Menschen. Das Narrativ der Autonomie betont demgegenüber, dass weder der Staat noch andere gesellschaftliche Mächte darüber entscheiden sollen, welches Leben lebenswert ist. Die Frauen sollen aber entscheiden können, ob sie ein Kind mit einer genetischen Beeinträchtigung gebären wollen. Um diese Entscheidung frei treffen zu können, benötigen sie Informationen über die gesundheitlichen und lebenspraktischen Implikationen eines Befundes, die ihnen in der genetischen Beratung zur Verfügung gestellt und erklärt werden sollen. Beeinflussung soll nicht stattfinden. Insbesondere sollen sie frei sein von einem Einfluss gesundheitspolitischer oder ökonomischer Interessen oder vom offensichtlichen Interesse der Kostenträger an einer Reduktion der Anzahl unterstützungsbedürftiger Kinder. Die genetische Beratung soll, wie es heißt, ‚nicht-direktiv‘ geführt werden, d. h. der Wille der Frau oder des Paares soll für den Ausgang der Entscheidungen zählen, nicht die Wertvorstellungen der Berater und Beraterinnen.[10]

Belege für dieses Narrativ der Autonomie sind unschwer zu finden. In einer neueren Arbeit bezieht sich etwa Greg Stapleton auf Empfehlungen des Nuffield Council on Bioethics von 1993 und 2006, sowie des Health Council of the Netherlands von 2008. Er fasst deren Positionen folgendermaßen zusammen:

---

10 Zu den Schwierigkeiten dieses Ansatzes Rehmann-Sutter (2009) und Jamal et al. (2019).

> „When screening is offered for these conditions international guidelines recommend that it should instead be aimed at providing couples with opportunities for reproductive choice of whether or not to have a child with a serious medical disorder." (Stapleton 2017, 196)

Das „instead" bezieht sich auf das ausgeschlossene alternative Rationale der Vermeidung angeborener oder erblicher Konditionen. Nicht Public-Health-Kriterien sollen entscheiden, sondern die Paare sollen reproduktive Entscheidungen treffen können. Dies zu ermöglichen, sei, wie diese Positionspapiere betonen, das Ziel der pränatalen Diagnostik. Bevölkerungsmedizinische Ziele müssten hinter dem Ziel der Ermöglichung einer eigenen Entscheidung der Frau zurückstehen. Dieselbe Position findet sich auch in aktueller Referenzliteratur: Antina de Jong und Guido de Wert bestimmten in einer richtungsweisenden Publikation „Prenatal Screening: An Ethical Agenda for the Near Future" (2015) das Ziel des pränatalen Screenings für fötale Abnormalitäten so:

> „[It] is generally understood as aiming at offering pregnant women (and their partners) options for reproductive choice." (de Jong/de Wert 2015, 48)

Analog heißt es im Positionspapier der European Society of Human Genetics und der American Society of Human Genetics von 2015:

> „[R]elevant policy documents stress that prenatal screening for fetal abnormalities is aimed, not at preventing the birth of children with specific abnormalities, but at enabling autonomous reproductive choices by pregnant women and their partners." (Dondorp et al. 2015, 1440)

Welche Gründe sprechen für diese Position? Laut Dondorp et al. (2015, 1440) sprechen zwei Gründe dagegen, das Ziel des pränatalen Screenings in der Reduktion der Geburtenrate von Kindern mit Abnormalitäten zu sehen: (i) Wenn der Erfolg des Programms von der Abbruchrate von Schwangerschaften mit Abnormalitäten wie Down-Syndrom abhängen würde, würde das dazu einladen, einen subtilen Druck auf Frauen auszuüben und eine Abtreibung zu verlangen, wenn ihr Fetus betroffen ist. „Abortion decisions would thus be turned into a public health instrument." (Ebd.) (ii) Das Ziel der Reduktion der Geburtenrate von Kindern mit Abnormalitäten mache die Praxis anfällig für den Einwand aus dem Gesichtspunkt der Rechte von Menschen mit Behinderungen, den man als das ‚expressivistische Argument' bezeichnet. Dieses Argument besagt, dass pränatales Screening eine diskriminierende Botschaft über den Wert des Lebens von Menschen aussendet, die mit Konditionen leben, gegen die man nun testet. Wenn eine Gesellschaft die Geburtenrate einer Gruppe von Menschen vermindern will, drückt dies aus, so das Argument, dass man das Leben der Menschen, die mit den entsprechenden Eigenschaften leben, als weniger wertvoll ansieht.

Diese Begründung muss aber voraussetzen, dass die Entscheidung der Frau, bzw. des Paares einen Zweck an sich selbst darstellt, um dessentwillen die pränatale Diagnostik eingerichtet wird. Das scheint mir fragwürdig. Der Grund zur Durchführung der Tests aus Sicht der Nutzerinnen und Nutzer besteht nicht darin, eine Situation der Entscheidungsmöglichkeit über die Fortführung der Schwangerschaft herbeizuführen. Plausibler ist es, wenn man die verschiedenen Studien über die Perspektive der Frauen ernstnimmt (Rothman 1993; Gregg 1995; Rapp 1999 sowie unsere eigenen Interviews in Israel und Deutschland), eine Beschreibung der folgenden Art: Die Entscheidung mitsamt der psychischen und moralischen Last, der Konflikte und Paradoxien, die mit ihr einhergehen können, wird von Nutzerinnen und Nutzern der Pränataldiagnostik *in Kauf genommen*, um in einer Risikosituation für ihr Kind oder für sich selbst das Beste tun zu können. Diese Frauen empfinden die Entscheidung selbst oft als Last, als Pflicht, als Zumutung. Andere nehmen sie eher auf die leichte Schulter, in der Hoffnung, dass der Test gut herauskommt. Aber die Entscheidung ist für sie kein Selbstzweck. Es geht ihnen nicht darum, entscheiden zu können. Die Last der Entscheidung ist vielmehr etwas, das sie um das Wohl ihrer Kinder oder um ihres eigenen Wohls willen übernehmen. Die Entscheidungen werden je nach Hintergrund und Veranlagung der Frauen mehr oder weniger schwer empfunden, sind aber nicht selbst das Ziel der vorgeburtlichen Untersuchungen. Sie würden kaum sagen: „Ich teste, um entscheiden zu können."

Anders mag es aus der Perspektive der ExpertInnen für Gesundheitssysteme aussehen, die Empfehlungen für die Regulierung ausformulieren. Die Sorge, von denen diese ethischen Orientierungspapiere getragen sind, ist die Abwehr von Einwänden gegen die Pränataldiagnostik: einerseits der subtile soziale Druck auf die Frauen und andererseits die von BehindertenaktivistInnen ins Feld geführte ‚expressivistische' Argument, das die Sorge um die Inklusion von Menschen mit Behinderungen in der Gesellschaft artikuliert. Ich zweifle daran, dass diese beiden Fragen, wie Dondorp et al. (2015) behaupteten, tatsächlich beruhigt werden können, indem man, dem Autonomie-Narrativ folgend – und an der Perspektive der Frauen vorbei, die diese Autonomie ausüben sollen – das Ziel der Pränataldiagnostik definitorisch so festlegt, dass es in der Ermöglichung der Entscheidung liege. Wer hat darüber die Definitionsmacht?

Diese Zielbestimmung ist außerdem sozialethisch problematisch und angreifbar. Sie versetzt die Eltern nämlich in die Position von Autoritäten, die nach Maßgabe von Kriterien eine Entscheidung über Leben und Tod ihres ‚nasciturus' anstreben sollen. Das nimmt sie aus ihrer Rolle als fürsorgende Eltern heraus, die Leid für ihre Kinder vermeiden wollen und dazu eine tragische Entscheidung in

Kauf nehmen, und macht aus ihnen stattdessen eine Art RichterInnen in einer Selektion am Anfang des Lebens, die (wie der römische ‚pater familias') über Annahme oder Nichtannahme ihrer Kinder frei entscheiden, und die in dieser Freiheit zu entscheiden sogar noch das eigentliche Ziel der Vorbereitung ihrer zukünftigen Elternschaft sehen sollen. Es scheint mir ziemlich offensichtlich, dass diese Rollenzuschreibung, vor allem wenn man sie so krass darstellt, wie ich das eben getan habe, für das Gelingen von Familie nicht optimal sein kann. Familie ist keine gegebene Struktur, die man einfach ‚hat', sondern ein lebendiges Geschehen, das die beteiligten Familienmitglieder mitgestalten. Man muss insofern von „doing family" sprechen (Jurczyk 2018). Die vorgeburtliche Positionierung als Eltern in einer sozialen Rolle in Bezug auf die noch nicht existierenden Kinder gehört zur Konstruktion von Familie und ist auch von daher ethisch zu beurteilen.

Die Kritik am Autonomie-Narrativ der Pränataldiagnostik hat sich in den letzten Jahren verstärkt. In einer früheren Arbeit habe ich die Artikel zur Pränataldiagnostik in den drei Auflagen der renommierten ‚Encyclopedia of Bioethics' von 1978, 1995 und 2004 miteinander verglichen (Rehmann-Sutter 2010). Dabei wurde deutlich, wie sich durch den Einfluss der feministischen Bioethik, aber auch durch die Veränderungen der Testpraxis selbst, der Fokus in diesem Zeitraum stärker auf die Moralperspektive der Frauen verschoben hat. Es ging in der 2004er Ausgabe der Encyclopedia vor allem darum aufzuzeigen, wie die Routinetests im ersten Trimester zur Risikobestimmung die Frauen oft in eine Situation bringen, die dadurch zum Dilemma wird, dass sie über den weiteren Testverlauf nicht mehr selbstbestimmt entscheiden können. Die realweltlichen ethischen Dilemmata beziehen sich mehr auf die Verbesserung der Organisation dieser Abläufe, auf die Ermöglichung von Räumen des Nachdenkens und auf die Kommunikation im Hinblick auf die weiterhin notwendig zu berücksichtigende Selbstbestimmung als auf die Autonomie der Reproduktion, die durch sie realisiert werden soll.

Das Hastings Center of Bioethics in New York hat vor wenigen Jahren ein Projekt über die Zukunft der pränatalen Tests initiiert (Johnston/Zacharias 2017). Darin geht es um den Inhalt dieser Rechtfertigungsfigur der ‚reproduktiven Autonomie'. Viele der Kritikpunkte, die ich eben erwähnt habe, kommen auch bei Johnston und Zacharias vor. Vor allem kritisieren sie eine enge, bloß negative Auslegung der Autonomie als Abwehrrecht. Sie nennen sie treffend den ‚Geh-mir-aus-dem-Weg-Ansatz' der Autonomie („'get out of my way' approach"). Diese negativ verstandene Autonomie sei es im Kontext der Pränataldiagnostik überhaupt *nicht wert zu haben*. Stattdessen argumentieren sie für eine reichhaltige und nuancierte Auslegung der reproduktiven Autonomie, die einen breiten Blick einnimmt und genau auf die Kontexte achtet. Der Artikel formuliert dieses wünschbare Konzept der reproduktiven Autonomie aber nicht aus, sondern definiert es als Ziel eines Forschungsprojekts: eine „reproductive autonomy worth having". Ich frage mich aber, ob es hierbei tatsächlich nur, wie es Johnston und Zacharias vorschlagen, um eine Anreicherung und Erweiterung des Autonomieverständnisses geht, oder ob vielmehr ein zweites Prinzip außerhalb der Autonomie herbeigezogen werden muss. Die systematische Frage wäre dann die, ob Autonomie nur ein missverstandenes und zu eng geführtes Konzept ist, das aber (nach entsprechender Erweiterung) in der Lage bleibt, die Ethik der Pränataldiagnostik abzudecken, oder ob auch eine wohlverstandene Autonomie als *alleinige* Leitidee im Feld der Pränataldiagnostik überfordert ist und der Ergänzung durch eine zweite, explizit sozialethische Idee verlangt.[11]

4 Ein Ansatz zur Beschreibung der elterlichen Sorge

Weshalb war der Pränataldiagnostik ein so durchschlagender Erfolg beschieden? Was bringt werdende Eltern dazu, die zum Teil erheblichen psychischen Belastungen und Sorgen freiwillig auf sich zu nehmen, die mit den Screenings, den Risiken, den unsicheren Befunden und immer weiteren Tests verbunden sind? Wie Untersuchungen zeigen, nehmen heute die meisten Schwangeren, die einer hohen oder mittleren Risikogruppe zugeordnet werden, einen nicht-invasiven pränatalen Test oder eine Form von invasiven diagnostischen Tests in Anspruch.[12] In unserer eigenen qualitativen Interviewstudie in Deutschland und Israel berichteten viele Frauen, die den NIPT durchgeführt hatten, dass sie alles Nötige für die Gesundheit des zukünftigen Kindes gemacht haben wollten.

Das Phänomen geht zweifellos auf einer Reihe soziologischer und psychologischer Ursachen zurück. Unter den psychologischen Gründen sticht das Bedürfnis nach Sicherheit hervor, weil Frauen und Paare ja wissen, dass Komplikationen eintreten können und dass es keineswegs sicher ist, dass ein Kind gesund auf die Welt kommt. Welches können aber die moralischen Gründe aus der Sicht der Frauen bzw. der zukünftigen Eltern sein? Ich glaube, dass es verfehlt ist, bei den Eltern eugenische Motive der Steigerung der Volksgesundheit oder der Verbesserung des Genpools zu vermuten, oder das Motiv der Optimierung der

---

11 Die Idee, nicht innerhalb des Autonomiegedankens nach weiterführenden ethischen Antworten zu suchen, sondern *außerhalb*, und zwar gerade aus feministisch-philosophischen Gründen, verdanke ich Christina Schües.

12 Für die Schweiz: Vinante et al. 2018.

genetischen Startchancen, wie es Julian Savulescu und Guy Kahane (2009) als von ihnen so genanntes „Prinzip der reproduktiven Benefizenz" in den Raum gestellt haben. Eine viel bescheidenere Annahme genügt, die der Logik der Fürsorge des elterlichen Handelns viel näher ist: Wir brauchen nur anzunehmen, dass Eltern sich und ihren Kindern möglichst viel Leid ersparen möchten.

Eltern hoffen, dass ihr Kind gesund und frei von körperlicher oder seelischer Beeinträchtigung sein möge. Das klingt wie eine Selbstverständlichkeit. Weshalb hoffen sie das? Die Hoffnung darauf, dass Kinder gesund geboren werden, kann auch von einem sorgenden Wunsch getragen sein, das Kind möge ein möglichst gutes Leben haben. Eine schwere Krankheit, eine körperliche oder seelische Beeinträchtigung werden wie andere Schicksalsschläge als Belastungen und Hindernisse, zumindest als mehr oder weniger schwere Herausforderungen für das Leben des Kindes angesehen, je nachdem auch als Belastung für die Frau und für die Familie.

Eine Frau in Deutschland, die den NIPT nutzte, obwohl die erwachsene Schwester ihres Mannes das Down-Syndrom hat, sagte im Interview, sie könne es sich nicht vorstellen, ein Kind mit Trisomie 21 großzuziehen. Sie begründet das folgendermaßen:

> „[...] also ich kenn sie schon seit 5 Jahren, und (.) also, das hat [...] 'n ganz großen Einfluss – darauf dass ich einfach ein Leben sehe, was ich für mich, was ich nicht für mein Kind möchte." (Interview Deutschland #40, Z. 215 – 218)

Sie möchte dieses Leben, wie sie es im Interview mehrfach mit fast denselben Worten formulierte, *für sich und für ihr Kind nicht* – gerade weil sie weiß, wie es ist, mit Down-Syndrom zu leben. In dieser Aussage liegt keine Abwertung von Menschen mit Down-Syndrom, insbesondere keine Abwertung des Lebens ihrer vom Down-Syndrom betroffenen Schwägerin. Ich deute das Zitat so, dass sie die Schwierigkeiten sieht, vor die ein solches Kind mit ihrer Familie unweigerlich gestellt sein wird. Sie möchte deshalb „für sich und für ihr Kind" kein solches Leben.

An ihrer Sorge für ein gutes Leben ihres Kindes kann das Wissen wenig ändern, dass auch das Leben eines Kindes mit besonderen Bedürfnissen, wenn es willkommen geheißen wird und wenn es die Unterstützung bekommt, die es braucht, *gut sein kann.* Ein Leben mit einer Behinderung ist anders, muss deshalb aber nicht schlecht sein. Kinder mit einer genetischen Variation wie z. B. Kinder mit Down-Syndrom sind ja nicht deshalb unglücklich, weil sie die entsprechenden körperlich-seelischen Besonderheiten haben, sondern sie leiden daran, dass ihnen Hindernisse in den Weg gestellt werden oder dass sie bestimmte Erwartungen nicht erfüllen können. Im Bericht des Nuffield Council on Bioethics über NIPT wird eine Person mit Down-Syndrom mit diesen Worten zitiert:

> „We just live life to the fullest as much as we can. And we learn like everyone else but we take longer to get to the achievements." (Nuffield 2017, 45).

Ob es im Leben gut geht, hängt auch von den Umständen ab – etwa von der Liebe, die das Kind erfährt, oder von der Geduld, die andere aufbringen, weil es für bestimmte Dinge länger braucht. Es ist nicht einfach eine Folge der Gene, der Gesundheit oder Krankheit. Die Gesundheit eines Kindes bei der Geburt ist umgekehrt auch keine Garantie dafür, dass das Leben des Kindes glücklich wird und dass es gelingt. Das gilt nicht nur für Trisomie 21, sondern für Krankheiten und körperliche Variationen allgemein. Selbst ein Kind, das auf intensive medizinische Hilfe angewiesen ist, kann gut leben. Sogar ein krankheitsbedingt kürzeres Leben eines Kindes kann ein gutes Leben sein.

Aber auch wenn viele das wissen und sich vorstellen können, dass auch eine Krankheit viele Chancen für gute Momente im Leben bereithält, würden sie doch ihrem Kind *nicht wünschen*, dass es eine Krankheit oder eine Behinderung hat. Sie würden es vielmehr als das Schicksal ihres Kindes akzeptieren, wenn es so geboren wird, sie würden sich auf einen Weg des Lernens machen und das Beste daraus machen. Oder sie würden eben diese Vorkehrungen treffen, damit sie mit pränataler Diagnostik wissen können, ob bei ihrem zukünftigen Kind eine schwere Krankheit oder Behinderung zu erwarten ist, damit sie die Möglichkeit haben, die Schwangerschaft abbrechen zu können. Dieser Schritt kann aber für sie sehr bedauernswert, tragisch und belastend sein.

Der Grund für diese elterliche Haltung kann vor allem darin liegen, dass Krankheit und Behinderung mit Leiden verbunden sein können. Leiden ist etwas, das wir jemandem, mit dem wir es gut meinen, nicht wünschen. Wenn Eltern es mit ihren Kindern gut meinen, wünschen sie ihnen keine Leiden. Deshalb möchten sie, dass sie gesund sind und keine Behinderungen haben. Es können weitere Gründe hinzukommen, vor allem der, dass Eltern ihr Elternsein gut ausüben wollen und ihren Kindern das Leid ersparen wollen, das aus ihrer Sicht mit dem Down-Syndrom (oder einer anderen Kondition, die man testen kann) einhergeht. Das ist die Selbstsorge der Eltern. Auch aus dieser ergibt sich ein Motiv für die pränatale Diagnostik, das nichts zu tun hat mit Selektion oder Eugenik. Es geht nicht um die Verhinderung unwerten Lebens. Frauen und Paare können sich vielmehr auf eine Logik der Sorge beziehen, die sich um das gute Leben der eigenen Kinder, der eigenen Familie und ihrer selbst, sorgt und kümmert.[13]

---

13 Mol (2008) unterscheidet eine „Logik der Sorge" (‚logic of care') von einer ‚logic of choice'.

Im Sinn der elterlichen Sorge ergibt sich zusammengefasst folgendes Argument:[14] Eltern, die sich um ihr gutes Leben als Eltern ihrer Kinder und um das gute Leben ihrer Kinder sorgen, wünschen sich – u. a. – dass ihr Kind gesund und frei von körperlicher und seelischer Beeinträchtigung zur Welt kommt, da schwere Erkrankungen oder Behinderungen ihres Kindes die elterliche Sorge um sie selbst und ihre Kinder vor große Herausforderungen stellen. Im Kontext bestimmter Lebenszusammenhänge können Eltern den Abbruch der Schwangerschaft als einzige Möglichkeit sehen, gut für sie selbst und das Kind zu sorgen. Das Motiv für die Pränataldiagnostik – als technisches Mittel, das zum Abbruch der Schwangerschaft mit einem Kind befähigt, an dem schwere Erkrankungen oder Behinderungen diagnostiziert werden – hat deshalb nichts mit der Verhinderung eines unwerten Lebens zu tun, da kein Werturteil über die Verfasstheit des kindlichen Lebens gefällt wird, sondern die Möglichkeit beurteilt wird, hier und jetzt in der konkreten familiären und gesamtgesellschaftlichen Situation gut für sich selbst und das Kind sorgen zu können.

5 Willkommensein und das Argument der Inklusion

Bei den Vorbereitungen dieses Aufsatzes bin ich auf einen Text gestoßen, der Betroffenenberichte von Müttern von Kindern mit Down-Syndrom enthält. Hier ist eine Passage aus einem Bericht:

> „I don't remember any congratulations or excitement about her birth. I felt abandoned by the nurses and doctors. I remember the sudden silence when she entered the world and was held in the hands of the doctor. From that moment and for a long time afterward, whenever there was an exchange of words between the medical professionals and me, there was no eye contact. No one came into my room, even to care for my post-delivery medical needs. I was avoided." (Gabel/Kotel 2018, 185)

Ein zweiter, geradezu konträrer Bericht stammt aus einem eigenen Interview im Rahmen der Israel-Deutschland-Vergleichsstudie. Lisa Baumann[15], Mutter eines Kindes mit Down-Syndrom, das sie trotz positivem NIPT-Befund in einer deutschen Großstadt bekommen hat:

---

14 Ich danke Olivia Mitscherlich für diesen Formulierungsvorschlag.
15 Name geändert.

> „Ich fand das so schön, dass wir da nur *so* positive Erfahrungen gesammelt haben. Dass uns so *gratuliert* wurde zu diesem *Kind* und wir, wenn auch noch voll das Klischee [...] Waldorf-Mutti, ähm, das war wunderbar! Das war 'ne Klinik, wo, wo dieses Kind so *willkommen* geheißen wurde.“ (GE #7, Z. 1298 ff)

In der ersten Geschichte – von der Geburt ihres zweiten Kindes – berichtet die Mutter vom plötzlichen Schweigen, von einem Gefühl des Aufgegeben-Werdens, von der Vermeidung des Blickkontakts, weil Ihre Tochter das Down-Syndrom hat.[16] Die Faktoren, die es schwer machen, diese Geburtsgeschichte im 21. Jahrhundert unter der Rubrik ‚gelingende Geburten' einzuordnen, sind nicht die Auffälligkeiten der neugeborenen Talia. Es sind vielmehr die Reaktionen der Leute, vor allem hier der Arztpersonen und der Pflegenden, die laut der Aussage der Betroffenen so weit gingen, dass sie sogar unmittelbare Bedürfnisse der Wöchnerin ignorierten. Es gab weder eine Gratulation noch wurde Freude über Talias Geburt geäußert. Wir erfahren nicht, ob die Frau vorher eine pränatale Diagnose durchgeführt hat. Aber die Möglichkeit hätte für sie zweifellos bestanden. Das weiß sie. Das wissen die anderen. Und sie weiß, dass es die anderen wissen.

In der zweiten Geschichte drückt die junge Mutter stattdessen ihre Freude darüber aus, dass ihr Kind Mats in ihrem Bekanntenkreis, in der Klinik und in ihrer Familie willkommen geheißen wurde. Sie hat diese Erfahrung der Abwendung, der Zurückweisung nicht gemacht – oder berichtet nicht davon. Im überschwänglichen Ton und der mehrfachen Betonung des Positiven („so schön“, „so positiv“, „so willkommen“) könnte das Wissen der Frau liegen, dass dies eben doch *nicht* selbstverständlich ist.[17] Und es ist, daran lässt die Frau keinen Zweifel, für ihr Kind und für sie selbst von großer Bedeutung, dass Mats mit seiner besonderen phänotypischen Variation in seinem Umfeld willkommen geheißen wurde.

Durch die Einführung der Pränataldiagnostik und der Möglichkeit eines Schwangerschaftsabbruchs auf Grund einer medizinisch-sozialen Indikation ist eine Situation entstanden, in der Frauen und Paare die Geburt eines Kindes wie Talia und Mats selbst verantworten müssen. Sie hätten es ja wissen können und sie hätten es verhindern können. Die nicht-invasiven pränatalen Tests, die seit ein paar Jahren auf dem Markt sind, haben diese Situation verschärft, weil sie – an-

---

16 Kathleen Kotel, die Co-Autorin des zitierten Papers, berichtet von der Geburt ihrer eigenen Tochter. Sie ist Erziehungswissenschaftlerin an der National Louis University in Chicago.

17 Ich wende hier das Interpretationsverfahren der dokumentarischen Methode an (Bohnsack et al. 2007), das auf die Art und Weise des Sprechens achtet und darin ein Dokument für übergeordnete Aspekte sieht, die im Hintergrund des manifesten Sinns im Sprechakt liegen.

ders als die Amniozentese – kein Risiko für die Schwangerschaft darstellen und grundsätzlich für alle schwangeren Frauen zur Verfügung stehen, d. h. auch für diejenigen Frauen, die nicht von vorneherein wissen können, dass sie ein erhöhtes Risiko haben.

Wenn eine Frau die vorgeburtliche Untersuchung abgelehnt hat, ist dies zwar ihr anerkanntes, gutes Recht. Aber wenn sie das Recht zur Ablehnung hat, so setzt man gleichzeitig voraus, dass sie auch die Möglichkeit gehabt hätte, die Untersuchung rechtzeitig durchführen zu lassen. Das Nein-sagen-Dürfen setzt immer ein Ja-sagen-Können voraus (wie auch umgekehrt). Sie hätte können. Durch die medizinische Innovation der Pränataldiagnostik ist für die Geburt eine Situation von Verantwortlichkeit entstanden, die vorher nicht bestand und die eigentlich paradox ist:[18] Sie schafft unbestreitbar Entscheidungsfreiheiten, wo vorher keine Entscheidungsfreiheit bestand, nämlich die Möglichkeit, nach Einblick in Eigenschaften des zukünftigen Kindes, die Schwangerschaft fortzuführen oder sie abzubrechen. Die Frau kann nun eine ‚informierte' Entscheidung treffen, wie oft behauptet wird. Auf der anderen Seite – neben allen Zweifeln, wie frei die Entscheidung sein kann – konnte diese Situation der Entscheidungsfreiheit selbst nicht frei gewählt werden. Sie ist unausweichlich und schafft für die Betroffenen eine *auferlegte oder abverlangte Freiheit*. Ob die Pränataldiagnostik in Anspruch genommen oder zurückgewiesen wird, in jedem Fall muss nun selbst verantwortet werden, welche Vorsorge man trifft, dass es zur Geburt bestimmter Kinder nicht kommt. Und dadurch ist die Gebärerin unweigerlich zu einem bestimmten (genauer zu klärenden) Grad mitverantwortlich, dass ein Kind mit einer Beeinträchtigung geboren wird. Es ist eine kausale Verantwortung, von der aber nicht erwartet wird, dass sie in eine retrospektiv zugeschriebene moralischen Schuld umschlägt.[19] Pränataldiagnostik ist eine für die Geburt von Kindern in einer neuen Weise Verantwortung schaffende Technologie. Ihr Gebrauch ist das Medium, das diese Verantwortung gesellschaftlich erzeugt.[20]

---

18 Wie sich die Paradoxien der Wahlfreiheit im Kontext der Pränataldiagnostik aus der Sicht betroffener Frauen darstellen, hat Robin Gregg (1995) aus einer qualitativen Studie mit 31 Interviews in New England eindrucksvoll und differenziert herausgearbeitet.

19 Für diesen Punkt danke Hannes Foth.

20 Wie Peter Paul Verbeek (2011) vorgeschlagen hat, kann man Technologie allgemein als ein Medium verstehen, das es möglich macht, bestimmte Dinge zu tun. Man muss aber die Technologien nicht von den Absichten ihrer Konstrukteure her auffassen, sondern sie in ihrem tatsächlichen gesellschaftlichen Gebrauch beobachten.

Ein Kind mit einer phänotypischen Variation,[21] die im Sinn der biomedizinischen Gesundheitsdefinition einen ‚Defekt' oder eine Einschränkung darstellt, die also als Krankheit oder Behinderung eingeordnet wird, kann mit einem guten Leben vereinbar sein, wenn – und das ist wohl der entscheidende Punkt – die soziale Umgebung auch so gestaltet ist, dass es für die Besonderheiten des Kindes Raum gibt, dass die durch seine Besonderheit entstehenden spezifischen Bedürfnisse gedeckt werden können und es umgekehrt nicht noch zusätzlichen Nachteilen ausgesetzt ist als denen, die aus einer in gewissen Hinsichten körperbedingt eingeschränkten Funktionsfähigkeit schon erwachsen. Man kann[22] den Begriff der genetischen Diskriminierung von diesem Zusammenhang her auslegen: als gesellschaftlich bedingter Nachteil, der nicht aus der seelisch-körperlichen Verfassung des geborenen Kindes schon erwächst, sondern vermeidbar wäre und dem Kind nur deshalb zugemutet wird, weil es diese Eigenschaften hat (Rehmann-Sutter 2003).

Wenn wir die beiden Berichte mit dieser Analyse von genetischer Diskriminierung verbinden, geben sie uns einen wichtigen Hinweis. Für die Entscheidung, ob auf ein bestimmtes genetisches Merkmal getestet werden soll und ob ein Fötus, der das Merkmal aufweist, ausgetragen und geboren wird, ist es wichtig, ob das Kind (und auch seine Eltern) inklusive, unterstützende und willkommen heißende oder aber diskriminierende und schwierige gesellschaftliche Verhältnisse vorfinden wird. Das Wissen darüber ist einerseits *allgemein:* wie Menschen mit Behinderungen allgemein in der Gesellschaft behandelt werden, d.h. wie inklusiv sie für Menschen mit phänotypischen Variationen ist. Andererseits kommt es *spezifisch* darauf, an, wie es den Kindern geht, die mit genau den Merkmalen geboren werden, auf die gerade getestet wird. Wenn man auf Down-Syndrom testet, ist es wichtig zu wissen, wie es Kindern mit Down-Syndrom und ihren Eltern ergeht. Wenn eine Frau oder ein Paar nach einer Diagnose von Down-Syndrom befürchten muss, dass es das Kind schlechter haben wird, als es auf Grund der vielleicht in gewissen Hinsichten unvermeidlich eingeschränkten Funktionsfähigkeit bedingt ist, wenn ihm die entsprechend benötigten Hilfen fehlen, wenn die Menschen ihm die nötige Geduld und die nötige Freude nicht entgegenbringen etc., werden sie sich eher für einen Schwangerschaftsabbruch entscheiden, als wenn sie dies nicht befürchten müssen. Denn sie wollen nicht, dass es ihrem Kind schlecht gehen wird. Um dies einzusehen, braucht es nicht mehr als gesunden Menschenverstand und allgemeine Lebenserfahrung.

---

21 Den bewusst wertneutralen Begriff der „phänotypischen Variation" übernehme ich von Jackie Leach Scully's Diskussion der pränatalen Diagnostik in „Disability Bioethics" (2008, 173 f).
22 In Parallele zum sozialen Modell der Behinderung vgl. Shakespeare (2013).

Man kann diesen Zusammenhang, wie es Vardit Ravitsky (2017) getan hat, als eine von mehreren Bedingungen ansehen, unter der reproduktive Autonomie in der pränatalen Diagnostik überhaupt wirklich werden kann. Als eine von sieben Bedingungen nennt sie die Förderung derjenigen Kinder, die mit genau den Konditionen geboren werden, auf die man testet. Sie fordert entsprechende Forschungsanstrengungen: „Fund and support research designed to improve the health outcomes and quality of life of those living with the screened conditions." (Ravitsky 2017, 39) Solange dies nicht – oder nicht ausreichend – der Fall ist, könne, so Ravitsky, nicht wirklich von reproduktiver Autonomie gesprochen werden, weil dann die Entscheidungsfreiheit der Frau dadurch eingeschränkt ist, dass sie eine nachteilige *gesellschaftliche* Situation für ihr Kind befürchten muss. Ich möchte aber diesen Punkt noch stärker machen: Es kommt nicht nur darauf an, ob an der Verbesserung der Lebensqualität geforscht wird, sondern darauf, welche gesellschaftlichen Bedingungen herrschen.

Umgekehrt formuliert: Wenn es mit der reproduktiven Autonomie – der zentralen Rechtsfertigungsprinzip für die pränatale Diagnostik angesichts der eugenischen Kritik – ernst sein soll, müssen gleichzeitig mit der Förderung der pränatalen Diagnostik die Lebensbedingungen der Menschen überprüft und nötigenfalls gefördert werden, die mit Konditionen leben, auf die man pränatal testet. Eine wesentliche Determinante der Entscheidungssituation nach einer pränatalen Diagnose ist die Aussicht darauf, ob die Kinder, die mit den Konditionen geboren werden, in der Gesellschaft willkommen sein werden und die für ein gutes Leben nötige Unterstützung finden.[23]

Den Zusammenhang zwischen der gesellschaftlichen Inklusion der Kinder, die mit den Konditionen geboren werden, auf die man testet, und der Entscheidungssituation hat aber weitere Implikationen. Die beiden Juristinnen Isabel Karpin und Kristin Savell (2012, 43 ff) weisen auf eine Bedeutung des Zusammenhangs hin, wenn sie ihn – im Sinne der Disability Rights Critique an der Pränataldiagnostik – so auslegen, dass es darauf ankomme, wie die Behinderung der Frau oder dem Paar in der Entscheidungssituation *präsentiert* wird. Wenn eine Kondition als ‚krank', ‚abnormal' oder als ‚defekt' dargestellt werde, und wenn das Bild der Lebensumstände ein Negatives sei, das nur eine Außensicht repräsentiert, wenn die eigenen Lebenserfahrungen von Menschen mit diesen Konditionen in diesem Bild gar nicht vorkommen, und natürlich auch, wenn die ge-

23 Darauf hat schon A. Lippman (1999) hingewiesen, die fragte: „Is continuing a pregnancy after testing suggests the baby to be born will have Down's syndrome a real choice when society does not accept children with disabilities or provide assistance for their sustainance?" (283).

sellschaftlichen Lebensbedingungen für sie tatsächlich schlecht sind, könnten sie darin einen Grund sehen, dieses Leben ihrem Kind nicht zu wünschen.

Eine dritte Deutung hängt mit den ersten beiden Varianten des Arguments zusammen. Wenn es so ist, dass Entscheidungen auch von den gesellschaftlichen Bedingungen der Kinder abhängen, die mit den getesteten Konditionen geboren werden, entstehen für die Gesellschaft, die eine solche pränatale Diagnostik im Rahmen normaler Schwangerschaftsvorsorge offeriert, Pflichten, für die Verbesserung dieser gesellschaftlichen Bedingungen zu *sorgen*. In einer Gesellschaft, die eine Praxis der Pränataldiagnostik fördert, entsteht deshalb gleichzeitig die Pflicht, Sorge zu tragen für die Inklusion von Menschen mit Behinderungen. Speziell entstehen diese Pflichten in Bezug auf diejenigen, die mit den Konditionen geboren werden, auf die man testen kann und deren Geburt vermieden werden kann. Wenn die Lebenssituation der Menschen mit Behinderungen sich verschlechtert oder zu wenig gefördert wird, entsteht für die Schwangere in der Logik der Sorge ein Grund, eine betroffene Schwangerschaft nicht auszutragen. Dann lässt aber die Gesellschaft durch das Fehlen (oder durch die Halbherzigkeit) von Inklusionsbemühungen *de facto* (ungeplant, ungewollt) eine Praxis entstehen, die mit der Erwartung an die Frauen und Paare verbunden ist, die Geburt von Kindern mit den testbaren Beeinträchtigungen zu vermeiden. Es entsteht dann eine Konstellation, die nicht nur darauf hinausläuft, von den Eltern zu erwarten, dass Kinder mit bestimmten Konditionen nicht mehr geboren werden, oder darauf, dass die Frau das Angebot der pränatalen Diagnose so verstehen muss, dass ihr damit gesagt wird, diese Kinder, auf die man testen kann, seien nicht erwünscht.[24] Es entsteht auch, und das verstärkt dieses Argument um eine wesentliche Dimension, ein Grund für die Frau oder das Paar *im Rahmen ihrer Sorge*, den Test zu machen und im Fall einer Diagnose die Schwangerschaft abzubrechen. Und das ist ein Grund, der möglicherweise nicht bestehen würde, wenn die gesellschaftlichen Bedingungen besser wären.

Eine negative Haltung gegenüber Behinderten, die mit den testbaren Konditionen leben, trifft im Übrigen auch Menschen mit anderen Behinderungen negativ. Es ist ja nur ein Teil der Behinderungen angeboren und von diesen wiederum nur ein Teil vorgeburtlich feststellbar. Die Kinder, Jugendlichen und Erwachsenen, die eine Schädigung während der Geburt oder nachher erleiden (eine noch viel höhere Zahl) sind darin nicht eingeschlossen.

24 Karpin und Savell (2012) zitieren in diesem Sinn Tom Shakespeare: „The very existence of a test for fetal abnormality can create pressure to use the technology." (46) Zur Abgrenzung gegenüber der Eugenik vgl. auch den klärenden Beitrag von Rubeis (2018).

Dieses mehrschichtige *Argument der Inklusion* ist nicht mit dem ‚expressivistischen' Argument zu verwechseln. Letzteres besagt, die pränatale Diagnostik sei deshalb problematisch, weil ihre Praxis ein diskriminierendes Signal aussende, dass nämlich das Leben der Menschen mit Behinderungen nicht lebenswert sei. Das Argument der Inklusion wiegt wohl schwerer als das expressivistische Argument, denn ihm lässt sich nicht mit einer Klärung der Haltung begegnen, von der die Gesellschaft bei der Unterstützung der pränataldiagnostischen Praktiken getragen ist. Dondorp et al (2015, 1440) setzen, wie schon erwähnt, gegen das expressive Argument die These, dass die Ziele der Pränataldiagnostik nicht in der Prävention von Kindern mit spezifischen „abnormalities" (sic!) gerichtet sei, sondern in der Ermöglichung von autonomen reproduktiven Entscheidungen der Schwangeren und ihrer Partner. Man kann gegen das expressivistische Argument auch einwenden, dass sich die Situation von Menschen mit Behinderungen in den meisten Ländern, in denen Pränataldiagnostik praktiziert wird, in den letzten vier Jahrzehnten wesentlich verbessert und keineswegs verschlechtert hat. Soweit dies tatsächlich zutrifft,[25] kann dieses Argument vielleicht überzeugen. Aber die Inklusion von Menschen mit Behinderung bleibt prekär. Und bloße Worte, d. h. die Definition der Ziele, ändert wenig an der Situation von Menschen mit Behinderungen. Inklusion beinhaltet hingegen eine kontinuierlich unterstützende und affirmative Praxis gegenüber Menschen mit Behinderungen auf allen Ebenen und eine entsprechend zugewandte Haltung.

6 Schluss

(1) Man kann es sich mit der Verteidigung der Pränataldiagnostik zu leicht machen. Der Medizinethiker Jonathan Glover beispielsweise wies in gewählter Rhetorik auf die offensichtlichen Unterschiede der leitenden Werte hin, die die gegenwärtige Praxis der Pränataldiagnostik von der nationalsozialistischen Eugenik unterscheiden, wenn er schrieb:

> „The values guiding all this could hardly be more different from those of the Nazis. There is no mention of the race or the gene pool. Instead of the subordination of the individual to the social Darwinist struggle for survival, there is compassion for the potential child. Instead of coercion by the state, there is respect for parental choice. And, perhaps most important of all,

25 Für eine Kritik s. Frances Ryan (2019). Sie weist darauf hin, dass die in den letzten Jahren praktizierte Austeritätspolitik in Großbritannien die Lebensverhältnisse der 12 Millionen Menschen mit Behinderungen wesentlich verschlechtert hat.

> these parental choices are compatible with an attitude of equality of respect for everyone.“ (Glover 2006, 28)

Dass die elterliche Entscheidung nach pränataler Diagnostik mit einer Haltung der Gleichheit und des Respekts für alle kompatibel ist und dass Mitleid mit dem potentiellen Kind im Spiel ist, mag ja stimmen. Aber trotzdem bleibt diese Apologie brüchig und muss geradezu gekünstelt wirken, solange sie nicht mit der Forderung nach tatsächlichen Anstrengungen zur Inklusion von Menschen mit Behinderungen, von Kindern mit genau den Konditionen, auf die man vorgeburtlich testen kann, verknüpft ist.

(2) Schwarz-Weiß-Kontraste, die sich zuweilen eingebürgert haben, sollten unterlaufen werden. Das ist zum einen der Kontrast zwischen Krankheit und Gesundheit, der in den Diskussionen um die pränatale Diagnostik teilweise aufkommt. Ein ähnliches Stereotyp entsteht, wenn man sich vorstellt, ein Kind könne ‚mit oder ohne‘ Defekt geboren werden, es könne also ‚krank oder gesund‘ sein, ‚etwas‘ haben oder nichts. Die Pränataldiagnostik wäre dann eine Technologie, mit der Eltern dafür sorgen, dass ihr erwartetes Kind ‚keinen Defekt‘ hat.

(3) Wenn man es nur als Abwehrrecht versteht, enthält das Recht auf Selbstbestimmung der Frau das Anliegen der Inklusion nicht. Autonomie als Abwehrrecht gegenüber Fremdbestimmung bedeutet, dass niemand ohne die informierte Zustimmung der Frau etwas in der Schwangerschaft testen darf. Der Wille der Frau ist maßgeblich. Deshalb muss man ihr die Entscheidungsvoraussetzungen verschaffen. Das Anliegen der Inklusion stellt demgegenüber ein zweites Anliegen dar, das mit dem Anliegen der Selbstbestimmung insofern verbunden bleibt, dass die Frau als verantwortliche Mutter und das Paar als verantwortliche Eltern bei fehlender Inklusion unter Druck geraten können, Tests auch gegen ihre eigenen Wünsche durchzuführen und sogar evtl. eine betroffene Schwangerschaft abzubrechen, weil sie sehen, dass es in der erweiterten Familie und in der Gesellschaft keinen Platz für so und so betroffene Kinder gibt. Insofern sind sie dann nicht autonom (im Sinn des Abwehrrechts), weil sie ja die Gesellschaft nicht ändern können. Die ihnen zugeschriebene ‚Autonomie‘ nützt ihnen wenig. Wie es Rosalind Petchesky (1980, 674) ausdrückte: „The ‚right to choose‘ means very little when women are powerless.“

(4) Im Rahmen einer moralisch anspruchsvollen Autonomiekonzeption im Sinn der elterlichen genetischen Verantwortung für das Wohl der Kinder[26] stellt die Inklusion ein Anliegen dar, das zwar aus der elterlichen Verantwortung herauswächst, sie aber überschreitet. Es muss als eigenes Prinzip der Ethik der

26 Zu „genetic responsibility“ vgl. Raspberry/Skinner 2011.

Pränataldiagnostik genannt werden, weil es einen anderen Adressaten hat. Soziale Inklusion kann nicht von den Eltern gewährleistet werden, sondern verlangt eine Gemeinschaft. Es verlangt die Solidarität der Gesellschaft. Um ein Kind zu erziehen, braucht es ein ganzes Dorf – so das bekannte afrikanische Sprichwort. Um einem Kind mit einer phänotypischen Variation ein gutes Leben zu ermöglichen, braucht es gute Plätze in einer inklusiv eingestellten Gesellschaft mit entsprechenden pädagogischen, medizinischen und sozialen Einrichtungen. Die Inklusion ist deshalb ein eigenes ethisches Anliegen, das die Ethik der pränatalen Diagnostik erweitert. Anders als das Prinzip der Autonomie verteilt das Prinzip der Inklusion genetische Verantwortung auf viele Schultern (und Herzen). Es lässt die Eltern nicht mit ihrer Entscheidungsverantwortung alleine. Eine verantwortliche Gestaltung der gesellschaftlichen Praxis der Pränataldiagnostik muss deshalb beiden Anliegen Rechnung tragen.

(5) Aber zur Rechtfertigung pränataler Diagnostik ist das Argument der Inklusion gleichzeitig auch begrenzt. Es ist z. B. nicht möglich, einen Schwangerschaftsabbruch moralisch für sich zu rechtfertigen, *weil* man sich gleichzeitig für die Inklusion von Menschen mit Behinderungen einsetzt. Man kann auch nicht sozialethisch argumentieren, der Ausbau der Pränataldiagnostik sei damit *gerechtfertigt*, dass die Situation von Menschen mit Behinderungen heute viel besser sind als noch vor Beginn der Pränataldiagnostik in den 1950er oder 1960er Jahren. Ich glaube nicht, dass das Inklusionsargument eine rechtfertigende Wirkung für die Pränataldiagnostik entfalten kann. Seine Stärke liegt eher darin, dass es den Blick erweitert auf eine gesellschaftliche Praxis des Umgangs mit dem Phänomen von Behinderung adressiert, von welcher die Pränataldiagnostik ein Teil ist.

Literatur

de Jong, Antina/de Wert, Guido M.W.R. (2015): Prenatal Screening: An Ethical Agenda for the Near Future, in: Bioethics 29, 56–55.

Bohnsack, Ralf/Nentwig-Gesemann, Iris/ Nohl, Arnd-Michael, (Hg.) (²2007): Die dokumentarische Methode und ihre Forschungspraxis. Grundlagen qualitativer Sozialforschung, Opladen.

Dondorp, Wybo/de Wert, Guido/Bombard, Yvonne et al. (2015): Non-invasive prenatal testing for aneuploidy and beyond: challenges of responsible innovation in prenatal screening, in: European Journal of Human Genetics 23, 1438–1450.

Fuchs, Fritz/Riis, Povl (1956): Antenatal sex determination. Nature 177, 330.

Gabel, Susan L./Kotel, Kathy (2018): Motherhood in the Context of Normative Discourse: Birth Stories of Mothers of Children with Down Syndrome, in: Journal of Medical Humanities 39, 179–193.

Glover, Jonathan (2006): Choosing Children. Genes, Disability, and Design, Oxford.

Gregg, Robin (1995): Pregnancy in a High-Tech Age. Paradoxes of Choice. New York/London.

Jamal, Leila/Schupmann, Will/Berkman, Benjamin E. (2019): An ethical framework for genetic counseling in the genomic era, in: Journal of Genetic Counseling 00, 1–10.
Johnston, Josephine/Zacharias, Rachel L. (2017): The Future of Reproductive Autonomy, in: Hastings Center Report 47/S3, 6–11.
Jurczyk, Karin (2018): Familie als Herstellungsleistung. Elternschaft als Überforderung? in: Jergus, Kerstin/Krüger, Jens Oliver/Roch, Anna (Hg.): Elternschaft zwischen Projekt und Projektion. Wiesbaden, 143–166.
Karpin, Isabel/Savell, Kristin (2012): Perfecting Pregnancy. Law, Disability, and the Future of Reproduction, Cambridge.
Lippman, Abby (1999): Choice as a Risk to Women's Health, in: Health, Risk and Society 1/3, 281–291.
Löwy, Ilana (2014): Prenatal Diagnosis: The irresistible rise of the ‚visible fetus', in: Studies in History and Philosophy of Science Part C: Studies in History and Philosophy of Biological and Biomedical Sciences 47, 290–299.
Löwy, Ilana (2017): Imperfect Pregnancies. A History of Birth Defects and Prenatal Diagnosis, Baltimore.
Löwy, Ilana (2018): Tangled Diagnoses. Prenatal Testing, Women, and Risk, Chicago.
Mol, Annemarie (2008): The Logic of Care. Health and the Problem of Patient Choice, Abingdon.
Nuffield Council on Bioethics (2017): Non-invasive prenatal testing: Ethical issues, London (http://nuffieldbioethics.org/wp-content/uploads/NIPT-ethical-issues-full-report.pdf).
Petchesky, Rosalind Pollack (1980): A woman's right to choose, in: Signs 5/4, 661–685.
Purdy, Laura M (2006): Women's reproductive autonomy: medicalisation and beyond, in: Journal of Medical Ethics 32, 287–291.
Raspberry, Kelly/Skinner, Debra (2011): Enacting genetic responsibility: experiences of mothers who carry the fragile X gene, in: Sociology of Health & Illness 33/3, 420–433.
Rapp, Rayna (1999) Testing Women, Testing the Fetus: The Social Impact of Amniocentesis in America, New York.
Ravitzky, Vardit (2017): The Shifting Landscape of Prenatal Testing. Between Reproductive Autonomy and Public Health, in: Hastings Center Report 47/S3, 34–40.
Rehmann-Sutter, Christoph (2003): Die Ungerechtigkeit genetischer Diskriminierung, in: Maeder, Ueli/Saner, Hans (Hg.): Realismus und Utopie. Zur Politischen Philosophie von Arnold Künzli, Zürich, 247–265.
Rehmann-Sutter, Christoph (2008): Würde am Lebensbeginn. Der Embryo als Grenzwesen, in: Bundesgesundheitsblatt – Gesundheitsforschung – Gesundheitsschutz 51, 835–841.
Rehmann-Sutter, Christoph (2009): Why non-directiveness is insufficient. Ethics of genetic decision making and a model of agency, in: Medicine Studies 1, 113–129.
Rehmann-Sutter, Christoph (2010): „It Is Her Problem, Not Ours" – Contributions of Feminist Bioethics to the Mainstream, in: Scully, Jackie Leach/Baldwin-Ragaven, Laurel E./Fitzpatrick, Petya (Hg.): Feminist Bioethics. At the Center, on the Margins, Baltimore, 23–44.
Rehmann-Sutter, Christoph (2017): PID auf Aneuploidie des Embryos? Ethische Überlegungen zur Auslegung von § 3a des Embryonenschutzgesetzes in Deutschland, in: Ethik in der Medizin 29/3, 201–216.

Rehmann-Sutter, Christoph/Schües, Christina (2020): Die NIPT-Entscheidung des G-BA. Eine ethische Analyse, in: Ethik in der Medizin online publiziert 14. Juli 2020. DOI 10.1007/s00481–020–00592–0.
Rothman, Barbara Katz (1993): The Tentative Pregnancy. How Amniocentesis Changes the Experience of Motherhood, New York/London.
Rubeis, Giovanni (2018): Das Konzept der Eugenik in der ethischen Debatte um nicht-invasive Pränataltests (NIPT), in: Steger, Florian/Orzechowski, Marcin/Schochow, Maximilian (Hg.): Pränatalmedizin. Ethische, juristische und gesellschaftliche Aspekte, München, 100–125.
Ryan, Frances (2019): Crippled. Austerity and the Demonization of Disabled People, Brooklyn.
Sachs, Leo/Serr, David M./Danon, Mathilde (1956): Analysis of amniotic fluid cells for diagnosis of fetal sex, in: British Medical Journal 2/4996, 795–798.
Savulescu, Julian/Kahane, Guy (2009): The moral obligation to create children with the best chance of the best life, in: Bioethics 23, 274–290.
Scully, Jackie Leach (2008): Disability Bioethics, Lanham.
Seehausen, Sinikka (2012): Die Geschichte der Kardiotokografie: Von der Entdeckung der fetalen Herztöne bis zur Entwicklung der elektronischen Herzfrequenzregistrierung, Med. Diss. Uni Köln.
Serr, David M./Sachs, Leo/Danon, Mathilde (1955): The diagnosis of sex before birth using cells from the amniotic fluid (a preliminary report), in: Bulletin of the Research Council of Israel 5B/2, 137–138.
Shakespeare, Tom (2017): Disability Rights and Wrongs Revisited, London.
Stapleton, Greg (2017): Qualifying choice: ethical reflection on the scope of prenatal screening, in: Medicine, Health Care and Philosophy 20, 195–205.
Verbeek, Peter-Paul (2011): Moralizing Technology. Understanding and Designing the Morality of Things, Chicago.
Vinante, Valentina et al. (2018): Impact of nationwide health insurance coverage for non-invasive prenatal testing, in: International Journal of Gynecology & Obstetrics 141, 189–193.

Markus Rothhaar

Gerechtfertigter Fetozid? Eine rechtsphilosophische Kritik von Spätabbrüchen

Zusammenfassung: Seit der Subsumtion der früheren ‚embryopathischen' oder ‚eugenischen Indikation' unter die medizinische Indikation ist es Deutschland de facto möglich, bei Vorliegen einer Behinderung des Foetus einen Schwangerschaftsabbruch bis zur Geburt vorzunehmen. Der Artikel befasst sich kritisch mit der Frage, ob diese Praxis ethisch und/oder rechtsphilosophisch gerechtfertigt werden kann. Dazu wird zunächst untersucht, ob späte Schwangerschaftsabbrüche unter der Voraussetzung ethisch zu rechtfertigen sind, dass menschlichen Foeten derselbe moralische Status zukommt wie geborenen Menschen. Das ist, wie die Untersuchung zeigt, nicht der Fall. Eine Position, die Schwangerschaftsabbrüche bis zur Geburt befürwortet, aber den Infantizid nach der Geburt ablehnt, muss daher plausible Argumente für die Geburt als diejenige Zäsur vorbringen, ab der ein Wesen, das zuvor nicht Träger von Menschenwürde und Menschenrechten ist, zum Träger von Rechten und Würde wird. Im zweiten Schritt werden daher die diesbezüglich vorgebrachten Argumente untersucht. Da sie sich als nicht tragfähig erweisen, bleibt in normativer Sicht nur die Möglichkeit, entweder die Zäsur einen gewissen Zeitraum vor der Geburt oder erst nach der Geburt anzusetzen. Für die in Deutschland geltenden Regelungen zum Spätabbruch bedeutet das, dass sie ethisch und rechtphilosophisch nicht haltbar sind.

1 Einleitung

In Deutschland gibt es seit der letzten Reform des § 218 in den 90iger Jahren de facto die Möglichkeit, späte Schwangerschaftsabbrüche bis zur Geburt vorzunehmen, wenn der betreffende Foetus eine wie auch immer geartete Behinderung aufweist. Als Grenze gilt dabei erst das Einsetzen der Geburtswehen. In Deutschland wurden im Jahr 2017 aufgrund dieser Rechtslage nach der 22. Woche 654 Foeten durch Spätabbruch getötet und weitere 2059 Abbrüche zwischen der 12. und der 22. Woche, also nicht im Rahmen der Fristenregelung, vorgenommen (Statistisches Bundesamt 2018, 137). Da ein Foetus im späten Stadium der Schwangerschaft relativ weit entwickelt und ab der 22. bis 24. Schwangerschaftswoche mit schnell ansteigender Wahrscheinlichkeit schon außerhalb des

https://doi.org/10.1515/9783110719864-015

Mutterleibs überlebensfähig ist[1], kommen für Abbrüche nach der 22. Woche die in früheren Stadien der Schwangerschaft zumeist benutzten Methoden der Vakuumaspiration (‚Absaugung'), der Curettage (‚Ausschabung') und des medikamentösen Abbruchs nicht in Frage[2]. Daher wird der Foetus bei Spätabbrüchen[3] üblicherweise vor der Einleitung einer künstlich induzierten Geburt oder der chirurgischen Entfernung noch im Mutterleib durch eine Injektion von Kaliumchlorid, Lidocain, Digoxin oder vergleichbaren giftige Substanzen getötet (sogenannter ‚Fetozid').[4] In vielen anderen westlichen Ländern existiert anders als in Deutschland entweder eine zeitliche Beschränkung, meist um die 20. – 24. Schwangerschaftswoche, oder zumindest doch eine Beschränkung auf schwerwiegende Behinderungen, die innerhalb kurzer Zeit nach der Geburt mit hoher Wahrscheinlichkeit zum Tod des Neugeborenen führen würden. So sind Schwangerschaftsabbrüche beispielsweise in den Niederlanden ab der 20. Woche (Scholten 1988, 1019 f) außer in Fällen einer Bedrohung des physischen Lebens der Mutter verboten.

Vor diesem Hintergrund sollen die Überlegungen im folgenden Artikel zeigen, dass und warum eine rechtliche Erlaubnis von Spätabbrüchen, wie sie in Deutschland realisiert ist, weder in ethischer, noch in rechtsphilosophischer Hinsicht rechtfertigbar ist. Dazu werde ich in zwei Schritten vorgehen: Zunächst werde ich untersuchen, ob Spätabbrüche unter der Voraussetzung rechtfertigbar wären, dass ungeborenen menschlichen Lebewesen derselbe rechtlich-moralische Status zukommt wie geborenen Menschen, d. h. der Status von Trägern von Menschenrechten und Menschenwürde.

Diese Untersuchung ist neben ihrer systematischen Relevanz für die deutsche Rechtslage insofern von besonderer Bedeutung, als das deutsche Recht die Zulassung von Spätabbrüchen explizit *nicht* damit rechtfertigt, dass menschlichen Foeten ein geringerer moralisch-rechtlicher Status zukomme als geborenen Menschen. Vielmehr wird in konsequenzialistisch-utilitaristischer Weise auf die Folgen der Geburt eines behinderten Kindes für die Mutter abgehoben. Es muss daher geprüft werden, ob eine solche konsequenzialistische Argumentation ethisch und rechtsphilosophisch auch dann tragfähig wäre, wenn ungeborenen

---

1 Die Überlebensrate bei Frühgeburten in der 22. SSW wird in der Literatur mit 6 % angegeben; in der 24. SSW liegt sie bereits bei 55 % (vgl. dazu Eichenwald et al. 2016, 161).

2 Die im Folgenden beschriebenen Methoden des Fetozids werden allerdings häufig schon bei Schwangerschaftsabbrüchen ab der 14. SSW angewandt (vgl. Diedrich/Drey 2010), spätestens aber ab dem dritten Trimester der Schwangerschaft.

3 Unter „Spätabbrüchen" werden im Folgenden entsprechend der Erfassung durch das Statistische Bundesamt Abbrüche ab der 22. SSW verstanden.

4 Eine gute Übersicht findet sich bei Sfakianaki (2019).

menschlichen Lebewesen der Status von Menschenrechtsträgern zukäme. Wie zu zeigen sein wird, ist das nicht der Fall. Daraus ergibt sich, dass eine rechtliche Zulassung von Spätabbrüchen nur dann zu rechtfertigen wäre, wenn die Zäsur, ab der ein menschliches Lebewesen als Träger von Menschenwürde und -rechten anzuerkennen ist, erst durch die Geburt selbst oder einen späteren Entwicklungsschritt markiert würde. Es müssen folglich in einem zweiten Schritt solche Theorien kritisch diskutiert werden, die den entscheidenden Einschnitt bei der Geburt sehen. Wenn diese Theorien sich als unhaltbar erweisen, folgt, dass für die Anerkennung des vollen moralisch-rechtlichen Status eines menschlichen Lebewesens *entweder* eine Zäsur bereits irgendwann vor der Geburt angenommen werden muss *oder* aber, wie etwa von Peter Singer (Singer 1984, 168–173) oder Michael Tooley (Tooley 1972) gefordert, deutlich nach der Geburt.

2 Sind Spätabbrüche bei gleichem moralischem Status rechtfertigbar?

Zur Beantwortung der Frage, ob Spätabbrüche auch unter der Bedingung zu rechtfertigen sind, dass die betroffenen Foeten Träger von Menschenrechten und Menschenwürde sind, kann eine relativ einfache Methode angewandt werden. Es genügt nämlich, die verschiedenen Rechtfertigungen, die dafür gegeben werden, daraufhin zu überprüfen, ob sie auch dann noch ethisch und rechtlich haltbar wären, wenn es sich bei einem ungeborenen menschlichen Lebewesen um einen Träger von Würde und subjektiven Rechten handelt.

Das bundesrepublikanische Recht rechtfertigt die Zulassung von Spätabbrüchen bei Behinderung des Foetus mit der Gefahr, die eine Behinderung des Kindes für die psychische Gesundheit einer Schwangeren bedeuten könnte. Damit beruht die rechtliche Zulässigkeit der Spätabtreibung behinderter Foeten in der Bundesrepublik Deutschland auf einer Erweiterung der sogenannten ‚medizinischen Indikation' um Fälle einer psychischen Belastung der Mutter. Das ist insofern bemerkenswert, als der Begriff der ‚medizinischen Indikation' sich ursprünglich auf Fallkonstellationen bezog, bei denen durch eine Fortführung der Schwangerschaft das physische Leben der Mutter bedroht wäre. In solchen Fällen ist ein Schwangerschaftsabbruch auch noch kurz vor der Geburt durchaus mit den gängigen Rechtsfiguren und ethischen Argumenten des (entschuldigenden) Notstandes zu rechtfertigen[5]. Bis zur Reform des § 218 im Jahre 1995 bestand nun

5 Zur Problematik des entschuldigenden Notstands in Abgrenzung zur Notwehr ausführlich Renzikowski (1994).

neben dieser medizinischen Indikation im engeren Sinn noch die sogenannte ‚embryopathische' oder ‚eugenische' Indikation, die den Schwangerschaftsabbruch bei einer zu erwartenden schweren Behinderung des Kindes straffrei stellte, dies aber auch nur maximal bis zur 22. Schwangerschaftswoche. Insofern entsprach die Regelung denjenigen Regelungen, die in Ländern wie Schweden oder den Niederlanden bis heute gelten. Gegen die ‚embryopathische Indikation' hatte es allerdings seit ihrem Bestehen immer wieder heftige Proteste der Kirchen und der Behindertenverbände gegeben, die darin sowohl eine Diskriminierung von Behinderten, als auch eine bedenkliche Kontinuität zur NS-Eugenik sahen.[6] Im Zuge der Reform des § 218 nach der deutschen Wiedervereinigung gab es daher Bestrebungen, die ‚embryopathische Indikation' abzuschaffen, wogegen es allerdings insbesondere von Teilen der Grünen, der PDS und der SPD erhebliche Widerstände gab. In dieser Situation ergab sich in den Verhandlungen der ‚Kompromiss'[7], die embryopathische Indikation zwar nominell abzuschaffen, faktisch aber beizubehalten und sogar noch zu erweitern, indem man sie unter eine ‚erweiterte medizinischen Indikation' subsumierte. Diese Subsumtion der embryopathischen unter die medizinische Indikation[8] entspricht dem erklärten Willen des Gesetzgebers, wie er in der Beschlussempfehlung des Ausschusses für Familie, Frauen, Senioren und Jugend zum Schwangeren- und Familienhilfeänderungsgesetzes (SFHÄndG) zum Ausdruck kommt.[9] Der Schwangerschaftsabbruch im Fall einer Behinderung des Foetus ist seit Inkrafttreten des SFHÄndG am 1.10.1995 dementsprechend auf der Grundlage des § 218a, Abs. 2 StGB im Sinn einer ‚erweiterten medizinischen Indikation' möglich.

Aufgrund der Subsumtion unter die – ansonsten mit guten Gründen zeitlich unbegrenzte – medizinische Indikation ist die Spätabtreibung behinderter Foeten also seit 1995 nicht mehr wie unter der Vorgängerregelung einer zeitlichen Befristung bis zur 22. Schwangerschaftswoche unterworfen, sondern bis zur Geburt möglich. Ebenso gilt sie nun auch nicht mehr als bloß straffrei, sondern als rechtmäßig. Das hat sowohl weitreichende zivilrechtliche Folgen in Form der seither entstandenen ‚Kind als Schaden'-Rechtsprechung (vgl. Gutmann 2011 und Riedel 2012), als auch strafrechtliche Folgen insofern, als damit das Weigerungsrecht des Arztes oder der Ärztin aus Gewissensgründen wegfällt (Schumann/Schmidt-Recla 1998 und Beckmann 1998). Drittens führte die Subsumtion der embryopathischen unter die medizinische Indikation zu einem Wegfall der

6 Zur Geschichte der strafrechtlichen Regelung der Spätabtreibung vgl. Hillenkamp (2011).
7 Zur Einteilung und Bewertung ethisch problematischer politischer Kompromisse vgl. Margalit (2009).
8 Dazu und zu den rechtlichen Implikationen vgl. etwa Schuman/Schmidt-Recla (1998).
9 Vgl. dazu die Ausführungen in Bundestags-Drucksache 13/1850, 25 f.

Bedingung einer besonderen Schwere der Behinderung, wie sie in der Regelung zur ‚embryopathischen Indikation' bis 1995 noch festgeschrieben war. Rechtfertigungsgrund für den Schwangerschaftsabbruch soll vielmehr ausschließlich die Gefahr einer Beeinträchtigung der psychischen Gesundheit der Schwangeren durch die zu erwartende Behinderung des Kindes sein, ganz gleich wie schwer die Behinderung ist. Betrachten wir für die weitere ethische und rechtsphilosophische Bewertung zunächst den Wortlaut des § 218a, Abs. 2 StGB:

> „Der mit Einwilligung der Schwangeren von einem Arzt vorgenommene Schwangerschaftsabbruch ist nicht rechtswidrig, wenn der Abbruch der Schwangerschaft unter Berücksichtigung der gegenwärtigen und zukünftigen Lebensverhältnisse der Schwangeren nach ärztlicher Erkenntnis angezeigt ist, um eine Gefahr für das Leben oder die Gefahr einer schwerwiegenden Beeinträchtigung des körperlichen oder seelischen Gesundheitszustandes der Schwangeren abzuwenden, und die Gefahr nicht auf eine andere für sie zumutbare Weise abgewendet werden kann." (StGB, §218a, Abs. 2)

Nach dieser rechtlichen Bestimmung soll also alleine der Umstand, dass die Behinderung des Foetus bzw. des später eventuell geborenen Kindes die psychische Gesundheit der Mutter beeinträchtigen könnte, eine Rechtfertigung für die Tötung des Foetus darstellen. Wenden wir die eingangs dieses Kapitels vorgeschlagene Methode zur ethischen und rechtlichen Überprüfung einer solchen Rechtfertigung an, so muss die Frage gestellt werden, ob eine solche Rechtfertigung der Tötung auch bei einem geborenen Menschen tragfähig wäre. Das heißt: ob der Umstand, dass die Existenz eines geborenen Menschen A eine Gefahr für die psychische Gesundheit eines anderen Menschen B darstellt oder dessen psychische Gesundheit bereits beeinträchtigt, ein hinreichender Rechtfertigungsgrund wäre, A zu töten bzw. die Tötung von A zu erlauben.

Alleine die Frage zu stellen, zeigt die ganze Absurdität und Vergeblichkeit des Versuchs einer solchen Rechtfertigung. Im Rahmen eines deontologischen Ethikansatzes wäre eine solche Rechtfertigung deshalb unmöglich, weil die vorsätzliche Tötung eines Unschuldigen zu den intrinsisch falschen Handlungen gehört, deren Durchführung oder Zulassung prinzipiell durch keine Abwägung von Folgen oder Umständen rechtfertigbar ist[10]. Aber auch im Rahmen eines konsequenzialistischen bzw. utilitaristischen Ansatzes wäre sie undenkbar, da in diesem Fall eine Güterabwägung zwischen dem Leben von A und der seelischen Gesundheit von B vorgenommen werden müsste, bei der das Leben von A auf

10 Vgl. dazu grundlegend Anscombe (1958).

jeden Fall höheres Gewicht hätte[11], als die psychische Gesundheit von B. Dementsprechend erlaubt auch kein Rechtsstaat eine solche Tötung. Hinzu kommt, dass in der Regel die psychische Beeinträchtigung nicht aktuell vorliegt, sondern lediglich für die Zeit nach der Geburt prognostiziert wird. Auf der Grundlage einer bloß *prognostizierten* psychischen Beeinträchtigung B's durch die Existenz von A ist jedoch eine Güterabwägung, die zur Rechtfertigung der Tötung von A führen würde, noch weniger denkbar als ohnehin schon.

Dass die Rechtfertigungsfigur des § 218a, Abs. 2 als solche nicht einmal vom deutschen Gesetzgeber selbst für ethisch und rechtlich vertretbar gehalten wird, zeigt alleine der Umstand, dass es *nicht* erlaubt ist, ein behindertes Kind nach der Geburt noch zu töten, wenn seine Existenz die seelische Gesundheit seiner Mutter beeinträchtigt. Würde man also dem Foetus den gleichen moralischen Status wie einem geborenen Menschen zusprechen, so würde das bedeuten, dass der Gesetzgeber aus Konsistenzgründen auch die Tötung geborener Menschen erlauben müsste, wenn deren Existenz eine Beeinträchtigung der seelischen Gesundheit ihrer Mütter mit sich brächte. Ja mehr noch: er hätte sogar eigentlich einen noch viel besseren Grund für eine solche Erlaubnis, da die Beeinträchtigung der seelischen Gesundheit dann bereits eingetreten und nicht bloß prognostiziert wäre.

Der deutsche Gesetzgeber verhielte sich im Hinblick auf späte Schwangerschaftsabbrüche mithin ausgesprochen inkonsistent, es sei denn, man ginge davon aus, dass ungeborene menschliche Lebewesen selbst kurz vor der Geburt nicht denselben Status besitzen wie geborene Menschen. Dem steht freilich das – auch und gerade für den Gesetzgeber verbindliche – zweite Urteil des Bundesverfassungsgerichts zum Schwangerschaftsabbruch entgegen, in dem das Gericht feststellt, dass Menschenwürde und Menschenrechte bereits dem ungeborenen menschlichen Lebewesen zukommen.[12] Aufgrund dieses Urteils muss der Gesetzgeber seiner Gesetzgebung eigentlich die Auffassung zugrunde legen, dass ungeborenen menschlichen Lebewesen derselbe moralische Status zukommt wie geborenen menschlichen Lebewesen. Wenn das aber der Fall ist, dann ist eine Gesetzgebung, die die Tötung von ungeborenen menschlichen Lebewesen aufgrund einer psychischen Beeinträchtigung der Mutter erlaubt, nicht aber die von geborenen menschlichen Lebewesen, in der Tat inkonsistent.

Eine Rechtfertigung von Spätabbrüchen durch die ‚erweiterte medizinische Indikation' ist zudem noch in einem weiteren Punkt ethisch und rechtsphilosophisch nicht nachvollziehbar. Im letzten Nebensatz des § 218a, Abs. 2 nämlich

11 Das gilt auch und gerade für den Präferenzutilitarismus in den Varianten von Singer (1984) und Hare (1992).
12 BVerfG 88, 203 [151 f].

wird die einschränkende Bedingung hinzugefügt, dass ein Schwangerschaftsabbruch nur dann zulässig sei, wenn „die Gefahr nicht auf eine andere für sie [die Schwangere] zumutbare Weise abgewendet werden kann." Diese Bedingung ist sowohl aus ethischer, wie aus rechtsphilosophischer Sicht sinnvoll und richtig. Bei ‚Brett des Karneades'-Situationen[13], in denen ein Mensch in einer Notlage sein eigenes Leben nur retten kann, indem er einen anderen Menschen tötet, ist evident, dass eine solche Tötung lediglich unter der Bedingung auch nur entschuldbar sein kann, wenn dem Betroffenen absolut kein anderes Mittel zur Verfügung stand, sein eigenes Leben zu retten, als die Tötung des anderen.

Diese einschränkende Bedingung ist aber in Fällen der Spätabtreibung behinderter Foeten praktisch nie erfüllt. Bei den „Beeinträchtigungen der psychischen Gesundheit", die in § 218a, Abs. 2 angesprochen werden, dürfte es sich im Regelfall um Depressionen, handeln. Diese lassen sich aber medizinisch und psychotherapeutisch in der Regel mit Therapien behandeln, deren ‚Zumutbarkeit' eigentlich von niemandem ernsthaft in Frage gestellt wird. Tatsächlich dürfte für den Fall, dass die Existenz eines geborenen behinderten Kindes bei dessen Mutter zu einer Depression führt, das Vorgehen der Wahl nicht eine Tötung des Kindes, sondern eine Behandlung der Depression sein. Liegt eine psychische Beeinträchtigung der Mutter zudem nicht akut während der Schwangerschaft vor, sondern wird lediglich *prognostiziert*, so könnte das Auftreten dieser bloß prognostizierte Beeinträchtigung dadurch wirkungsvoll vermieden werden, dass das Kind sofort bei der Geburt zur Adoption freigegeben wird. Es ist dementsprechend davon auszugehen, dass es sich bei einer korrekten Anwendung des letzten Halbsatzes die überwiegende Mehrzahl der nach § 218a, Abs. 2 StGB in der Bundesrepublik Deutschland vorgenommenen Schwangerschaftsabbrüche eigentlich rechtswidrige Tötungsdelikte darstellen.

3 Von Violinisten und Foeten

Nachdem sich eine Rechtfertigung von Spätabbrüchenen durch den Gedanken einer Abwägung zwischen dem Leben des Foetus und der seelischen Gesundheit der Mutter als offenkundig unhaltbar erwiesen hat, wäre theoretisch noch eine Rechtfertigungsstrategie in Anlehnung an Judith Jarvis Thomsons berühmtes ‚Geiger-Gedankenexperiment' (Thomson 1989, 108 ff) denkbar, für das Thomson ausdrücklich beansprucht, dass es auch für den Fall Schwangerschaftsabbrüche zu legitimieren vermöchte, dass ungeborenen menschlichen Lebewesen der volle

13 Vgl. zu dieser Problematik Radbruch (^{2}1999, 191 f) und Aichele (2003).

moralisch-rechtliche Status zukomme (Thomson 1989, 108). In Thomsons Gedankenexperiment ist ein berühmter Violinist schwer erkrankt, liegt im Koma und wird sterben, wenn er nicht eine Zeitlang durch den Körper eines anderen Menschen mitversorgt wird. Eine ominöse ‚Gesellschaft der Musikfreunde' kidnappt daraufhin einen jungen, gesunden Menschen und verbindet dessen Körper über Schläuche und Apparaturen mit dem Körper des Violinisten. Nach etwa neun Monaten wäre der Violinist wieder gesund und könnte ohne die Verbindung zum Körper eines anderen Menschen weiterleben. Thomson argumentiert nun, dass es zwar moralisch verdienstvoll wäre, wenn derjenige, dessen Körper mit dem des Violinisten verbunden wäre, die Schläuche nicht durchtrennen und so das Leben des Violinisten retten würde, dass es aber gegenüber dem Betreffenden nicht rechtlich erzwungen werden dürfe, da dies einen unzulässigen Eingriff in das Selbstbestimmungsrecht über seinen Körper darstellen würde.

Thomson beruft sich dafür auf eine bestimmte Auslegung des Rechts auf Leben, nach der dieses Recht lediglich ein Abwehrrecht sei und insofern lediglich eine negative Pflicht impliziere, nämlich die Pflicht, einen anderen Menschen nicht zu töten. Es erlege aber niemandem die Pflicht auf, das Leben anderer Menschen zu retten. Das Geiger-Gedankenexperiment dient vor diesem theoretischen Hintergrund dazu, den Schwangerschaftsabbruch als etwas zu beschreiben, das keine aktive Tötung und damit keine Verletzung des als reines Abwehrrecht konzipierten Lebensrechts darstellt, sondern lediglich so etwas wie das Unterlassen einer Hilfeleistung. Von letzterer nimmt Thomson wiederum im Rückgriff auf eine libertär-liberale Rechtstradition an (Thomson 1989, 122–126), dass sie rechtlich nicht erzwungen werden dürfe. Darin liegt im Übrigen bereits eine Abweichung von kontinentaleuropäischen Rechtstraditionen wie der deutschen, die die unterlassene Hilfeleistung bzw. die Tötung durch Unterlassen durchaus als Straftatbestände kennen.

Thomsons Gedankenexperiment war und ist einer ganzen Reihe verschiedenster, durchaus überzeugender Einwände ausgesetzt (vgl. dazu unter anderem MacMahan 2002, 362–397 und Schwarz 1990, 113–124), die verantwortungstheoretische, handlungstheoretische, rechtsphilosophische und tugendethische Argumentationen umfassen. Für unsere Problematik genügt allerdings bereits der handlungstheoretische Einwand, der besagt, dass die von Thomson vollzogene Gleichsetzung des Schwangerschaftsabbruchs mit einer bloßen Unterlassung handlungstheoretisch verfehlt ist. Tatsächlich werden bei den weitaus meisten Methoden des Schwangerschaftsabbruchs, nämlich bei Vakuumaspiration und Curettage, nicht einfach die Verbindungen des Embryo bzw. Foetus zum Mutterleib ‚gekappt', sondern er wird aktiv getötet. Alle Abbrüche, die mit solchen Methoden durchgeführt werden, stellen dementsprechend einen Verstoß gegen das Lebensrecht als *Abwehrrecht* dar und wären damit nach Thomsons eigener Argumentation rechtlich und moralisch illegitim. Im Fall früher Schwangerschaftsabbrüche existieren neben Methoden, die eine aktive Tötung implizieren, aber tatsächlich noch Methoden des Schwangerschaftsabbruchs, bei denen eine Abstoßung des Embryo bzw. Foetus herbeigeführt wird, so etwa der medikamentöse Abbruch mit Mifegyne. Allein diese Abbrüche könnten also unter Umständen als ‚unterlassene Hilfeleistungen' im Sinn Thomsons verstanden werden. Selbst in diesen Fällen stellt sich freilich die Frage, ob das vorsätzliche Verbringen eines Menschen in eine Umgebung, in der er nicht überleben kann – etwa wenn ein blinder Passagier mitten im Atlantik in eiskaltes Wasser geworfen oder ein Mensch in einen Raum ohne Sauerstoff verbracht würde – aus handlungstheoretischer Sicht wirklich noch in plausibler Weise als eine bloße ‚Unterlassung' statt eines aktiven Handelns konzipiert werden kann. Das erscheint zumindest auf den ersten Blick kontraintuitiv.

Im Hinblick auf Spätabbrüche muss diese Diskussion aber ohnehin nicht im Detail nachgezeichnet werden, da alle denkbaren Methoden des Spätabbruchs eine aktive Tötung des Foetus, den Fetozid, beinhalten. Das ergibt sich schlicht daraus, dass ein Foetus ab der 22.–24. Schwangerschaftswoche mit unterschiedlich hohen Wahrscheinlichkeiten auch außerhalb des Mutterleibs lebensfähig ist. Der durch den Schwangerschaftsabbruch zumindest als Mittel zum Zweck der Beendigung der Schwangerschaft intendierte Tod des Foetus kann so nur dadurch effektiv gewährleistet werden, dass der Foetus noch im Mutterleib, meist durch eine Injektion von Kaliumchlorid oder anderen giftigen Substanzen, aktiv getötet wird. Damit fällt eine mögliche Rechtfertigung von Spätabbrüchen durch Thomsons Geiger-Gedankenexperiment weg. Es ist darum auch unter Verteidiger/innen von Thomsons Überlegungen verbreitet anzunehmen, dass ihr Gedankenexperiment Schwangerschaftsabbrüche allenfalls bis zu dem Zeitpunkt rechtfertigen kann, bis zu dem der Foetus außerhalb des Mutterleibs nicht überlebensfähig ist, nicht jedoch darüber hinaus (vgl. Alward 2002 und Hawking 2016).

Die beiden theoretischen Möglichkeiten Spätabbrüche auch für den Fall zu rechtfertigen, dass ungeborenen menschlichen Lebewesen derselbe moralische und rechtliche Status zukommt wie geborenen Menschen, erweisen sich also als nicht tragfähig.

Spätabbrüche bzw. ihre rechtliche Zulassung können folglich nur unter der Voraussetzung legitim sein, dass menschlichen Foeten selbst bis kurz vor der Geburt nicht derselbe moralische Status zukommt wie geborenen Menschen. Dafür sind wiederum zwei Untermöglichkeiten denkbar: Entweder kann die Geburt selbst als diejenige Zäsur betrachtet werden, aufgrund deren einem menschlichen Lebewesen der Status eines Trägers von Würde und Rechten zukommt. Oder es muss ein beliebiger Punkt nach der Geburt als die moralrelevante Zäsur betrachtet werden, die einem menschlichen Lebewesen den vollen moralisch-rechtlichen Status verleiht. Da die letztgenannten Positionen sowohl mit ganz eigenen Problemen behaftet sind, als auch in Deutschland nicht ernsthaft als Grundlage einer rechtlichen Regelung diskutiert werden, wird das folgende Kapitel sich vorwiegend mit Argumenten befassen, die die Geburt selbst als die entscheidende Zäsur betrachten, bei der und durch die ein menschliches Lebewesen, das nicht Träger von Würde und Rechten ist, zu einem solchen wird.

4 Die Geburt als Beginn des vollen moralischen Status?

Innerhalb der bioethischen Literatur gibt es insgesamt nur sehr wenige Autor/innen, die die Auffassung vertreten, die Geburt sei diejenige Zäsur, ab der und durch die ein menschliches Lebewesen erst den vollen moralischen Status erhält. Der Grund dafür ist leicht zu sehen: Innerhalb der Debatte um den Status ungeborener menschlicher Lebewesen konkurrieren im Wesentlichen zwei Positionen miteinander (vgl. dazu Rothhaar 2011). Die ‚bioethisch liberale' Position macht den Status eines Rechtssubjekts vom faktischen Vorliegen bestimmter Eigenschaften abhängig. Sie impliziert daher eine Unterscheidung zwischen Menschsein im biologischen Sinn und Menschsein in einem ethisch und rechtlich relevanten Sinn. Für letzteres wird vor allem in der angelsächsischen, zunehmend aber auch in der deutschen Debatte, meist der Begriff der ‚Person' benutzt. Zu jenen ‚personalen Eigenschaften' gehören – in je nach Autor/in unterschiedlicher Gewichtung – die Fähigkeit, Interessen zu haben und zu verfolgen; empirisch nachweisbares Selbstbewusstsein; die Fähigkeit zu moralischem Handeln; das Vorhandensein von messbaren Hirnströmungen etc.

Bioethisch ‚konservative' Positionen sind demgegenüber, mit verschiedenen Begründungen, durch die Annahme gekennzeichnet, dass das Person-Sein jedem menschlichen Lebewesen, unabhängig von dessen Entwicklungsstand und von dessen empirisch beobachtbaren Eigenschaften zugesprochen werden muss. Ein wichtiges Argument in diesem Zusammenhang ist das Speziesargument, das darauf abhebt, dass jedes menschliche Lebewesen einer Spezies angehört, deren spezifische diachrone Lebensform durch Personalität bestimmt ist, und zwar auch dann, wenn und solange diese Personalität noch nicht empirisch entfaltet ist.[14] Ergänzt wird eine solche Argumentation oft durch die als eine Variante des Potentialitätsarguments bekannte Überlegung, dass jede Position kontraintuitiv

14 Vgl. dazu etwa die Überlegungen bei Spaemann (1996) oder Pöltner (2018) und die Diskussion dieser Position bei Rothhaar (2018a).

sei, die den Status eines Trägers von Menschenrechten und Menschenwürde vom *aktuellen* mentalen Vollzug von personalen Akten abhängig machen wollte, da dies implizieren würde, dass Menschen jedes Mal dann aufhören, Träger von Rechten und Würde zu sein, sobald sie derartige Akte nicht mehr aktuell vollziehen. Daher müsse der volle moralische Status am intrinsischen Potential menschlicher Embryonen bzw. Föten festgemacht werden, Person zu sein.[15]

Bereits diese grobe Skizze macht deutlich, warum innerhalb der bioethischen Debatte die Geburt in der Regel von den Vertretern *beider* Grundpositionen als moralrelevante Zäsur abgelehnt wird: Weder liegen aktuelle, empirisch beobachtbare ‚personale Eigenschaften' schon mit der Geburt vor, noch ändert die Geburt etwas an der Spezieszugehörigkeit oder der intrinsischen Potentialität von menschlichen Embryonen oder Föten. Zu den wenigen Ausnahmen, die dennoch der Geburt die entscheidende moralische Relevanz zusprechen, gehören im deutschsprachigen Raum Volker Gerhardt (Gerhardt 2001) und Jürgen Habermas (Habermas 2001), sowie im englischen Sprachraum Mary Ann Warnock (Warnock 1989), deren Argumenten daher besonderer Raum gegeben werden soll. Positionen, die der Geburt die entscheidende Bedeutung für die Erlangung des Status eines Trägers von Rechten und Würden zusprechen, sollen im Folgenden kurz als ‚natalistische Positionen' bezeichnet werden.

Insbesondere Volker Gerhardt hat der Verteidigung der Geburt als ausschlaggebender moralischer Zäsur ein ganzes Buch gewidmet, das den programmatischen Titel „Der Mensch wird geboren" trägt (Gerhardt 2001), dessen Argumente aber aufgrund des essayistischen Charakters des Werks eher skizzenhaft bleiben.[16] Insgesamt lassen sich bei Gerhardt wohl die folgenden Argumente identifizieren:

(1.) Das Argument der fehlenden Außenwelt, nach dem ein Foetus deshalb kein Mensch in vollem Sinn sei, weil er keine ‚Außenwelt' besitze: „Erst wenn der Fötus den leiblichen Schutzraum, der für ihn keine Außenwelt ist, auf dem Weg einer Früh- oder Normalgeburt verlässt, wird er zum Menschen." (Gerhardt 2001, 45).

(2.) Das Argument der Nicht-Individualität, wonach ein Foetus vor der Durchtrennung der Nabelschnur aufgrund seiner Verbindung mit dem mütterlichen Leib kein Individuum sei: „Sie [die Geburt] ist der Akt, bei dem die organische Einbindung in den nährenden und schützenden Leib der Mutter aufgelöst, die Nabelschnur durchtrennt und die Individuation des Menschen vollzogen wird." (Gerhardt 2001, 44).

---

15 Eine solche Position vertritt etwa Wieland (2002).

16 Ähnliche Positionen vertritt im vorliegenden Band Matthias Wunsch.

(3.) Das Argument der leiblichen Eigenständigkeit als Voraussetzung von Vernunft und Anerkennung durch Andere. Dieses Argument steht in enger Verbindung zum vorangehenden Argument. Gerhardt führt dazu aus, dass die „Verfügung über den eigenen Leib" (Gerhardt 2001, 46) die Bedingung dafür sei, dass „sich der Mensch als Mensch zur Darstellung bringen könne" (Gerhardt 2001, 46). Dabei geht Gerhardt davon aus, dass nur ein von einem anderen Menschen körperlich abgetrennt existierender Mensch ein „eigenständiger Teil der Gemeinschaft" (Gerhardt 2001, 46) sein und von dieser anerkannt werden könne. Ebenso nimmt er offenbar an, dass die ‚Eigentätigkeit des eigenen Leibes' außerhalb des Leibes eines anderen Menschen die Voraussetzung dafür sei, Vernünftigkeit zu entwickeln und zu entfalten (Gerhardt 2001, 50).

Zum Argument der fehlenden Außenwelt sei hier nur kritisch angemerkt, dass es je nachdem, wie der Begriff der ‚Außenwelt' verstanden wird, entweder offensichtlich falsch oder offensichtlich zirkulär ist. Wird unter ‚Außenwelt' die räumliche Welt im Gegensatz zur psychischen ‚Innenwelt' verstanden, so ist das Argument offenkundig falsch, da zum einen der Uterus natürlich ebenso sehr ein Teil der räumlichen Welt bildet wie jeder andere Ort. Zum Zweiten weisen Foeten in den späten Stadien der Schwangerschaft auch eine von der Außenwelt unterschiedene psychische ‚Innenwelt' auf. Wird unter ‚Außenwelt' demgegenüber einfach die ‚Welt außerhalb des Mutterleibs' verstanden, so ist das Argument schlicht zirkulär, da in diesem Fall aus der Prämisse, dass nur Mensch sei, wer außerhalb des Mutterleibs existiert, messerscharf gefolgert würde, dass kein Mensch sei, wer innerhalb des Mutterleibs existiere. Gerade diese doch sehr starke Prämisse müsste dann aber begründet werden, was bei Gerhardt zumindest nicht geschieht.

Das Argument der Nicht-Individualität ergibt in der von Gerhardt präsentierten Form ebenfalls wenig Sinn. Wäre es richtig, dass nur ein leiblich von anderen abgetrenntes menschliches Lebewesen ein Mensch sein kann, dann würde das bedeuten, dass siamesische Zwillinge nicht als Individuen, ja nach Gerhardt nicht einmal als Menschen, gelten dürften.[17] Alleine diese ausgesprochen kontraintuitive Implikation von Gerhardts Annahme sollte im Sinn einer *reductio ad absurdum* zu ihrer Widerlegung genügen. Was Gerhardt hier allerdings vermutlich im Blick hat, ist, dass faktische Anerkennungsprozesse in der Regel nur stattfinden, wenn das Lebewesen, das anerkannt wird, von den Anerkennenden *gesehen* werden kann. Aus dem faktischen Ablauf von Anerkennungsprozessen auf der deskriptiven Ebene lassen sich aber keine Schlussfolgerungen für die *nor-*

---

17 Zu den besonderen ethischen und medizinrechtlichen Problemen, die eventuell lebensbedrohliche Trennung siamesischer Zwillinge mit sich bringt vgl. Merkel (1999). Die von Merkel diskutierten Probleme würden sich gar nicht stellen, wären siamesische Zwillinge keine Träger von subjektiven Rechten.

mative Frage ziehen, wann die Anerkennung eines Lebewesens als Rechtssubjekt geboten ist und wann nicht (vgl. dazu Rothhaar 2018b).

Es bleibt damit nur eine mögliche Argumentation übrig: Nach dieser wäre die Geburt deshalb als die entscheidende moralische Zäsur zu werten, weil leibliche Eigenständigkeit und Sozialität unabdingbare Voraussetzungen dafür wären, die zunächst nur potentiell vorhandenen Eigenschaften des Selbstbewusstseins und der Vernünftigkeit zu verwirklichen. Bei Gerhardt findet sich diese Überlegung wohl in der Betonung des ‚Sich-zur-Darstellung-Bringens' für andere Menschen. Habermas argumentiert, dass erst Personalität und Vernünftigkeit den vollen rechtlichen und moralischen Status begründeten, dass aber ein menschliches Lebewesen diese nur verwirklichen könne, wenn es Mitglied einer Sprach- und Kommunikationsgemeinschaft werde. Das wiederum sei erst nach der Geburt möglich:

> „Erst im Augenblick der Lösung aus der Symbiose mit der Mutter tritt das Kind in eine Welt von Personen ein, die ihm begegnen, die es anreden und mit ihm sprechen können. Keineswegs ist das genetisch individuierte Wesen im Mutterleib, als Exemplar einer Fortpflanzungsgemeinschaft „immer schon Person". Erst in der Öffentlichkeit einer Sprachgemeinschaft bildet sich das Naturwesen zugleich zum Individuum und zur vernunftbegabten Person." (Habermas 2001, 65)

Im englischen Sprachraum beruft sich schließlich Mary Ann Warnock in ganz ähnlicher Weise auf die Sozialität als Voraussetzung der Ausbildung von Personalität: „Human persons – and perhaps all persons – normally come into existence only in and through social relationships." (Warnock 1989, 55).

Während es sicherlich richtig ist, dass Sozialität und Sprache wesentliche, wenn nicht unabdingbare Voraussetzungen der Verwirklichung des Potentials zu Vernünftigkeit und empirisch vorliegendem Selbstbewusstsein sind, leiden alle drei Argumentationsfiguren doch unter demselben systematischen Problem: Offenkundig folgen sie, ungeachtet unterschiedlicher Akzentsetzungen im Einzelnen, der ‚bioethisch liberalen' Grundthese, dass nicht das Potential zur Personalität selbst und/oder die Zugehörigkeit zur menschlichen Lebensform den Grund der Anerkennung als Rechtssubjekt und moralisches Gegenüber darstellen, sondern erst das aktuale Vorliegen der sogenannten ‚personalen Eigenschaften'. Denn nur unter dieser Prämisse kann dem Vorliegen von Voraussetzungen zur *Aktualisierung* des Potentials der Ausbildung jener Eigenschaften ja überhaupt irgendeine moralische Relevanz zugesprochen werden.

Wenn das aber der Fall ist, dann geraten alle angeführten Positionen in ein theoretisches Dilemma dadurch, dass aktuale ‚personale Eigenschaften' in den ersten Monaten nach der Geburt ebenso wenig bereits vorliegen wie vor der Geburt. Geht man aber davon aus, dass eigentlich erst das aktuale Vorliegen ‚personaler Eigenschaften' den vollen moralischen und rechtlichen Status begründet, dann ist es prima facie nicht nachvollziehbar, warum die Zäsur nicht auch erst bei ebendiesem Punkt gesetzt werden sollte, sondern schon da, wo eine von vielen äußeren Voraussetzung der Verwirklichung des Potentials zur Personalität sich realisiert hat. Betrachtet man demgegenüber *nicht* das Verwirklicht-Sein des Potentials als die entscheidende moralisch-rechtliche Zäsur, dann ist es wiederum viel naheliegender statt des Vorliegens einer bestimmten äußerlichen Voraussetzung zur Verwirklichung des Potentials das Vorliegen des Potentials *selbst* als den Grund der Anerkennung als Träger von Rechten und Würden zu identifizieren. Das gilt nicht zuletzt deshalb, weil die mit der Geburt ermöglichte Sozialität nur eine unter vielen Voraussetzungen zur Verwirklichung aktualer Personalität bildet. Ebenso gehören dazu etwa: überhaupt eine organismische Einheit zu bilden; die Fähigkeit, zu empfinden und wahrzunehmen; überhaupt einen Leib zu besitzen, unabhängig davon, ob dieser eigenständig existiert oder nicht; ein psychisches Innenleben aufzuweisen oder beispielsweise auch, eine Sprache so weit erlernt zu haben, dass es möglich wird, mit anderen Menschen begrifflich zu kommunizieren. Mit Ausnahme der Sprache sind alle diese Voraussetzungen aber bereits deutlich vor der Geburt gegeben.

‚Natalistische Positionen' in der Bioethik müssen sich also gleich zwei Rückfragen gefallen lassen: Zum einen die Frage, warum sie die moralisch-rechtliche Zäsur an das Vorliegen einer bestimmten *Voraussetzung* zur Verwirklichung von ‚personalen Eigenschaften' knüpfen wollen, wenn sie doch eigentlich erst das *aktuale* Vorliegen solcher Eigenschaften für den wirklichen Grund der Zuerkennung von Menschenrechten und Menschenwürde halten. Zum anderen, warum sie, wenn sie schon auf das Vorliegen einer bestimmten Voraussetzung der Verwirklichung des Potentials abheben, gerade auf die Sozialität und nicht auf irgendeine andere der zahlreichen Voraussetzungen abheben.

Auf die letztere Frage geben ‚natalistische Positionen' in der Regel gar keine Antwort. Das erste Problem ist demgegenüber offenbar sowohl Gerhardt als auch Warnock bewusst, während es von Habermas mehr oder weniger ignoriert wird. Gerhardt versucht das Problem durch einen Rückgriff auf das Speziesargument zu lösen, indem er betont, dass es zu den Besonderheiten der menschlichen Spezies gehöre, dass sich die Individuen dieser Spezies immer zugleich auch als Repräsentanten der Spezies selbst verstehen und daher andere Wesen, die ebenfalls der menschlichen Spezies angehörten, nicht ohne Selbstwiderspruch aus dem Kreis der Träger von Rechten und Würde ausschließen könnten:

> „Zwar leitet der Mensch seine Selbstansprüche aus der entwickelten, gleichsam besten Form seines Daseins ab. Aber das kann und darf nicht heißen, dass er nur so lange als Mensch gilt, wie er sich in seiner besten Verfassung befindet. Denn der Mensch versteht sich in allem, was er denkt und tut, niemals bloß als Individuum, sondern immer auch als Exempel der Gat-

tung, zu der er als Lebewesen gehört. [...] Allein die Tatsache, dass der Mensch ein Drittel seines Lebens im Schlaf verbringt, macht offenkundig, dass wir ihn nicht alleine durch die Präsenz seiner intellektuellen Leistungen definieren dürfen." (Gerhardt 2001, 33).

So richtig dieses Argument sein mag, so wenig trägt es Gerhardts Versuch, die Geburt als die Grenze auszuweisen, ab der ein Wesen, das nicht Träger von Rechten und Würde ist, zu einem Menschenrechtssubjekt wird. Denn dass auch ein menschlicher Embryo bzw. Foetus ein menschliches Lebewesen ist kann niemand ernsthaft bestreiten. Wenn das aber der Fall ist, so würde Gerhardts Speziesargument gerade nicht für die Geburt, sondern für den Beginn der Existenz eines neuen menschlichen Lebewesens als den Punkt sprechen, ab dem der volle moralische und rechtliche Status gegeben ist.

Warnock zieht in ihrem Aufsatz „The Moral Significance of Birth" aus derselben Problematik eine ganz andere Konsequenz, oder genauer, sie schwankt zwischen zwei möglichen Konsequenzen: Einmal schlussfolgert sie aus ihren eigenen Prämissen, dass die Kindstötung eigentlich doch ethisch gerechtfertigt wäre und nur dann unterbleiben sollte, wenn Alternativen bestünden: „The moral case against the toleration of infanticide is contingent upon the existence of morally preferable options." (Warnock 1989, 58). Dann wieder zieht sie sich auf eine Argumentation in der Linie von Judith Jarvis Thomson zurück und führt an, dass ein Tötungsverbot deshalb erst ab der Geburt gelten könne, weil das Selbstbestimmungsrecht der Schwangeren über ihren eigenen Körper im Zweifelsfall über dem Lebensrecht des Foetus stehe (Warnock 1989, 59 – 62). Diese Argumentationsfigur wurde im Hinblick auf Spätabbrüche aber bereits im zweiten und dritten Teil des vorliegenden Aufsatzes widerlegt.

Es bleibt dementsprechend als Fazit festzuhalten, dass die im bioethischen Diskurs vorherrschende Zurückweisung der Geburt als der entscheidenden Zäsur, ab der ein Lebewesen, das zuvor nicht Träger von Würde und Rechten wäre, plötzlich zum Menschenrechtssubjekt werden soll, wohlbegründet ist. Sie ist nicht das Ergebnis einer Ignoranz wichtiger Argumente, sondern des Umstandes, dass sich für die Geburt[18] als entscheidende moralisch-rechtliche Zäsur keine Argumente anführen lassen, die einer kritischen Überprüfung standhalten[19]. Daraus ergibt sich, dass die Grenze der Rechtssubjektivität entweder *vor* der Geburt anzusetzen ist oder

18 Das schließt gradualistische Positionen nicht aus, soweit sie den entscheidenden Übergang von einem Lebewesen ohne Würde und Rechte zu einem Träger von Menschenwürde und Menschenrechten nicht bei oder nach, sondern vor der Geburt ansetzen.

19 Das gilt auch für den neuerdings unternommenen Versuch einer Widerlegung des Potentialitätsarguments mittels einer ‚absurd-extension'-Überlegung (Stier/Schöne-Seiffert 2013). Vgl. dazu die Kritik dieser Überlegung bei Rothhaar (2018a).

einige Zeit *nach* der Geburt. Im zweiten Fall wäre, wie etwa von Peter Singer (Singer 1984, 168–173), Michael Tooley (Tooley 1972) und letztlich auch Warnock vorgeschlagen, eine Zulassung auch nachgeburtlicher Kindstötungen geboten. Im ersten Fall ist eine Angleichung der deutschen Rechtslage an diejenige der meisten anderen westlichen Länder, d.h. ein weitgehendes Verbot von Spätabbrüchen jenseits der medizinischen Indikationen im eigentlichen Sinn der Rettung des physischen Lebens der Mutter, unumgänglich.

Literatur

Alward, Peter (2002): Thomson, the Right to Life, and Partial-Birth Abortion, in: Journal of Medical Ethics, 28/2, 99–101.

Aichele, Alexander (2003): Was ist und wozu taugt das Brett des Karneades? Wesen und ursprünglicher Zweck des Paradigmas des europäischen Notstandsrechts, in: Jahrbuch für Recht und Ethik 11, 245–268.

Anscombe, Getrude Elizabeth Margaret (1958): Modern Moral Philosophy, in: Philosophy 33/124, 1–19.

Beckmann, Rainer (1998): Der „Wegfall" der embryopathischen Indikation, in: Medizinrecht 1998 4, 155–161.

Bundesverfassungsgericht (1993): BVerfG 88, 203. Im Internet unter: http://www.servat.unibe.ch/dfr/bv088203.html

Eichenwald, Eric C./Anne R. Hansen, Anne R./ Stark, Ann R./ Martin, Camilia ([8]2016): Cloherty and Stark's Manual of Neonatal Care, Philadelphia.

Deutscher Bundestag (1995): Bericht und Beschlussemfehlung zum Schwangeren- und Familienhilfeänderungsgesetz (SFHÄndG), Bundestag-Drucksache 13/1850.

Diedrich J./Drey, E. (2010): Induction of Fetal Demise before Abortion, in: Contraception 2010 81, 462.

Gerhardt, Volker (2001): Der Mensch wird geboren. Kleine Apologie der Humanität, München.

Gutmann, Thomas (2011): Kind als Schaden? – Unterhaltsansprüche nach fehlgeschlagenem Abbruch oder fehlerhafter Pränataldiagnostik, in: Weilert (2011), Tübingen, 55–80.

Habermas, Jürgen (2001): Die Zukunft der menschlichen Natur. Auf dem Weg zu einer liberalen Eugenik? Frankfurt a.M.

Hare, Richard M. (1992): Moralisches Denken. Frankfurt a.M.

Hawking, Michael (2016): The Viable Violinist, in: Bioethics 30/5, 312–316.

Hillenkamp, Thomas (2011): Die strafrechtliche Regelung der Spätabtreibung und ihre rechtshistorische Entwicklung, in: Weilert, 29–54.

Margalit, Avishai (2009): On Compromise and Rotten Compromise, Princeton/New Jersey.

McMahan, Jeff (2002): The Ethics of Killing. Problems at the Margins of Life, Oxford/New York.

Merkel, Reinhard (1999): Die chirurgische Trennung sogenannter siamesischer Zwillinge. Ethische und strafrechtliche Probleme, in: Joerden, Jan C. (Hg.): Der Mensch und seine Behandlung in der Medizin. Heidelberg, 175–205.

Pöltner, Günther (2018): Wer ist Mensch? In: Rothhaar/Hähnel/Kipke (2018), 205–216.

Radbruch, Gustav ([2]1999): Rechtsphilosophie. Studienausgabe, Karlsruhe.

Renzikowski, Joachim (1994): Notstand und Notwehr, Berlin.

Riedel, Ulrike ([3]2012): Kind als Schaden, Frankfurt a. M.
Rothhaar, Markus/Hähnel, Martin/Kipke, Roland (Hg.) (2018): Der manipulierbare Embryo. Spezies- und Potentialitätsargument auf dem Prüfstand, Münster.
Rothhaar, Markus (2011): Reproduktive Medizin, verbrauchende Embryonenforschung und der Status des Embryo, in: Stoecker, Ralf/Neuhäuser, Christian/Raters, Marie-Luise (Hg.): Handbuch Angewandte Ethik, Stuttgart/Weimar, 424 – 432.
Rothhaar, Markus (2018a): Der systematische Ort von Spezies- und Potentialitätsargument, in: Rothhaar/Hähnel/Kipke (2018a), 217 – 238.
Rothhaar, Markus (2018b): Die Gestalt der Anerkennung und das Menschsein. Kommentar zum Beitrag von Roland Kipke, in: Rothhaar/Hähnel/Kipke (2018), 113 – 118.
Scholten, Hans-Joseph (1988): Landesbericht Niederlande, in: Koch, Hans-Georg/Eser, Albin (Hg.): Schwangerschaftsabbruch im internationalen Vergleich. Rechtliche Regelungen – Soziale Rahmenbedingungen – Empirische Grunddaten, Teil I: Europa, Baden-Baden, 991 – 1078.
Schumann, Eva/ Schmidt-Recla, Adrian (1998): Die Abschaffung der embryopathischen Indikation – eine ernsthafte Gefahr für den Frauenarzt?, in: Medizinrecht 11, 497 – 504.
Schwarz, Stephen D. (1990): The Moral Question of Abortion, Chicago.
Singer, Peter (1984): Praktische Ethik, Stuttgart.
Sfakianaki, Anna K. et al. (2019): Induced Fetal Demise, https://www.uptodate.com/contents/induced-fetal-demise.
Spaemann, Robert (1996): Personen. Versuche über den Unterschied zwischen ‚etwas' und ‚jemand', Stuttgart.
Statistisches Bundesamt (2018): Statistisches Jahrbuch 2018, Teil 4: Gesundheit, https://www.destatis.de/DE/Themen/Querschnitt/Jahrbuch/jb-gesundheit.pdf?__blob=publicationFile&v=6, zuletzt aufgerufen am 25. 03. 2019.
Stier, Marco/Schöne-Seifert, Bettina (2013): The Argument from Potentiality in the Embryo Protection Debate: „Finally Depotentialized"?, in: The American Journal of Bioethics 13/1, 19 – 27.
Thomson, Judith, Jarvis (1989): Eine Verteidigung der Abtreibung, in: Sass, Hans-Martin (Hg.): Medizin und Ethik. 15 Beiträge, Stuttgart, 107 – 131.
Tooley, Michael (1972): Abortion and Infanticide, in: Philosophy and Public Affairs 2/1, 37 – 65.
Warnock, Mary Ann (1989): The Moral Significance of Birth, in: Hypatia 4/3, 46 – 65.
Weilert, Katarina A. (2011) (Hg.): Spätabbruch oder Spätabtreibung – Entfernung einer Leibesfrucht oder Tötung eines Babys?, Tübingen.
Wieland, Wolfgang (2002): Pro Potentialitätsargument: Moralfähigkeit als Grundlage von Würde und Lebensschutz, in: Damschen, Gregor/Schönecker, Dieter (Hg.): Der moralische Status menschlicher Embryonen, Berlin/New York, 149 – 168.
Wunsch, Matthias (2020): Konzeptionen des Lebensbeginns von Menschen, im vorliegenden Band.

A. Katarina Weilert

Die Grundrechtsstellung des extrauterin lebensfähigen Fötus in Spannung zu den Grundrechten seiner Eltern

Zusammenfassung: Der Artikel befasst sich mit der Analyse der Grundrechte des extrauterin lebensfähigen Fötus und seiner Eltern, insbesondere der Mutter, und setzt diese Grundrechte in Beziehung zueinander. Da nach herrschender juristischer Überzeugung schon dem Fötus die Grundrechte auf Schutz der Menschenwürde und des Lebens zukommen, ist der Staat zum Schutz des Ungeborenen verpflichtet. Eine Ermessensentscheidung der Schwangeren über die Abtreibung des extrauterin lebensfähigen Fötus eröffnet sich erst dann, wenn die Schwangerschaft eine Gefahr für das Leben oder eine besonders schwerwiegende Gesundheitsgefährdung bedeutet, für deren Abwendung kein anderer Ausweg als der eines Schwangerschaftsabbruchs möglich ist. Dabei darf es nicht um die Vermeidung einer Lebendgeburt gehen, sondern die Gefahr für Leben und Gesundheit muss in der Belastung durch die Schwangerschaft selbst begründet sein. Obwohl Fötus und Schwangere grundrechtlich als zwei Individuen in einem Grundrechtskonflikt stehen können, ist zu beachten, dass der Fötus nur durch die Schwangere lebt und im Idealfall in der Obhut seiner Eltern aufwachsen soll. Daher kann das Strafrecht nur eine ergänzungsbedürftige Komponente des Lebensschutzes sein. Von großer Bedeutung ist die weitreichende staatliche Unterstützung von Frauen, Eltern und Familien mit behinderten Kindern, die es ermöglichen, dass Eltern sich in Zuversicht auch für ein Leben mit einem Kind entscheiden, das ihnen zunächst als Überforderung erscheint.

1 Einleitung

Die offene Gegenüberstellung der Rechte des Fötus und seiner Eltern, insbesondere der Schwangeren, grenzt an ein Tabu. Schließlich ist es kein Geheimnis, dass jedes Kind ganz besonders auf die Annahme durch seine Eltern angewiesen ist.

Notiz: Diese Abhandlung ist eine aktualisierte und eingehend überarbeitete Version des Beitrags „Rechte des extrauterin lebensfähigen Fötus vs. Rechte seiner Eltern aus verfassungsrechtlicher Sicht", in: *A. K. Weilert* (Hg.): Spätabbruch oder Spätabtreibung – Entfernung einer Leibesfrucht oder Tötung eines Babys? Zur Frage der Bedeutung der Geburt für das Recht des Kindes auf Leben und das Recht der Eltern auf Wohlergehen. Tübingen: Mohr Siebeck 2011, S. 285–302.

https://doi.org/10.1515/9783110719864-016

Unausgesprochen steht die Frage im Raum: Was soll ein Kind auf dieser Welt, wenn es nicht einmal von seinen Eltern geliebt wird? Gerade bei späten Schwangerschaftsabbrüchen, die in aller Regel wegen eines gravierend krankhaften Befundes beim Ungeborenen vorgenommen werden, spitzt sich die Frage zu: Wer würde ein solches Kind schon adoptieren wollen? Und was ist das für eine Lebensperspektive, die man diesem Kind zumutet? Es ist fast weniger die Frage nach dem Lebensrecht als nach dem Lebenssinn, die hier gestellt wird.[1] *Doch sollten sich Juristen hüten, den Lebenssinn anderer Menschen beurteilen zu wollen und gar in enge Verbindung zu einem Lebensrecht zu setzen.*

Wie aber verhalten sich nun die Grundrechte des extrauterin lebensfähigen Fötus und seiner Eltern zueinander?

2 Verfassungsrechtliche Stellung des extrauterin lebensfähigen Fötus

2.1 Grundrechte als Schutzpflichten

Wenn nach den Grundrechten des Fötus gefragt wird, muss betont werden, dass die Rechte auf Lebens- und Würdeschutz hier nicht in ihrer klassischen Dimension als Abwehrrechte gegen den Staat, sondern als Schutzpflichten des Staates zugunsten des Fötus gegenüber privaten Dritten (hier vor allem den Eltern bzw. dem Arzt) herangezogen werden. Neben der traditionell abwehrrechtlichen Dimension der Grundrechte[2] nimmt auch die Funktion des Schutzes der Grundrechte durch den Staat vor Übergriffen Dritter in der verfassungsrechtlichen Debatte seit langem eine besondere Rolle ein. Da Grundrechte grundsätzlich nicht direkt als Abwehrrechte zwischen Privaten Wirkung entfalten,[3] geht es hier also um die Frage, inwieweit dem Staat die verfassungsrechtliche Pflicht zukommt, den Fötus vor dem Eingriff des Arztes und der eigenen Eltern zu bewahren.

1 Vgl. *C. Rehmann-Sutter*, Zur ethischen Bedeutung der vorgeburtlichen Diagnostik, in diesem Band, der seinen Beitrag zum Umgang mit Befunden aus der Pränataldiagnostik mit der Grundfrage verbindet: „Was ist ein gelingendes menschliches Leben?"

2 BVerfGE (Entscheidungssammlung Bundesverfassungsgericht) Bd. 7, S. 198 (204 f.), Lüth-Urteil.

3 Vgl. zum Problem der Drittwirkung statt vieler *I. von Münch*, in: *Ders./P. Kunig* (Hg.), Grundgesetz-Kommentar Bd. 1, 6. Aufl. München 2012, Vorb. Rn. 15.

2.2 Grundrechtsschutz für ungeborenes Leben?

In Frage steht zunächst, ob Ungeborene überhaupt als Grundrechtsträger[4] bzw. jedenfalls als von Grundrechten geschützte Menschen angesehen werden können.[5]

Das Grundgesetz spricht in Art. 1 von der Würde „des Menschen", in Art. 2 von „jeder" und in Art. 3 von „alle Menschen" bzw. „niemand". „Jeder" und „niemand" meint dabei jeder bzw. kein „Mensch".[6] Dem Wortlaut nach ausdrücklich einbezogen wird der Fötus also nicht. Ausgeklammert allerdings auch nicht.[7] Alles hängt vielmehr davon ab, ob der Embryo bereits als „Mensch" im Sinne dieser Vorschriften anzusehen ist.

Einerseits sind die genannten Bestimmungen des Grundgesetzes ‚Normen' und die hier gebrauchten Begriffe daher als Gesetzestermini zu lesen. Andererseits bedarf es jedenfalls einer Erklärung, will man den Begriff „Mensch" im Sinne des Grundgesetzes völlig anders verstehen als in anderen wissenschaftlichen und lebensweltlichen Zusammenhängen. Das Grundgesetz muss also hier die Erkenntnisse anderer Disziplinen zur Kenntnis nehmen.

(a) Geburt als Zäsur des verfassungsrechtlichen Schutzes?

Im Hinblick auf die spezifische Problematik des Spätabbruchs soll an dieser Stelle nicht die übliche Diskussion erfolgen, ob der Grundrechtsschutz schon ab Verschmelzung von Ei- und Samenzelle einsetzt,[8] mit der Nidation, Individuation

---

4 Das Bundesverfassungsgericht hat eine dogmatische Festlegung im Hinblick auf die Grundrechtsträgerschaft vermieden, da es hier ohnehin um die Frage einer Schutzpflicht des Staates ging, nicht um ein subjektives Abwehrrecht, s. BVerfGE Bd. 39, S. 1 (41 f.), Schwangerschaftsabbruch I. Dagegen nimmt die herrschende Lehre eine Grundrechtsträgerschaft des Nasciturus an. Vgl. *D. Murswiek/S. Rixen*, in: *M. Sachs* (Hg.), Grundgesetz Kommentar, 8. Aufl. München 2018, Art. 2 Rn. 146 (mit zahlreichen weiteren Nachweisen).

5 Vgl. aus einer nicht-juristischen Perspektive zur Diskussion um den Lebensbeginn: *M. Wunsch*, Konzeptionen des Lebensbeginns von Menschen, in diesem Band.

6 Für Art. 2 Abs. 2 Satz 1 GG: *D. Murswiek/S. Rixen*, in: *M. Sachs* (Hg.), Grundgesetz Kommentar, 8. Aufl. München 2018, Art. 2 Rn. 145a. Für Art. 3 Abs. 3 Satz 2 GG: *E. Giwer*, Rechtsfragen der Präimplantationsdiagnostik. Eine Studie zum rechtlichen Schutz des Embryos im Zusammenhang mit der Präimplantationsdiagnostik unter besonderer Berücksichtigung grundrechtlicher Schutzpflichten, Berlin 2001, S. 121; *M. Gubelt*, in: *I. von Münch/P. Kunig* (Hg.), Grundgesetz-Kommentar, Bd. 1, 5. Aufl. München 2000, Art. 3 Rn. 94a.

7 Zur Wortlautinterpretation siehe *E. Giwer*, Präimplantationsdiagnostik, S. 63.

8 So die wohl herrschende Meinung im verfassungsrechtlichen Schrifttum, vgl. *E. Giwer*, Präimplantationsdiagnostik, S. 77 f. (mit zahlreichen Nachweisen in Fn. 95).

oder erst ab einer gewissen Reife.[9] Vielmehr soll ganz bewusst der Blick auf den extrauterin lebensfähigen Fötus geworfen und auf die Frage gelenkt werden, inwieweit die Geburt verfassungsrechtlich einen Unterschied markiert.[10]

Die Entstehungsgeschichte des Grundgesetzes wird vom Bundesverfassungsgericht als Indiz für den Einbezug des ungeborenen Lebens in Art. 2 Abs. 2 Satz 1 GG angesehen.[11] So wird darauf verwiesen, dass es im schriftlichen Bericht des Hauptausschusses heißt: „Dabei hat mit der Gewährleistung des Rechts auf Leben auch das keimende Leben geschützt werden sollen. Von der Deutschen Partei im Hauptausschuss eingebrachte Anträge, einen besonderen Satz über den Schutz des keimenden Lebens einzufügen, haben nur deshalb keine Mehrheit gefunden, weil nach der im Ausschuss vorherrschenden Auffassung das zu schützende Gut bereits durch die gegenwärtige Fassung gesichert war."[12] Da es unter den ablehnenden Stimmen ebenso diejenigen gab, die das vorgeburtliche Leben nicht schützen wollten, wurde die Argumentation des Bundesverfassungsgerichts kritisiert.[13] Eine spätere Analyse der entstehungsgeschichtlichen Materialien hat jedoch überzeugend gezeigt, dass die Befürworter einer das vorgeburtliche Leben einbeziehenden Auslegung im Hauptausschuss des Parlamentarischen Rates überwogen haben.[14] Allerdings ist die entstehungsgeschichtliche Auslegung nicht bestimmend für ein heutiges Verständnis. Daher muss teleologisch danach gefragt werden, welchen Gesetzeszweck die verfassungsrechtlichen Bestimmungen verfolgen. Die teleologische Auslegung ist

---

9 Statt vieler Übersicht bei *H. Schütze*, Embryonale Humanstammzellen, Berlin/Heidelberg 2007, S. 140 ff.

10 Vgl. zur Diskussion Geburt als Zäsur aus dem jüngeren Schrifttum auch: *M. Roller*, Die Rechtsfähigkeit des Nasciturus, Berlin 2013, S. 88 ff.; ausführlich zum verfassungsrechtlichen Schutz des ungeborenen Lebens: *G. Berghäuser*, Das Ungeborene im Widerspruch. Der symbolische Schutz des menschlichen Lebens in vivo und sein Fortwirken in einer allopoietischen Strafgesetzgebung und Strafrechtswissenschaft, Berlin 2015, S. 6 ff.; siehe auch: *M. Rothhaar*, Gerechtfertigter Fetodzid? Eine rechtsphilosophische Kritik der Spätabtreibung, in diesem Band.

11 Vgl. die ausführliche Darstellung in BVerfGE Bd. 39, S. 1 (38 ff).

12 Parlamentarischer Rat, Anlage zum stenographischen Bericht der 9. Sitzung am 6. Mai 1949, Schriftlicher Bericht des Abgeordneten Dr. von Mangoldt (CDU) über dem Abschnitt I. Die Grundrechte, Bonn 1948/49.

13 Vgl. nur *E. Giwer*, Präimplantationsdiagnostik, S. 64.

14 *R. Beckmann*, Der Parlamentarische Rat und das „keimende Leben", Der Staat Nr. 47 (2008), S. 551–572 (551 ff.). Vgl. auch *H.D. Jarass*, Grundrechte als Wertentscheidungen bzw. objektivrechtliche Prinzipien in der Rechtsprechung des Bundesverfassungsgerichts, AÖR 110 (1985), S. 363 (373 f.), der unter Verweis auf *J. C. Bluntschli* (Allgemeines Staatsrecht, Bd. 2, 2. Aufl. München 1857, S. 483) ausführt, inwiefern sich die Verfassungsrechtsprechung zur Schutzpflicht für das werdende Leben auf historische Wurzeln beziehen kann.

gleichzeitig das Einbruchstor für außerrechtliche ethische Normsysteme oder Bezüge zur Biologie und Medizin.

Mit dem Schutz des Lebens und der Würde des Menschen soll einerseits seine physische Existenz geschützt werden, andererseits darüber hinaus die geistig-seelische Unverfügbarkeit[15] demonstriert werden. In Frage steht also, ob der Mensch in diesen grundlegenden Schutz erst ab seiner Geburt einbezogen werden sollte. Dabei scheint es wichtig, diese Frage unabhängig von der Situation eines Schwangerschaftskonflikts zu betrachten. Führt man sich eine Situation vor Augen, in der – ganz extrem – der Staat noch kurz vor der Geburt einen Gesundheitstest des ungeborenen Kindes anordnete und verfügte, dass nur gesunde Kinder lebend zur Welt gebracht werden dürften, so würde man den Lebensschutz der Menschen als elementar verkürzt ansehen, wenn nicht auch der ungeborene Mensch vor einer solchen Verfügung durch den Staat geschützt wäre. Überdies sprechen auch medizinische und anthropologische Aspekte für den vorgeburtlichen grundrechtlichen Schutz des Menschen. Betrachtet man nämlich speziell den extrauterin lebensfähigen Fötus im Vergleich zu einem geborenen Frühchen, so liegt der maßgebliche Unterschied darin, dass der Fötus noch nicht geboren worden ist, nicht aber in einem entscheidenden unterschiedlichen Entwicklungsstand. Im Wesentlichen stellt sich im Augenblick der Geburt nur die Atmung unmittelbar um, andere körperliche Funktionen können durchaus mehr Zeit benötigen.[16] Der Mensch beherrscht direkt nach seiner Geburt nur drei Reflexe, die ihm das unmittelbare Überleben sichern.[17] Das Gehirn muss dagegen wesentliche Strukturen erst noch ausbilden. Ein vernunftgemäßes Handeln, wie es für die Zuerkennung von Würde zuweilen zitiert wird,[18] beherrscht der Säugling jedenfalls noch nicht.[19]

Dem nicht geborenen Menschen die Grundrechtsfähigkeit dennoch abzusprechen, basiert in Teilen auf tradierten Denkweisen und Argumentationsmus-

---

15 Vgl. *W. Höfling*, in: *M. Sachs* (Hg.), Grundgesetz Kommentar, 8. Aufl. München 2018, Art. 1 Rn. 37: „Wahrung personaler Identität bzw. psychischer, seelischer, intellektueller Integrität."

16 Vgl. *R. Schlößer*, Die Geburt als Zäsur – zwischen Spätabbruch und Neugeboreneneuthanasie, in: *A.K. Weilert* (Hg.), Spätabbruch oder Spätabtreibung – Entfernung einer Leibesfrucht oder Tötung eines Babys?, Tübingen 2011, S. 97 (99 f.).

17 Es kann das Gesicht von der Unterlage wegnehmen, um zu atmen, es verfügt über einen Suchreflex nach der Brustwarze und über einen Saugreflex.

18 Vgl. *H. Dreier*, in: *Ders.* (Hg.), Grundgesetz Kommentar Bd. 1, 3. Aufl. Tübingen 2013, Art. 1 I Rn. 10: „Die prinzipielle Möglichkeit freier Selbstbestimmung und die Fähigkeit zu vernunftgemäßem Handeln bilden die maßgeblichen Pfeiler des Menschenwürdesatzes in der Sozialphilosophie der Neuzeit, vornehmlich bei den Vertretern des Vernunftnaturrechts." S. auch die Diskussion bei *Berghäuser*, Das Ungeborene im Widerspruch, S. 73 ff.

19 Vgl. *Berghäuser*, Das Ungeborene im Widerspruch, S. 74.

tern, die heute in Folge moderner Medizin aufgebrochen werden. Ultraschall, intrauterine Fotografie und Wissen über die Fetalentwicklung haben unser Denken verändert. Ebenso lässt heute die Willkürlichkeit des Geburtszeitpunktes (durch künstliche Geburtseinleitung und Kaiserschnitt) die Geburt als eher zufällige Zäsur erscheinen.[20] Auch werdende Eltern sprechen spätestens in den letzten Schwangerschaftsmonaten vom ihrem „Baby" und drücken deutlich die Subjektqualität des Ungeborenen aus.

Daher ergibt sich auch bei teleologischer Betrachtung, dass bereits der ungeborene Mensch in den Grundrechtsschutz der Menschenwürde und des Lebens einbezogen wird. Dies entspricht auch der Rechtsprechung des Bundesverfassungsgerichts.[21]

(b) Die Grundrechte im Einzelnen

Im Einzelnen ist nun zu eruieren, inwieweit die Grundrechte auf Würde und Leben des extrauterin lebensfähigen Fötus durch den Schwangerschaftsabbruch beeinträchtigt werden.

Art. 1 Abs. 1 GG

Rechtlich wird die Menschenwürde in der Regel von ihrer Verletzung her definiert. Daher ist zu fragen, ob der Schwangerschaftsabbruch des fortentwickelten Fötus eine Verletzung seiner Würde darstellt. Nicht jede Tötung eines Menschenwürdeträgers bedeutet automatisch auch einen Verstoß gegen seine Menschenwürde.[22] Zum einen erlischt juristisch mit der Tötung eines Menschen nicht auch seine Würde,[23] zum anderen kann nach unserer Verfassung eine Tötung gerechtfertigt werden, während die Menschenwürde unter keinen Umständen verletzt werden darf.

---

20 So auch *C. Starck*, in: *H. v. Mangoldt/ F. Klein /C. Starck* (Hg.) Kommentar zum Grundgesetz Bd. 1, 7. Aufl. München 2018, Art. 2 Abs. 2 Rn. 192.

21 BVerfGE Bd. 39, S. 1 (36 ff.), Schwangerschaftsabbruch I; BVerfGE Bd. 88, S. 203 (251 ff.), Schwangerschaftsabbruch II; siehe auch BVerfGE Bd. 115, S. 118 (139), Luftsicherheitsgesetz.

22 *A. K. Weilert*, Grundlagen und Grenzen des Folterverbotes in verschiedenen Rechtskreisen. Eine Analyse anhand der deutschen, israelischen und pakistanischen Rechtsvorschriften vor dem Hintergrund des jeweiligen historisch-kulturell bedingten Verständnisses der Menschenwürde, Heidelberg 2009, S. 169 (m. w. N. in Fn. 731); *H. Schütze*, Embryonale Humanstammzellen, Berlin/ Heidelberg 2007, S. 239 f.

23 BVerfGE Bd. 30, S. 173 (194), Mephisto.

Eine Tötung bedeutet also nur dann einen Verstoß gegen die Menschenwürde, wenn besondere Umstände hinzutreten,[24] ein Mensch etwa getötet wird, weil er aufgrund seiner Andersartigkeit für nicht lebenswert befunden wird, man denke hier nur an die Euthanasie-Fälle des Dritten Reiches. So liegt juristisch kein Verstoß gegen die Menschenwürde des Fötus vor, wenn die Schwangere die Schwangerschaft beendet, um selbst einer Lebens- oder Gesundheitsgefahr zu entgehen. Dagegen stellt ein Schwangerschaftsabbruch aufgrund einer embryopathischen Indikation dann einen Eingriff in die Menschenwürde dar,[25] wenn die Tötung von einer systematischen Geringschätzung nicht gesunden Lebens begleitet wird. Eine rein embryopathische Indikation gibt es auf der einfachgesetzlichen Ebene des § 218a StGB zwar nicht mehr, jedoch sieht die Praxis kranke Feten in der Regel als Indiz für eine Gefahr der seelischen Gesundheit der Mutter an.

Nicht der bloße Akt der Tötung bedeutet also eine Menschenwürdeverletzung. Eine Menschenwürdeverletzung des Fötus kann aber dann gegeben sein, wenn Begleitumstände hinzutreten, die ihn zum bloßen Objekt degradieren.

Art. 2 Abs. 2 GG

Ein Schwangerschaftsabbruch im Sinne der §§ 218 ff. StGB ist nur dann verwirklicht, wenn das Kind stirbt (sei es noch im Mutterleib oder aufgrund der Abbruchshandlung kurz nach der Geburt), so dass durch die Abbruchshandlung in das Recht auf Leben und körperliche Unversehrtheit (Art. 2 Abs. 2 GG) des Fötus eingegriffen wird.[26] Staatlich verfügte Schwangerschaftsabbrüche, wie sie in China vorgekommen sind,[27] dürften in Deutschland grundsätzlich schon aus Gründen des grundrechtlichen Lebensschutzes (selbstverständlich aber auch aufgrund der Grundrechte der Schwangeren) nicht stattfinden. Wie weit nun aber die Schutzpflicht des Staates vor einer Tötung durch Private (wie den Arzt auf Verfügung der Schwangeren) reicht, hängt davon ab, wie die Rechte der werdenden Mutter zu denen des Fötus' gewichtet werden. Da hierzu zunächst die

---

24 Vgl. *W. Höfling*, in: *M. Sachs* (Hg.), Grundgesetz Kommentar, 8. Aufl. München 2018, Art. 1 Rn. 69.

25 Anderer Ansicht: BVerfGE Bd. 88, S. 203 (257).

26 Bei einem „fehlgeschlagenen Schwangerschaftsabbruch“, den das Kind überlebt, wird zwar nicht in das Recht auf Leben, wohl aber in das Recht auf körperliche Unversehrtheit eingegriffen, da das Kind durch den Abbruch gesundheitliche Schäden davonträgt.

27 Internationale Gesellschaft für Menschenrechte (IGFM), Das Recht an Kindern hat der Staat, Ein-Kind-Politik in der Volksrepublik China, URL: https://www.igfm.de/china-ein-kind-politik/ (letzter Abruf Januar 2019).

Bestimmung der Rechte der Schwangeren notwendig ist, soll die Abwägung zwischen den kindlichen und den mütterlichen Rechten erst im Anschluss daran vorgenommen werden.

Art. 3 Abs. 3 Satz 2 GG

Art. 3 Abs. 3 Satz 2 GG bestimmt, dass niemand wegen seiner Behinderung benachteiligt werden darf. Wendet man diese Bestimmung auf das ungeborene Leben an,[28] so bedeutet dies, dass eine gesetzliche Ausnahme vom Verbot des Schwangerschaftsabbruchs nicht auf die Tatsache gestützt werden darf, dass das heranwachsende Leben „behindert" ist. Eine embryopathische Indikation dürfte also nicht mehr Eingang in den § 218a StGB finden.[29]

Auch eine verdeckte embryopathische Indikation, die ihrem Wortlaut nach auf das Wohl der Mutter zielt, jedoch bei der Feststellung einer nicht therapierbaren Erkrankung des Embryos eben jenes Wohl der Schwangeren als regelmäßig beeinträchtigt ansieht, stellt eine direkte, mindestens aber mittelbare Benachteiligung Behinderter dar.[30] Eine solche Benachteiligung verstößt dann nicht gegen Art. 3 Abs. 3 Satz 2 GG, wenn sie „gerechtfertigt" werden kann. An die Rechtfertigung einer direkten Ungleichbehandlung sind hohe Anforderungen zu stellen, so dass hierfür „zwingende Gründe" angeführt werden müssen.[31] Sieht man dagegen in einer verstecken embryopathischen Indikation nur eine mittel-

---

28 „Niemand" bezieht sich auf „Menschen" und umfasst auch das ungeborene Leben, vgl. *E. Giwer*, Präimplantationsdiagnostik, S. 122f.; Sachs, in: *Stern* (Hg.), Staatsrecht IV/2, S. 1773 m.w.N; anderer Ansicht: A. Nußberger, in: *M. Sachs* (Hg.), Grundgesetz Kommentar, 8. Aufl. München 2018, Art. 3 Rn. 308 Fn. 820.

29 Ebenso *C. Starck*, in: *H. v. Mangoldt/ F. Klein /C. Starck* (Hg.), Kommentar zum Grundgesetz Bd. 1 5. Aufl. München 2005, Art. 3 Abs. 3 Rn. 421 (mit weiteren Nachweisen). Das BVerfG hat zwar in seinem Urteil vom 28. Mai 1993, Band 88, S. 203 (257), noch keinen Anstoß an der embryopathischen Indikation genommen, allerdings gilt erst seit dem 15. November 1994 der Zusatz: „Niemand darf wegen seiner Behinderung benachteiligt werden".

30 Vgl. hier auch *C. Starck*, in: *H. v. Mangoldt/ F. Klein /C. Starck* (Hg.), Kommentar zum Grundgesetz Bd. 1 5. Aufl. München 2005, Art. 3 Abs. 3 Rn. 421.

31 Vgl. *W. Heun*, in: *H. Dreier* (Hg.), Grundgesetz Kommentar, Bd. 1, 3. Aufl. Tübingen 2013, Art. 3 Rn. 137 m.w.N. („Maßnahmen der Pränataldiagnostik tangieren indes Art. 3 III 2 GG, und ein daran anschließender Schwangerschaftsabbruch lässt sich dementsprechend nur durch zwingende Gründe wie die Unzumutbarkeit für die Schwangere begründen."); s. zur Rechtfertigungshürde auch: *H. D. Jarass*, in *H. D. Jarass/ B. Pieroth* (Hg.), Grundgesetz für die Bundesrepublik Deutschland, Kommentar, 14. Aufl. München 2016, Art. 3 Rn. 149; *A. Nußberger*, in: *M. Sachs* (Hg.), Grundgesetz Kommentar, 8. Aufl. München 2018, Art. 3 Rn. 314 m.w.N. Vgl. zur Frage, inwieweit Art. 3 Abs. 3 Satz 2 GG verletzt ist (und dies im Ergebnis ablehnend): *H. Hofstätter*, Der embryopathisch motivierte Schwangerschaftsabbruch, Frankfurt a.M. 2000, S. 72ff.

bare Benachteiligung Behinderter, dann wäre der Spielraum für rechtfertigende Gründe größer.[32]

3 Kollision mit den Grundrechten der (werdenden) Eltern

Im Folgenden soll nun untersucht werden, welche Rechte der Eltern durch das Verbot eines Schwangerschaftsabbruchs betroffen sein können und wie diese juristisch in Beziehung zu den Rechten des ungeborenen Kindes zu setzen sind. Primär geht es dabei um die Rechte der Schwangeren, da sie mit dem Fötus körperlich auf das Engste verbunden ist.

3.1 Rechte der Schwangeren

Ein Verbot des (späten) Schwangerschaftsabbruchs könnte die Rechte der Schwangeren auf Achtung ihrer Menschenwürde, ihres Lebens und ihrer körperlichen Unversehrtheit, ihrer allgemeinen Handlungsfreiheit sowie ihres allgemeinen Persönlichkeitsrechts verletzen.

(a) Menschenwürde – Art. 1 Abs. 1 GG

Das Bundesverfassungsgericht erwähnt zwar in seiner zweiten Entscheidung zum Schwangerschaftsabbruch explizit das Recht der Frau aus Art. 1 Abs. 1 GG, ohne aber zu konkretisieren, ob die Menschenwürde durch ein Verbot des Schwangerschaftsabbruchs tatsächlich verletzt wird.[33] Insofern ist das Urteil dogmatisch wenig hilfreich, wenn im Zusammenhang des Schwangerschaftsabbruchs nach der Verletzung der Menschenwürde der Schwangeren gefragt wird. Verstehbar wird diese Zurückhaltung angesichts der dogmatischen Schwierigkeiten, die mit

---

32 *L. Osterloh*, in: *M. Sachs* (Hg.), Grundgesetz Kommentar, 5. Aufl. München 2009, Rn. 256; *M. Gubelt*, in: *I. v. Münch/P. Kunig* (Hg.), Grundgesetz-Kommentar, Bd. 1, 5. Aufl. München 2000, Art. 3 Rn. 91; wohl auch *H. D. Jarass*, in: H. *D. Jarass/ B. Pieroth* (Hg.), Grundgesetz für die Bundesrepublik Deutschland, Kommentar, 14. Aufl. München 2016, Art. 3 Rn. 149, der allerdings eine Abtreibung aufgrund schwerer Behinderungen in der Regel als vereinbar mit Art. 3 Abs. 3 S. 2 GG ansieht.

33 BVerfGE Bd. 88, S. 203 (254).

der Frage eines Menschenwürdeverstoßes behaftet sind. Da Eingriffe in die Menschenwürde juristisch nicht gerechtfertigt werden können, muss die Menschenwürde als Normgehalt von Art. 1 Abs. 1 GG enge Grenzen finden. Eine Abwägung ist nämlich im Falle einer Menschenwürdeverletzung nicht mehr eröffnet. Als viel zitierte Formel wird im juristischen Diskurs eine Menschenwürdeverletzung dann ausgemacht, „wenn der konkrete Mensch zum Objekt, zu einem bloßen Mittel, zur vertretbaren Größe herabgewürdigt wird.“[34] Eine Würdeverletzung könnte daher dann anzunehmen sein, wenn die Schwangere durch die Schwangerschaft beispielsweise in eine Lebensgefahr oder ernsthafte, d. h. irreversible und schwere, physische Gesundheitsgefahr gerät und ihr dennoch der Abbruch staatlich verboten wird. Denn ein solches pauschales Verbot würde die Frau wohl nur noch als „Objekt“ in Form einer für das Kind lebensnotwendigen Umgebung ansehen und ihre Persönlichkeit übergehen.[35]

Mit der Feststellung, dass das Abtreibungsverbot in seltenen Fällen die Menschenwürde der Frau verletzen kann, ist jedoch noch keine ethische Entscheidung darüber verbunden, wie in solchen Fällen zu handeln ist. Vielmehr gebietet es die Menschenwürde in diesem Fall, dass der Staat der Schwangeren einen Raum für eine eigene Entscheidung einräumt.

Liegt der Fall dagegen so, dass das ungeborene Kind der Mutter keinen gravierenden körperlichen oder psychischen Schaden zufügt, sondern lediglich selbst krank ist, bedeutet ein Abbruchsverbot für die Schwangere grundsätzlich nicht eine Degradierung zum bloßen „Objekt“, sondern mutet der Schwangeren aus einer natürlichen (und bis zum Zeitpunkt der Diagnose gewollten) Garantenstellung ein Verbot der Tötung und verbunden damit eine Pflicht zur Fortsetzung der Schwangerschaft zu. Eine Verletzung der Würde der Frau ist damit nicht verbunden.

Sofern aber die Würde der Frau durch das Verbot des Abbruchs verletzt ist, spielen die Rechte des Ungeborenen juristisch keine Rolle mehr und es wird nicht in eine Abwägung zu ihnen eingetreten. Die Menschenwürde ist nach der Verfassung nämlich „unantastbar“. Das Recht auf Leben (Art. 2 Abs. 2 GG) des Fötus und das Verbot der Benachteiligung wegen einer Behinderung (Art. 3 Abs. 3 Satz 2 GG) ist dem Recht auf Achtung der Menschenwürde der Frau bereits ohne Ansehen des konkreten Falles untergeordnet.[36] Allein die Kollision des Rechts auf

34 *G. Dürig*, Der Grundrechtssatz von der Menschenwürde, Archiv des öffentlichen Rechts (AÖR) Nr. 81 (1956), S. 117–157 (127).

35 Ähnlich das BVerfG im Falle des Luftsicherheitsgesetzes (Abschusses eines Flugzeugs mit „unschuldigen“ Passagieren: BVerfGE Bd. 115, S. 118 [154]).

36 Vgl. *T. Geddert-Steinacher*, Menschenwürde als Verfassungsbegriff. Aspekte der Rechtsprechung des Bundesverfassungsgerichts zu Art. 1 Abs. 1 Grundgesetz, Berlin 1990, S. 92; *J. Isen-*

Schutz der Würde des Fötus aus Art. 1 Abs. 1 GG mit dem Recht auf Nichtantastung der Würde der Schwangeren aus Art. 1 Abs. 1 GG könnte Anlass für eine Abwägung zwischen Mutter und Kind bieten. Jedoch gilt es auch hier zu bedenken, dass die Schutzpflicht des Staates (in Bezug auf den Fötus) den Staat nicht zu einem aktiven Eingriff in die Würde der Schwangeren (durch Verbot des Abbruchs) berechtigt. Auch in Fällen einer solchen Würdekollision ist daher mit guten Gründen vom Vorrang der Achtungspflicht im Hinblick auf die Menschenwürde auszugehen,[37] so dass jedes Schwangerschaftsabbruchverbot, das gegen die Würde der Schwangeren verstößt, verfassungswidrig wäre. An dieser „Rigorosität" zeigt sich, warum es unabdingbar ist, nicht vorschnell davon auszugehen, dass ein Schwangerschaftsabbruchsverbot die Menschenwürde der Frau verletzt. Die Annahme einer Würdeverletzung kann also, wie auch in anderen Kontexten der Menschenwürde, nur in absoluten Ausnahmefällen berechtigt sein, will man den absoluten und ausnahmslosen Schutz der Menschenwürde nicht gefährden.

(b) Leben und körperliche Unversehrtheit – Art. 2 Abs. 2 GG

Recht auf Leben

Ein Eingriff in das Recht auf Leben der Schwangeren durch ein Abtreibungsverbot liegt nur dann vor, wenn aus medizinischen Gründen das Leben der Frau durch die Schwangerschaft bedroht ist und zu erwarten ist, dass die Frau die Schwangerschaft nicht überlebt oder an ihren Folgen sterben wird.

Das Abtreibungsverbot des § 218 StGB bezweckt zwar nicht, das Leben der Schwangeren anzutasten. Es ist aber anerkannt, dass über den finalen Eingriff hinaus ein Eingriff in ein Grundrecht auch dann vorliegt, wenn die Beeinträchtigung nicht final oder wie hier sogar ungewollt ist (weiter Eingriffsbegriff).[38]

In diesem Sinne liegt ein Eingriff in das Recht auf Leben der betroffenen Frau vor, wenn die konkrete, d. h. über die allgemeinen Risiken einer Schwangerschaft

---

see, Menschenwürde: Die säkulare Gesellschaft auf der Suche nach dem Absoluten, Archiv des öffentlichen Rechts Nr. 131 (2006), S. 173–218 (175).

37 Zum Verhältnis von Grundrechten als Abwehrrechte und als Schutzpflichten, s. *A. K. Weilert*, Folterverbot, S. 171 ff.

38 *H.D. Jarass*, in: *H.D. Jarass/ B. Pieroth* (Hg.), Grundgesetz für die Bundesrepublik Deutschland, Kommentar, 14. Aufl. München 2016, Art. 2 Rn. 86; *D. Murswiek/S. Rixen*, in: *M. Sachs* (Hg.), Grundgesetz Kommentar, 8. Aufl. München 2018, Art. 2 Rn. 152.; *R. Zippelius/T. Würtenberger*, Deutsches Staatsrecht, 33. Aufl. München 2018, § 19 Rn. 29.

hinausgehende konkrete Gefahr besteht, dass die Schwangere die Schwangerschaft trotz medizinischer Hilfen nicht überleben wird.[39]

Recht auf körperliche Unversehrtheit

Mit dem Recht auf körperliche Unversehrtheit nach Art. 2 Abs. 2 GG wird die psychische und physiologische Gesundheit geschützt.[40] Eine fortdauernde Schwangerschaft bedeutet für die Frau eine große (wenn auch vorübergehende) Veränderung ihres Körpers. Dass die Schwangere durch die Schwangerschaft nicht physisch „krank" wird, ist rechtlich unerheblich, da Gerichte bereits die Kürzung von Haaren und Bart[41] oder etwa auch einen der Gesundheit dienlichen Impfzwang[42] als Eingriff (nicht aber notwendigerweise als Verletzung des Grundrechts!) ansehen. Überdies kann ein Verbot des Schwangerschaftsabbruchs psychische Folgen nach sich ziehen (wobei gleichermaßen der Schwangerschaftsabbruch die psychische Gesundheit beeinträchtigen kann[43]).

Da das staatliche Verbot des Abbruchs nicht primär ursächlich ist für den Eingriff in das Recht auf körperliche Unversehrtheit, sondern der Akt der Zeugung die eigentliche Ursache bildet, liegt lediglich ein mittelbarer Eingriff vor. Ein solcher Eingriff in das Recht der Frau aus Art. 2 Abs. 2 GG bedeutet in der Verfassungsdogmatik allerdings noch nicht notwendigerweise auch eine Verletzung dieses Grundrechts.

Rechte des Fötus versus Recht auf Leben und körperliche Unversehrtheit der Frau

Eine Verletzung der Grundrechte der Schwangeren auf Leben und körperliche Unversehrtheit liegt nur vor, wenn die durch das Schwangerschaftsabbruchsverbot bewirkten Eingriffe mit der Verfassung nicht im Einklang stehen, sich ins-

---

39 Für den bloßen Verdacht einer Lebensgefährdung (Risiko) *D. Murswiek/S. Rixen*, in: *M. Sachs* (Hg.), Grundgesetz Kommentar, 8. Aufl. München 2018, Art. 2 Rn. 160 f. mit ggf. „Korrektur" auf der Rechtfertigungsebene; vgl. auch BVerfGE Bd. 51, S. 324 (347); BVerfGE Bd. 52, 214 (220), das eine ernsthafte Befürchtung oder eine erhebliche Gefährdung für das Lebensrecht verlangt, allerdings ohne klare Unterscheidung zwischen Grundrechts*eingriff* und Grundrechts*verletzung*.

40 *R. Zippelius/T. Würtenberger*, Deutsches Staatsrecht, 33. Aufl. München 2018, § 24 Rn. 14.

41 BVerfGE Bd. 47, S. 239 (248).

42 BVerwGE (Entscheidungssammlung Bundesverwaltungsgericht) Bd. 9, S. 78 (79).

43 Vgl. *A. Pokropp-Hippen*, Post Abortion Syndrom – eine Krankheit im Tabu, in: *A.K. Weilert* (Hg.), Spätabbruch oder Spätabtreibung – Entfernung einer Leibesfrucht oder Tötung eines Babys?, Tübingen 2011, S. 227 ff.; siehe ferner *K. Prussky*, „Vergiß-mein-nicht", in: *R. Linder* (Hg.), Liebe, Schwangerschaft, Konflikt und Lösung, Heidelberg 2008, S. 97–108 (97 ff).

besondere als unverhältnismäßig erweisen. Hierfür müssen die Rechte der schwangeren Frau und des Fötus in Beziehung gesetzt werden. Bei dieser Abwägung der konfligierenden Rechte ist das sog. Untermaßverbot zu beachten.[44] Im zweiten Urteil des Bundesverfassungsgerichts zum Schwangerschaftsabbruch heißt es daher im sechsten Leitsatz: „Der Staat muss zur Erfüllung seiner Schutzpflicht ausreichende Maßnahmen normativer und tatsächlicher Art ergreifen, die dazu führen, dass ein – unter Berücksichtigung entgegenstehender Rechtsgüter – angemessener und als solcher wirksamer Schutz erreicht wird (Untermaßverbot).“[45]

Steht das Leben der Schwangeren auf dem Spiel, steht also „Leben gegen Leben“, dann muss die Schutzpflicht des Staates für das Ungeborene hinter der Achtungspflicht des Lebens der Mutter zurücktreten. Der Staat kann nicht ohne besonderen Grund verfügen, dass jemand sein Leben für einen anderen Menschen opfern muss.[46]

Im Hinblick auf die körperliche Unversehrtheit der Mutter muss in eine Güterabwägung zwischen den Rechten des ungeborenen Kindes und denen der Schwangeren eingetreten werden. Dabei fällt ins Gewicht, dass bei normalem Schwangerschaftsverlauf die körperliche Unversehrtheit nur vorübergehend beeinträchtigt ist, während der Abbruch dem Kind das Recht auf Leben und körperliche Unversehrtheit endgültig nimmt. In den Fällen der Spätabtreibung geht es der Schwangeren ohnehin meistens nicht darum, dass sie die Schwangerschaft nicht weiter ertragen möchte, sondern dass sie das konkrete kranke Kind in ihr bzw. nach der Geburt nicht haben will.[47] Wüsste sie nichts von der Krankheit des Kindes, würden ihr die körperlichen Veränderungen auch nichts ausmachen, ja sie würde diese sogar unter Umständen als positiv bewerten. Daher geht es hier im Kern um die psychische Komponente. Eine unterhalb der Schwelle einer krankhaften Depression befindliche Verstimmung muss gegenüber dem Lebensrecht des Kindes zurücktreten, da es dann nur um eine „Unannehmlichkeit“ geht,

---

44 BVerfGE Bd. 88, S. 203 (254 f.); *J. Isensee* in: *Ders./P. Kirchhof* (Hg.), Handbuch des Staatsrechts Bd. 5, Heidelberg 1992, §111 Rn. 165 f. (wobei Isensee hervorhebt, dass dem Effektivitätsgebot nicht schon dann genüge getan ist, wenn eine Schutznorm erlassen wurde. Vielmehr muss auch ihre Durchsetzung gewährleistet werden).

45 BVerfGE Bd. 88, S. 203.

46 Vgl. hier auch BVerfGE Bd. 115, S. 118 (151 ff.).

47 Oft wird nach Abbruch einer Schwangerschaft eines kranken Kindes eine erneute Schwangerschaft gewagt. Es geht hier also häufig nicht um die Frage, ob ein Kind gewollt ist, sondern darum, dass nur ein bestimmtes Kind Annahme findet. Vgl. zur „Wunschkindthematik“ auch *S. Stengel-Rutkowski*, Pränatale Syndromdiagnose – Tod des Wunschkindes – Elternentscheidung im Schock, in: *A.K. Weilert* (Hg.), Spätabbruch oder Spätabtreibung – Entfernung einer Leibesfrucht oder Tötung eines Babys?, Tübingen 2011, S. 177 (178).

während das Lebensrecht des Kindes ihm durch den Abbruch irreversibel genommen wird. Bei einer krankhaften Depression ist die Schwangere dagegen schwer beeinträchtigt. Problematisch ist aber, dass der Abbruch der Schwangerschaft unter Umständen bereits gar kein geeignetes Mittel ist, um eine Depression abzuwenden, da eine Spätabtreibung ein elementar traumatisches Erlebnis ist. Selbst wenn der Abbruch aber eine Linderung bewirken könnte, stünde immer noch die Frage im Raum, ob das Leben des Einen für die Gesundheit des Anderen geopfert werden dürfte.[48] Die spezifische Verwobenheit von Mutter und Kind führt dazu, dass eine ganz eigene Grundrechtsabwägung vorgenommen werden muss. Entscheidend ist am Ende eine konkrete Abwägung anhand der Umstände des Einzelfalles, deren Ergebnisse nicht vorweggenommen beurteilt werden können. Ins Gewicht fallen müssten hier Faktoren wie der Grad und die konkreten Auswirkungen der Depression der Schwangeren (z. B. ob eine akute Suizidgefahr besteht), wie weit fortgeschritten die Schwangerschaft ist (d. h. wie lange die Schwangerschaft noch bis etwa zur Lungenreife des Kindes in der 34. Woche fortgesetzt werden müsste), die Lebenserwartung und der zu erwartende Leidensgrad des Kindes. Dabei müsste immer die „Kontrollfrage" gestellt werden, wie mit einem solchen Kind umgegangen würde, wenn es geboren wäre. Die Abwägung darf also nicht von der Vorstellung begleitet sein, dass das Werden eines Kindes verhindert wird, sondern die Abwägung findet zwischen den Grundrechten zweier Menschen (eines ungeborenen und eines geborenen) statt. Wäre beispielsweise das Kind aufgrund seiner Erkrankung ohne die Versorgung durch die mütterliche Plazenta auch im Falle eines vollständigen Austragens nicht lebensfähig (wie beispielsweise bei einer Anenzephalie),[49] bestünde keine staatliche Verpflichtung, das ungeborene Leben zu schützen. Hier ist ein Raum eröffnet, in dem die Schwangere allein entscheiden muss, welchen Weg sie gehen will. Dabei ist – dies sei am Rande bemerkt – der Ausgang dieser Entscheidung aus ethischer und psychologischer Perspektive keineswegs einfach. So berichten einige Frauen von sehr positiven und inneren Frieden verleihenden Erfahrungen, die sie mit dem Austragen auch solcher Kinder gemacht haben.[50]

---

48 Das BVerfG bezeichnet das Leben als „Höchstwert", siehe E 39, S. 1 (42); E 46, S. 160 (164); E 49, S. 24 (53); E 115, S. 118 (139). vgl. aus der Literatur *H. Schulze-Fielitz*, in: *H. Dreier* (Hg.), Grundgesetz Kommentar Bd. 1, 3. Aufl. Tübingen 2013, Art. 2 II Rn. 21; *D. Lorenz*, Handbuch Staatsrecht (HStR) Bd. 5, Heidelberg 1989, § 128 Rn. 5.

49 Vgl. zur Funktion der Plazenta: *R. Schlößer*, Die Geburt als Zäsur, in: *A.K. Weilert* (Hg.), Spätabbruch oder Spätabtreibung, Tübingen 2011, S. 97 (98 f.).

50 Vgl. Verein für Hilfe nach pränataler Diagnostik, Erfahrungsberichte, URL: http://www.prenat.ch/d/berichte.php, letzter Abruf Januar 2019.

(c) Allgemeine Handlungsfreiheit – Art. 2 Abs. 1 GG

Art. 2 Abs. 1 GG schützt – sehr weitgehend – die allgemeine Handlungsfreiheit,[51] also „das Recht jedes Menschen, sein Handeln so einzurichten, wie er es kraft seiner eigenen Entscheidung für richtig hält.“[52] Dass jegliches Verbot des Schwangerschaftsabbruchs mit der Freiheit, „zu tun und zu lassen“[53] kollidiert, ist selbstredend. Aufgrund des extensiven Schutzbereichs sind die Anforderungen an die Legitimation etwaiger Eingriffe allerdings gering. Jedes mit der Verfassung im Einklang stehende Gesetz kann also die allgemeine Handlungsfreiheit begrenzen (vgl. Art. 2 Abs. 1, 2. Halbsatz GG).[54] Damit kommt es am Ende vor allem darauf an, ob das Verbot des Schwangerschaftsabbruchs im Hinblick auf die Einschränkung der allgemeinen Handlungsfreiheit der Frau verhältnismäßig ist. Insoweit es bei der allgemeinen Handlungsfreiheit um einen menschenwürderelevanten Kernbereich oder die körperlichen und psychischen Veränderungen geht, sind die Grundrechte aus Art. 1 Abs. 1 GG (Menschenwürde) und Art. 2 Abs. 2 GG (Recht auf Leben und körperliche Unversehrtheit) spezieller und verdrängen im Wege der Grundrechtskonkurrenz den Anwendungsbereich des Art. 2 Abs. 1 GG.[55]

Dem durch Art 2 Abs. 1 GG geschützten Interesse der Schwangeren, die Einschränkungen der persönlichen Lebensweise, die mit Fortführung der Schwangerschaft und dem Aufziehen des Kindes verbunden sind, nicht tragen zu müssen, steht das Recht auf Leben des Fötus gegenüber. Wägt man die allgemeine Handlungsfreiheit gegen das Lebensrecht eines späten Fötus ab, so ist zu bedenken, dass die Einschränkung der Lebensweise der Schwangeren zunächst nur bis zum Ende der Schwangerschaft andauert, da sie ihr Kind nicht notwendigerweise selbst aufziehen muss, das Lebensrecht des Kindes aber irreversibel genommen wird.

---

51 BVerfGE (Entscheidungssammlung Bundesverfassungsgericht), Bd. 6, S. 32 (36 ff.) – Elfes-Urteil.

52 *R. Zippelius/T. Würtenberger*, Deutsches Staatsrecht, 33. Aufl. 2018, § 22 Rn. 2.

53 Parlamentarischer Rat, Hauptausschuss, 42. Sitzung am 18. Januar 1949, Stellungnahme Dr. von Mangoldt (CDU) zu Art. 2, Bonn 1948/49, S. 533, s. auch BVerfGE.

54 BVerfGE Bd. 6, S. 32 (38): „der Bürger aber wird in seiner allgemeinen Handlungsfreiheit legitim eingeschränkt nicht nur durch die Verfassung oder gar nur durch ‚elementare Verfassungsgrundsätze‘, sondern durch jede formell und materiell verfassungsmäßige Rechtsnorm“.

55 Vgl. zum Verhältnis von Art. 2 Abs. 1 GG und anderen Grundrechten nur *H. Dreier*, in: *Ders.* (Hg.), Grundgesetz Kommentar Bd. 1, 3. Aufl. Tübingen 2013, Art. 2 I Rn. 98.

(d) Allgemeines Persönlichkeitsrecht – Art. 2 Abs. 1 i. V. m. Art. 1 Abs. 1 GG

Das allgemeine Persönlichkeitsrecht nach Art. 2 Abs. 1 i. V. m. Art. 1 Abs. 1 GG soll eine Lücke schließen zwischen dem engen Schutz der absolut unantastbaren Menschenwürde und dem weiten Anwendungsbereich der leicht einschränkbaren allgemeinen Handlungsfreiheit.

Das allgemeine Persönlichkeitsrecht hat seine Ausprägung in Fallgruppen erfahren. Geschützt wird dabei auch ein „Bereich privater Lebensgestaltung“ im Sinne eines „autarken Privatbereichs“.[56] In diesem Sinne heißt es vom Bundesverfassungsgericht in seinem ersten Urteil zum Schwangerschaftsabbruch „Die Schwangerschaft gehört zur Intimsphäre der Frau, deren Schutz durch Art. 2 Abs. 1 in Verbindung mit Art. 1 Abs. 1 GG verfassungsrechtlich verbürgt ist.“[57] Diese Aussage wird dann aber sogleich relativiert, indem das Gericht ausführt: „Wäre der Embryo nur als Teil des mütterlichen Organismus anzusehen, so würde auch der Schwangerschaftsabbruch in dem Bereich privater Lebensgestaltung verbleiben, in den einzudringen dem Gesetzgeber verwehrt ist.“ Die Schwangerschaft betrifft die Intimsphäre, vor allem dann, wenn sie nach außen noch nicht sichtbar ist. Die Wahrung der Intimsphäre bedeutet hier vor allem, dass die Schwangere die Schwangerschaft ganz für sich behalten kann. Ob die mit der Schwangerschaft einhergehenden körperlichen Veränderungen als Teil der verfassungsrechtlich geschützten Intimsphäre zu sehen sind oder als Ausprägung des Rechts auf körperliche Unversehrtheit, ist schwierig zu bestimmen. Hier verschwimmen die Konturen, wie dies für die Bestimmung des allgemeinen Persönlichkeitsrechts nicht ganz unüblich ist.[58] Vieles spricht dafür, das Recht auf Intimsphäre nur in den Bereichen anzunehmen, die nicht bereits durch andere Grundrechte abgedeckt sind. Dass die Schwangerschaft den Körper verändert, wird bereits vollständig durch das Recht auf körperliche Unversehrtheit erfasst. So ist im zweiten Schwangerschaftsabbruchsurteil[59] von der Intimsphäre der Frau auch nicht mehr die Rede.

---

56 *Ebd.*, Art. 2 I Rn. 71.

57 BVerfGE Bd. 39, S. 1 (42).

58 Vgl. auch *H. Dreier*, in: *Ders.* (Hg.), Grundgesetz Kommentar Bd. 1, 3. Aufl. Tübingen 2013, Art. 2 I Rn. 71.

59 BVerfGE Bd. 88, S. 203 ff.

(e) Recht auf Selbstbestimmung

Wird der Schwangerschaftsabbruch in Politik und Gesellschaft diskutiert, so fällt oft das Argument eines „Rechts auf Selbstbestimmung“ der Schwangeren. Auch das Bundesverfassungsgericht greift in seinen beiden Urteilen zum Schwangerschaftsabbruch hierauf zurück, und zwar zitiert es das Selbstbestimmungsrecht in seiner ersten Entscheidung noch fünf Mal,[60] in seiner zweiten Entscheidung nur noch an einer Stelle.[61] In beiden Urteilen bleibt allerdings offen, wo genau das Selbstbestimmungsrecht grundgesetzlich verankert ist.

Das Recht auf Selbstbestimmung ist jedoch nicht, wie landläufig angenommen werden mag, in einem einzigen bzw. eigenen bestimmten Grundrechtsartikel verbürgt. Der Umfang des Rechts auf Selbstbestimmung ergibt sich vielmehr aus einer Zusammenschau verschiedener Grundrechte, vor allem der Menschenwürde (Art. 1 Abs. 1 GG), des allgemeinen Persönlichkeitsrechts (Art. 2 Abs. 1 GG i.V.m. Art. 1 Abs. 1 GG)[62], des Rechts auf Leben und körperliche Unversehrtheit (Art. 2 Abs. 2, S. 1 GG), der Freiheit des Glaubens und Gewissens (Art. 4 Abs. 1 GG) sowie der allgemeinen Handlungsfreiheit (Art. 2 Abs. 1 GG).[63] Ein über diese Grundrechtsgarantien hinausgehendes allgemeines Selbstbestimmungsrecht gibt es auf verfassungsrechtlicher Ebene nicht.

3.2 Rechte des Erzeugers

Der Schwangerschaftskonflikt wird rechtlich üblicherweise nur als Konflikt zwischen werdender Mutter und ungeborenem Kind betrachtet, was rechtshistorisch gesehen übrigens keine Selbstverständlichkeit ist.[64]

---

60 BVerfGE Bd. 39, S. 1 ff., hier vom Gericht in den Leitsätzen ein Mal zitiert, in den Gründen vier Mal.

61 BVerfGE Bd. 88, S. 203 ff: hier zitiert vom Gericht ein Mal, in der abweichenden Meinung zwei Mal.

62 C. Starck, in: *H. v. Mangoldt/ F. Klein /C. Starck* (Hg.), Grundgesetz Kommentar, Bd. 1, 7. Aufl. München 2018, Art. 2 Rn. 14 ff. Das allgemeine Persönlichkeitsrecht wird teilweise auch allein in Art. 1 Abs. 1 GG verortet. Zu Recht kritisch zu einer solchen Sicht C. Hillgruber, Die Menschenwürde und das verfassungsrechtliche Recht auf Selbstbestimmung – ein und dasselbe?, ZfL 2015, S. 86–93.

63 Vgl. *F. Panagopoulou-Koutnatzi*, Die Selbstbestimmung des Patienten. Eine Untersuchung aus verfassungsrechtlicher Sicht, Berlin 2009, S. 26 ff.

64 Vgl. *G. Jerouschek*, Lebensschutz und Lebensbeginn, Stuttgart 1988, S. 26 ff.; *R. Jütte*, Griechenland und Rom. Bevölkerungspolitik, Hippokratischer Eid und antikes Recht, in: *Ders.* (Hg.), Geschichte der Abtreibung. Von der Antike bis zur Gegenwart, München 1993, S. 27 (42 f.).

Zu fragen ist jedoch, ob dem Vater ein Grundrecht auf Vaterschaft aus Art. 6 Abs. 2 Satz 1 GG zukommt. Zum Tragen käme ein solches Recht nur dann, wenn sich die Schwangere gegen den Willen des Erzeugers für einen Abbruch entscheidet. In Art. 6 Abs. 2 Satz 1 GG heißt es: „Pflege und Erziehung der Kinder sind das natürliche Recht der Eltern und die zuvörderst ihnen obliegende Pflicht." Das Elternrecht nimmt seinen Anfang mit dem Zeitpunkt der Zeugung.[65] Die Pflege des Kindes, also auch die „Sorge für das körperliche Wohl"[66] beginnt in der Praxis bereits damit, dass die Schwangere schädliche Einflüsse unterlässt (z. B. Rauchen und Alkohol) und positive Maßnahmen (z. B. Schwangerenvorsorge) für das Kind ergreift. Für den Vater verläuft jedoch jede Einflussnahme auf das ungeborene Kind nur vermittelt über die Mutter, so dass sein Recht auf Pflege erst nach der Geburt unabhängig von der Mutter wahrgenommen werden kann. Ein Schwangerschaftsabbruch würde jedoch bedeuten, dass das mit der Zeugung angelegte Recht nie zur Entfaltung kommen könnte.

Allerdings kann ein Grundrecht unmittelbar nur gegen den Staat, nicht direkt gegen eine Privatperson, Wirkung entfalten. Daher kommt hier nur eine Schutzpflicht des Staates zugunsten des Vaters in Betracht. Eine solche etwaige Schutzpflicht kann jedoch nicht über jene Schutzpflicht, die der Staat in Bezug auf das Leben des Fötus hat, hinausgehen. Wo den Staat schon keine Verpflichtung trifft, das Leben des Fötus zu bewahren, kann ihn auch keine Pflicht treffen, das Elternrecht des Vaters zu schützen. Daher verändert sich nichts an der Güterabwägung durch das Elternrecht des Vaters.

4 Schwangerschaftskonflikt als Gesellschaftsproblem

Die Entscheidung der Schwangeren reflektiert in einem nicht unerheblichen Maße die gesellschaftliche Einstellung zum Schwangerschaftsabbruch, insbesondere einer Abtreibung nach auffälligem Befund. Paradoxerweise ernten Frauen, die sich trotz eines solchen Befundes für das Kind entscheiden, oft keinen Zu-

65 *G. Robbers*, in: *H. v. Mangoldt/ F. Klein /C. Starck* (Hg.), Grundgesetz Kommentar, Bd. 1, 7. Aufl. München 2018, Art. 6 Abs. 2 Rn. 155; vgl. zur Elternverantwortung *H. Hofstätter*, Embryopathischer Schwangerschaftsabbruch, S. 126 ff.

66 *H.D. Jarass*, in: *H.D. Jarass/B. Pieroth* (Hg.), Grundgesetz für die Bundesrepublik Deutschland, Kommentar, 14. Aufl. München 2016, Art. 6 Rn. 42.

spruch, sondern erfahren eher Unverständnis für ihre Entscheidung und sehen sich teils einem Rechtfertigungsdruck ausgesetzt.[67]

Auch die gesellschaftliche Situation, in der Erziehung und Pflege der Kinder auch heute noch maßgeblich bei der Frau verbleiben, wirkt sich auf die Entscheidungsfindung der Schwangeren aus. Während Männer meist ihrer beruflichen Tätigkeit ohne Beeinträchtigung nachgehen können, sind es gerade die Frauen, die bei Kindern mit speziellem Fürsorgebedürfnis in besonderer Weise herausgefordert werden und eine Erwerbstätigkeit nicht auch noch bewältigen können, auch wenn ihnen dies gut täte.[68] Gesellschaftliche Verhältnisse, die die Frauen vor ein „Alles-Oder-Nichts-Prinzip“ stellen, indem der Abbruch erlaubt wird, die Last eines kranken Kindes aber nicht adäquat mitgetragen wird, richten sich letztendlich gegen die Frau, die entweder ihre Entscheidung für den Abbruch, die im schlimmsten Falle durch den Partner oder das soziale Umfeld (ggf. sogar Ärzte) forciert wurde, allein tragen muss[69] oder aber in eine besondere Aufopferungssituation gestellt wird. Solange Kinder, insbesondere kranke Kinder, ein Armutsrisiko für Eltern bedeuten und ein behindertes Kind in verschiedener Hinsicht einen faktischen sozialen Ausschluss nach sich zieht (durch unzureichende Betreuungsmöglichkeiten, zu hohe finanzielle Folgekosten oder auch fehlende Akzeptanz im sozialen Umfeld), ist der Schwangerschaftskonflikt auch ein Spiegel des unzulänglichen gesellschaftlichen Engagements für diese nicht geborenen Kinder.

5 Ein Schlusswort

Juristische Argumentationen klingen angesichts so elementarer Fragen, wie sie im Spätabbruch offenbar werden, oft sperrig und unangemessen nüchtern. Tiefgreifende moralische Dilemmata zu lösen ist nicht das, was Juristen normalerweise aufgegeben ist. Gäbe es keinen rechtlichen Schutz ungeborenen Lebens, könnten sich die Juristen aus dieser schweren Diskussion auch bequem verabschieden. Dann nämlich wäre die Entscheidung über Leben und Tod noch nicht geborener Menschen vollkommen in die private Entscheidungssphäre verdrängt.

---

67 C. Lammert/ A. Neumann, Beratungskliniken, in: *Ders. u. a.* (Hg.), Psychosoziale Beratung in der Pränataldiagnostik – Ein Praxishandbuch, Göttingen 2002, S. 45 ff.

68 Vgl. hier zu der besonderen Belastung der Mütter *R. Retzlaff*, Leben mit einem Kind mit Behinderung, in: *A.K. Weilert* (Hg.), Spätabbruch oder Spätabtreibung – Entfernung einer Leibesfrucht oder Tötung eines Babys?, Tübingen 2011, S. 247 (252 f.).

69 Vgl. zu den Risiken für die Psyche: *A. Pokropp-Hippen*, Post Abortion Syndrom, in: *A.K. Weilert* (Hg.), Spätabbruch oder Spätabtreibung, Tübingen 2011, S. 227 ff.

Doch scheint es, dass der Moment der Geburt nicht das ist, was den Menschen zum Menschen erhebt.[70] Nicht zuletzt das innere Bedürfnis etwa von Eltern, auch Fehl- und vor allem Totgeburten würdevoll zu begraben und sich von ihnen zu verabschieden,[71] bestätigt, dass die Beziehung zum Kind bereits vor seiner Geburt einsetzt. Auch bei abgetriebenen Kindern wird oft ein bewusster Abschied vollzogen.[72] So ist also der Staat herausgefordert, den Menschen von seinem Beginn an in seiner Würde zu schützen und ihm lebensschützend zur Seite zu stehen. Das Lebensrecht des Kindes wiegt schwer, so dass bei einer Abwägung von Rechten des Kindes und seiner Mutter im Falle später Schwangerschaftsabbrüche außergewöhnliche Umstände vorliegen müssen, wenn das Recht auf Leben des Kindes hinter den mütterlichen Grundrechten zurücktreten soll. In der Regel wird dies nur bei lebensbedrohlichen Situationen für die Mutter oder schwersten Beeinträchtigungen der psychischen oder körperlichen Gesundheit der Mutter der Fall sein können. Anders kann der Fall liegen, wenn das Kind aufgrund seiner Krankheit ohnehin seine Geburt nur für einen kurzen Zeitraum überleben würde.

Bei der Grundrechtsabwägung zwischen Mutter und Kind darf aber eines nicht vergessen werden: Die Eltern des Kindes sind der beste Garant für das Wohlergehen des Babys. Sie zu unterstützen ist der effektivste Lebensschutz, der gleichzeitig die Bedürfnisse der Eltern wahrnimmt. Heutige Kleinfamilienstrukturen können ohne staatliche Hilfen in aller Regel die Herausforderung gerade eines sich nicht in die Normalität einfügenden Kindes nicht allein bewältigen.[73] Je mehr überzeugende Hilfen der Staat also für Familien mit „besonderen" Kindern bereit hält, desto ehrlicher ist sein Wille, sowohl Leben zu schützen als auch die Eltern mit ihren Bedürfnissen wahrzunehmen und zu unterstützen.

---

70 Vgl. zur Einordnung der Geburt in den verschiedenen Rechtsgebieten: *A.K. Weilert*, Die Bedeutung der Geburt im Recht. Reflexionen zu einem Grenzbereich des Regelbaren, in: Beckmann u.a. (Hg.), Gedächtnisschrift für Herbert Tröndle, Berlin 2019, S. 825–846.

71 Zur Bestattungspflicht von Totgeburten vgl. A.K. Weilert, Der rechtliche Rahmen für den Umgang mit Fehl- und Totgeburten, Rechtsmedizin 2017, 286–294 sowie A.K. Weilert, Fehlgeburt und Totgeburt: Der nicht lebend zur Welt gekommene Mensch im Recht, in: *Duttge/Viebahn* (Hg.), Würde und Selbstbestimmung über den Tod hinaus, Göttingen 2017, 47–69.

72 S. zu möglichen psychischen Reaktionen bei fehlender Verabschiedung *S. Hufendiek*, Frauen/Paare im Spannungsfeld pränataldiagnostischer Untersuchungen zwischen der Freiheit und der Not zur Entscheidung, in: *A.K. Weilert* (Hg.), Spätabbruch oder Spätabtreibung – Entfernung einer Leibesfrucht oder Tötung eines Babys?, Tübingen 2011, S. 163 (172ff.).

73 Vgl. *C. Rehmann-Sutter*, Zur ethischen Bedeutung der vorgeburtlichen Diagnostik, in diesem Band, der darauf hinweist, dass die „erwarteten Lebensbedingungen" für das Kind, die maßgeblich auch ein Produkt der Gesundheits- und Sozialpolitik sind, die Entscheidung der Eltern entscheidend mit beeinflussen.

Literatur

Beckmann, Rainer, Der Parlamentarische Rat und das „keimende Leben", Der Staat Nr. 47 (2008), S. 551–572.

Berghäuser, Gloria, Das Ungeborene im Widerspruch. Der symbolische Schutz des menschlichen Lebens in vivo und sein Fortwirken in einer allopoietischen Strafgesetzgebung und Strafrechtswissenschaft, Berlin 2015.

Bluntschli, Johann Caspar, Allgemeines Staatsrecht, Bd. 2. 2. Aufl. München 1857.

Dreier, Horst, Kommentierung von Art. 1 GG und Art. 2 I GG in: Ders. (Hg.), Grundgesetz Kommentar Bd. 1, 3. Aufl. Tübingen 2013.

Dreier, Horst, Stufungen des vorgeburtlichen Lebensschutzes, Zeitschrift für Rechtspolitik (ZRP) 2002, S. 377–383.

Dürig, Günter, Der Grundrechtssatz von der Menschenwürde, Archiv des öffentlichen Rechts (AöR) Nr. 81 (1956), S. 117–157.

Geddert-Steinacher, Tatjana, Menschenwürde als Verfassungsbegriff. Aspekte der Rechtsprechung des Bundesverfassungsgerichts zu Art. 1 Abs. 1 Grundgesetz, Berlin 1990.

Giwer, Elisabeth, Rechtsfragen der Präimplantationsdiagnostik. Eine Studie zum rechtlichen Schutz des Embryos im Zusammenhang mit der Präimplantationsdiagnostik unter besonderer Berücksichtigung grundrechtlicher Schutzpflichten, Berlin 2001.

Gubelt, Manfred, Kommentierung von Art. 3 GG, in: I. v. Münch/P. Kunig (Hg.), Grundgesetz-Kommentar, Bd. 1, 5. Aufl. München 2000.

Heun, Werner, in: H. Dreier (Hg.), Grundgesetz Kommentar, Bd. 1 3. Aufl. Tübingen 2013, Art. 3.

Hilgendorf, Eric, Scheinargumente in der Abtreibungsdiskussion – am Beispiel des Erlanger Schwangerschaftsfalls, Neue Juristische Wochenschrift (NJW) 1996, S. 758–762.

Hillgruber, Christian, Die Menschenwürde und das verfassungsrechtliche Recht auf Selbstbestimmung – ein und dasselbe?, ZfL 2015, S. 86–93.

Höfling, Wolfram, Kommentierung von Art. 1 GG, in: M. Sachs (Hg.), Grundgesetz Kommentar, 8. Aufl. München 2018.

Höfling, Wolfram, Von Menschen und Personen, in: Schiedermair, Hartmut/Dörr, Dieter (Hg.), Die Macht des Geistes: Festschrift für Hartmut Schiedermair, Heidelberg 2001.

Hofstätter, Hans, Der embryopathisch motivierte Schwangerschaftsabbruch, Frankfurt a. M. 2000.

Hufendiek, Sabine, Frauen/Paare im Spannungsfeld pränataldiagnostischer Untersuchungen zwischen der Freiheit und der Not zur Entscheidung, in: *A.K. Weilert* (Hg.), Spätabbruch oder Spätabtreibung – Entfernung einer Leibesfrucht oder Tötung eines Babys?, S. 163–175.

Jerouschek, Günter, Lebensschutz und Lebensbeginn, Stuttgart 1988.

Isensee, Josef, § 111 Das Grundrecht als Abwehrrecht und als staatliche Schutzpflicht, in: ders./P. Kirchhof (Hg.), Handbuch des Staatsrechts Bd. 5, Heidelberg 1992.

Isensee, Josef, Menschenwürde: die säkulare Gesellschaft auf der Suche nach dem Absoluten, Archiv des öffentlichen Rechts Nr. 131 (2006), S. 173–218.

Jarass, Hans D., Grundrechte als Wertentscheidungen bzw. objektivrechtliche Prinzipien in der Rechtsprechung des Bundesverfassungsgerichts, AÖR 110 (1985), S. 363–397.

Jarass, Hans D., Kommentierung von Art. 2, Art. 3 und Art. 6 GG, in: Jarass, Hans D./Pieroth, Bodo (Hg.), Grundgesetz für die Bundesrepublik Deutschland, Kommentar, 14. Aufl. München 2016.
Jütte, Robert, Griechenland und Rom. Bevölkerungspolitik, Hippokratischer Eid und antikes Recht, in: ders. (Hg.), Geschichte der Abtreibung. Von der Antike bis zur Gegenwart, München 1993.
Lammert, Christiane/ Neumann, Anita, Beratungskliniken, in: *Dies. u. a.* (Hg.), Psychosoziale Beratung in der Pränataldiagnostik – Ein Praxishandbuch, Göttingen 2002, S. 45–96.
Lorenz, Dieter, Handbuch Staatsrecht Bd. 5, Heidelberg 1989.
Müller-Terpitz, Ralf, Der Schutz des pränatalen Lebens. Eine verfassungs-, völker- und gemeinschaftsrechtliche Statusbetrachtung an der Schwelle zum biomedizinischen Zeitalter, Tübingen 2007.
Münch, Ingo von, in: Ders./P. Kunig (Hg.), Grundgesetz-Kommentar Bd. 1, 6. Aufl. München 2012, Vorbemerkung.
Murswiek, Dietrich/Rixen, Stephan, in: M. Sachs (Hg.), Grundgesetz Kommentar, 8. Aufl. München 2018, Art. 2 Rn. 145a.
Nußberger, Angelika, Kommentierung von Art. 3, in: M. Sachs (Hg.), Grundgesetz Kommentar, 8. Aufl. München 2018.
Osterloh, Lerke, Kommentierung von Art. 3 GG, in: M. Sachs (Hg.), Grundgesetz Kommentar, 5. Aufl. München 2009.
Panagopoulou-Koutnatzi, Fereniki, Die Selbstbestimmung des Patienten. Eine Untersuchung aus verfassungsrechtlicher Sicht, Berlin 2003.
Pokropp-Hippen, Angelika, Post Abortion Syndrom – eine Krankheit im Tabu, in: A.K. Weilert (Hg.), Spätabbruch oder Spätabtreibung – Entfernung einer Leibesfrucht oder Tötung eines Babys?, S. 227–246.
Prussky, Kirsten, „Vergiß-mein-nicht“, in: Linder, Rupert (Hg.), Liebe, Schwangerschaft, Konflikt und Lösung, Heidelberg 2008.
Robbers, Gerhard, Kommentierung von Art. 6 GG, in: H. v. Mangoldt/ F. Klein /C. Starck (Hg.), Grundgesetz Kommentar, Bd. 1, 7. Aufl. München 2018.
Roller, Martina, Die Rechtsfähigkeit des Nasciturus, Berlin 2013.
Retzlaff, Rüdiger, Leben mit einem Kind mit Behinderung, in: A.K. Weilert (Hg.), Spätabbruch oder Spätabtreibung – Entfernung einer Leibesfrucht oder Tötung eines Babys?, S. 247–267.
Sachs, Michael, § 122 Die sonstigen besonderen Gleichheitssätze, in: K. Stern, Das Staatsrecht der Bundesrepublik Deutschland, Bd. IV/2, München 2011.
Schlößer, Rolf, „Geburt als Zäsur“ – das Kind vor und nach der Geburt aus medizinischer Sicht, in: A.K. Weilert (Hg.), Spätabbruch oder Spätabtreibung – Entfernung einer Leibesfrucht oder Tötung eines Babys?, S. 97–106.
Schmidt-Jortzig, Edzard, Systematische Bedingungen der Garantie unbedingten Schutzes der Menschenwürde in Art. 1 GG, Die Öffentliche Verwaltung (DÖV) 2001, S. 925–932.
Schulze-Fielitz, Helmuth, Kommentierung von Art. 2 Abs. 2 GG, in: H. Dreier (Hg.), Grundgesetz Kommentar Bd. 1, 3. Aufl. Tübingen 2013.
Schütze, Hinner, Embryonale Humanstammzellen, Berlin/Heidelberg 2007.
Starck, Christian, Kommentierung von Art. 2 in: H. v. Mangoldt/ F. Klein /C. Starck (Hg.), Grundgesetz Kommentar, Bd. 1, 7. Aufl. München 2018.

Starck, Christian, Kommentierung von Art. 3 in: H. v. Mangoldt/ F. Klein /C. Starck (Hg.), Grundgesetz Kommentar, Bd. 1, 5. Aufl. München 2010.
Stengel-Rutkowski, Sabine, Pränatale Syndromdiagnose – Tod des Wunschkindes – Elternentscheidung im Schock, in: A.K. Weilert (Hg.), Spätabbruch oder Spätabtreibung – Entfernung einer Leibesfrucht oder Tötung eines Babys?, S. 177 – 206.
Weilert, Anja Katarina, Grundlagen und Grenzen des Folterverbotes in verschiedenen Rechtskreisen. Eine Analyse anhand der deutschen, israelischen und pakistanischen Rechtsvorschriften vor dem Hintergrund des jeweiligen historisch-kulturell bedingten Verständnisses der Menschenwürde, Heidelberg 2009.
Weilert, Anja Katarina, Der rechtliche Rahmen für den Umgang mit Fehl- und Totgeburten, Rechtsmedizin 2017, 286 – 294.
Weilert, Anja Katarina, Fehlgeburt und Totgeburt: Der nicht lebend zur Welt gekommene Mensch im Recht, in: Duttge/Viebahn (Hg.), Würde und Selbstbestimmung über den Tod hinaus, Göttingen 2017, 47 – 69.
Zippelius, Reinhold/Würtenberger, Thomas, Deutsches Staatsrecht. Ein Studienbuch, 33. Aufl. München 2018.

Bibliographische Notizen

Reiner Anselm, Prof. Dr. theol., Ordinarius für Systematische Theologie und Ethik an der LMU München.
Forschungsschwerpunkte: Politische Ethik und die Biomedizinische Ethik in evangelischer Perspektive, das Verhältnis von Protestantismus und Gesellschaft im 20. und 21. Jahrhundert.

Sabine M. Hartmann-Dörpinghaus, Prof. Dr., Professorin für Hebammenkunde an der Katholischen Hochschule in Köln, Fachbereich Gesundheitswesen.
Forschungsschwerpunkte: Hermeneutik und Phänomenologie im Gesundheitswesen, Fachdidaktik Hebammenkunde.

Marina Hilber, Dr., Postdoc am Institut für Geschichtswissenschaften und Europäische Ethnologie, Universität Innsbruck.
Forschungsschwerpunkte: Sozialgeschichte der Geburt, Professionalisierungsgeschichte des Hebammenwesens, Wissen(schaft)sgeschichte der Gynäkologie und Geburtshilfe, Geschichte der Kinderlähmung in Österreich.

Ludwig Janus, Dr. med., Facharzt für Psychotherapie in eigener Praxis in Dossenheim bei Heidelberg und Leiter des Instituts für Pränatale Psychologie und Medizin in Heidelberg
Forschungsschwerpunkte: Psychohistorie, Pränatalpsychologe, vorgeburtliche Mutter-Kind-Beziehung.

Bettina Kuschel, Prof. Dr. med., Leiterin der Sektion Geburtshilfe und Perinatologie, Klinikum rechts der Isar der TU München.
Forschungsschwerpunkte: Geburtshilfe, maternale Erkrankungen in Schwangerschaft und Wochenbett

Olivia Mitscherlich-Schönherr, Dr. phil habil, Dozentin für Philosophische Anthropologie mit Schwerpunkt auf Grenzfragen des Lebens an der Hochschule für Philosophie München.
Forschungsschwerpunkte: Philosophische Anthropologie, Philosophie der Philosophie, philosophische Bioethik, Philosophie der Liebe, Sympathieethik.

Daniela Noe, Dr. dipl.-psych., wissenschaftliche Mitarbeiterin an der Klinik für Allgemeine Psychiatrie des Universitätsklinikums Heidelberg beschäftigt und psychotherapeutische Leiterin der dortigen Mutter-Kind-Einheit.
Forschungsschwerpunkte: Peripartale psychische Störungen und Psychotherapie, Affektive (Selbst-)regulation, Bindungsentwicklung und -repräsentation, Mutter-Kind-Interaktion und kindliche Entwicklung.

Birgit Planitz, Kinderkrankenschwester, Still- und Laktationsberaterin (IBCLC), . M.Sc. in Pflege- und Sozialwissenschaften, wissenschaftliche Mitarbeiterin an der Hochschule Rhein Main
Forschungsschwerpunkt: Säuglingsernährung in Familien in prekären Lebenslagen

Corinna Reck, Prof. Dr., Leiterin der Lehr- und Forschungseinheit für „Klinische Psychologie des Kindes- und Jugendalters & Beratungspsychologie" an der LMU-München sowie der psychotherapeutischen Hochschulambulanz für Kinder- und Jugendliche und ein Ausbildungsinstitut für Kinder- und Jugendlichenpsychotherapie (MUNIK).
Forschungsschwerpunkte: Auswirkungen von psychischen Erkrankungen in der Schwangerschaft auf den Geburtsverlauf und die kindliche Entwicklung; Bedeutung postpartaler Depression, Angststörungen und Traumatisierungen für die kindliche Entwicklung und die Mutter-Kind-Interaktion; Frühkindliche Selbstregulation; Bindung.

Christoph Rehmann-Sutter, Prof. Dr. phil., dipl. biol., Professor für Theorie und Ethik der Biowissenschaften an der Universität zu Lübeck.
Forschungsschwerpunkte: Genetik, Fortpflanzungsmedizin, Transplantation, Lebensende

Lotte Rose, Prof. Dr. phil, Professorin für Soziale Arbeit und Gesundheit an der Frankfurt University of Applied Sciences, Leiterin des Gender- und Frauenforschungszentrum der Hessischen Hochschulen (gFFZ).
Forschungsschwerpunkte: Genderforschung, Elternschaftsforschung, Human Animal Studies, Fat Studies, Food Studies

Markus Rothhaar, Prof. Dr. phil., Gastprofessor für Ethik und politische Philosophie an der Universidade Federal do Ceará und Privatdozent an der Fernuniversität in Hagen.
Forschungsschwerpunkte: Bioethik, Rechtsphilosophie, theoretische Ethik.

Christina Schües, Prof. Dr. phil., Professorin für Philosophie am Institut für Medizingeschichte und Wissenschaftsforschung der Universität zu Lübeck, und apl. Prof. am Institut für Philosophie, Leuphana Universität, Lüneburg.
Forschungsschwerpunkte: die *conditio humana* und mitmenschliche Beziehungsverhältnisse, Macht der Zeit, Phänomenologie, Anthropologie, Friedenstheorien, Sozial- und Medizinphilosophie

Tanja Stähler, Prof. Dr. phil., Professorin für European Philosophy, University of Sussex.
Forschungsschwerpunkte: Platon, Hegel, Phänomenologie, Ästhetik, Philosophie von Schwangerschaft und Geburt.

Tatjana Noemi Tömmel, Dr. phil, wissenschaftliche Mitarbeiterin am Fachbereich Ethik und Technikphilosophie der *TU Berlin*.
Forschungsschwerpunkte: Ethik, Rechtsphilosophie, Sozialphilosophie und Ästhetik.

A. Katarina Weilert, Dr iur., LL.M., Referentin an der Forschungsstätte der Evangelischen Studiengemeinschaft e.V. (FEST), Institut für interdisziplinäre Forschung, und Habilitandin an der Universität Heidelberg.
Forschungsschwerpunkte: deutsches Staats- und Verwaltungsrecht, Europa- und Völkerrecht, Medizin- und Gesundheitsrecht einschließlich der Medizinethik

Claudia Wiesemann, Prof. Dr., Direktorin des Instituts für Ethik und Geschichte der Medizin, Universitätsmedizin Göttingen.
Forschungsschwerpunkte: Ethik der Familie und der Fortpflanzung, moralischer Status des Kindes, Kinderrechte in der Medizin

Matthias Wunsch, Prof. Dr., Professor für theoretische Philosophie an der Universität Rostock.
Forschungsschwerpunkte: Philosophie des Geistes und der Person, Wissenschaftsphilosophie, Philosophische Anthropologie

Personenregister

https://doi.org/10.1515/9783110719864-017